PRÉCIS

DE

MINÉRALOGIE

TYPOGRAPHIE DE H. FIRMIN DIDOT. — MESNIL (EURE).

PRÉCIS

DE

MINÉRALOGIE

COMPRENANT

LES PRINCIPES DE CETTE SCIENCE

LA DESCRIPTION DES MINÉRAUX ET DES ROCHES

LEURS PRINCIPAUX USAGES, ETC.

Avec un grand nombre de figures intercalées dans le texte et un atlas de planches coloriées

PAR A. RIVIÈRE

Docteur ès sciences, ancien aide-naturaliste au Muséum d'Histoire naturelle,
ancien professeur des Sciences physiques de l'Université et de Géologie à l'Athénée de Paris.

PARIS

LIBRAIRIE DE FIRMIN DIDOT FRÈRES, FILS ET Cⁱᵉ

IMPRIMEURS DE L'INSTITUT, RUE JACOB, 56

1864

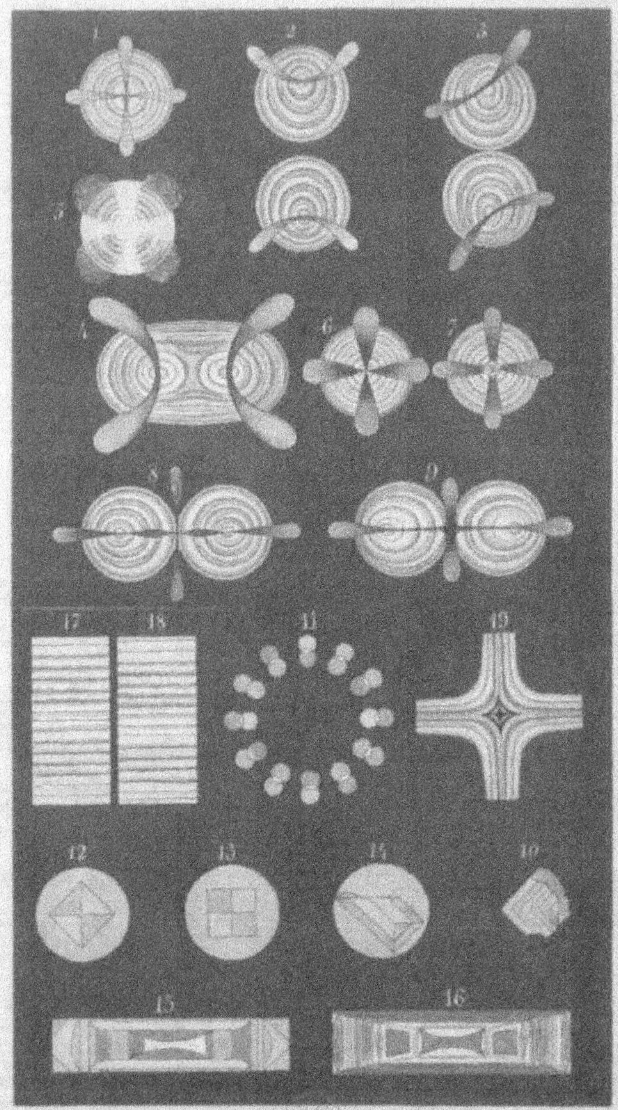

PRÉFACE.

Il ne nous est pas resté assez de documents pour pouvoir bien apprécier les connaissances des anciens sur les minéraux.

Pour notre ère scientifique, la minéralogie date seulement de l'époque des écrits de Linnée. Mieux systématisée et rendue plus exacte par Werner, elle est devenue une science naturelle qui pouvait marcher parallèlement à la botanique et à la zoologie.

Dès ce moment la minéralogie s'est successivement enrichie d'une foule de détails ; puis l'étude approfondie de la cristallographie, les progrès de la chimie et les découvertes de la géologie lui ont donné un très-grand développement et toute l'importance qu'elle méritait.

Mais elle a bientôt perdu son caractère de science naturelle.

En oubliant ce caractère, la plupart des savants qui ne suivaient pas les principes de l'école de Linnée et de Werner ont trop souvent fait dominer, dans la minéralogie, les uns la chimie, les autres la cristallographie et même certaines parties de la physique, suivant le genre de leurs études spéciales. Or, la minéralogie appartenant essentiellement au domaine de l'histoire naturelle, on doit lui rendre son véritable caractère. C'est sous ce point de vue de science naturelle que je l'envisagerai principalement.

Un grand nombre de traités de minéralogie ont été écrits dans différentes langues. Beaucoup de ces ouvrages sont d'une valeur incontestable ; mais les uns me paraissent trop étendus et renferment des détails sinon inutiles, du moins qui présentent peu d'intérêt ; d'autres sont faits sous le point de vue particulier de l'une des branches spéciales de la mi-

néralogie au détriment de parties essentielles ; d'autres enfin
n'offrent rien d'assez complet.

En publiant ce *Précis de minéralogie* je me suis proposé
de considérer l'étude des minéraux principalement sous le
point de vue de l'histoire naturelle, et de présenter dans
un cadre aussi resserré que possible tout ce qu'il est de
plus nécessaire de connaître dans le règne minéral, sous le
rapport de la distinction des principaux minéraux, de leurs
propriétés, de leurs relations, de leur intérêt philosophique
et de leur utilité.

Ma longue pratique du classement des collections minéralogiques, depuis celles de Romé de l'Isle et de Haüy jusqu'à
la collection générale du Muséum d'histoire naturelle de Paris, les nombreuses explorations géologiques que j'ai faites,
les travaux auxquels je me suis livré pour l'exploitation des
mines, et les emprunts que j'ai cru devoir faire à différents
traités de minéralogie, me permettent d'espérer que je pour-
rai approcher du but principal auquel j'aurais désiré arriver.

Comme la plupart des principes et des détails renfermés
dans les ouvrages de minéralogie n'appartiennent pas aux
auteurs qui ont écrit ces ouvrages, la tâche serait devenue
trop difficile si j'avais voulu remonter à toutes les sources
originaires. Pour éviter des erreurs, je m'abstiendrai donc
d'énumérer ici les publications dans lesquelles j'ai puisé.

Mon *Précis de minéralogie* sera divisé en trois parties : la
première comprendra principalement l'étude des propriétés
des minéraux ; la deuxième, celle des espèces minérales ; la
troisième, celle des roches.

Afin de faciliter l'intelligence, un grand nombre de figures
sont intercalées dans le texte, et un atlas de planches coloriées,
qui ont été empruntées au magnifique Album publié par le
docteur J.-D. Kurr, représente le *fac-simile* d'échantillons des
minéraux qui sont les plus essentiels à connaître. Mais l'ouvrage est fait de manière que cet atlas complémentaire et
de luxe ne devienne pas indispensable à l'étudiant.

PRÉCIS

DE

MINÉRALOGIE.

CONSIDÉRATIONS PRÉLIMINAIRES.

Phénomène naturel. Fait. Cause. — Dans le langage scientifique (1), on entend par *fait* ou *phénomène naturel* toute chose dont l'existence est pour nous nettement appréciable, ou tout résultat sensible d'une action quelconque ; mais, au lieu de regarder ces deux expressions comme ayant exactement la même signification, on donne souvent au mot *phénomène* une acception moins déterminée qu'au mot *fait*.

On désigne sous le nom de *cause* tout principe auquel le fait est supposé obéir par son existence ou en s'accomplissant. Ainsi, le fait se trouve nécessairement subordonné à la cause ; il en est la manifestation ou la conséquence.

Loi. Théorie. — On nomme *loi* la relation qui existe entre la cause et l'effet ou le phénomène.

---

(1) Les définitions formulées tout d'abord ne pouvant jamais être assez primordiales, assez rigoureuses, ni assez complètes, nous nous bornerons maintenant à donner les indications sommaires qui sont indispensables pour l'intelligence des principaux termes que nous sommes obligés d'employer dans ce livre ; mais, à mesure que nous avancerons, nous compléterons par des explications, autant qu'il sera nécessaire et que le permettent les limites déterminées d'un traité abrégé, les notions générales sur la matière, sur les phénomènes, sur les corps, sur les agents physiques, etc. Au reste, on doit admettre que toute personne qui aborde l'étude de l'une des branches de l'histoire naturelle, a quelques connaissances en mathématiques, en physique et en chimie ; que dès lors elle n'est pas entièrement étrangère à la signification de certaines expressions dont nous nous servirons.

On donne le nom de *théorie* à l'explication formulée d'un certain nombre de faits, ou bien à la traduction simple, exacte et complète de l'ensemble des lois qui se rapportent à un ordre quelconque des phénomènes.

Idées empiriques. Méthodes. — On entend par *idées empiriques* toutes conceptions hypothétiques qui viennent de prime abord à l'esprit de l'homme, lorsqu'il cherche à étudier la nature. Ce sont des considérations spéculatives qui, pour ne pas mener dans une mauvaise voie, doivent être dirigées par l'observation.

Par la *méthode d'observation* nous étudions les faits tels qu'ils se présentent à nous ; par la *méthode d'expérience* nous les dégageons de tout ce qui les cache, ou bien nous les reproduisons ; par la *méthode d'analogie* nous établissons des comparaisons, et nous tirons des inductions plus ou moins probables sur la similitude des causes d'après la similitude des faits, et réciproquement.

On dit qu'on emploie la *méthode mathématique*, lorsqu'après avoir reconnu des éléments ou des lois par une autre méthode, et lorsque ces éléments ou ces lois pouvant être exprimés en nombres ou bien en dimensions, on leur applique soit l'analyse, soit la synthèse mathématique, qui donnent ensuite les conséquences dérivant des éléments ou des lois admis comme exacts. Quand les résultats obtenus sont conformes aux faits fournis par l'observation ou bien par l'expérience, on en conclut l'exactitude soit des éléments, soit des lois sur lesquels l'analyse ou la synthèse s'est appuyée.

Au moyen du *procédé synthétique* on descend de la généralité aux détails, en d'autres termes, on étudie *à priori*. Au moyen du *procédé analytique* on remonte au contraire des détails à la généralité, c'est-à-dire qu'on étudie *à posteriori*. Quelquefois, dans certaines sciences, on a donné à ces deux procédés de la méthode logique des significations qui paraissent être inverses ; au reste, dans la rigueur, ils n'existent jamais séparés. Ainsi, pour résoudre complètement une question de quelque ordre que ce soit, il faut mettre en œuvre la synthèse et l'analyse, car elles ne sont pas deux méthodes distinctes, mais bien deux opérations qui ne forment qu'une seule méthode et qui se contrôlent. D'après cela, les résultats obtenus par l'un de ces deux procédés doivent être vérifiés par l'autre procédé, pour qu'ils soient regardés comme exacts, ou, ce qui revient au même, une question quelconque n'est traitée et résolue d'une manière sûre et complète que lorsqu'elle a été étudiée *à priori* et *à posteriori*.

Pour arriver à la connaissance des phénomènes et des lois de la nature, l'homme est obligé de multiplier ses moyens d'investigation; en sorte que les méthodes et les idées empiriques dont nous venons de parler lui servent tour à tour d'auxiliaires.

Durée. Temps. — Toute chose a pour nous, dans les limites de notre conception, un commencement et une fin; l'intervalle qui sépare ces deux époques est la *durée*, qui se passe dans le *temps*. Indépendamment des phénomènes du monde extérieur, la succession et la continuité de nos pensées nous fournit une notion du temps. Nous concevons donc le temps comme une durée continue, ou comme une série dont les termes se succèdent sans interruption; en un mot, le temps est pour nous l'infini en durée.

Espace. Étendue. — Si l'on fait abstraction par la pensée de tous les objets qui sont dans l'univers, on aura l'idée du vide universel ou bien de l'*espace infini*. Une partie plus ou moins grande de l'espace infini a reçu le nom d'*espace limité*.

L'*étendue absolue* est l'espace infini matériellement occupé; tandis que l'*étendue relative* est l'espace limité aussi matériellement occupé (1).

Nous ne discuterons pas, du moins pour le moment, sur la réalité de l'espace ni sur celle de l'étendue relative; car ce sont des abstractions dont la discussion doit trouver sa place plutôt dans un ouvrage spécial de philosophie naturelle que dans un traité élémentaire et abrégé de minéralogie.

Force. — On donne le nom de *force* à toute cause qui peut faire passer un corps de l'état de repos ou d'équilibre à celui de mouvement, ou bien qui peut produire l'effet inverse.

On distingue deux genres de forces : les *forces vitales* (2) et les *forces physiques* (3).

---

(1) On donne quelquefois d'autres significations à l'étendue absolue et à l'étendue relative.

(2) L'étude de ces premières appartient spécialement à la physiologie et à la psychologie.

(3) On a l'habitude de diviser celles-ci en forces mécaniques, en forces physi-

Mobilité. Mouvement. — On nomme *mobilité* la propriété dont jouissent tous les corps de pouvoir passer d'un lieu ou d'une position dans un autre, et *mouvement* le changement de lieu ou de position; la mobilité est donc une faculté, et le mouvement une opération.

Le mouvement peut être *absolu* ou *relatif*. Quand un corps ou un système de corps se meut de telle manière que ses différentes parties conservent entre elles leurs mêmes distances respectives, ces parties sont en repos les unes par rapport aux autres, mais le corps ou le système de corps possède un mouvement dit *absolu*. Lorsqu'une ou plusieurs parties du corps ou du système de corps changent de positions par rapport aux autres, il y a mouvement dit *relatif* dans le corps ou dans le système de corps. Si l'observateur participe au mouvement, si de plus les points pris comme fixes se trouvent très-éloignés de lui, le système lui paraît immobile, quoiqu'il y ait mouvement absolu; et si quelques corps du système changent de distances entre eux, il ne juge que de leurs mouvements relatifs, puisqu'il fait abstraction du mouvement commun.

Repos. Équilibre. — On entend par *repos* l'état d'un corps qui ne change pas de position et dont les parties constituantes paraissent fixes. On distingue aussi le repos *absolu* et le repos *relatif*.

On nomme repos absolu l'état d'un corps dont l'ensemble et toutes les parties occuperaient constamment et réellement des positions fixes; tandis que le repos relatif est l'état d'un corps dont la position et les distances à d'autres corps ne varient pas.

Il n'existe pas de repos absolu dans la nature : tous les corps de la terre sont animés du mouvement commun de rotation autour de l'axe de celle-ci; en outre, ce mouvement se combine avec un autre beaucoup plus rapide, le mouvement de translation de notre planète autour du soleil, et le soleil lui-même est emporté dans l'espace, ainsi que tout son système, avec une vitesse au moins égale à celle de la terre dans son orbite; enfin il n'y a vraisemblablement aucun astre qui soit réellement immobile, et les parties élémentaires de tous les corps sont probablement douées elles-mêmes de mouvements vibratoires. On voit

ques et en forces chimiques, suivant leur nature spéciale ou leur genre particulier d'effets.

donc, d'après cela, que la mobilité est une loi générale et essentielle.

Lorsque les forces qui sont appliquées à un corps s'anéantissent mutuellement ou ne produisent aucun effet apparent, on dit qu'il y a *équilibre* ou bien que le corps est à l'*état statique*.

Inertie. — L'*inertie* est la propriété essentielle que possèdent les corps de conserver indéfiniment leur état de repos, d'équilibre ou de mouvement, tant qu'une cause étrangère ne vient pas troubler l'ordre existant. Nous savons très-bien qu'un corps en repos ou en équilibre ne prendra pas de lui-même du mouvement, car les exceptions ne sont qu'apparentes : ainsi, chez un animal qui se met en mouvement, il n'y a jamais dans la rigueur repos durant la vie; d'autre part, les mouvements spontanés qu'on observe dans les fermentations dérivent aussi d'un état antérieur, qui n'était pas un véritable repos. Mais on ne conçoit pas aussi facilement l'inertie pour les corps en mouvement; car beaucoup de phénomènes tendent à faire supposer que le mouvement d'un corps ne peut persister. Or, en étudiant avec soin les mouvements qui s'effectuent à la surface de la terre, on reconnaît que les retards et les destructions qu'ils éprouvent sont dus à certains obstacles, et l'on acquiert la conviction qu'ils continueraient si ces obstacles étaient enlevés. Une des causes qui s'opposent à la durée indéfinie du mouvement est la présence dans l'espace, où se meuvent les corps, d'une substance qui doit être déplacée aux dépens des quantités de mouvement imprimées à ces corps. Enfin, pour avoir une idée complète de l'inertie, il ne suffit pas d'admettre qu'un corps en mouvement continuera éternellement à se mouvoir, il faut de plus reconnaître qu'il aura toujours la même vitesse et la même direction, pourvu qu'il ne survienne aucune action étrangère.

Matière. Agents. — On a donné le nom de *matière* en général à toute substance qui affecte directement nos sens, et par restriction à toute substance pondérable.

La matière peut être considérée sous trois points de vue : 1° comme étant inerte, et nécessitant dès lors une ou plusieurs forces pour l'animer et pour manifester son existence; 2° comme ayant une force propre, inhérente à son essence et qui modifierait ses effets suivant les circonstances particulières; 3° comme se présentant, dans certaines conditions, sous deux natures ou deux états différents, qui la distingueraient en substance pondérable et en substance impondérable.

Les causes ou forces qui animent la matière, qu'elles lui soient inhérentes ou bien qu'elles en soient indépendantes, ont reçu les noms d'*agents*, de *fluides incoercibles* et de *fluides impondérables* (1).

Les phénomènes s'accomplissent donc dans le temps et l'espace, sur la matière, au moyen d'agents et d'après des lois.

Dans l'état actuel des connaissances humaines, on considère cinq agents : le principe de la vie des êtres organisés, l'attraction, la chaleur, la lumière et l'électricité (comprenant le magnétisme). Ces cinq agents peuvent même être groupés et ne former que trois agents généraux, qui sembleraient être chacun d'un ordre différent : le principe de la vie, l'attraction, et la cause unique du calorique, de la lumière et de l'électricité. Il est encore possible qu'on reconnaisse, dans les siècles à venir, que tous les agents admis aujourd'hui ne sont réellement qu'un seul agent, ou qu'en d'autres termes tous les effets divers qu'ils nous présentent ne sont que des modes d'action différents d'une même cause.

Jusqu'à présent nous n'avons pu dévoiler la nature essentielle des agents et nous n'admettons leur existence que d'après des effets ; de même la nature intime de la matière nous est entièrement inconnue. Nous ignorons donc s'il y a plusieurs sortes de matières ou s'il n'y en a qu'une seule, c'est-à-dire si la matière dans son essence est une ou plurielle, et si, par conséquent, l'ensemble des choses matérielles qui composent l'univers ont pour principe élémentaire une ou plusieurs substances.

Atome. Molécule. Particule. Corpuscule. Corps. — On a donné le nom d'*atome* à la partie de la matière que l'on suppose n'être plus divisible, et le nom de *molécule* à une réunion plus ou moins complexe d'atomes. Ces parties de la matière ne tombent pas directement ou du moins isolément sous nos sens.

(1) Ces expressions de *fluides incoercibles* et de *fluides impondérables* que l'on emploie comme synonymes du mot *agents* ont été mal choisies ; car elles semblent indiquer une substance matérielle, par conséquent trancher la question sur la nature des agents et rejeter l'hypothèse que les phénomènes lumineux, calorifiques et électriques sont le résultat de mouvements vibratoires particuliers des parties infiniment petites des corps.

Le mot *particule* est employé pour désigner les plus petites parties matérielles qui peuvent être obtenues par la division mécanique.

Les atomes, les molécules et les particules sont compris indifféremment sous le nom générique de *corpuscules*, lorsqu'on ne veut pas les indiquer d'une manière spéciale.

On nomme *corps* une réunion plus ou moins complexe et distincte de molécules.

Masse. Figure. Volume. Poids. Densité. — On entend par *masse* d'un corps la somme ou l'ensemble de ses atomes; par *figure* la forme générale sous laquelle il se présente à l'observateur, et par *volume* la partie de l'espace qu'il occupe sous sa forme.

Un volume est *régulier*, lorsqu'il est susceptible d'une définition simple ou qu'il affecte une forme géométrique, et *irrégulier*, lorsqu'il ne remplit pas cette condition.

On nomme volume *apparent* d'un corps celui que nous voyons de prime abord, et volume *réel*, l'espace réellement occupé par la matière du corps.

Les parties du volume apparent qui ne sont pas remplies par la matière pondérable constituent les *pores*. Ainsi la différence du volume apparent et du volume réel donne l'ensemble des pores du corps, qui est probablement occupé par la matière dans un état particulier, si le vide absolu n'existe pas.

Le *poids* d'un corps est l'effort que produit ce corps pour atteindre le centre de la terre; tandis que sa *densité* est le rapport de sa masse à son volume apparent, ou bien le rapport de son poids à son volume; enfin la *pesanteur spécifique* d'un corps est le rapport de sa densité à celle d'un autre corps, pris pour terme de comparaison.

Corps simples. Corps composés. — On divise les corps en *corps simples* et en *corps composés*.

Les *corps simples*, *radicaux* ou *éléments* sont les corps qui ont résisté jusqu'à présent à nos moyens de décomposition les plus puissants.

On admet aujourd'hui soixante-trois corps simples. Mais il est possible que plus tard le nombre de ces substances supposées simples augmente ou diminue; car on peut en découvrir de nouvelles, comme il peut se faire aussi qu'on parvienne à en décomposer plusieurs et même toutes, ou bien qu'on parvienne à réduire le nombre des corps simples à une ou deux substances élémentaires seulement (1).

Voici le tableau des corps simples actuellement admis et rangés d'après leur ordre alphabétique avec leurs signes abrégés respectifs :

1	Aluminium	Al.
2	Antimoine ou Stibium	Sb.
3	Argent	Ag.
4	Arsenic	As.
5	Azote ou Nitrogène	Az. ou N.
6	Baryum	Ba.
7	Bismuth	Bi.
8	Bore	B. ou Bo.
9	Brome	Br.
10	Cadmium	Cd.
11	Calcium	Ca.
12	Carbone	C.
13	Cérium	Ce.
14	Chlore	Cl.
15	Chrome	Cr.
16	Cobalt	Co.
17	Cuivre	Cu.
18	Didyme	Di.
19	Donarium	D. ou Dn.
20	Erbium	E. ou Er.
21	Étain ou Stannum	Sn.
22	Fer	Fe.
23	Fluor ou Phtore	Fl. ou P.
24	Glucinium ou Berillium	Gl. ou Be.
25	Hydrogène	H. ou Hy.
26	Ilménium	Il.
27	Iode	I ou Io.
28	Iridium	Ir.
29	Lanthane	La.
30	Lithium	L. ou Li.
31	Magnésium	Mg. ou Ma.
32	Manganèse	Mn.
33	Mercure ou Hydrargyrum	Me. ou Hg.
34	Molybdène	Mo.
35	Nickel	Ni.

(1) Nous reviendrons plus loin sur la question philosophique des corps simples et des corps composés.

36	Niobium	Nb.
37	Or ou Aurum	Or ou Au.
38	Osmium	Os.
39	Oxygène	O.
40	Palladium	Pd.
41	Pélopium	Pp.
42	Phosphore	Ph.
43	Platine	Pl. ou Pt.
44	Plomb	Pb.
45	Potassium ou Kalium	Po. ou K.
46	Rhodium	R. ou Rh.
47	Ruthénium	Ru.
48	Sélénium	Se.
49	Silicium	Si.
50	Sodium ou Natrium	So. ou Na.
51	Soufre ou Sulphur	S. ou Su.
52	Strontium	Sr.
53	Tantale ou Colombium	Ta. ou Cb.
54	Tellure	Te.
55	Terbium	T. ou Tr.
56	Thorium ou Thorinium	Th. ou To.
57	Titane	Ti.
58	Tungstène ou Wolfram	Tu., Tg. ou W.
59	Uranium	U.
60	Vanadium ou Erythroxium	Vd. ou Ert.
61	Yttrium	Yt.
62	Zinc	Zn.
63	Zirconium	Zr.

Plusieurs de ces corps supposés simples ne nous sont connus que d'une manière incomplète, et même l'existence de certains d'entre eux n'a été sérieusement constatée que par leurs réactions chimiques ou que par leurs composés.

Les *corps composés* sont ceux dont on peut extraire plusieurs substances distinctes, jouissant de propriétés différentes entre elles et de celles des corps dont elles proviennent.

Si le nombre des corps simples distincts est assez limité et peut même être ramené à un ou à deux, celui des corps composés distincts, présentant des caractères différents et tels qu'on les comprend, est extrêmement considérable.

États des corps. — Les corps dans certaines conditions peuvent affecter divers états. A la température et à la pression ordinaires de l'atmosphère on distingue trois principaux états des corps : la *solidité*, la *liquidité* et la *gazéité*.

On nomme *corps solide* celui qui a une forme fixe, qu'on ne peut changer mécaniquement que par un effort plus ou moins grand. On nomme *corps liquide* celui dont les parties sont à peu près dans un état d'indifférence, soit pour se rapprocher, soit pour s'éloigner. On nomme *corps gazeux* celui dont les parties tendent sans cesse à s'éloigner les unes des autres. Enfin, les liquides et les gaz sont souvent désignés collectivement sous le nom de *fluides*.

La solidité, la liquidité et la gazéité sont relatives, c'est-à-dire que dans les mêmes conditions les différents corps ne possèdent pas ces divers états au même degré : car le fer est moins fusible que le plomb, et celui-ci l'est moins que le soufre et la cire; le bitume et le mercure sont moins liquides que l'eau, et celle-ci est moins mobile que l'éther sulfhydrique; la vapeur d'eau est moins élastique que l'air, l'oxygène et l'hydrogène; enfin ceux-ci paraissent être moins subtils que le fluor. Par des nuances insensibles on arrive donc des corps solides aux corps liquides, des liquides aux vapeurs, et de ces dernières aux gaz; au contraire il y a des corps qui passent directement, sans apparence de transition intermédiaire, de l'état solide à l'état gazeux, et réciproquement. Quoi qu'il en soit, tous les corps de la nature seraient susceptibles de prendre les trois états, s'ils étaient indécomposables et s'ils se trouvaient dans les conditions voulues de température et de pression.

Corps organiques. Corps inorganiques. — Les corps matériels que nous pouvons apprécier sur notre globe terrestre sont distingués en *corps organisés, organiques* ou *vivants*, et en *corps inorganisés, inorganiques* ou *bruts* (1). Cependant il pourrait se faire qu'en réalité il n'y eût pas pour la nature de distinction aussi tranchée qu'on l'admet; car il existe probablement dans les corps bruts une organisation d'un certain ordre (2).

(1) Cette dernière expression paraît être assez impropre : les corps inorganiques sont souvent aussi réguliers et aussi bien façonnés que s'ils sortaient des mains de l'ouvrier le plus habile.

(2) Non-seulement tout principe de vie n'est peut-être pas entièrement éteint dans les matières brutes, comme le sucre, les liqueurs fermentées, etc.; mais encore on entrevoit, dans les corps bruts naturels qui nous paraissent fixes, un

Les corps organisés sont ou ont été doués de la vie, telle que nous la concevons; ils se composent d'un ensemble plus ou moins complexe d'appareils nécessaires à leur existence, et offrent pour caractère essentiel d'avoir une durée limitée.

Si nous ne sortons pas de l'ensemble des faits qui se passent sous nos yeux, pendant notre époque géologique, ni des limites de nos moyens directs d'observation, nous reconnaissons que les corps organisés naissent d'individus préexistants et semblables à eux (1).

Dès que le corps organisé existe, il a nécessairement une forme propre et déterminée, parce que la vie exige les fonctions et les actions mutuelles de diverses parties qui ont des formes arrêtées et des positions relatives rigoureusement ordonnées.

Les corps vivants se développent toujours après leur naissance et toujours de la même manière, ordinairement jusqu'à un certain terme qui n'est jamais dépassé. Cet accroissement se fait intérieurement par suite de la nutrition, ou faculté que possèdent les corps vivants d'attirer dans leur composition et de s'approprier, par diverses modifications, une partie des substances environnantes, en même temps qu'ils expulsent une partie de celles dont ils sont déjà en possession. La forme se conserve alors constamment; ou bien, si elle subit quelques changements, c'est toujours dans un ordre rigoureusement déterminé, et à des époques fixes.

Le mouvement d'assimilation et de déperdition qui constitue la vie, n'a lieu que pendant un temps limité; il s'arrête sans retour, à un certain moment, et le corps vivant n'existe plus. La mort est la suite inévitable de la vie; et il ne reste après qu'un amas de particules qui, à l'instant même, commencent à agir autrement les unes sur les autres et sur les corps environnants; d'où il résulte une destruction plus ou moins complète

arrangement moléculaire, sous un état d'équilibre apparent, qu'il ne serait pas impossible de rattacher philosophiquement à un système d'organisation ou de mouvement plus que mécanique.

(1) On pourrait croire de prime abord que certains êtres, par exemple ceux qui subissent des métamorphoses, comme le ver à soie, échappent à ce principe; mais il n'en est pas ainsi dans la réalité. Quant à l'apparition des êtres organisés sur la terre, à leur succession, à leur fixité, à leurs modifications pendant les époques géologiques ou à la génération spontanée, nous devons pour le moment laisser ces questions de côté et en renvoyer la discussion à l'une des parties de la géologie philosophique.

de ce qui existait, et la production de matières de la classe des corps inorganiques.

L'étude des corps organisés appartient aux sciences naturelles qu'on nomme *zoologie* et *phytologie* ou *botanique* ; la première de ces sciences a pour but l'étude des animaux, et la seconde l'étude des végétaux (1).

Les corps bruts ou inorganiques ne sont jamais doués de la vie, telle que nous la considérons; ils paraissent seulement régis par des forces et des lois mécaniques, géométriques, physiques et chimiques ; tandis que les corps organisés sont de plus soumis à des forces et à des lois physiologiques et vitales.

Les corps bruts ont pour caractère essentiel de se trouver tout formés dans la nature, ou de se former immédiatement chaque fois que des parties élémentaires peuvent agir librement les unes sur les autres et céder à leur attraction mutuelle.

Différents de ces corps, sinon tous, lorsqu'ils sont formés, peuvent se trouver à l'état solide, à l'état liquide, ou à l'état de fluide aériforme, suivant les conditions dans lesquelles ils sont placés ; d'où il résulte que pour le corps brut la forme n'est pas toujours essentielle, et que c'est par une nouvelle opération, indépendante à la fois de la formation et de l'existence, qu'elle vient à se manifester.

Le corps brut solide peut conserver le volume sous lequel il s'est produit, comme il peut s'accroître indéfiniment par une nouvelle agrégation de parties qui se groupent autour des premières. Cet accroissement peut avoir lieu d'une manière continue, comme il peut aussi être interrompu et repris successivement à des époques indéterminées, qui dépendent seulement des circonstances extérieures. Enfin le corps brut solide peut diminuer de volume par une opération inverse.

Dans ces changements accidentels de volume, la forme du corps brut solide peut se conserver constamment ou bien varier de toutes les manières, sans époque déterminée. Elle peut être purement accidentelle, comme elle peut tenir à une certaine propriété que possède la matière des corps bruts, de s'agréger sous des formes géométriques, qui sont susceptibles de varier presque à l'infini ; de sorte que le même corps peut avoir d'a-

____

(1) Pour d'autres détails nous devons renvoyer aux ouvrages spéciaux de zoologie et de botanique.

bord une forme, puis en prendre successivement d'autres, suivant les circonstances.

Les corps bruts une fois formés peuvent exister indéfiniment, et c'est toujours par l'action d'une cause extérieure qu'ils sont modifiés ou détruits; mais il faut distinguer la destruction apparente de la destruction réelle. La destruction apparente est souvent une désagrégation pure et simple des particules qui avaient été réunies sous une forme ou sous une autre; la manière d'être du corps se trouve alors changée : celui-ci est devenu pulvérulent, il a été dissous, il a été mis en fusion, il s'est volatilisé, etc. La destruction réelle est le résultat d'une séparation partielle ou totale des éléments qui constituent le corps. L'efflorescence, l'application de la chaleur, de l'électricité, des agents chimiques, etc., nous offrent de nombreux exemples des diverses sortes de destruction.

Corps bruts naturels. Corps bruts artificiels. — On distingue les corps inorganiques en *corps bruts naturels* et en *corps bruts artificiels*. Les premiers sont ceux que nous trouvons tout formés dans la nature; les seconds sont ceux que nous produisons avec des corps provenant primitivement de corps naturels.

Les corps bruts naturels à plusieurs éléments sont de diverses sortes. Il y en a dont la formation paraît n'avoir lieu que lorsque l'affinité des principes élémentaires est mise en jeu sous l'action lente et prolongée des fonctions vitales, qui permettent à un petit nombre d'éléments de se combiner dans des proportions fixes très-variées, et de constituer ainsi une multitude de corps : telles sont les matières inertes formées dans les corps organisés. Il y en a d'autres au contraire dont la formation a eu ou a lieu sans aucune participation des forces vitales : telles sont les substances que nous trouvons dans le sein de la terre.

Minéraux. Minéralogie. — Les *minéraux* sont les corps bruts naturels d'origine inorganique, que nous trouvons tout formés ou qui se forment soit à la surface, soit dans le sein de la terre.

La *minéralogie*, qui est une branche de l'histoire naturelle du même ordre que la phytologie et la zoologie, a donc pour but l'étude des minéraux ou des corps bruts naturels d'origine inorganique. Mais on a pris l'habitude d'étendre le domaine de cette science jusqu'à l'étude de diverses matières d'origine organique qui sont enfouies dans le sein de la terre, où elles ont été plus ou moins modifiées. Or, les minéraux proprement dits devant être restreints, sauf deux ou trois exceptions, aux corps inorganiques naturels qui sont solides, nous étudierons principalement ces derniers corps, et nous renverrons aux ouvrages de chimie, de physique, de météorologie et de géologie pour l'étude particulière des substances liquides et gazeuses qui se trouvent à la surface de notre globe ou dans son intérieur. Quant aux matières inertes que produisent les corps organisés, leur étude, comme corps naturels, appartient à la physiologie, qui s'occupe des phénomènes que la vie détermine chez les êtres organisés.

Minéraux simples. Minéraux composés. — On divise l'ensemble des minéraux en *minéraux simples* et en *minéraux composés* (1).

Les minéraux simples sont les substances élémentaires que l'on trouve à l'état libre dans la nature.

On ne trouve pas, dans la nature, tous les corps simples à l'état libre ou, comme on le dit, à l'état natif. Ceux qui existent quelquefois à cet état sont peu nombreux et se réduisent, du moins jusqu'à présent, aux suivants, que nous rangeons d'après leur pouvoir électro-négatif relatif :

Oxygène,	Tellure,	Mercure,
Hydrogène,	Arsenic,	Argent,
Azote,	Antimoine,	Cuivre,
Soufre,	Or,	Bismuth,
Chlore,	Platine,	Plomb,
Carbone (Diamant et graphite),	Palladium,	Fer.

Parmi ces corps simples il y en a qui sont très-rares et d'autres qui sont à l'état gazeux.

Les autres corps simples n'ont pas encore été trouvés à l'état libre ou natif; on les obtient artificiellement, en les dégageant des corps composés dans lesquels ils entrent, et par conséquent leur étude appartient à la chimie.

En définitive le nombre des minéraux simples dont s'occupe la minéralogie est par le fait très-réduit.

Les minéraux composés sont ceux qui résultent de combinaisons naturelles entre les corps simples.

____

(1) On distingue aussi les minéraux *purs* et les minéraux *impurs* ou *mélangés*; nous en parlerons plus tard.

Mais les minéraux composés sont beaucoup moins nombreux que les combinaisons théoriquement possibles entre les corps simples. Dans la formation des minéraux composés la nature s'est imposé deux conditions principales, savoir :

1° Tous les corps simples ne se combinent pas entre eux, et il n'y a qu'un certain nombre de ces corps qui forment des éléments essentiels des combinaisons naturelles ;

2° Les combinaisons naturelles entre les corps simples ont lieu suivant des lois simples.

Ainsi, pour la constitution de l'ensemble des minéraux composés, il n'y a tout au plus que quarante-cinq substances élémentaires qui soient essentielles, et ces substances s'y trouvent réunies chimiquement toujours en proportions simples et tout au plus jusqu'au nombre de dix, c'est-à-dire que les combinaisons naturelles sont tout au plus décennaires.

Les principaux minéraux composés sont les suivants, que nous rangeons provisoirement d'après l'ordre que nous avions adopté avec Alex. Brongniart, pour la collection minéralogique spécifique du muséum d'histoire naturelle :

Sassoline,	Pyrolusite,	Cobaltide,
Réalgar,	Diallogite,	Rhodoïse,
Orpiment,	Mispickel,	Nickeline,
Sylvane,	Pyrite,	Nickeloère,
Mullérine,	Sperkise,	Chalkosine,
Elasmose,	Aimant,	Philipsite,
Stibine,	Nigrine,	Chalkopyrite,
Zinkénite,	Oligiste,	Panabase,
Bournonite,	Limonite,	Tennantite,
Exitèle,	Melanthérite,	Zigueline,
Kermès,	Vivianite,	Azurite,
Stannine,	Sidérose,	Malachite,
Cassitérite,	Sidérochrome,	Atacamite,
Columbite,	Wolfram,	Cyanose,
Yttrotantalite,	Blende,	Galène,
Rutile,	Ancramite,	Minium,
Anatase,	Smithsonite,	Céruse,
Sphène,	Zinconise,	Anglésite,
Molybdénite,	Calamine,	Pyromorphite,
Schélite,	Uraconise,	Crocoïse,
Chromle,	Uranite,	Amalgame,
Braunite,	Cobaltine,	Cinabre,
Acerdèse,	Smaltine,	Calomel,

Discrase,	Alunite,	Épidote,
Argyrose,	Giobertite,	Idocrase,
Argyrithrose,	Dolomie,	Jamesonite,
Myargyrite,	Calcaire,	Grenat,
Kérargyre,	Arragonite,	Staurotide,
Iodargyre,	Strontianite,	Orthose,
Bromargyre,	Witherite,	Albite,
Quartz,	Natron,	Ryacolite,
Agate,	Urao,	Labradorite,
Calcédoine,	Boracite,	Oligoclase,
Silex,	Borax,	Néphéline,
Jaspe,	Tourmaline,	Amphigène,
Opale,	Axinite,	Lazulite,
Corindon,	Topaze,	Chabasie,
Selmarin,	Disthène,	Analcime,
Salmiac,	Pinite,	Mésotype,
Fluorine,	Talc,	Apophillite,
Cryolithe,	Stéatite,	Stilbite,
Phosphorite,	Magnésite,	Émeraude,
Turquoise,	Mica,	Euclase,
Pharmacolite,	Chlorite,	Cymophane,
Salpêtre,	Conzéranite,	Zircon,
Epsomite,	Pyroxène,	Spinelle,
Gypse,	Amphibole,	Succin,
Karsténite,	Hypersthène,	Naphtaline,
Célestine,	Péridot,	Naphte,
Barytine,	Diallage,	Pétrole,
Glaubérite,	Cordiérite,	Asphalte,
Alun,	Wernérite,	etc.

L'ensemble des minéraux simples et des minéraux composés ne s'élève pas à cinq cents, et sur ce nombre on en compte à peine cent quatre-vingts qui soient essentiels à connaître, tant sous le rapport de la science pure que sous celui de leur utilité et du rôle qu'ils jouent dans la constitution de l'écorce du globe; les autres sont ou accidentels, ou très-mal caractérisés; mais les variétés des types principaux sont souvent extrêmement nombreuses.

Non-seulement le nombre des minéraux différents est assez restreint, mais encore il y en a, comme le diamant, l'or, l'uranite, l'anatase, la lazulite, la topaze, etc., qui sont rares; tandis que d'autres, comme le quartz, l'orthose, le mica, le calcaire, la limonite, etc., sont très abondants.

Roches. — Lorsque les minéraux, soit seuls, soit associés entre eux constituent des masses importantes dans l'écorce du globe, on leur donne le nom de *roches*, et l'étude minéralogique de ces roches en elles-mêmes forme une branche de la minéralogie qu'on nomme *oryctognosie*; mais quand on considère les roches sous le rapport du rôle qu'elles jouent dans la constitution de l'écorce du globe, leur étude appartient à la *géologie*, science naturelle d'un ordre très-élevé, que nous définirons, pour le moment, en disant qu'elle a pour objet la description et l'histoire de la terre.

Principales divisions de l'histoire naturelle. — D'après ce qui précède on voit que *l'histoire naturelle* proprement dite comprend : la zoologie, la phytologie, la minéralogie et la géologie (1). Par extension on y rattache quelquefois la météorologie ou science qui traite des météores (2), et l'astronomie, science qui traite des corps célestes.

Dans cet ouvrge, qui est simplement un précis de minéralogie, nous nous bornerons à l'étude abrégée des minéraux et des roches.

(1) Cette dernière science, outre son objet spécial, présente en quelque sorte le corollaire général de toutes les autres.

(2) On fait souvent aussi rentrer la météorologie dans la géologie générale.

CONSTITUTION DES MINÉRAUX.

Tout dans l'univers concourt à prouver que le monde est gouverné par des lois générales : c'est un même système, ce sont les mêmes arrangements qui se manifestent à nous ; c'est la même unité d'objets, ce sont les mêmes principes que nous retrouvons partout, et qui partout conduisent aux mêmes relations de causes finales.

L'ensemble des phénomènes, loin de nous montrer confusion et désordre dans la nature, nous offre au contraire la preuve d'une harmonie infinie.

Si l'on ramène tous les corps inorganiques aux conditions premières et les plus simples de leurs éléments constituants, on reconnaît que ces éléments ont été à toutes les époques régis par un système unique de lois fixes, qui règlent encore les mécanismes du monde matériel. En étudiant l'action de ces lois, nous voyons une subordination constante de moyens à leurs fins et une grande harmonie dans les propriétés, dans les proportions numériques, dans les fonctions chimiques des éléments, etc. D'autre part, on reconnaît chez les êtres organisés un système de plans tellement général, quoique produisant des résultats divers par les diverses combinaisons de mécanismes multipliés jusqu'à l'infini dans les détails, qu'il est raisonnable de conclure que toutes les productions passées et présentes sont simplement des parties d'un seul tout immense et plein d'ensemble.

En supposant qu'une ou plusieurs des lois fondamentales n'existassent point, alors le monde matériel serait évidemment tout différent. Si l'attraction, par exemple, n'existait pas, tout ne serait-il pas confondu? la mort absolue ou le chaos pour cette fois ne régnerait-il pas, jusqu'à ce qu'il plût à la cause première des choses de créer de nouveaux mondes, en rétablissant de nouveaux systèmes d'attraction?

Pour l'univers tel qu'il est, il faut donc que les lois premières soient exactement ce qu'elles sont, car avec d'autres lois, il y aurait un autre univers. En un mot, l'ensemble des lois et l'univers sont tellement liés que le changement de l'un amènerait nécessairement le changement de l'autre. Or, pouvons-nous raisonnablement concevoir un autre univers?

Si l'on a reconnu des lois générales de symétrie, d'analogie et d'harmonie dans l'ensemble des corps célestes, dans le règne animal et dans le règne végétal, de même nous verrons que des lois semblables de symétrie, d'analogie et d'harmonie existent pour le règne minéral.

AGENTS PHYSIQUES.

Considérations générales sur les agents physiques. — Nous avons déjà parlé d'une manière sommaire des forces inconnues ou agents physiques qui animent la matière; par conséquent nous devrions renvoyer dès maintenant aux ouvrages de philosophie naturelle et de physique pour l'étude approfondie de ces agents et de leurs lois. Mais, dans le but de faciliter l'intelligence de la constitution intime ou atomique des minéraux, nous ajouterons quelques autres considérations générales, quoiqu'il soit probable, en admettant même la possibilité de concevoir un jour des causes finales qui satisferaient notre esprit, que nous n'aurons jamais la véritable clef des secrets de la nature.

Il n'est personne qui, à la vue de tout ce qui l'entoure, ne se soit demandé s'il y a une puissance qui gouverne le monde; car faire honneur de cette harmonie à quelques causes fortuites, ce serait repousser les inductions sur lesquelles l'esprit humain se repose sans hésitation, dans tous les événements de la vie comme dans toutes les investigations physiques et métaphysiques. Ceux qui nieraient l'existence d'une puissance universelle et au-dessus de nos appréciations exactes, ou n'auraient pas le sentiment de la grandeur et de la généralisation des phénomènes de la nature, et se renfermeraient dans le matérialisme des faits connus, sans s'inquiéter de leur cause première; ou ils admettraient que l'intelligence humaine est susceptible d'être initiée aux questions fondamentales de la nature, et accuseraient simplement la faiblesse de nos connaissances actuelles sur l'essence des choses pour ce qu'ils ne pourraient expliquer rigoureusement. Mais serions-nous donc des êtres organisés pour des conceptions d'un ordre aussi élevé? Ne conviendrait-il pas de supposer que tout ce qui est doué d'un entendement plus ou moins perfectionné, a une conception spéciale à une destination invariable en résultat? Dans ce cas, nous serions nous-mêmes des individualités particulières d'un tout, et nous ne concevrions que ce qui affecte notre individualité et non le tout; tandis qu'il n'y aurait que l'ensemble capable de saisir ce qui affecte l'ensemble. Finalement, la rectitude de notre conception serait purement relative et non absolue !

Tout au moins pour arrêter notre esprit vers les limites qu'il ne peut raisonnablement franchir, nous devons donc admettre cette cause première, suprême et infinie, qui est partout et qui règle le mouvement universel, c'est-à-dire la permanence du mouvement dans l'univers. Mais, sans restreindre en rien la puissance infinie, nous ne sommes nullement obligés de supposer un néant, un commencement et une fin dans le monde. Au contraire, cette puissance devient encore plus mystérieuse et plus grande à nos yeux, si nous admettons l'éternité de toutes choses, sauf diverses modifications, comme par exemple des changements de positions, d'états, de formes, des séparations, des réunions, etc., qui n'entraînent pas d'anéantissement absolu ni de création sans principe préexistant. Néanmoins, puisque les phénomènes ne sont perceptibles pour nous que pendant un laps de temps et dans un espace limités, puisque de plus, notre esprit ne peut comprendre l'essence des causes finales, nous devons, pour concevoir les phénomènes, admettre aussi des causes secondaires ou agents et des faits circonscrits. Tel est l'ordre de causes et de faits dont les sciences naturelles peuvent s'occuper, et rechercher, en un mot, les théories. Pour le naturaliste qui n'aborde pas les questions métaphysiques, ces agents ou forces physiques sont les causes premières qui servent de véhicule à la matière.

Non-seulement il est possible que l'on parvienne dans la suite à démontrer que tous les effets divers auxquels donnent lieu les agents physiques, ne sont que des modes d'actions différents d'un même principe ou de la même substance impondérable; mais encore la plupart des physiciens entrevoient aujourd'hui

l'unité des agents, quelle que soit la manière de les envisager
dans leur essence. L'idée de l'unité des agents n'est pas une
simple hypothèse; elle s'appuie sur un grand nombre de faits
qui sont fournis par l'attraction, la chaleur, la lumière et l'électricité (1). On a déjà rattaché rigoureusement le galvanisme, le
magnétisme, l'électro-magnétisme, etc., à l'électricité; de plus
on a reconnu beaucoup de similitude ou d'analogie entre certains
phénomènes électriques et divers phénomènes soit calorifiques,
soit lumineux, ainsi que plus d'un point de contact entre les
théories de l'électricité, de la chaleur et de la lumière; en outre,
on a constaté expérimentalement que la chaleur peut se transformer en lumière et réciproquement; enfin, on a vu que les
phénomènes produits par ces deux agents suivent souvent les
mêmes lois.

Les forces physiques sont-elles des propriétés inhérentes à la
matière? ou bien en sont-elles indépendantes, distinctes, de manière à la mouvoir comme des forces mécaniques qu'on applique-
rait à un corps? Telle est la question qui restera probablement
toujours sans solution; cependant l'hypothèse de l'existence de
la force et de la matière, formant deux ordres d'individualités,
se trouve être plus en harmonie avec notre conception et notre
raisonnement. Aussi sommes-nous porté à adopter de préférence
cette dernière hypothèse.

L'ensemble des phénomènes lumineux que l'on a observés
signale l'existence d'un fluide impondérable, universellement
répandu et distinct de la matière telle que nous la connaissons,
avec tout autant de certitude que la gravitation et l'impénétrabilité font conclure l'existence de la matière pondérable. Les phénomènes calorifiques et les phénomènes électriques conduisent
aussi de leur côté à la même hypothèse.

On admet donc que tous les corps de notre globe terrestre
et tous les corps célestes sont plongés dans ce milieu qui offre,
il est vrai, une résistance si faible que, depuis des milliers
d'années d'observations astronomiques, l'obstacle qu'il oppose
aux planètes n'a produit aucune modification sensible dans
leurs mouvements; mais il paraîtrait que l'effet devient appréciable sur les comètes, dont la substance serait au moins aussi
légère que le vide obtenu au moyen de la machine pneumatique.

____

(1) Pour des détails, voyez les traités de physique.

ou aussi subtile que la lumière électrique, avec laquelle elle semblerait avoir une certaine analogie.

Éther. — Le fluide impondérable, universellement répandu et distinct de la matière telle que nous la connaissons, a reçu le nom d'*éther*.

Ce fluide, éminemment élastique, est répandu dans tout espace vide de matière pondérable, et doit pénétrer avec la plus grande facilité dans tous les corps. Il peut avoir une densité et une élasticité variables d'un milieu à un autre, et éprouver des actions diverses de la part des substances pondérables. Son état statique dépend de la répulsion qu'il exerce sur lui-même et des actions que la matière pondérable peut lui faire éprouver.

Par comparaison avec les choses que nous connaissons, nous pourrions jusqu'à un certain point nous former une idée de l'éther en supposant un passage insensible des corps les plus solides aux corps mous, de ces derniers aux liquides, des liquides aux vapeurs, des vapeurs aux gaz, des gaz à des substances plus subtiles encore et qui échappent aux analyses des chimistes, telles que certains aromes, et des substances les plus subtiles à l'éther. Au reste l'éther lui-même n'est peut-être, dans la réalité, aussi insaisissable que par rapport à la faiblesse de nos organes et à leur immersion dans l'éther, ou que parce que enfin nous lui cherchons une analogie avec des choses connues, tandis qu'il est peut-être d'une nature toute particulière et dont nous n'avons aucune d'idée. Rien ne prouve, en effet, que la matière telle que nous la connaissons soit seule pour composer l'univers; le contraire est même plus probable.

Quoi qu'il en soit, on est porté à admettre l'existence de l'éther, qui serait ou l'extrême division de la matière et dans un état particulier de mobilité, ou d'une nature différente de la matière et jouissant de propriétés différentes de celle-ci. Mais l'éther est-il homogène, continu ou formé de parties séparées comme la matière proprement dite? S'il n'y a pas de vide possible, l'éther doit être doué de propriétés dont nous n'avons aucune idée.

Résumé des hypothèses sur les agents physiques. — On n'a pu jusqu'à présent, comme nous l'avons dit, apprécier directement par eux-mêmes les agents ou les forces physiques; sur le terrain des sciences positives on n'admet leur existence réelle que d'après des effets. Néanmoins les physiciens ont émis différentes opinions sur la manière d'envisager les agents : certains savants supposent que les agents physiques sont des forces immatérielles, d'autres pensent le contraire ; il en est qui croient que ce sont seulement des propriétés inhérentes à la matière ; d'autres les séparent nettement de celle-ci ; quelques-uns ne voient absolument que des phénomènes sans les rattacher à aucun principe ; d'autres enfin font varier leurs opinions suivant les genres d'effets ou les divers agents qu'ils distinguent.

Parmi les hypothèses qui admettent l'existence des agents, il y en a deux principales : celle de l'émission et celle des vibrations ou des ondulations. Dans la première hypothèse on suppose que les corps calorifiques, lumineux et électriques envoient avec des vitesses excessives, mais variées suivant les phénomènes, des substances impondérables qui, dans diverses conditions, produisent les divers phénomènes de la chaleur, de la lumière et de l'électricité ; dans la seconde hypothèse on suppose que les corps mettent en vibrations l'éther et donnent lieu à des ondes, à la manière de l'air par les corps sonores, mais avec infiniment plus de rapidité. Ainsi suivant la première hypothèse, il y aurait envoi d'un agent substantiel, tandis que suivant la seconde hypothèse il y aurait production et transmission de mouvements vibratoires.

Dans l'hypothèse qui a pour base l'existence de l'éther et les mouvements vibratoires, hypothèse qui paraît être la plus rationnelle, est-il absolument nécessaire de supposer une impulsion première de la part des atomes des corps ? Pourquoi même, dans la production des phénomènes de la chaleur, de la lumière et de l'électricité, supposer une action des atomes des corps sur l'éther ? Ne serait-ce pas l'inverse qu'il faudrait admettre, c'est-à-dire l'action première de l'éther sur les atomes des corps, surtout si l'éther n'est que l'expression de l'unité de la matière à l'état d'expansion extrême et de mouvement excessif ?

Si nous devions formuler une opinion, nous serions porté à admettre que les états vibratoires de l'éther et leurs actions sur les corpuscules des corps produisent les phénomènes de la chaleur, de la lumière et de l'électricité ; que ces états et ces actions peuvent dépendre d'une force telle que l'attraction, qui elle-même serait régie par une puissance suprême, et inappréciable pour l'esprit humain ; qu'enfin le nombre, l'étendue, etc., des vibrations avec les différentes conditions des corps donneraient lieu à la diversité des effets que nous reconnaissons.

Quoique des phénomènes transitoires, analogues ou semblables démontrent que les agents physiques ont une origine commune, on n'est pas parvenu à saisir réellement la théorie générale qui doit les embrasser tous. De sorte que dans l'état actuel de nos connaissances on distingue encore les agents physiques en :

Attraction, *Lumière*,
Calorique, *Électricité*.

Pour l'étude spéciale des faits et des lois qui se rapportent à ces divers agents, nous renvoyons aux traités de physique, car nous devons nous borner dans le cours de cet ouvrage de minéralogie à rappeler seulement ce qui est indispensable pour comprendre la constitution des minéraux, et à indiquer les principales actions des agents sur ces corps naturels.

MATIÈRE.

Considérations générales sur la matière. — Les philosophes de tous les temps ont formé des systèmes plus ou moins rationnels sur la matière; il y en a même qui ont été jusqu'à soutenir qu'elle n'existait pas, et que tout ce qui frappait nos sens était dû à une illusion. Comme nous devons raisonner d'après ce que nous percevons, il est logique d'adopter les idées qui sont en harmonie avec nos impressions et de rejeter celles qui répugnent au contraire à notre jugement. Suivant cette manière de voir, non-seulement la matière existe réellement, mais encore elle aurait toujours existé; elle pourrait simplement changer d'états, de formes et de caractères qui ne seraient pas essentiels à son existence. Sans cette doctrine il faudrait à la fois douter de notre propre existence et nier l'infini, car nous serions forcés d'admettre le néant et de circonscrire l'espace aussi bien que le temps. Or, ces deux dernières abstractions doivent être illimitées pour que l'univers soit lui-même illimité, et pour que la puissance suprême soit infinie.

Toute la nature a-t-elle pour principe élémentaire une ou plusieurs substances? Les systèmes des philosophes de l'antiquité ont varié beaucoup à cet égard. Néanmoins, on croyait généralement autrefois, a-t-on avancé, qu'il existait quatre espèces de matières ou quatre éléments : la terre, l'eau, l'air et le feu. On avait interprété ainsi la pensée des anciens ; mais il est probable que ces philosophes voulaient dire que la matière pouvait affecter quatre états : la solidité (la terre), la liquidité (l'eau), la gazéité (l'air), et l'impondérabilité (le calorique) (1).

Dans les siècles derniers les alchimistes ont beaucoup disputé sur la nature de la matière. On connaît leurs diverses doctrines, dont la principale consistait à admettre la possibilité de la transmutation des corps, notamment des métaux communs en métaux précieux. Après avoir regardé trop légèrement les alchimistes comme des ignorants et des utopistes, on est arrivé à adopter sinon les détails et la forme de leurs doctrines, du moins le principe de leurs idées.

Aujourd'hui comme autrefois les savants sont partagés sur la manière de concevoir la nature de la matière ; les principales opinions peuvent se résumer en trois hypothèses :

1° Suivant la première, il y aurait un assez grand nombre de corps simples (2), formés chacun d'une seule substance, spéciale et particulière.

2° Suivant la deuxième, les corps admis comme simples seraient réellement simples, et ils seraient tous formés d'une même substance unique (par exemple de l'hydrogène ou de quelque gaz encore plus léger), qui ne différerait dans chacun d'eux que par un degré plus ou moins grand de condensation.

3° Suivant la troisième, la plupart des corps regardés comme simples, sinon tous, seraient en réalité des corps composés et formés d'un petit nombre de substances élémentaires, qui, combinées en nombre différent et en quantités différentes, les constitueraient tous.

La première hypothèse est la plus généralement adoptée. Elle se fonde sur ce que l'on n'a pu décomposer un certain nombre de corps, malgré tous les efforts réunis de la chimie et de la

(1) Lorsque nous écrivîmes, il y a près de trente années, dans un mémoire présenté à l'Académie des sciences (*), que l'on interprétait probablement mal la pensée des anciens, et que le nombre des corps simples admis pourrait varier beaucoup et même se réduire à un ou deux, cette opinion fut regardée comme trop hardie, contraire à la science ; aujourd'hui elle paraît être toute naturelle.

(2) Dont soixante-trois seraient déjà reconnus par les chimistes.

(*) *Essai d'une nomenclature atomo-chimique.*

physique (1). Mais ce résultat négatif ne constitue pas une preuve définitive : car, d'une part, on est parvenu à décomposer différentes substances qui d'abord avaient été regardées comme élémentaires; d'autre part, on n'emploie peut-être pas des moyens suffisants ou convenables pour arriver à la décomposition des corps réputés simples, et souvent même la nature des agents et des procédés est plus efficace que le développement de leur échelle.

La seconde hypothèse, qui compte en sa faveur de puissantes analogies, est parfaitement admissible; car ce qui détermine les propriétés physiques d'un corps quelconque, c'est moins sa nature propre que l'arrangement particulier de ses corpuscules. Certaines substances, dont nous connaissons très-bien la composition et qui sous ce rapport ne sont distinctes entre elles que par de légères variations dans la proportion de l'un de leurs principes chimiques constituants, nous présentent cependant souvent des différences frappantes; en outre, des corps composés exactement des mêmes éléments et dans les mêmes proportions nous offrent quelquefois des physionomies et des propriétés complétement différentes. Ne pourrait-on pas en conclure que les divers métaux, par exemple, sont formés d'une seule substance élémentaire, dans des états différents de condensation, à quelques atomes près, en plus ou en moins, ou bien dans la manière d'être de ceux-ci? M. Dumas a donné beaucoup de poids à cette seconde hypothèse sur la constitution des corps simples par des considérations chimiques d'un ordre élevé, qui sont d'ailleurs appuyées sur des faits incontestables.

La troisième hypothèse se rapproche de la précédente, en ce sens qu'il y aurait dans la nature beaucoup moins de corps simples qu'on ne le suppose généralement. On sait que les substances

(1) Depuis plusieurs années, M. Despretz s'est livré à de nombreuses expériences pour éclairer la question. Parmi les corps admis comme simples il a choisi notamment quelques métaux. Il les a fait entrer dans un grand nombre de combinaisons, et a soumis chacune d'elles à tous les moyens décomposants que nous possédons aujourd'hui. Il leur a appliqué isolement ou collectivement soit successivement, soit simultanément la chaleur de l'électricité, celle du soleil et celle de la combustion; enfin au pouvoir des agents physiques il a joint celui des agents chimiques, sans cesse renouvelant ses expériences, sans cesse les variant sous toutes les formes. Or, ce savant n'a pu reconnaître le moindre indice qui le portât à admettre que les métaux ne sont pas des corps simples essentiellement distincts.

végétales et animales sont constituées par de nombreux principes nommés immédiats, et que ceux-ci résultent tous de la combinaison de deux, de trois ou de quatre éléments chimiques (oxygène, hydrogène, azote, carbone) dans différentes proportions. Or, les chimistes qui adoptent la troisième hypothèse admettent que les métaux sont dans le règne inorganique ce que sont les principes immédiats dans le règne organique.

Probabilité de l'unité de la matière. — La plupart des physiciens admettent aujourd'hui l'unité des agents physiques. Si le calorique, la lumière et l'électricité sont des modifications de la même substance ou du même principe, quel naturaliste pourrait être tenté de croire à un aussi grand nombre de corps simples qu'on l'admet généralement? Pourquoi vouloir voir les choses dans l'état le plus complexe, en face des faits si généraux et des lois si simples de la nature? Ne devrait-on pas admettre l'unité de la matière? Quand on songe combien la Providence a produit de phénomènes avec un petit nombre de forces, n'est-on pas porté à croire qu'elle a réduit au plus petit nombre possible les éléments avec lesquels elle a constitué tous les corps? L'idée de l'unité de la matière cadre on ne peut mieux avec le caractère fondamental que manifestent toutes les parties de la création, savoir : la simplicité des principes unie à la variété prodigieuse des résultats. En dernière analyse, tout dans la nature, les phénomènes aussi bien que les lois, nous montre une extrême simplicité et nous ramène au système d'unité. Unité et simplicité, voilà le propre de la nature! Puisque telle est la loi fondamentale de la nature, il serait étrange qu'on voulût obliger celle-ci à se servir d'une grande diversité de matières.

Ainsi, la matière serait probablement une dans son essence, et l'éther pourrait être regardé comme la première expression de cette matière simple.

Nous ne percevrions que des groupements d'un ordre assez élevé et assez complexe des parties de la matière simple; la diversité de ces groupements se traduirait par les caractères particuliers sous lesquels la matière nous apparaît.

La différence des matières ou des corps simples consisterait dans le nombre des atomes groupés, dans leurs distances relatives, dans leurs modes d'arrangement, dans leurs mouvements divers et dans certaines autres conditions. D'une seule sorte de matière résulteraient ainsi pour nos sens les différents corps simples, dont le nombre varierait suivant nos moyens d'investigation, le mode et la puissance de nos procédés physiques et chimiques.

A la rigueur, on ignore si les combinaisons chimiques ont lieu entre les atomes, ou bien si elles s'effectuent entre les molécules; dans ce dernier cas, il deviendrait assez facile et assez naturel d'interpréter l'unité de la matière première et la complexité de la matière composée. D'un autre côté, si les différents corps admis comme simples sont formés de la même substance élémentaire à différents états de condensation ou dans d'autres conditions, tous les corps seraient simples en substance, les corps différents ne résulteraient que de groupements atomiques ou moléculaires de divers ordres, et les corps composés les plus compliqués seraient de l'ordre le plus complexe.

Observation. — Que l'unité de la matière existe ou n'existe pas, et qu'il y ait un nombre plus ou moins grand de corps simples, peu importe en définitive, lorsqu'il s'agit d'étudier les minéraux en dehors des abstractions métaphysiques; et même on en facilite l'étude en établissant des distinctions essentielles entre certaines substances fondamentales, car en minéralogie on doit étudier des corps qui se présentent avec des caractères plus ou moins différents.

D'après ces dernières réflexions, nous devons donc admettre que les corps indécomposés jusqu'à présent sont essentiellement différents, sinon comme substance première, au moins comme arrangement atomique ou moléculaire; et ce point de départ, qui permet de comparer logiquement les minéraux entre eux par leurs compositions respectives, est l'une des principales bases de la minéralogie.

ATTRACTION.

Considérations générales. — On nomme *attraction* la cause ou la force qui sollicite les parties de la matière à se porter réciproquement les unes vers les autres. Elle est regardée comme une force infinie, absolue, universelle, mais qui ne peut devenir manifeste pour nous que par l'existence de la matière.

On donne à l'attraction des noms particuliers, suivant les circonstances dans lesquelles elle s'exerce, et le genre d'effets qu'elle produit. Ainsi, on l'appelle *gravitation* ou *attraction céleste*, lorsqu'elle a lieu entre les astres; *pesanteur* ou *attraction terrestre*, quand elle est relative à notre globe et aux corps qui dépendent de celui-ci (1); *attraction corpusculaire, moléculaire* ou *atomique*, si elle est considérée par rapport aux corpuscules, aux molécules ou aux atomes des corps.

Dans ce dernier cas elle prend encore diverses dénominations : on l'appelle *cohésion* ou *attraction d'agrégation*, lorsqu'elle s'exerce entre les parties de même espèce; *affinité* ou *attraction de composition*, quand elle a lieu entre les parties d'espèces différentes; *adhésion*, lorsque les liquides adhèrent aux corps solides qu'on y plonge, ou lorsque les particules liquides ont entre elles une adhérence sensible, ou bien encore lorsqu'après avoir mis en contact les surfaces de deux corps solides, ils adhèrent sensiblement aussi; *capillarité*, quand on plonge un tube dans un liquide, et que le liquide contenu dans le tube s'élève au-dessus ou s'abaisse au-dessous du niveau du liquide extérieur, ou bien quand un phénomène analogue a lieu avec des corps de formes et de natures différentes. Enfin il est probable que l'endosmose, l'exosmose, la caléfaction, l'absorption, la viscosité, l'élasticité, etc., sont aussi des cas particuliers de l'attraction; et l'on trouverait peut-être encore, si l'on voulait approfondir le sujet, que la plupart des phénomènes de la végétation et de la vie animale sont soumis aux lois générales de l'attraction.

L'attraction ne dépend pas du temps, car elle est constante et s'exercerait immédiatement entre des corps qui seraient créés tout à coup, quelle que fût leur distance; elle se manifeste indifféremment à travers toutes les substances, quel que soit aussi leur état de repos ou de mouvement; elle est toujours réciproque; de plus, elle a lieu proportionnellement aux masses des corps et en raison inverse des carrés de leurs distances.

On a reconnu que les lois de l'attraction s'appliquent à notre système solaire entier, et l'analogie doit faire penser qu'elles régissent aussi les autres systèmes; en outre, si l'on admet que

______

(1) La pesanteur est donc la force qui sollicite les corps à se porter vers le centre de la terre. Les corps sont attirés non-seulement par la partie centrale du globe, mais aussi par tous les atomes qui composent ce dernier. De sorte qu'il se produit dans chaque cas des attractions partielles, qui sont regardées comme ayant une résultante dont la direction est sensiblement parallèle à celles des attractions élémentaires, le diamètre de la terre étant infiniment plus grand que celui des corps qu'on lui compare.

dans les corps les plus denses l'ensemble des pores est incomparablement plus considérable que la masse de ces corps, ou, en d'autres termes, qu'il y a infiniment plus de vide que de plein, on peut regarder les atomes ou les molécules des corps comme autant de globes qui composent des sortes de systèmes planétaires, et ramener l'attraction corpusculaire à la gravitation. L'attraction est donc universelle.

Si l'on pousse plus loin les rapprochements, on reconnaît que les attractions électriques suivent les lois de l'attraction céleste, et que les phénomènes soit de la chaleur, soit de la lumière sont régis quelquefois aussi par les mêmes lois (1).

Au reste, dans l'observation et l'analyse des phénomènes qui résultent de l'attraction, il nous est impossible d'embrasser tous les faits particuliers, toutes les petites causes auxiliaires ou fortuites qui concourent à l'accomplissement de l'ensemble. De là, les variétés de phénomènes et les divisions que nous établissons dans les lois de l'attraction combinée.

Dans l'hypothèse de l'existence de l'éther il serait peut-être plus rationnel d'admettre que les corpuscules des corps ne s'attirent réellement pas les uns les autres, mais qu'ils sont poussés les uns vers les autres par l'éther qui les environne; l'idée d'une résistance réelle ou de l'inertie opposée aux variations du mouvement des corps serait placée dans l'éther environnant; et la cause de l'attraction apparente qu'on observe serait la même que celle de la chaleur, de la lumière et de l'électricité.

Quoi qu'il en soit, l'attraction semble être en définitive le seul agent physique, qui se manifesterait de différentes manières; et les autres ne seraient dans certaines conditions que des modifications diverses. D'un autre coté, la matière et l'éther pourraient être regardés comme étant des expressions différentes d'une même chose, d'une même substance.

Cohésion. — La cohésion étant une force qui unit les parties similaires d'un corps, doit être en raison directe de l'effort nécessaire pour désunir ces parties : aussi paraît-elle insensible dans les gaz, très-faible dans les liquides et plus ou moins grande dans les solides.

----

(1) Par exemple les lois de l'intensité de la chaleur et de la lumière par rapport à la distance.

Donc la cohésion qui existe entre les parties respectives des corps est toujours un obstacle plus ou moins grand à la combinaison chimique de ceux-ci, et lorsque son énergie surpasse celle de l'affinité, la combinaison ne peut avoir lieu que dans certaines conditions. Telle est la cause qui empêche les corps solides de se combiner, ou du moins qui ne leur permet de se combiner que rarement. Mais si la cohésion est un obstacle à la combinaison, elle favorise l'agrégation des particules des corps, lorsqu'ils se forment.

La cohésion est une manifestation particulière de l'attraction et peut-être la résultante de plusieurs actions ou la combinaison de plusieurs forces, telles que l'attraction et l'électricité, par exemple.

Affinité. — L'affinité, ou la force qui tend à unir les parties d'espèces différentes, varie entre les divers corps; elle a d'autant plus d'énergie que les corps ont des propriétés chimiques plus opposées; réciproquement le pouvoir dissolvant de l'affinité s'exerce d'autant mieux et d'autant plus facilement que les corps ont plus d'analogie dans leurs propriétés chimiques.

Sans les forces qui sont opposées à l'affinité, les corps pourraient se combiner un à un, deux à deux, trois à trois, enfin tous ensemble et dans un très-grand nombre de proportions, sinon dans toutes; en outre, lorsqu'ils seraient combinés, on se trouverait dans l'impossibilité de les désunir, si leurs affinités réciproques et leurs quantités respectives étaient égales. Mais comme il existe d'autres forces, le nombre des combinaisons doit être limité; et l'intervention de ces causes étrangères à l'affinité sont telles, nous le répétons, que les composés binaires, ternaires et quaternaires, avec des proportions simples, sont les plus abondants et presque les seuls connus.

L'affinité est modifiée dans ses résultats principalement par : 1° le nombre et la quantité relative des corps entre lesquels la combinaison a lieu; 2° les combinaisons dans lesquelles les corps peuvent être engagés déjà ; 3° la cohésion; 4° le calorique; 5° l'état électrique des corps; 6° la densité; 7° la pression.

Quand les corps sont fondus ou dissous, ils se combinent en général plus facilement, car alors leur cohésion respective devient pour ainsi dire nulle, au lieu que leur affinité réciproque est encore sensible, ce qui prouve que la première de ces forces décroît dans un rapport beaucoup plus grand que la deuxième. Dans de semblables conditions, les dispositions des corpuscules étant dérangées, ceux-ci doivent chercher à se grouper autrement.

La tendance qu'ont les corps à se combiner peut être modifiée à un très-haut degré par l'effet du calorique. Il devient facile de voir que cette action ne dépend pas d'une simple modification de la cohésion des corps mis en contact.

Comme le calorique, la lumière exalte plus ou moins les réactions chimiques.

L'étincelle électrique agit comme une chaleur rouge, et l'électricité voltaïque, qui se propage de molécule à molécule, communique à celles-ci, en les électrisant, des propriétés répulsives ou attractives, dont on peut profiter, soit pour opérer leur séparation, soit pour effectuer leur combinaison.

Enfin, l'affinité est peut-être aussi la résultante ou la combinaison de plusieurs forces.

Catalytie. — La présence de certains corps détermine quelquefois la combinaison de corps qui, sans cela, auraient pu rester indéfiniment à l'état de simple mélange; dans d'autres cas, au contraire, cette présence détermine la séparation d'éléments combinés; et cependant les corps intervenants n'éprouvent aucune altération sensible, ils n'augmentent ni ne diminuent de poids. Cette action a reçu le nom de *catalytie* ou de *force catalytique*. Est-ce une modification particulière de l'attraction, analogue à la capillarité, qui attirerait ainsi les parties élémentaires des corps au delà de leurs sphères d'attraction respectives, ou qui les refoulerait, et qui dès lors faciliterait les combinaisons, ou qui produirait l'effet inverse?

Mélange. Combinaison chimique. — Chacun sait ce qu'on entend par *mélange*; mais on ignore souvent la véritable signification de l'expression *combinaison chimique*. Or, l'on dit qu'il y a combinaison chimique entre des corps, lorsque leurs parties respectives agissent les unes sur les autres de manière à n'en former plus qu'un seul, qui diffère plus ou moins des composants. Dans la réalité, la combinaison n'est qu'un mélange très-intime et symétrique des parties élémentaires; au reste, il serait quelquefois bien difficile d'affirmer s'il y a une véritable combinaison ou un

simple mélange. Quoi qu'il en soit de cette distinction, on ignore
si la combinaison a lieu entre les atomes ou entre les molécules,
ou bien entre les atomes et entre les molécules à la fois.

Les chimistes admettent que les parties constituantes se combinent toujours en proportions simples et définies pour former
les corps composés ; ils admettent aussi que les corps se combinent molécule à molécule ou atome à atome, et par groupements symétriques ou systématiques.

Mais tous les corps ne se combinent pas les uns avec les autres, parce que différentes causes s'y opposent ; néanmoins,
tous tendent à se combiner. Pour expliquer une telle tendance
générale à la combinaison, on admet l'existence d'une force
particulière, inhérente ou non à la matière. Cette force, quel
qu'en soit le principe, a été nommée, ainsi que nous l'avons
dit, attraction atomique ou moléculaire ; les uns pensent qu'elle
est une modification de l'attraction, d'autres y voient une action
électrique, d'autres, enfin, la regardent comme une résultante de
diverses causes combinées. Dans tous les cas elle ne se manifeste
qu'à des distances inappréciables, puisque si les distances qui
séparent les corps sont physiquement mensurables, leurs parties
élémentaires ne s'attireront pas d'une manière sensible.

CONSTITUTION ÉLÉMENTAIRE.

Considérations générales. — On peut admettre que la matière
est répandue partout, sinon entièrement à l'état de matière telle
que nous la connaissons, du moins à l'état d'éther et à l'état
de matière proprement dite. Mais peut-on supposer qu'elle
n'offre pas de solution de continuité, et qu'elle n'est que relativement circonscrite pour former par sa plus ou moins
grande condensation les différents corps qui frappent nos sens ?
Si l'on admet la limitation et la faculté de condensation de la
matière, faut-il nécessairement supposer la possibilité de l'existence du vide et la divisibilité de la matière ? L'idée du vide
réel, qui entraînerait celle du néant, est-elle concevable ? Nous
ne le pensons pas. Il y a donc quelque chose de caché que nous
ne comprenons pas et qui restera probablement toujours caché.
Quant à la division, elle peut être poussée dans les corps appréciables assez loin pour que les dernières parties qui en résultent
échappent directement à nos sens ; Mais la divisibilité est-elle

infinie? C'est ce qu'on ne saurait admettre dans le système atomique; car, suivant les chimistes, les propriétés chimiques des parties entre lesquelles les combinaisons s'effectuent seraient nécessairement altérées par les changements survenus dans la forme, le volume, etc., de ces parties. Or, les faits fournis par la chimie prouvent le contraire. Cependant, il ne serait pas impossible que les chimistes fussent dans l'erreur, lorsqu'ils admettent à l'atome défini et chimique la limite de la divisibilité; il semble même probable que la matière à un certain état est divisible à l'infini.

Quoi qu'il en soit, pour arrêter nos idées et surtout pour faciliter l'étude des corps, nous admettons au moins théoriquement l'existence des atomes définis et de l'espace vide ou éthéré, pénétrable par la matière proprement dite.

Système atomique. Système dynamique. — D'après ce qui précède, on voit que la constitution des corps peut être interprétée principalement suivant deux ordres d'idées différents, qui forment deux systèmes distincts : le *système atomique* ou *atomistique* et le *système dynamique*.

Dans le système atomique on admet que la matière se compose de parties indivisibles ou atomes, qui se groupent pour former les molécules, celles-ci se groupant à leur tour pour constituer les particules, et ces dernières se groupant enfin pour donner au corps sa structure et son ensemble. Dans ce système, la divisibilité limitée, l'impénétrabilité et la porosité deviennent des propriétés essentielles des corps; les atomes sont maintenus à distance par de certaines forces attractives et répulsives; dans le volume de chaque corps il y a beaucoup plus de vide que de plein, et l'on peut expliquer les différences matérielles des corps soit par une différence substantielle des atomes, soit par une différence dans leurs formes, leurs volumes, leurs nombres, leurs positions relatives et leurs mouvements. Non-seulement il est probable que les atomes ne sont pas arrangés de la même manière dans tous les corps, mais encore les atomes doivent être moins éloignés entre eux que les molécules entre elles, et celles-ci moins que les particules. Cependant la différence entre les axes des atomes et les distances qui séparent ces derniers doit être relativement beaucoup plus grande que la différence entre les axes des molécules et les distances qui séparent celles-ci; il peut en être de même pour les molécules comparées aux particules.

Dans le système dynamique, on regarde au contraire chaque corps comme un espace rempli d'une manière continue. La porosité devient alors une propriété accidentelle; tandis que la dilatabilité, la compressibilité ou condensibilité et la pénétrabilité sont des qualités essentielles de la matière. Les états des corps dépendent uniquement de certaines forces attractives ou répulsives, et leurs volumes doivent changer aussitôt que les rapports de ces forces ne sont plus les mêmes. Dans ce système, on explique les variétés de la matière en admettant l'existence d'une ou de plusieurs substances simples, dont les différentes condensations ou combinaisons produisent tous les différents corps de la nature.

Les autres systèmes sur la constitution des corps rentrent dans les deux précédents.

Le système atomique étant le plus généralement suivi et le plus convenable pour l'étude des minéraux, nous l'adopterons. Dès lors nous ajouterons encore quelques considérations sur les atomes.

Théorie rationnelle de la constitution corpusculaire. — Si l'on admet les atomes, ceux-ci doivent être étendus, limités, impénétrables et indivisibles, du moins jusqu'au terme où ils pourraient changer de nature pour passer à l'état de substance éthérée.

Leur volume doit être fixe et infiniment petit; on peut les considérer comme des points matériels.

Leur état, dans le cas où les atomes seraient une substance similaire à la matière telle que nous la connaissons, est analogue à celui de la solidité; dans le cas contraire, et qui paraît plus probable, leur état est tout particulier, différent de ce que nous pouvons apprécier, et résulterait d'une combinaison de la substance matérielle avec l'élément physique des agents.

Leur forme doit être invariable et la plus simple. Or, la forme sphéroïdale présentant le plus de simplicité et le plus de rapport soit avec les corps qui composent le système céleste, soit avec les derniers corpuscules que nous pouvons observer (1), doit être celle des atomes. Au reste, il n'est nullement nécessaire qu'ils

____

(1) Les liquides, les vapeurs, des matières organiques microscopiques, etc., nous montrent cette forme.

aient une similitude de forme avec les molécules et avec les particules ; car c'est le nombre et la disposition relative des atomes qui déterminent le type moléculaire. Il peut en être de même des molécules par rapport aux particules.

Ont-ils un poids isolément, ou bien ne l'acquièrent-ils que par suite de mouvements ou de leurs groupements en molécules ? D'une part, la différence qui existe entre les distances des molécules entre elles et les axes de celles-ci étant relativement beaucoup moins grande que la différence qui existe entre les distances des atomes entre eux et les axes de ceux-ci, l'action de la terre peut devenir plus sensible sur les groupements ou systèmes corpusculaires que sur leurs éléments ; d'autre part, les atomes peuvent par leurs groupements jouir de propriétés particulières et nouvelles.

Ils sont probablement entourés d'une atmosphère particulière formée par l'éther, dans lequel ils sont au reste plongés.

Les distances qui séparent les atomes entre eux doivent être infiniment grandes relativement aux dimensions de ceux-ci.

Les atomes doivent être mobiles et doués de mouvements relatifs excessivement rapides ; ils jouissent peut-être aussi d'autres mouvements, de manière à former par leurs groupements des systèmes analogues aux systèmes célestes.

Les propriétés physiques des corps dépendent, selon toute apparence, du nombre, des distances, du mode de groupements et des mouvements des atomes combinés avec l'éther.

Il est rationnel d'admettre que pour qu'une molécule existe il faut que l'espace compris entre les atomes groupés ait trois dimensions, ce qui exige au moins quatre atomes pour la formation d'une molécule : car avec deux ou trois atomes il ne résulterait qu'une ligne ou qu'une tranche, n'importe les positions que prendraient respectivement les atomes, comme le montrent les figures 1, 2, 3, 4, 5 et 6.

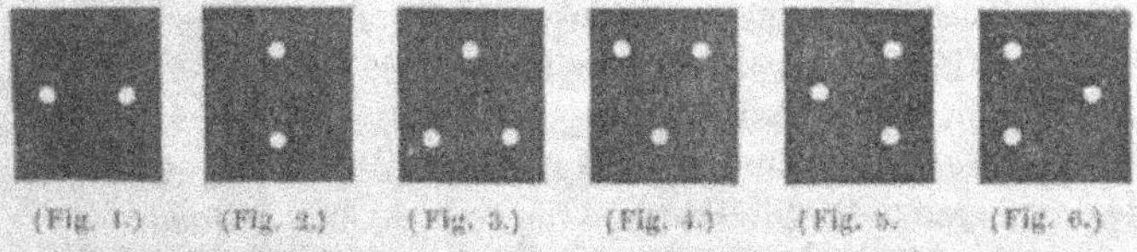

(Fig. 1.)   (Fig. 2.)   (Fig. 3.)   (Fig. 4.)   (Fig. 5.)   (Fig. 6.)

Le groupement le plus simple qui remplisse la condition des trois dimensions se compose de quatre atomes, et se présente sous la forme d'une pyramide triangulaire ou du tétraèdre, comme le montre la figure 7.

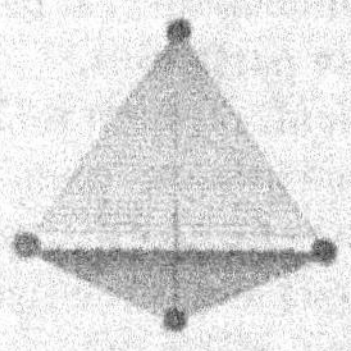

(Fig. 7.)

Une molécule résulte du groupement symétrique polyédrique, ou sphéroïdal d'atomes.

Si l'on admet l'hypothèse de l'unité de la matière, la différence des molécules provient de la différence dans le nombre, les distances, l'arrangement ou les mouvements des atomes qui constituent ces molécules.

Existe-t-il plusieurs ordres de molécules, c'est-à-dire des molécules simples et des molécules composées? Les chimistes le supposent et admettent dès lors des molécules simples, binaires, ternaires, etc. Les molécules simples seraient celles qui sont formées seulement par des groupes d'atomes; tandis que les molécules composées seraient celles qui résulteraient des groupements de molécules simples et même d'un ordre plus élevé.

La forme des molécules est essentiellement déterminée par le nombre et l'arrangement des atomes qui les constituent.

La forme des molécules peut changer non-seulement avec une variation dans le nombre des atomes, mais encore avec une nouvelle disposition de ceux-ci.

Des molécules différentes, en même nombre et avec le même arrangement, peuvent produire des groupements de même forme, comme nous le verrons en parlant de l'isomorphisme.

Des molécules semblables, en même nombre, mais avec des arrangements différents, peuvent produire des groupements de formes différentes, comme nous le verrons en parlant de l'isomérie et du polymorphisme.

Enfin, des molécules différentes, en même nombre, mais avec des arrangements différents, et ne pouvant être ramenées à des arrangements semblables, produisent des groupements de formes différentes.

La régularité et la symétrie des molécules donnent la raison des proportions définies dans les combinaisons chimiques et des formes géométriques des minéraux.

Lorsque des groupements de molécules différentes sont en présence et dans des conditions voulues, les atomes conserveront rarement l'équilibre qui les enchaîne, et tendront à former de nouveaux groupements moléculaires. On peut donc ainsi se rendre compte des combinaisons chimiques, et d'une manière générale on conçoit comment l'équilibre des atomes d'un corps fixe peut être rompu par les réactions chimiques ou par l'action des agents physiques.

Lorsque dans un groupe moléculaire régulier, contenant plusieurs éléments identiques de nature et d'arrangement, on en remplace seulement une partie, la régularité du groupe moléculaire sera détruite, et ce groupe passera dans un nouveau système cristallin; si le groupe moléculaire est simplement symétrique, il présentera une variation dans le rapport des dimensions de ses axes, ou même dans sa forme absolue. Cette observation indique comment on pourrait faire passer un cube dans le système rhomboédrique, un octaèdre à base carrée dans un octaèdre symétrique, etc.

Les molécules doivent avoir une relation géométrique avec les particules et les cristaux qu'elles forment; néanmoins elles peuvent être constituées tout autrement que les particules.

Le clivage (1) qui s'opère dans les corps cristallisés montre que les particules ultimes doivent être des polyèdres d'une forme déterminée pour chaque substance, et que c'est l'assemblage varié de ces petits polyèdres qui produit les cristaux variés. Il y a donc une relation géométrique entre la forme des particules et celles que les cristaux d'une même substance peuvent affecter.

Un type moléculaire est un groupement corpusculaire déterminé par le nombre et l'arrangement des parties qui le constituent. Tout nous porte à croire que le nombre des types moléculaires n'est pas très-considérable, et que la nature produit la variété des corps que nous connaissons en modifiant ces types et en les combinant entre eux.

Statique corpusculaire. — Tout corps peut être considéré comme

(1) L'expression de clivage vient du mot allemand *Kloben* ou *kloren*, qui signifie fendre.

formé de parties soumises à l'action de plusieurs forces, dont les unes tendent à réunir entre elles ces parties et dont les autres s'opposent à leur contact immédiat. Les premières forces sont nommées attractives, et les secondes répulsives. Elles se font équilibre lorsque le corps conserve sa forme apparente.

On admet non-seulement que la matière s'attire à toutes sortes de distances, mais encore que ses mouvements tendent continuellement à se mettre en équilibre avec ceux des milieux ambiants, et cela avec plus ou moins d'efficacité.

Le mouvement des atomes est impérissable; sa quantité totale peut être inégalement répartie dans l'univers; mais elle doit être toujours la même.

Les atomes possèdent probablement plusieurs sortes de mouvement : des mouvements vibratoires ou de rotation et des mouvements de révolution ou de translation.

Par suite, les molécules peuvent posséder des mouvements alternatifs de contraction et de dilatation que les atomes ne peuvent présenter.

Il est probable que les atomes ou les molécules s'attirent lorsqu'ils tournent dans le même sens, et qu'ils se repoussent quand ils tournent en sens contraire.

Les atomes de chaque corps simple doivent avoir la même capacité pour la chaleur; et s'il n'existe qu'une seule espèce de matière, tous les atomes doivent avoir la même capacité pour la chaleur.

Les corps auxquels on a tout lieu de supposer une même constitution ont un même coefficient de caloricité spécifique, et par conséquent les poids atomiques de ces corps sont réciproques à leurs caloricités spécifiques correspondantes. En termes généraux, la caloricité spécifique des corps doit être proportionnelle au nombre des atomes qu'ils renferment, ou bien en raison inverse de leur poids atomique.

Dans l'état naturel, tous les corps possèdent une quantité propre de mouvement électrique ou une électricité spécifique. S'ils ne manifestent point d'électricité, c'est parce qu'il y a équilibre général; mais si cet équilibre est troublé par un changement dans la quantité de mouvement électrique, les corps accusent la présence de l'électricité.

En vertu de leurs électricités spécifiques, les corps peuvent donc être relativement entre eux et alternativement positifs ou négatifs, selon qu'ils présentent plus ou moins de mouvement électrique. Lorsque le mouvement électrique est augmenté, les corps sont électrisés positivement; lorsqu'il est diminué, les corps sont électrisés négativement. Par exemple, quand deux corps se combinent l'un d'eux cède du mouvement électrique aux corps ambiants, tandis que l'autre leur en emprunte : de là les états électriques opposés qu'ils manifestent.

Si deux corps libres, mobiles et suffisamment rapprochés l'un de l'autre possèdent des quantités de mouvement électrique différentes, au-dessus ou au-dessous de la quantité qui constitue l'état normal, ils s'attirent, parce qu'il y a tendance à l'équilibre ; s'ils possèdent tous deux des quantités de mouvement électrique plus ou moins grandes que celle qui constituerait l'état d'équilibre avec les corps ambiants, ils se repoussent.

Des physiciens et des chimistes admettent la polarité électrique des atomes; de plus, ils pensent que l'affinité, la chaleur, la lumière, etc., sont dues à l'électricité, c'est-à-dire que l'électricité serait la cause unique des agents physiques et chimiques.

D'après tout ce qui précède on voit qu'aucun corps n'est atomiquement en repos : il peut seulement y avoir équilibre.

Dans les corps qui à l'état naturel semblent être les plus fixes, comme les cristaux, le repos apparent n'est qu'un équilibre atomique. Si cet équilibre est troublé par des forces agissant au delà des limites de l'état normal, il y a mouvement corpusculaire plus ou moins sensible. Ainsi les minéraux peuvent changer de texture, de couleur et même de composition par certains mouvements atomiques ou moléculaires intérieurs, soit au moyen d'effets mécaniques, soit au moyen de l'action de la chaleur, de la lumière, etc.

Dans les minéraux l'équilibre est le principe de leur existence, et le mouvement l'origine de leur destruction; tandis que chez les corps organisés le mouvement est le principe de la vie, et l'équilibre la manifestation de la mort : sous cette dernière condition, ils rentrent dans la catégorie des corps bruts.

PROPRIÉTÉS DES MINÉRAUX.

La faculté qu'ont les corps de se manifester à nous ou d'affecter nos sens est ce qu'on a désigné par le nom de *propriété*. Le nombre des sensations est proportionnel au nombre des sens et aux moyens que nous avons pour en faciliter l'exercice. Il y a tels corps qui échapperaient à l'observateur, si celui-ci ne trouvait par des artifices le moyen de suppléer à la faiblesse de ses organes, et s'il ne plaçait ces corps dans des circonstances où leurs propriétés puissent se manifester à lui.

On distingue deux sortes de propriétés : les propriétés *générales* et les propriétés *particulières*.

PROPRIÉTÉS GÉNÉRALES.

On partage les propriétés générales en deux ordres : le premier comprend celles qui appartiennent nécessairement à toutes espèces de matières, et le second comprend celles qui ne paraissent pas être essentielles à l'existence de la matière.

Dans le premier ordre les propriétés générales se bornent à deux, *l'étendue* et *l'impénétrabilité ;* mais on pourrait encore y faire rentrer l'*indestructibilité*, comme on pourrait en distraire l'impénétrabilité, puisqu'il est possible, d'après le système dynamique, poursuivi jusque dans ses dernières conséquences, de concevoir la matière douée de la pénétrabilité.

Dans le deuxième ordre de propriétés générales on range la *porosité*, la *divisibilité*, la *dilatabilité*, la *compressibilité* et l'*inertie*.

Nous avons déjà parlé de l'étendue, de l'impénétrabilité et de l'indestructibilité ; néanmoins nous devons revenir sur l'impénétrabilité.

L'impénétrabilité consiste en ce que deux parties distinctes de matière ne peuvent jamais s'identifier l'une dans l'autre, de manière à coexister au même moment et dans les mêmes points de l'espace.

S'il est possible d'enfoncer un clou dans le bois, c'est parce que les parties du bois s'écartent et font place au clou, au détriment des pores; si les liquides et les gaz paraissent pénétrer les solides, c'est encore à la faveur des pores, car ils ne s'introduisent que dans ceux-ci. En un mot, pour qu'un corps occupe la même place qu'un autre, il faut que le premier ait été déplacé; ce principe devient évident par les deux expériences suivantes : 1° quand on remplit exactement un vase d'un liquide et quand on y plonge un corps solide qui ne se dissout pas instantanément, le liquide se répand aussitôt par-dessus les bords; 2° lorsqu'on plonge un verre l'ouverture en bas dans un vase rempli d'un liquide, on remarquera que le liquide ne s'introduit pas dans la cavité du verre qui contient de l'air.

Mais souvent les mélanges et les combinaisons chimiques semblent indiquer la pénétrabilité de la matière; ainsi la réunion de plusieurs corps a souvent, après le mélange ou la combinaison de ceux-ci, un volume apparent moindre que la somme des volumes apparents de chacun des corps pris isolément; cela provient de l'affinité, qui, dans le mélange ou la combinaison, a rapproché mutuellement les parties différentes des corps, de telle manière que les interstices qui existaient entre les parties respectives des corps séparés se trouvent diminués dans la réunion.

Dans le système atomique, l'impénétrabilité devient donc une propriété essentielle de la matière, et il reste évident qu'elle n'appartient pas aux corps, mais bien aux atomes; tandis que certaines propriétés, comme la porosité, appartiennent aux corps et non aux atomes, et que d'autres peuvent appartenir à la fois aux atomes et aux corps.

La porosité est la propriété générale en vertu de laquelle il existe des intervalles entre les parties matérielles des corps. Les cavités qu'on voit de prime abord dans la pierre ponce ne sont autre chose que des pores d'une grande dimension; si l'on regarde plus attentivement, on en aperçoit d'autres moins grands; puis à l'aide d'une loupe on en reconnaît encore de plus petits; enfin, il y en a qui échappent à la vue et à tous les instruments les plus puissants. Il n'est aucun corps qui ne soit poreux, d'une manière évidente ou non : les minéraux les plus compacts jouissent eux-mêmes de cette propriété à divers degrés. Au reste, tous les corps qui n'éprouvent pas de déperdition augmentent de volume apparent par l'application de la chaleur, et se contractent par le refroidissement s'ils ne changent pas d'état cristallin, ce qui prouve que leurs parties peuvent être plus ou moins éloignées et qu'elles ne se touchent pas.

La divisibilité est la propriété générale en vertu de laquelle les corps peuvent être réduits en parties de plus en plus petites, jusqu'à la dernière limite, qu'on admet à l'atome.

Les substances colorantes et les substances odorantes surtout donnent une idée de l'extrême divisibilité de la matière, car une très-petite portion de musc peut fournir pendant plusieurs années des particules odorantes à l'air qui se renouvelle sans cesse autour d'elle.

Les arts offrent aussi des exemples d'une division prodigieuse. On parvient avec un fragment d'or de la grosseur d'un centimètre cube environ à dorer, dans toute sa longueur, un fil d'argent d'une étendue de cent lieues; puis en applatissant ce fil on fait un ruban recouvert d'or sur toute sa surface, et qu'on peut couper en quatre lanières de même longueur; enfin il est possible de diviser ces lanières en dixièmes de millimètre, et rendre ainsi visibles trente-deux milliards de parties d'or, en comptant les deux faces de chaque parcelle.

Mais la nature recule les bornes de la division encore beaucoup au delà. En effet, quel doit être le diamètre des plus infimes parties qui constituent ces animaux que nous n'apercevons qu'à l'aide d'un fort microscope! et qui répond que de tels animaux ne soient pas énormes relativement à d'autres, dont l'existence est très-probable?

D'après les exemples précédents on voit que la divisibilité des corps, si elle n'est pas infinie, peut avoir ses limites au delà de notre appréciation.

Quant aux autres propriétés générales, nous en avons déjà parlé d'une manière suffisante pour l'objet spécial que nous nous sommes proposé. Nous devons donc renvoyer pour d'autres détails aux ouvrages de physique et aux considérations que nous exposerons plus loin.

PROPRIÉTÉS PARTICULIÈRES.

Les propriétés particulières sont très-nombreuses, et servent de caractères pour distinguer les corps les uns des autres. Mais elles sont loin d'avoir en minéralogie toutes la même valeur ; celles qui ont de l'importance pour la distinction des minéraux sont nommées *caractères minéralogiques*.

On peut les rapporter aux genres suivants :

1° *Caractères immédiats ;*
2°   —   *mécaniques ;*
3°   —   *organoleptiques ;*
4°   —   *géométriques ;*
5°   —   *physiques ;*
6°   —   *chimiques.*

Philosophiquement, ces divisions des caractères minéralogiques, et à plus forte raison leurs subdivisions, ne sont pas rigoureuses, car elles ont souvent entre elles des rapports intimes et même se confondent quelquefois ; mais dans l'imperfection de nos méthodes scientifiques toute division, tout classement qui ne détruit pas essentiellement l'ordre naturel des principes, facilite beaucoup l'étude. Dès lors nous devrons dans le cours de cet ouvrage, contrairement au véritable point de vue philosophique, établir des divisions artificielles pour permettre à l'esprit de se reposer, de mieux saisir la série des faits indépendamment les uns des autres, de les comparer ensuite et de remonter enfin aux lois générales.

Parmi les genres de caractères que nous venons d'établir, il en est qui sont intimement liés à l'existence même des minéraux ; on les nomme *caractères essentiels* ou *attributs* : telles sont la composition chimique, qui est sensiblement identique, et la forme cristalline, qui est constante ou qui ne varie que suivant des lois déterminées pour tous les minéraux appartenant à un même type ou espèce. Il y en a d'autres de divers ordres, qui sont plus ou moins variables et qui dépendent plus ou moins des premiers ; on les nomme *caractères secondaires*.

Nous indiquerons les relations qui existent entre les principaux caractères, lorsque nous parlerons de la subordination des caractères.

Le *signalement* d'un minéral est le choix d'un ou de plusieurs caractères pris parmi ceux qui persistent dans toutes les variétés de ce minéral ; les meilleurs signalements sont les plus courts.

CARACTÈRES IMMÉDIATS.

Les caractères immédiats ou extérieurs sont appréciables directement, sans instrument ni expérience. Voici l'énumération des principaux : *État d'agrégation, forme, structure, texture, porosité, transparence, opacité, couleur, éclat, irisation, chatoiement, scintillement aventuriné et soupesanteur.*

ÉTAT D'AGRÉGATION.

Les minéraux sont généralement à l'état solide ; quelques-uns cependant existent à l'état liquide ou visqueux ; d'autres se trouvent à l'état de terre, de sable ou même de poudre ; certains, enfin, se présentent naturellement à l'état gazeux. Dès lors on distingue les minéraux en *minéraux solides, liquides, visqueux, gazeux, terreux, sablonneux, pulvérulents,* etc.

FORME.

Les minéraux solides se présentent sous des formes générales de deux sortes : ils nous offrent tantôt des polyèdres réguliers ou des cristaux, tantôt des configurations irrégulièrement angulaires, ou bien plus ou moins arrondies, et se rapportant soit à des formes imitatives, soit à des formes particulières ou accidentelles très-variées. De là viennent les expressions de *forme régulière, pseudo-régulière, irrégulière, imitative, organique, accidentelle,* etc., dont on se sert pour caractériser les formes générales des minéraux.

STRUCTURE ET TEXTURE.

On entend ordinairement par *structure* la disposition des particules qui constituent un minéral. Les joints de séparation de ces particules existent dans le minéral indépendamment de toute action mécanique. Celle-ci n'a d'autre effet que de les mettre à nu, et elle n'est pas toujours nécessaire pour que les joints se manifestent ;

car la lumière suffit pour les faire connaître dans les minéraux transparents.

L'examen de la structure étant une considération de l'arrangement géométrique ou cristallin, nous devons en renvoyer les détails aux caractères géométriques; néanmoins, nous ajouterons dès maintenant que l'on distingue ordinairement les structures des minéraux en *régulière*, *irrégulière*, *laminaire*, *fissile*, *feuilletée*, *stratiforme*, *bacillaire*, *fibreuse*, *radiée*, *croisée*, *fragmentaire*, etc. Enfin, lorsqu'un minéral ne montre aucune sorte de joint, on dit qu'il est *massif*.

Il ne faut pas confondre la texture avec la structure. La *texture* est la considération de l'arrangement non géométrique, de la grosseur, de la forme et de l'aspect des parties qui constituent une masse minérale. Ces parties, plus ou moins distinctes, sont naturellement limitées et séparables par des moyens mécaniques; mais on ne peut appeler joints dans le sens géométrique leurs intervalles et leur mode de séparation.

Les lames, les feuillets, les fibres, les fragments anguleux, etc., que donne la structure, peuvent avoir une texture particulière. Au reste, ce qui établit clairement la différence qu'il y a entre la structure et la texture, c'est que le même minéral peut offrir à la fois des exemples de ces deux manières d'être. Ainsi le calcaire concrétionné a une structure stratiforme et une texture compacte; l'ardoise a une structure fissile et une texture grenue, fine; l'obsidienne (1) a une structure fragmentaire et une texture vitreuse; l'argile plastique est massive et possède une texture terreuse.

La texture est *homogène* lorsque toutes les parties d'un minéral sont de même nature et de même aspect (marne, grès, etc.); au contraire, elle est *hétérogène* lorsque ces parties sont de nature et d'aspect différents (granite, porphyre, etc.).

On distingue un grand nombre de textures dans les minéraux. Nous indiquerons les suivantes.

Texture *cristalline*. Parties distinctes, sensiblement cristallisées (certains calaires et gypses, granite, etc.).

Texture *lamellaire*. Parties distinctes, lamelleuses (beaucoup de calcaires, de feldspaths, de galènes, etc.).

Texture *fibreuse*. Parties distinctes, allongées en fibres plus ou moins fines et serrées (gypse, malachite, asbeste, etc.).

(1) Verre volcanique.

Texture *saccharoïde*. Grains distincts, plus ou moins cristallins (marbre, dolomie, gypse, etc.).

Texture *grenue*. Grains distincts, arrondis ou à angles émoussés (grès, certaines limonites, etc.).

Texture *terreuse*. Aspect terne, grains généralement indiscernables, faciles à séparer (craie, marne, argile, etc.).

Texture *compacte*. Aspect terne, grains indiscernables, fortement agrégés (jaspe, certains calcaires, etc.).

Texture *vitreuse*. Parties indiscernables, brillantes, fortement agrégées (quartz, obsidienne, etc.).

POROSITÉ.

En parlant des propriétés générales, nous avons dit que tous les corps sont poreux. Laplace a même admis que dans les corps les plus denses le volume total des pores est six milliards de fois plus considérable que la masse de ces corps. Mais la différence de *porosité visible* ou *sensible* étant envisagée comme caractère des minéraux, on peut établir des distinctions.

Lorsque les cavités sont visibles, le minéral est *caverneux*, *celluleux* ou *bulleux*, suivant la grandeur et la forme de ces cavités; lorsqu'elles sont invisibles, elles peuvent être rendues en partie sensibles par divers moyens, et se manifestent par la propriété que le minéral a d'absorber plus ou moins soit des gaz, soit des liquides.

La porosité, telle que nous l'envisageons ici, n'est pas une conséquence nécessaire de la densité; des minéraux peuvent être d'une densité très-différente sans que le plus léger soit sensiblement plus poreux que l'autre.

TRANSPARENCE, OPACITÉ, etc.

La *transparence* est la faculté que possèdent certains minéraux de se laisser traverser par les rayons lumineux.

Lorsque la lumière traverse un minéral sans obstacle, et de manière que l'on puisse distinguer très-nettement les formes et les couleurs des objets qui se trouvent derrière lui, la transparence est complète et prend le nom de *diaphanéité*; de même la diaphanéité prend la dénomination spéciale de *limpidité* lorsqu'elle est jointe à l'absence de toute couleur du minéral. D'après cela on dit que les minéraux sont transparents, diaphanes ou limpides : le quartz hyalin ou cristal de roche, le calcaire spathique ou spath d'Islande, le mica ou verre de Russie, etc., nous offrent des exemples de ces sortes de transparence.

Quand une partie seulement de la lumière traverse le minéral et ne permet pas de distinguer les couleurs ni les formes des objets qui se trouvent derrière lui, il y a simplement *translucidité*. La translucidité est donc une transparence très-incomplète ou nuageuse, à la manière du verre dépoli. Les minéraux qui présentent ce caractère, comme par exemple l'albâtre, la calcédoine, l'agate, le soufre, le jade, etc., sont dits translucides.

Enfin, lorsqu'il ne passe pas sensiblement de lumière à travers le minéral, il y a *opacité* ; et les minéraux qui offrent ce caractère, comme par exemple les métaux, le jaspe, l'anthracite, etc., sont dits opaques.

Certains minéraux, qui dans leur état ordinaire sont opaques, deviennent translucides par un séjour plus ou moins prolongé dans un liquide ; nous citerons la variété d'opale qu'on nomme *hydrophane* à cause de la translucidité qu'elle acquiert par l'intermédiaire de l'eau.

D'autre part, si un grand nombre de minéraux, tels que la plupart des métaux et des sulfures métalliques, le graphite, etc., paraissent être absolument opaques, beaucoup d'autres minéraux pierreux ou métalliques, tels que l'amphibole hornblende, le silex, le fer oligiste, etc., qui sont opaques aussi, deviennent plus ou moins translucides lorsqu'on les réduit en lames ou en feuilles très-minces.

Les expressions de transparence, de translucidité, d'opacité, etc., ne doivent donc être prises que dans un sens relatif.

En général, la limpidité et même la diaphanéité dénotent chez les minéraux qui en sont doués une grande pureté et un état cristallin bien prononcé. Mais l'inverse n'est pas également vrai, c'est-à-dire que la translucidité ou la transparence imparfaite et l'opacité ne sont pas toujours des caractères d'impureté ni d'irrégularité, puisque le même minéral peut, suivant le mode d'arrangement de ses particules, être tantôt diaphane, tantôt simplement translucide. En effet, le cristal de roche n'est pas sensiblement plus pur que la calcédoine ; l'hydrophane, dans son état d'opacité peut être regardée comme plus pure que dans celui de translucidité; le marbre statuaire d'un beau blanc n'est pas plus impur que le spath d'Islande; enfin, l'opacité complète appartient aussi à des métaux extrêmement purs.

COULEUR.

La manière dont les minéraux absorbent ou renvoient la lumière, soit de leur surface, soit de leur intérieur, donne lieu à divers phénomènes. Nous parlerons maintenant de ceux qui frappent directement et immédiatement notre vue.

On sait qu'il y a sept couleurs primitives provenant de la décomposition de la lumière : le rouge, l'orangé, le jaune, le vert, le bleu, l'indigo et le violet. Or, un corps est rouge lorsqu'il ne réfléchit que les rayons rouges; il est violet lorsqu'il ne réfléchit que les rayons violets, et ainsi des autres couleurs. Les diverses combinaisons des sept couleurs primitives produisent les différentes nuances, et le blanc résulte de la présence ou de la réflexion de tous les rayons lumineux, tandisque le noir est l'absence ou l'absorption de tous.

À l'égard des minéraux, on distingue les *couleurs propres* et les *couleurs empruntées* ou *accidentelles*.

Couleurs propres. — Les couleurs propres tiennent à la nature même des minéraux, et ne sont dues à aucun corps étranger, mêlé ou combiné avec ceux qui les présentent.

La couleur propre est tranchée surtout pour le soufre, la pyrite de fer, l'orpiment, l'or, etc., qui sont jaunes; pour le cuivre, le cuivre oxydulé, le réalgar, le cinabre, etc., qui sont rouges; pour le cobalt arséniaté, qui est rose; pour l'azurite, qui est bleue; pour la malachite, qui est verte; pour la galène, qui est gris bleuâtre; pour l'argent, qui est blanchâtre; pour l'anthracite, qui est noire, et en général pour tous les minéraux dont la composition simple les préserve de mélanges étrangers, ou dont la couleur propre est assez intense pour anéantir l'influence de celles des matières mélangées.

Certains corps qui possèdent des couleurs propres, comme le soufre, le fer, le cuivre, etc., sont susceptibles d'en donner aux combinaisons dans lesquelles ils entrent (sulfures, oxydes, sulfates, etc., de fer, de cuivre, de cobalt, etc.).

Lorsqu'un minéral est ramené au même degré de densité, au même état d'agrégation, à la même température, etc., il a toujours la même couleur ; et plus il s'approchera de l'état de pureté parfaite, plus aussi cette couleur sera uniforme et constante.

Au contraire, la couleur propre d'un minéral varie quelquefois suivant la compacité, ce qui a lieu notamment pour les oxydes. Ainsi le mode d'agrégation ou le degré de densité peut faire varier le fer oxydulé du noir au vert, le fer oxydé hydraté du jaune au brun noirâtre, le cuivre azurite du bleu au vert, l'arsenic sulfuré du rouge au jaune orangé, l'or métallique du jaune pur au violet, etc. La couleur varie quelquefois aussi avec l'arrangement particulier des molécules : par exemple, le soufre fondu à 100 degrés et refroidi présente la couleur jaune qu'on lui connaît ; tandis que porté au point d'ébullition, c'est-à-dire à 400 degrés, et refroidi brusquement, il prend la couleur brun-rouge, en même temps qu'il devient mou ; le phosphore refroidi lentement offre une couleur jaunâtre, tandis qu'il est noir lorsqu'on le refroidit rapidement.

Mais la couleur de la poussière d'un minéral est toujours la même, quelle que soit celle de la masse. C'est pourquoi l'on indique de préférence la couleur de la poussière dans les caractères distinctifs.

Couleurs empruntées ou accidentelles. — Un grand nombre de minéraux sont incolores, blancs ou n'ont point de couleur propre dans leur état de pureté ; mais ils se trouvent fréquemment colorés, en tout ou en partie, soit par la présence de corps étrangers à leur composition normale, soit par certaines altérations dans le mode de leur arrangement moléculaire. Il résulte de là que ces minéraux peuvent présenter une multitude de couleurs différentes.

Ainsi le quartz est tantôt incolore, tantôt coloré en jaune, en vert, en brun, en violet, etc. ; l'émeraude est tantôt incolore, tantôt colorée en bleu, en jaune, etc. ; la fluorine et beaucoup d'autres minéraux présentent les mêmes accidents de couleur, qui sont dus à des oxydes métalliques, à des matières carburées ou autres. Mais lorsque la coloration empruntée provient de la présence de substances inhérentes à la composition normale du minéral, comme dans l'amphibole noire (hornblende), dans l'amphibole verte (actinote), dans les diverses variétés de pyroxène, de tourmaline, etc., cette coloration rentre dans le cas des couleurs propres des minéraux.

D'autre part, plusieurs colorations différentes, celles du diamant, par exemple, peuvent être attribuées à des dispositions différentes des molécules ou des particules.

Il y a aussi des minéraux dont les couleurs accidentelles sont dues à des mélanges plus ou moins grossiers, à des pénétrations d'autres minéraux. Dans ce cas on peut souvent apercevoir le minéral qui joue le rôle de principe colorant. Nous citerons le quartz et l'axinite, qui sont verts par le mélange d'une certaine quantité de chlorite ; le quarz, qui est rougeâtre par la pénétration d'aiguilles de rutile ; etc. Ordinairement ces sortes de mélanges troublent la transparence des minéraux, qui en deviennent même quelquefois tout à fait opaques.

Si l'on examine la distribution des couleurs dans le règne minéral, on y reconnaît certaines habitudes ; et l'on voit que tous les minéraux ne sont pas susceptibles de présenter indistinctement toutes les couleurs, qu'il semble au contraire y avoir pour beaucoup d'entre eux une série de couleurs admises et une série de couleurs exclues.

En effet, les minéraux pierreux à base de chaux offrent à peu près toutes les couleurs. Mais dans les carbonates de chaux ces couleurs sont plutôt sales que pures ou franches, plutôt ternes ou pâles que vives ; dans les fluates de chaux au contraire elles ont une pureté, une transparence, une vivacité qui ne se démentent presque jamais ; dans les sulfates de chaux hydratés c'est le jaune ou le rouge sale qui domine, tandis que dans les sulfates de chaux anhydres c'est le bleuâtre.

Le quartz n'exclut peut-être aucune couleur ; mais à l'exception du beau violet de l'améthiste, les autres couleurs ont en général peu d'intensité et peu de pureté, car le rouge de la cornaline n'est pas bien pur.

La couleur dominante des topazes est le jaunâtre ; on en connaît de bleuâtres, de rosâtres, mais peu de vertes.

Celle des béryls est au contraire le vert, tirant quelquefois sur le bleuâtre ; mais on n'y voit plus ni beau rouge, ni beau jaune, ni beau bleu.

Le talc ne varie guère que du blanc au vert.

Enfin, il y a des minéraux qui jusqu'à présent se sont toujours montrés soit incolores, soit blancs : tels sont l'amphigène, la népheline, l'apophyllite, la laumonite, la giobertite, etc.

La coloration accidentelle n'est pas toujours uniforme, comme la coloration propre : d'une part, les couleurs varient d'intensité et de nuances ; d'autre part, elles se distribuent souvent de telle sorte que le même minéral est coloré de diverses manières dans ses différentes parties. On désigne ordinairement les dessins que ces diverses couleurs forment entre elles par les épithètes *rubanés*, *zonaires*, *tachetés*, *pointillés*, *veinés*, *nuagés*, *arborisés*, *dendritiques*, *flambés*, *ruiniformes*, etc. Ces dispositions paraissent souvent tenir aux circonstances dans lesquelles les corps se sont formés ; d'autres fois elles résultent de l'altération, de la décomposition de l'intérieur à l'extérieur, ou réciproquement.

Les matières colorantes sont quelquefois des principes fugaces que la chaleur, la lumière et l'altération peuvent détruire plus ou moins, comme dans le quartz enfumé, le quartz rose, etc. ; d'autres fois ce sont des substances organiques, comme dans la cornaline, qui doit en grande partie sa couleur rouge à des globules organiques. La coloration des minéraux peut donc changer avec le temps ou dans certaines conditions.

En examinant la teinte que présente la poussière des minéraux, on peut généralement distinguer les couleurs propres des couleurs accidentelles ; la couleur accidentelle est effacée plus ou moins par la couleur propre. Ainsi, l'hématite brune présente une teinte d'un brun noirâtre, tandis que sa poussière est d'un jaune d'ocre qui caractérise toutes les variétés de fer oxydé hydraté ; de même le marbre noir donne une poussière d'un blanc grisâtre, se rapprochant d'autant plus de la couleur blanche ou de l'état incolore que la poussière est plus fine.

ÉCLAT.

Il y a des minéraux qui renvoient de leur surface, quand elle est naturellement ou artificiellement polie, une si grande quantité de lumière dans une même direction qu'elle frappe les yeux avec une vivacité toute particulière. Or, c'est ce genre d'action qu'on désigne sous le nom d'*éclat* ou de *lustre*.

L'éclat est différent, non pas en couleur, mais bien en qualité suivant les minéraux qui le produisent. Les principales sortes d'éclats sont :

Éclat *adamantin* (diamant, céruse) ;

Éclat *vitreux* (quartz hyalin, fluorine) ;

Éclat *gras* (quartz gras, zircon) ;

Éclat *résineux* (quartz résinite, grenat colophonite) ;

Éclat *céroïde* (petro-silex, serpentine);

Éclat *perlé* (dolomie, perlstein);

Éclat *nacré* (calcaire nacré, stilbite);

Éclat *métalloïde* (mica, hypersthène, diallage);

Éclat *métallique* (argent, oligiste, pyrite, galène).

On a beaucoup étendu les modifications de l'éclat, puisqu'on a même admis l'éclat *mat* (orthose), l'éclat *terne* (jaspe), l'éclat *terreux* (craie), les éclats *vif, brillant, doux, etc.*

L'éclat est, comme la couleur, tantôt *propre*, tantôt *accidentel*.

Enfin, si l'on combine l'éclat avec la texture ou la cassure, on donne l'*aspect* des minéraux.

IRISATION.

L'*irisation* est due à la décomposition de la lumière par les minéraux qui en sont doués. On distingue deux sortes d'irisation : l'irisation *superficielle* et l'irisation *intérieure*.

Irisation superficielle. — Il y a des couleurs irisées qui ne sont que superficielles ; elles tiennent tantôt à l'altération de la surface du minéral (cuivre pyriteux, etc.), tantôt à des pellicules extrêmement minces de matières étrangères, qui présentent des teintes plus ou moins variées et que le lavage suffit quelquefois pour détruire complétement (fer oligiste, houille, etc.). Ces pellicules qui recouvrent la surface du minéral résultent souvent d'une modification chimique ou physique superficielle, décomposent la lumière qui les traverse et produisent ainsi des taches ou des zones diversement colorées.

Irisation intérieure. — Il y a aussi des couleurs irisées qui se produisent dans l'intérieur des minéraux, et qui sont dues à des fissures plus ou moins étendues ; le quartz, le calcaire, le gypse, etc. nous en offrent des exemples. L'iris affecte alors la disposition des anneaux colorés, dont on peut faire varier l'aspect dans les minéraux clivables en comprimant plus ou moins les lames qui constituent ces minéraux.

Les beaux reflets variés que présente l'opale peuvent être rapportés à l'irisation intérieure, produite par des fissures imperceptibles et très-multipliées.

D'autres variétés d'opale, sans offrir précisément les couleurs irisées, laissent échapper de leur intérieur, quand on les présente à la lumière, des lueurs plus ou moins vives, ordinairement d'un jaune d'or ou d'un blanc laiteux. Par suite elles ont reçu le nom de *girasol*.

Le corindon opalin nous montre des jeux de lumière du même genre.

CHATOIEMENT.

On désigne par l'expression de *chatoiement* une propriété en vertu de laquelle certaines variétés de différents minéraux semblent renfermer une tache lumineuse blanchâtre, qui change de place, lorsqu'on fait mouvoir le minéral, comme si elle flottait dans son intérieur.

L'orthose pierre de lune, le quartz œil de chat et la cymophane nous donnent des exemples de cette propriété. Dans le quartz on a expliqué cet effet par la présence de filaments imperceptibles d'amiante. Au reste, on l'imite jusqu'à un certain point en incorporant dans le verre diverses matières peu fusibles, comme de l'oxyde d'étain ou des os calcinés et pulvérisés.

Le chatoiement au lieu d'être *simple* peut être *irisé*, comme dans la labradorite, qui, suivant qu'on la place sous certaines incidences à l'action de la lumière, présente des reflets colorés de la plus grande beauté. On croit que ce phénomène est dû à la décomposition de la lumière incidente, qui avant d'arriver à l'œil traverserait, sur une épaisseur variable selon l'inclinaison, les extrémités des lames dont le minéral est composé.

Le chatoiement peut servir à indiquer le sens du clivage du minéral, et par conséquent l'inclinaison des joints de clivage ou des lames les unes sur les autres.

SCINTILLEMENT AVENTURINÉ.

Certaines variétés de minéraux laissent échapper d'une multitude de points de leur intérieur des reflets scintillants, qui sont souvent très-remarquables. Ce phénomène, qu'on désigne sous le nom de *scintillement aventuriné*, est produit tantôt par de petites parties cristallines plus vitreuses ou plus lamelleuses que les autres, tantôt par de petites lamelles de mica ou d'oligiste qui se trouvent emprisonnées dans la masse. Une variété de quartz, ordinairement de couleur rougeâtre ou aventurine, et l'oligoclase pierre du soleil possèdent cette propriété à un haut degré.

On imite l'aventurine avec des verres dans lesquels on fait cristalliser du cuivre métallique.

ASTÉRISME, POLYCHROÏSME, ETC.

Les phénomènes connus sous les noms d'*astérisme*, de *polychroïsme*, de *cercle parhélique*, de *couronne*, etc., que présentent certains minéraux, étant particulièrement du domaine des caractères physiques, nous en parlerons en traitant des propriétés optiques des minéraux.

SOUPESANTEUR.

Comme caractère immédiat on entend par *soupesanteur* seulement l'appréciation grossière du poids d'un minéral, en le soupesant dans la main. Cette opération simple établit de suite une différence entre divers minéraux, que l'on pourrait confondre de prime abord par certains de leurs caractères extérieurs.

Un assez grand nombre de minéraux métalliques sont d'un gris plus ou moins foncé et possèdent l'éclat métallique. Le fer oxydulé, le fer oligiste, le fer chromé, le manganèse peroxydé, le cuivre gris, le cobalt gris, le cobalt arsenical, le plomb sulfuré, etc., se présentent avec ces conditions. Or, l'appréciation de leurs poids distingue immédiatement les trois derniers minéraux des autres; car la densité moyenne des minerais de fer, de manganèse et de cuivre atteint à peine 5, tandis que celle des minerais de cobalt et de plomb s'élève jusqu'à 7. De même, la soupesanteur suffit quelquefois pour distinguer des échantillons de carbonate de chaux, de sulfate de baryte et de carbonate de plomb, qui, étant blancs ou hyalins et à aspect pierreux, ont certaines analogies.

Mais ce caractère de la soupesanteur peut être, dans certains cas, bien trompeur, le même minéral pouvant avoir quelquefois, suivant ses variétés, des poids très-différents : par exemple, le silex pyromaque, qui pèse le double de l'eau, et le silex nectique, qui nage sur l'eau ; le calcaire compacte et le calcaire travertin ; la limonite oolitique et la limonite spongieuse ; la calamine concrétionnée et la calamine caverneuse ; le basalte colonnaire et la ponce basaltique ; etc.

CARACTÈRES MÉCANIQUES.

On entend par caractères mécaniques ceux qui résultent de l'action d'une ou de plusieurs forces exercées sur les minéraux et pouvant être rattachées à l'attraction corpusculaire ou regardées comme simplement mécaniques.

Les principaux caractères mécaniques sont : la *cassure*, la *solidité*, la *ténacité*, la *ductilité*, la *fragilité*, la *friabilité*, la *flexibilité*, l'*élasticité*, la *sonorité*, la *dureté*, la *raclure* et la *tachure*.

La *cassure* des minéraux dérive principalement de leur structure, de leur texture et de leur ténacité.

La face de cassure n'existe pas préalablement ; elle naît sur la surface de séparation des parties d'un minéral, divisé par le choc, et résulte entièrement de la manière dont le mouvement imprimé par ce choc s'est propagé dans l'intérieur du minéral, pour rompre l'agrégation des parties suivant la surface qu'a pu suivre la plus grande force de ce mouvement, en raison de la structure, de la texture, de la ténacité, etc.

La cassure d'un minéral cristallisé ou cristallin est quelquefois différente selon qu'on l'exerce dans une direction ou dans une autre. Ainsi le béryl présente une structure laminaire dans le sens longitudinal, une texture et une cassure vitreuses dans le sens transversal ; les masses de mésotype zéolite ont une cassure esquilleuse dans le sens longitudinal et une cassure raboteuse dans le sens transversal.

Enfin, la cassure est facile ou difficile, suivant le degré de fragilité ou de ténacité du minéral.

La cassure fraîche d'un minéral est utile pour faire connaître l'éclat, la structure et la texture de ce minéral ; mais elle ne les produit pas.

Parmi les cassures qu'on a déterminées nous indiquerons les suivantes comme étant les plus distinctes :

Il y a cassure *plate* ou *unie* lorsque les surfaces des fragments sont à peu près planes, sans aspérités ou cavités bien sensibles (calcaire lithographique).

Il y a cassure *conique* lorsque le fragment obtenu est un cône surbaissé, souvent assez régulier. Pour que la cassure conique ait lieu, il faut que le minéral possède la texture compacte et homogène, qu'il soit dur, qu'il se présente en sphéroïde ou en plaque dont les deux surfaces soient sensiblement parallèles, et que le choc se produise normalement à la surface. Alors l'ébranlement se propage symétriquement et comme une onde conique dans l'intérieur homogène de la masse (grès lustré, agate, etc.).

Il y a cassure *conchoïde* lorsque des zones ondoyantes partent d'un point, et s'étendent en s'enveloppant sur la surface de cassure de manière à imiter assez bien l'empreinte d'une valve de coquille bivalve (silex pyromaque).

Il y a cassure *raboteuse* lorsque la surface montre des ondes et des inégalités irrégulières (magnésite, argile, basalte, serpentine).

Il y a cassure *écailleuse* lorsqu'il s'élève de la surface de cassure de petits éclats en forme d'écailles, qui adhèrent encore, mais qui ont plus d'opacité que le reste de la masse (silex corné, calcédoine, petro-silex, quelques calcaires compactes).

Il y a cassure *esquilleuse* lorsque les parties soulevées, sans être détachées, sont longues et pointues comme des esquilles de bois (talc, fer hématite).

Il y a cassure *résineuse* lorsqu'elle présente les convexités et concavités lisses et brillantes que montrent les corps résineux (silex résinite, rétinite).

Il y a cassure *vitreuse* lorsqu'elle offre les convexités et concavités de la cassure conchoïde avec le luisant et les stries particulières au verre (quartz hyalin, obsidienne).

Enfin, on distingue aussi les cassures *terreuses*, *crochues*, *cireuses*, *inégales*, etc.

SOLIDITÉ.

La *solidité* est relative à la force d'agrégation des parties d'un minéral, et à la manière dont celle-ci s'exerce ; elle se manifeste par la résistance que le minéral oppose à la désagrégation.

Cette propriété dérive des qualités essentielles des molécules intégrantes ou particules ; et si un grand nombre de causes étrangères, telles que la cristallisation, l'agrégation confuse, l'arrangement différent, l'interposition de vacuoles, ou l'écartement par la chaleur, ne venaient pas modifier la force d'adhérence, elle devrait être toujours la même dans les diverses réunions des mêmes particules.

La considération relative à la solidité s'étend à différentes modifications, dont les principales se rapportent à la ténacité, à la ductilité, à la fragilité, à la friabilité, à la flexibilité et à l'élasticité.

TÉNACITÉ.

La *ténacité* est la résistance qu'un minéral oppose à la force qui tend à le casser ou à le déchirer. Cette propriété ne doit pas être confondue avec la dureté, car il y a des minéraux très-durs qui sont très-fragiles (quartz, silex, euclase, fer sulfuré magnétique, etc.), des minéraux tenaces et tendres (magnésite, talc, graphite, argent chloruré, etc.), et des minéraux tenaces et durs (émeri, jade, etc.).

La ténacité offre une multitude de degrés depuis la faible résistance qu'opposent à la cassure certaines pierres, comme le silex, jusqu'à la grande résistance que présentent à la rupture d'autres minéraux, comme le talc, et jusqu'à la résistance encore plus puissante à la cassure par traction dont sont douées diverses substances métalliques, comme l'or.

La ténacité appartient plus particulièrement aux métaux; cependant il y en a qui ne jouissent pas notablement de cette propriété, et quelques minéraux pierreux semblent en donner plus de signes que certains métaux. Ainsi le talc, la stéatite, le jade, l'argile plastique, etc. montrent plus de tendance à la ténacité que l'arsenic, l'antimoine, etc.

DUCTILITÉ.

On nomme *ductilité* la propriété que possèdent certaines substances minérales d'avoir leurs parties tellement liées entre elles que sans cesser d'adhérer elles peuvent, par suite d'un effort, glisser les unes sur les autres et s'arranger d'une manière permanente dans de nouvelles positions respectives; d'où il résulte que ces substances peuvent être pétries, étendues sous le marleau ou au laminoir, tirées à la filière, etc., en prenant diverses formes, qu'elles conservent jusqu'à ce qu'un nouvel effort vienne déranger de nouveau leurs parties. Cette propriété appartient particulièrement à quelques substances métalliques, et l'or la possède au plus haut degré; néanmoins certains minéraux pierreux la présentent aussi, mais il faut pour cela qu'ils soient pénétrés de liquides.

La ductilité prend spécialement le nom de *malléabilité* lorsque la substance s'étend sous le choc réitéré du marteau, celui de *laminabilité* lorsqu'elle s'étend sous la pression des cylindres du laminoir, et celui de *plasticité* lorsqu'elle peut être pétrie par l'intermédiaire de l'eau.

FRAGILITÉ.

On entend par *fragilité* la facilité avec laquelle on peut casser certains minéraux. Comme la ténacité, elle n'est pas nécessairement dépendante de la dureté. Ainsi le silex pyromaque possède une bien plus grande fragilité que certains calcaires compactes, quoiqu'il soit beaucoup plus dur qu'eux; cette fragilité lui enlève des qualités que sa dureté lui donne pour l'entretien des routes.

Nous citerons comme exemples de minéraux fragiles les suivants, qui sont rangés à peu près dans l'ordre de fragilité :

Le nitre, qui se brise par la seule chaleur de la main; le soufre, qui éprouve souvent la même altération; le fer résinite; l'arsenic; l'euclase; le fer oligiste spéculaire; l'antimoine sulfuré; l'argent rouge; le silex résinite; le silex pyromaque; le béryl aigue-marine; le quartz; le calcaire compacte; le jaspe; etc.

Les fissures irrégulières qu'on nomme glaçures, et auxquelles certains minéraux sont plus sujets que d'autres, ainsi que les fissures régulières de clivage augmentent évidemment la fragilité.

On a reconnu que la fragilité augmentait souvent dans les minéraux sortis du sein de la terre et qui ont été exposés pendant quelque temps aux météores atmosphériques; mais on a remarqué également que l'effet contraire se produisait aussi.

FRIABILITÉ.

La *friabilité* est un état d'agrégation tellement imparfait dans certaines masses minérales, qu'on peut les diviser en une multitude de grains, les réduire presque en poudre sous la simple pression des doigts, comme le permettent certains grès, le kaolin, la craie et la plupart des marnes.

Si cette propriété, dont jouissent diverses substances minérales, n'a pas beaucoup de valeur comme caractère, les arts et l'agriculture en tirent quelquefois un grand parti.

FLEXIBILITÉ ET ÉLASTICITÉ.

La *flexibilité* est la propriété dont jouissent divers minéraux de se laisser courber sans se rompre. Cette qualité semble incompatible avec l'idée qu'on se fait généralement de la rigidité des substances minérales. Or, la rigidité des minéraux n'est que relative, et non-seulement il y en a de très-flexibles, mais encore il n'existe peut-être pas de pierre qui ne soit sensiblement flexible en grand. Le fait se reconnaît aisément dans la nature sur les couches de grès, de phyllade, de calcaire, d'argile, etc.

Au reste, il s'agit ici de la flexibilité en petit et de la flexibilité considérée comme modification de la solidité.

La flexibilité, opposée à la rigidité, se fait remarquer surtout dans les minéraux qui se divisent naturellement en lames, ou qui se trouvent en filaments très-déliés. Elle se manifeste à un très-haut degré dans les amiantes ou assemblages de fibres déliées et peu adhérentes, que présentent différentes substances minérales. Il y en a des variétés qui sont aussi souples que l'étoupe de soie; on est même parvenu à filer certaines d'entre elles et à les convertir en tissus.

En général, on peut dire qu'un minéral quelconque, si l'on pouvait le réduire en fils assez fins ou en lames assez minces, acquerrait cette propriété. Le quartz fondu en offre un exemple remarquable : on est parvenu à le réduire, sous la flamme d'un mélange d'oxygène et d'hydrogène, en fils aussi flexibles que ceux de l'amiante.

Dans les minéraux on distingue la *flexibilité propre* et la *flexibilité accidentelle*. La première leur appartient naturellement et à divers degrés (amiante, caoutchouc minéral, mica, talc, gypse, orpiment, molybdénite, argent, cuivre, etc.); la deuxième n'appartient qu'à des substances minérales qui ont éprouvé des modifications par des causes étrangères à leur nature (dolomie, grès, marne, etc.).

La flexibilité accidentelle ou artificielle peut être produite de différentes manières; nous indiquerons les cas suivants.

Des plaques d'une dimension convenable de marbre statuaire, d'albâtre et de grès blanc qui sont exposées à la chaleur d'un bain de sable pendant un certain temps (par exemple à la température de 200 degrés soutenue pendant cinq à six heures), augmentent sensiblement de dimension, souvent davantage dans un sens que dans un autre, et deviennent flexibles. Elles acquièrent encore plus facilement la flexibilité par des changements fréquents, mais pas trop brusques, de température, et surtout par l'exercice de la flexion qu'on leur fait subir; on établit ainsi entre les parties un écartement et un rapprochement homogènes, assez grands pour leur permettre de jouer les unes sur les autres sans se désunir.

Enfin il y a des pierres, comme certaines marnes et molasses, dont la flexibilité est beaucoup augmentée par la présence de l'eau.

Mais ces flexibilités, que l'on peut donner artificiellement à diverses matières minérales, s'affaiblissent et se perdent avec le temps et l'évanouissement des causes qui les ont produites, les parties reprenant peu à peu, à la longue, leurs positions normales.

On distingue différentes sortes de flexibilité naturelle : la *flexibilité pierreuse*, la *flexibilité molle*, la *flexibilité élastique*.

La flexibilité pierreuse n'a lieu que sur les substances minérales dont les parties sont pour ainsi dire grossières.

Des minéraux pierreux qui sont réduits en plaques, dont la longueur est de vingt à vingt-cinq fois plus grande que l'épaisseur, fléchissent par leur propre poids ou par une force égale. Mais ces minéraux ont toujours une texture grenue, et si leur texture est cristalline, elle résulte d'une cristallisation confuse; en outre, leur texture est quelquefois tellement lâche qu'ils deviennent friables.

Comme exemples, parmi les pierres qui sont flexibles, il nous suffira de citer : 1° le grès ou quartzite de Villa-Ricca, dont une plaque de 30 centimètres de longueur sur 15 millimètres d'épaisseur peut se courber de 12 millimètres par son propre poids ; 2° la dolomie du Saint-Gothard, dont une plaque de 24 centimètres de longueur sur 8 à 10 millimètres d'épaisseur peut se courber d'au moins 7 à 8 millimètres ; 3° le marbre blanc de la carrière de Betullio à Carrare, qui jouit d'une grande flexibilité.

On a observé que les pierres grenues, et notamment les marbres saccharoïdes, qui étaient situés vers des crêtes de montagnes, et fréquemment exposés au passage d'une température très-foide pendant la nuit à une température souvent très-élevée pendant le jour, étaient presque tous flexibles.

La flexibilité molle consiste en ce que les minéraux courbés ou pliés ne font pas ressort et conservent entièrement ou presque entièrement soit la flexion, soit la courbure qu'on leur a imprimée.

Le nombre des minéraux qui présentent cette propriété est assez considérable : tels sont le talc, la brucite, l'orpiment, l'argent sulfuré, l'argent chloruré, le molybdène sulfuré, l'argent, l'or, etc.

La flexibilité élastique ou l'*élasticité* appartient aux minéraux qui après avoir été courbés, pliés ou étirés par une force quelconque reviennent complétement à leur première position. Cette propriété se manifeste surtout dans les lames de certains minéraux.

L'élatérite, on caoutchouc minéral, et le mica sont les minéraux qui jouissent de l'élascité au plus haut degré : une lame de mica peut être courbée à près de 90 degrés sans se briser, et conserver la faculté de reprendre sa direction droite dès que la force fléchissante cesse d'agir. Cette flexibilité élastique du mica sert à le distinguer du talc, qui est simplement flexible, et qui par conséquent conserve sa courbure. Après l'élatérite et le mica viennent l'asbeste, la mésotype et beaucoup de minéraux pierreux qui peuvent se présenter sous la forme de filaments fins. Enfin, le fer et le cuivre jouissent jusqu'à un certain point de la flexibilité élastique.

Beaucoup de substances minérales sont donc élastiques ; on doit même ajouter que tous les minéraux sont plus ou moins élastiques, si l'on envisage l'élasticité corpusculaire des minéraux, qui dépend essentiellement de la disposition des corpuscules et des mouvements qu'on leur imprime artificiellement ou qu'ils

éprouvent naturellement soit par des causes physiques, soit par
des causes mécaniques. L'augmentation et la diminution de chaleur que peuvent subir les minéraux, les phénomènes de dilatabilité, de compressibilité et de retrait, notamment, démontrent
la plus ou moins grande élasticité corpusculaire des minéraux.
Mais ces phénomènes d'élasticité se rapportant à un autre ordre
de faits que celui dont nous venons de nous occuper, nous devons en renvoyer l'étude aux caractères physiques des minéraux
et aux actions des agents physiques sur ceux-ci.

SONORITÉ.

La *sonorité* est la propriété que possèdent, à différents degrés, certains minéraux de produire un son particulier, par
le choc, par la pression, par le frottement, par un courant
d'air, etc.

Peu de substances minérales produisent un son particulier; car
à l'exception des ardoises, des phonolithes et de quelques autres
roches, qui se divisent en tables ou en feuillets minces et dont le
son est assez remarquable, les autres ne font que le bruit commun qu'on obtient quand on les frappe ou quand on les entre-
choque. Cependant certains minéraux, tels que le quartz, lorsqu'ils ont été coupés en plaques minces et suivant certaines
directions, donnent des sons assez caractéristiques par le frottement. D'autre part, les métaux produisent un son sourd quand
on les bat, et plusieurs d'entre eux peuvent donner différents
sons lorsqu'on les place dans des conditions voulues. Mais l'étain
fait entendre un craquement singulier quand on en courbe un
barreau, et ce bruit est tellement particulier qu'il a reçu le nom
de cri de l'étain. Enfin, le soufre en masse, pressé dans la main,
produit aussi une espèce de pétillement très-sensible si on
l'approche de l'oreille.

DURETÉ.

La *dureté* est la propriété en vertu de laquelle les minéraux
opposent plus ou moins de résistance à se laisser entamer, rayer
ou user. C'est sous ce rapport que le diamant est le minéral le
plus dur, car il raye et use tous les autres corps, n'est rayé ni usé
par aucun, et nécessite l'emploi de sa propre poussière pour

être taillé et poli ; c'est aussi sous ce rapport que le talc est regardé comme le minéral le moins dur ou le plus tendre, puisqu'il peut être rayé par tous les autres et même par l'ongle.

La dureté d'un minéral est liée d'une manière intime à la composition et à l'arrangement corpusculaire de ce minéral ; elle est toujours égale dans une même espèce lorsqu'on l'essaye dans les mêmes conditions. De prime abord il semblerait que des minéraux qui sont de même espèce, possédassent des degrés de dureté très-différents : par exemple, le calcaire craie et le calcaire spathique, le charbon et le diamant (1) ; mais ces exceptions apparentes démontrent au contraire qu'il faut déterminer la dureté des corps d'après celle de leurs particules, et non d'après celle de leurs agrégats. Ainsi, c'est la masse des petits cristaux constituant la craie qui seule paraît plus tendre que le calcaire spathique : chacun de ces petits cristaux pris isolément a une dureté égale à celle d'un gros cristal de calcaire. Les diamants, les topazes, les corindons, le quartz hyalin, etc., conservent toujours la même dureté dans leurs parties, c'est-à-dire dans la poussière la plus ténue.

En général, la dureté d'un minéral augmente à mesure qu'il s'approche de l'état cristallin le plus parfait. Cependant, le mode d'agrégation corpusculaire qui constitue les concrétions produit aussi une dureté normale ; il peut même arriver qu'un minéral soit plus dur à l'état concrétionné qu'à l'état cristallin. Mais dans la plupart des minéraux amorphes la dureté est ordinairement diminuée.

La dureté d'une substance minérale n'est pas égale non plus dans le cas de dimorphisme de cette substance : ainsi l'aragonite raye fortement le calcaire, et n'en est pas rayée ; l'acier trempé raye l'acier recuit, et offre une résistance beaucoup plus considérable à tous les corps par lesquels on cherche à l'user ; etc.

Pour tous les cristaux, la dureté varie suivant les divers plans ou lignes cristallographiques ; dans un même cristal la dureté est égale sur toutes les lignes d'égale valeur cristallographique ; les sens des clivages et leur facilité plus ou moins grande exercent une notable influence sur la situation des lignes de maximum et de minimum de dureté ; la force avec laquelle les faces sont atta-

(1) La poussière de charbon a une très-grande dureté ; l'usage qu'on en fait dans les arts pour donner le dernier poli à certains corps le prouve suffisamment.

quées par les acides, les dissolutions salines et l'eau, est en rapport avec la dureté de ces faces et avec la cohésion des particules dont elles se composent.

Ainsi dans un même cristal la dureté varie suivant les faces que l'on essaye ; sur une même face elle n'est pas exactement égale dans tous les sens, transversalement et longitudinalement ; et certains angles solides possèdent à un plus haut degré que d'autres la propriété de rayer tel ou tel corps.

Dans les minéraux qui sont clivables, la dureté est moindre dans le sens du clivage que transversalement ; par exemple dans la fluorine cubique, dont le clivage conduit à un octaèdre régulier, la dureté est plus faible dans le sens des diagonales des faces du cube que parallèlement aux arêtes ; tandis que dans la galène cubique, qui possède trois clivages parallèles aux faces, c'est l'inverse qui a lieu.

Les cristaux hémièdres présentent des différences de dureté dans les parties affectées par de la dissymétrie cristallographique. Ainsi les angles de la boracite situés aux extrémités d'un même diagonale du cube ne rayent par les corps avec la même intentensité. Une lame de blende, taillée perpendiculairement à une face du tétraèdre, n'a pas la même dureté dessus et dessous. De chaque côté d'une de ses arêtes, le cube de la pyrite ne se laisse pas entamer de la même manière, parallèlement à cette arête, sur les faces qui la forment par leur intersection.

La dureté est même en rapport avec la présence de certains corps élémentaires : les minéraux alumineux, tels que le corindon, la cymophane, le spinelle, etc. sont très-durs. L'observation a montré qu'en général la présence dans les minéraux des corps les plus électro-négatifs, l'oxygène et les métalloïdes, augmente la dureté : le fer oxydulé, le fer oligiste et la pyrite sont plus durs que le fer métallique ; le sulfure de plomb l'est beaucoup plus que le plomb ; etc.

L'eau a une influence contraire : le gypse est moins dur que l'anhydrite, dont la composition ne diffère de celle du premier minéral que par l'absence de l'eau ; de même l'opale est plus tendre que le quartz hyalin, la limonite plus que l'oligiste, etc. Les talcs et les chlorites, dans lesquels il entre une grande proportion d'eau, sont surtout remarquables par leur faible dureté. Enfin, beaucoup de roches neptuniennes, telles que le calcaire, le gypse, la marne et l'argile, sont rayées par la pointe d'acier ; tandis que la plupart des roches plutoniques, telles que le granite, le porphyre et le basalte résistent à cette épreuve.

C'est principalement en essayant de rayer ou d'user un minéral par d'autres que l'on peut évaluer sa dureté ; mais il y a plusieurs précautions à prendre : il faut autant que possible agir perpendiculairement sur une surface unie ; ne pas confondre avec une véritable rayure la poussière laissée sur cette surface par la trituration de l'angle ou de l'arête du minéral dont on se sert pour rayer, et par conséquent avoir soin de nettoyer la surface éprouvée, après l'essai, qui doit être répété plusieurs fois ; car selon l'adresse qu'on y met et la forme de l'arête ou de l'angle avec lequel on agit, on peut rayer ou ne pas rayer le minéral quand les deux minéraux possèdent des degrés de dureté qui diffèrent peu entre eux.

Pour apprécier le plus exactement possible la dureté des minéraux on a établi une échelle de comparaison, formée de dix types, qui sont fournis par autant de minéraux convenablement choisis et placés à des distances assez proportionnelles. Ces minéraux de l'échelle de comparaison doivent avoir un degré suffisant de fixité et de constance ; ils doivent aussi être cristallisés ou au moins à l'état cristallin et de pureté requis.

Voici cette échelle des dix types, en commençant par le moins dur :

1 Talc laminaire blanc.
2 Gypse prismatique.
3 Calcaire spathique rhomboïdal.
4 Fluorine octaédrique.
5 Phosphorite apatite cristallisée.
6 Orthose adulaire cristallisé.
7 Quartz hyalin cristallisé limpide.
8 Topaze prismatique jaune.
9 Corindon télésie rhomboïdal limpide.
10 Diamant octaédrique limpide.

Les numéros d'ordre de ces dix types représentent en unités le degré de leur dureté relative.

Pour rapporter à cette échelle la dureté d'un minéral donné, on essaye de le rayer successivement par chacun des types en commençant par le plus tendre, c'est-à-dire par le talc ; lorsqu'on est arrivé au type de la série qui le raye, on dit que la dureté du minéral est comprise entre celle de ce dernier type et celle du type immédiatement précédent; puis on l'indique par le chiffre du numéro d'ordre du premier des deux types, auquel on ajoute une fraction décimale. Ainsi la dureté de la barytine, comprise entre celle du calcaire spathique et celle de la fluorine, est représentée par le nombre 3,5; c'est-à-dire que la barytine raye le calcaire spathique et est elle-même rayée par la fluorine. De même la dureté de l'émeraude, comprise entre celle du quartz et celle de la topaze, est exprimée par 7,5.

D'après cela, on se sert de la dureté pour reconnaître tout d'abord différents minéraux : par exemple, on distinguera facilement le diamant, qui raye tous les corps ; le rubis et le saphir, qui les rayent aussi et qui ne sont rayés que par le diamant ; les pierres précieuses de tous les verres colorés, car toutes ces pierres rayent le verre et n'en sont pas rayées ; le calcaire du gypse, le quartz du calcaire, etc. ; enfin il suffit d'une pointe d'acier pour déterminer si une roche est calcaire ou quartzeuse, parce que la première se laisse rayer, tandis que l'autre résiste à la pointe et l'use même.

On emploie quelquefois le briquet comme moyen d'épreuve de la dureté. Mais cette propriété de faire feu par le choc du briquet dépend de la dureté et de la ténacité des minéraux : de la dureté, parce qu'il faut que le minéral puisse entamer l'acier, dont les parcelles lancées rapidement dans l'air s'enflamment et produisent les étincelles; de la ténacité, parce qu'il faut que le minéral résiste suffisamment au choc : car tel minéral réellement plus dur qu'un autre donne cependant moins d'étincelles. Le diamant ne produit pas d'étincelles; s'il est plus dur que tous les autres corps, il est trop fragile. Le quartz hyalin ne donne pas autant d'étincelles que le quartz silex, ou pierre à fusil, parce qu'il offre moins de ténacité.

RACLURE.

Lorsqu'on racle un minéral avec un autre minéral ou avec un instrument plus dur que lui, il se produit une rayure et une poussière souvent très-caractéristiques, et souvent aussi d'une couleur différente de celle du minéral essayé. La *raclure* peut donc être employée pour distinguer entre eux divers minéraux qui de prime abord offrent une certaine ressemblance.

Au lieu de pratiquer la raclure, on pulvérise souvent une

parcelle du minéral pour en obtenir une poussière très-fine et
en reconnaître la couleur caractéristique.

Mais le moyen de reconnaissance le plus usité et le meilleur
est celui fourni par la tachure.

TACHURE.

La *tachure* est la trace colorée que certains minéraux laissent
sur les corps contre lesquels on les frotte; cette propriété ne
s'applique dèslors qu'aux minéraux assez tendres et assez friables.

Pour apprécier convenablement la tachure on se sert de préférence d'une plaque de porcelaine dépolie, et à défaut de celle-ci,
d'une feuille de papier blanc; mais il faut avoir soin de bien
frotter le minéral qu'on veut reconnaître, de manière que sa poussière soit très-fine et parfaitement étalée sur la surface d'essai.
La tachure est souvent un excellent caractère pour distinguer facilement par la couleur certains minéraux, et même quelquefois
pour apprécier le titre ou la richesse de plusieurs d'entre eux,
comme ceux de manganèse.

Par exemple : le graphite, très-semblable par plusieurs de ses
caractères au molybdène sulfuré, produit une tachure noire, tandis
que le molybdène sulfuré donne une tachure d'un vert sale.

Le fer peroxydé hydraté produit une tachure jaune, le fer oligiste une tachure rouge, le fer oxydulé ou aimant une tachure
noire.

Le protoxyde de manganèse ou acerdése donne une tachure
brune, le peroxyde de manganèse ou pyrolusite une tachure noire,
et d'autant plus noire que ce minerai est plus pur et plus riche.

Le cinabre ou mercure sulfuré produit une tachure rouge, tandis
que le réalgar ou arsenic sulfuré donne une tachure jaune ou
aurore.

Pour tous les minéraux qui possèdent une couleur propre la
tachure est très-caractéristique; mais elle présente souvent une
couleur différente de celle du minéral essayé, et elle a cet avantage qu'elle réunit, par son simple caractère de couleur, des variétés d'un même minéral qui, par leurs diverses couleurs et
quelques autres caractères, paraissent être bien différentes : telles
sont des variétés de fer oligiste, dont les unes sont cristallisées
et d'un gris d'acier, tandis que d'autres sont pierreuses ou terreuses et d'un rouge d'ocre.

CARACTÈRES ORGANOLEPTIQUES.

On a désigné sous le nom de caractères organoleptiques diverses sensations que les minéraux produisent directement sur nos organes. Les principaux sont : le *toucher*, l'*odeur*, la *saveur* et le *happement à la langue*.

TOUCHER.

Le *toucher* est l'impression particulière que produisent sur la main les minéraux, lorsqu'on les touche.

Suivant que les parties qui constituent par leur agrégation un minéral sont fines ou grossières, anguleuses ou arrondies, saillantes ou déprimées, dures ou tendres, fortement ou faiblement réunies, etc., elles exercent par le toucher des sensations différentes et plus ou moins prononcées, qui dérivent surtout de la texture et de la conductibilité de la chaleur.

Le toucher comprend principalement : la *douceur*, l'*onctuosité*, la *sécheresse*, la *rudesse*, l'*âpreté*, l'*impression de la chaleur* et l'*impression du froid*.

La *douceur*, ou le *toucher doux*, appartient aux minéraux dont les parties constituantes sont très-fines et faiblement agrégées (argile plastique, etc.).

L'*onctuosité*, ou le *toucher onctueux*, a lieu lorsque les parties constituantes d'un minéral sont généralement déprimées et sous forme de petites paillettes faiblement agrégées, de manière à produire une sensation sous le doigt analogue à celle du savon. Les minéraux qui jouissent de cette propriété sont assez nombreux (talc, stéatite, pagodite, graphite, molybdène sulfuré, oligiste écailleux, etc.); mais elle est surtout développée chez ceux qui renferment une grande quantité de magnésie.

La *sécheresse*, ou le *toucher maigre*, appartient le plus ordinairement aux minéraux avides d'eau et qui absorbent le peu d'humidité dont les doigts sont naturellement enduits par la transpiration (silex nectique, etc.).

La *rudesse*, ou le *toucher rude*, se manifeste chez les minéraux pierreux dont la texture est grenue, et dont les parties constituantes sont fortement agrégées (calcaire, grès, etc.).

L'*âpreté*, ou le *toucher âpre*, appartient à des substances minérales qui paraissent être composées de parties fines, dures et anguleuses (trachyte, ponce, tripoli, argilolite, etc.). Cette propriété semble être une indication de l'action du feu sur les substances minérales qui en sont douées.

Les minéraux ont pour la chaleur des facultés conductrices différentes; d'où il résulte que placés dans la main ils produisent des impressions de froid plus ou moins marquées et dont on peut se servir pour les distinguer. Le diamant, le saphir, la topaze, les carbonates et les sulfates de chaux, le succin, les bitumes, etc. offrent sous ce rapport des différences assez tranchées, qui permettent de les reconnaître.

On met à profit cette propriété pour distinguer de suite certains produits artificiels des minéraux ou des roches qu'ils sont destinés à imiter et qu'ils imitent parfois jusqu'à tromper l'œil le plus exercé. Les substances minérales naturelles produisent une *impression de froid* qui se prolonge, tandis que les substances minérales artificielles produisent une sensation moins vive et de plus courte durée. Ainsi, on ne confondra jamais le diamant et les autres pierres fines avec les strass, les émaux, etc.; le cristal de roche ou quartz hyalin avec le verre ou le cristal artificiel; le jayet avec le strass noir; l'obsidienne avec le verre foncé; le marbre et l'albâtre avec les stucs; etc.

Presque tous les minéraux sont froids au toucher; cependant il y en a aussi qui produisent une *impression de chaleur*. Mais cette impression est le résultat d'une action chimique, produite par des acides libres qui se trouvent dans diverses matières en décomposition, et principalement dans celles qui proviennent des solfatares.

ODEUR.

On entend par *odeur* des minéraux la propriété que possèdent certains d'entre eux d'agir sur notre membrane pituitaire.

Il faut distinguer : 1° les odeurs *propres*, qui dépendent de la nature même des minéraux et de leur volatilisation; 2° les odeurs *empruntées* ou *accidentelles*, qui sont dues en général à l'interposition de matières étrangères.

Un très-petit nombre de minéraux présentent immédiatement une odeur bien caractérisée. On peut cependant citer comme jouissant de cette propriété : le naphte, le pétrole, l'acide sulfureux, l'acide chlorhydrique, même l'étain, le fer et le cuivre. La plupart exigent, pour que leur odeur se manifeste, une action préalable, telle que la friction, la percussion, le secours de la chaleur ou l'insufflation de l'haleine.

La chaleur est le moyen le plus efficace pour rendre manifeste l'odeur de certains minéraux : par son action le soufre et les composés sulfurés donnent l'odeur suffocante de l'acide sulfureux; les minéraux séléniés offrent l'odeur du raifort ou des choux pourris; les minéraux arsenicaux produisent l'odeur d'ail très-prononcée; le succin et diverses substances résineuses répandent des odeurs tantôt agréables, tantôt fétides; le lignite donne une odeur empyreumatique; enfin, l'antimoine, le tellure, le phosphore, etc. présentent chacun une odeur particulière.

Par le frottement, la percussion ou la fracture, le quartz et beaucoup de minéraux siliceux donnent une odeur *sui generis* ou de pierre à fusil; le cuivre produit une odeur nauséabonde; quelques variétés de succin présentent une odeur ambrée; etc.

L'insufflation de l'haleine, le contact de l'humidité, etc. développent aussi diverses sortes d'odeurs, notamment des odeurs argileuses, sur différentes substances qui sont principalement terreuses ou poreuses et sèches, comme la craie, le tripoli, la magnésite terreuse, l'argile, la terre de Cologne, la pinite, certains minerais de fer, etc., ce qui permet de ne pas confondre ces substances minérales. Au reste, l'odeur argileuse se manifeste d'une manière très-frappante quand il commence à pleuvoir après une grande sécheresse.

Les odeurs empruntées ou accidentelles sont dues à des matières étrangères, mélangées ou retenues dans les pores des minéraux. Il y en a qui se dégagent dès que le minéral est extrait de son gisement, et qui finissent par disparaître après un certain temps; d'autres, au contraire, se manifestent seulement par un des moyens que nous venons d'indiquer pour rendre perceptibles ou plus intenses les odeurs propres des minéraux. Ainsi, la chaleur fait dégager l'odeur bitumineuse des houilles et de certains schistes, grès ou calcaires; le frottement et la percussion rendent très-sensible l'odeur fétide de quelques quartz, de divers calcaires, notamment de ceux qu'on a nommés pierres de porc et petites granites, et l'odeur de truffe si prononcée de certains calcaires. Ces odeurs peuvent être attribuées tantôt à la décomposition de matières organiques ou bitumineuses qui ont été enfouies dans le sein de la terre, tantôt à d'autres causes.

SAVEUR.

Les minéraux qui sont solubles ou susceptibles de se combiner avec la salive affectent diversement l'organe du goût, et sont par conséquent sapides. Cette action sur notre organe est ce qu'on nomme *saveur* des minéraux.

On a essayé de distinguer les différentes saveurs qui appartiennent aux minéraux. Voici les principales divisions qu'on a établies :

Saveur *métallique* (métaux et quelques oxydes),
— *astringente* (sulfate de fer),
— *styptique* (cuivre sulfaté),
— *salée* (sel commun),
— *fraîche* (nitre),
— *sucrée* (plomb sulfaté),
— *amère* (epsomite),
— *acide* (acide sulfurique),
— *alcaline* (natron).

HAPPEMENT A LA LANGUE.

On nomme *happement* l'adhérence que certains minéraux sur lesquels on pose la langue contractent avec elle.

Cette propriété dépend de l'attraction capillaire que certains minéraux poreux, terreux ou secs exercent sur l'humidité de la langue, à laquelle ils adhèrent quelquefois si fortement, quand on a appliqué cet organe sur leur surface, qu'ils y laissent une partie de leur masse lorsqu'on vient à les en séparer.

Le happement à la langue appartient à quelques cacholongs, à des marnes, à la terre d'ombre, à des calcaires hydrauliques, au tripoli et en général aux substances argileuses sèches.

CARACTÈRES GÉOMÉTRIQUES.

Les caractères géométriques des minéraux sont ceux que présente la forme.

Nous avons déjà dit que les minéraux offraient tantôt des formes régulières, tantôt des formes irrégulières. Mais, quelles que soient ces formes, elles peuvent toujours, en les considérant dans leur ensemble ou dans leurs éléments, être rattachées à des formes géométriques. On peut donc distinguer les formes des minéraux en *configurations directement géométriques* et en *configurations indirectement géométriques*.

Les configurations régulières ou directement géométriques paraissent tenir à certaines propriétés inhérentes à la plupart des corps inorganiques, et en vertu desquelles les molécules de ceux-ci tendent à se réunir sous formes géométriques, lorsque dans des conditions voulues et au moment où elles s'agglomèrent en masses solides, elles peuvent céder librement à l'attraction de cohésion.

Les configurations irrégulières ou indirectement géométriques se produisent dans une multitude de circonstances où le jeu des attractions mutuelles se trouve plus ou moins troublé, et même quelquefois entièrement interrompu par des causes extérieures.

L'étude spéciale des configurations régulières que présentent les minéraux est aujourd'hui très-étendue, et constitue une science particulière, qu'on nomme *cristallographie*, mais qu'il conviendrait mieux de nommer *cristallogie*, comprenant la cristallographie et la *cristallogénie*. Or, de même que cette science sert d'auxiliaire à la physique et à la chimie, de même elle est d'un grand secours pour la minéralogie. Néanmoins, envisagée dans tous ses détails, elle ne doit pas être regardée comme formant nécessairement l'une des parties intégrantes de la minéralogie naturelle. D'après cela nous en donnerons seulement les notions les plus essentielles pour la minéralogie, et nous ferons suivre celles-ci de l'étude des configurations irrégulières, quoique ces dernières semblent être de prime abord complétement indépendantes des configurations géométriques, mais auxquelles elles se rattachent réellement par des rapports naturels.

CRISTALLOGRAPHIE.

Les anciens, tout en ayant remarqué les configurations géométriques du quarz, du calcaire, du soufre, du diamant et de quelques autres minéraux, étaient loin de soupçonner que la forme cristalline peut appartenir à tous les corps du règne minéral, et encore moins que les diverses configurations géométriques de ceux-ci sont régies par des lois.

Il paraît que jusqu'à l'époque des travaux de Guglielmini et de Linné, c'est-à-dire jusqu'aux dix-septième et dix-huitième siècles, on n'avait pas entrevu le parti que la minéralogie peut tirer de la forme cristalline des minéraux.

Guglielmini aurait indiqué la possibilité de faire dériver les diverses formes cristallines d'un minéral de l'une d'elles choisie parmi les plus simples ; on voit ainsi paraître la distinction importante des formes primitives et des formes secondaires.

Linné a écrit que les cristaux devaient être le résultat de causes constantes, et que l'étude de ces polyèdres pouvait conduire à la distinction des minéraux ; mais ses recherches à cet égard ne lui ont pas permis de découvrir les véritables lois qui régissent les cristaux.

C'est à Romé de l'Isle que l'on doit la première œuvre capitale sur les cristaux. Dans sa cristallographie, qui parut 1772, il a décrit avec exactitude un très-grand nombre de cristaux et a donné les valeurs des angles compris entre leurs plans.

Ses observations le conduisirent à poser comme principes : que les angles des cristaux ont des valeurs constantes dans la même variété cristalline d'une substance minérale ; que les différentes formes cristallines qu'un minéral peut prendre sont des dé-

rivations, faciles à reproduire (1), d'une forme simple et fondamentale, dont les incidences des faces ont des valeurs constantes
et qui persistent dans les cristaux complexes, malgré la surad-
dition de nouvelles faces; que ces dernières forment aussi entre
elles, et avec les premières, des angles également constants;
qu'enfin à chacun des minéraux différents correspond une forme
primitive spéciale, et qui suffit généralement pour les caractériser, soit qu'elle se présente directement dans la nature, soit
qu'on la déduise d'une forme secondaire donnée.

Au moyen de son système de comparaison et de rapprochement, Romé de l'Isle a en outre reconnu que les cristaux constituent entre eux des groupes naturels. Dès lors il a distribué
tous les cristaux dans sept tableaux, correspondant en grande
partie aux types cristallins qui ont été admis plus tard par
Haüy.

Quoique les véritables lois de la cristallographie aient échappé
à Romé de l'Isle ou n'aient pas été formulées par lui, ses travaux
n'en n'ont pas moins servi de base aux belles découvertes de
Haüy. La cristallographie comme science date donc en réalité
du moment où Romé de l'Isle a publié le résultat de ses recherches.

En 1773, Bergmann fit une découverte qui est le point de
départ de la minéralogie géométrique. Il démontra principalement que les prismes du calcaire spathique se cassent sur trois
des arêtes de leur base, suivant des faces qui prolongées forment un rhomboèdre. Mais Bergmann n'étendit pas sa découverte
à d'autres minéraux que le calcaire spathique; Haüy au contraire
la généralisée ensuite.

A peu près à la même époque où parut l'ouvrage de Romé de
l'Isle et où Bergmann venait de faire sa découverte, Haüy, de son
côté, étudiait profondément les minéraux cristallisés; prouvait
régulièrement l'égalité des mêmes angles pour la même variété cristalline d'une substance minérale, et l'inégalité des
mêmes angles pour des minéraux différents lorsque ces minéraux ont des formes semblables (2); examinait leur consti-

____

(1) Par la méthode des troncatures.

(2) Il y a exception pour les minéraux dont les formes appartiennent au système
cubique; il faut à leur égard faire intervenir une autre considération, par
exemple celle de l'arrangement corpusculaire.

tution intérieure ; reconnaissait un noyau central ou primitif et la forme des particules intégrantes ; démontrait l'existence d'une relation simple entre le solide de clivage et les autres polyèdres appartenant à une même substance ; prouvait la possibilité de déduire tous ces polyèdres les uns des autres par des lois constantes ; se servait des éléments précédents pour construire toutes les formes secondaires à l'aide de la théorie des décroissements ; formulait la loi de symétrie, et établissait plus rationnellement que ne l'avait fait Romé de l'Isle les systèmes ou types cristallins.

Parmi les conclusions auxquelles il est arrivé, Haüy a posé les deux principes suivants :

1° Lorsque des minéraux ont une composition chimique identique, ils appartiennent toujours au même système cristallin et ont la même forme primitive ;

2° Lorsque des minéraux n'ont pas la même composition chimique, ils appartiennent à des systèmes cristallins différents, ou bien s'ils se rapportent au même système cristallin, leurs formes primitives sont différentes ou ont des angles différents.

Mais les deux principes précédents sont aujourd'hui trop absolus, depuis la découverte de l'isomorphisme et du polymorphisme. M. Mitscherlich principalement a reconnu que des minéraux peuvent se présenter sous plusieurs formes incompatibles dans la théorie admise, bien que leur composition soit toujours identique ; et il a montré que certaines substances peuvent se remplacer les unes les autres, en toutes proportions, dans la composition des minéraux, sans changer les formes de ceux-ci.

Si Haüy a donné une définition plus précise des systèmes cristallins, c'est principalement aux cristallographes allemands que l'on doit les classifications rationnelles des systèmes connus (1). Haüy n'avait pas comparé les résultats de ses recherches dans le but d'établir une statistique exacte des groupes de formes réellement différents que les minéraux peuvent offrir, son attention se portant de préférence sur les caractères spécifiques qui résultent des variations du clivage entre les minéraux de mêmes formes. Il cherchait surtout à multiplier les distinctions et les sub-

(1) Comme le démontre le travail de Weiss intitulé : *Uebersichtliche Darstellung der verschiedenen natürlichen Abtheilungen der Crystallisations-Systeme* (*Mémoires de l'Académie royale de Berlin*).

divisions; tandis que les cristallographes allemands, qui consi-
dèrent les formes en elles-mêmes et font abstraction de toutes
les différences physiques, ont toujours manifesté une tendance
à grouper les faits et à les généraliser.

Quoi qu'il en soit, si la cristallographie comme science date
de l'époque de la publication des travaux de Romé de l'Isle, Haüy
n'est pas moins le véritable fondateur de la cristallographie
comme science exacte, puisqu'on lui doit notamment les lois du
clivage et de la symétrie.

MM. Weiss et Delafosse sont venus ensuite combler une lacune
laissée par les travaux de Haüy : le premier en formulant le phénomène de l'hémiédrie et en indiquant le mode de dérivation des
cristaux hémièdres ; le second en expliquant cette sorte d'anomalie, et en la faisant rentrer dans la loi de symétrie par des
considérations relatives à la constitution physique.

Sous le point de vue général, les autres cristallographes se
sont bornés à modifier la classification des systèmes cristallins, à
établir de nouvelles notations pour représenter certaines lois,
et à employer des méthodes plus ou moins élégantes pour calculer ces lois. Leurs travaux ont introduit souvent de la simplicité dans la détermination et dans le mode de description des
cristaux; plusieurs même ont fait ressortir certaines propriétés
remarquables.

Enfin différents minéralogistes, physiciens, chimistes et géo-
mètres ont enrichi le domaine de la cristallographie par des
déterminations nouvelles, par l'observation de faits relatifs aux
propriétés des cristaux, ou par d'autres considérations. Mais
tous ces travaux, malgré leur importance, n'ont rien changé
aux grandes découvertes de Haüy, qui forment encore aujour-
d'hui la base de la cristallographie.

CONSIDÉRATIONS GÉNÉRALES.

CRISTALLISATION.

Lorsque les molécules, libres dans leurs mouvements, se portent les unes vers les autres et se groupent systématiquement, elles produisent des particules cristallines, qui elles-mêmes, dans de semblables conditions de liberté, donnent naissance par leur agrégation symétrique à un *cristal* (1). Ainsi, un corps cristallise quand il passe assez tranquillement de l'état gazeux ou liquide à l'état solide, et quand il n'est troublé dans sa solidification par aucune cause étrangère. L'opération de cette agrégation cristalline est nommée *cristallisation*.

La nature, comme le chimiste, possède divers moyens pour former des cristaux plus ou moins parfaits ; les principaux sont la fusion, la dissolution, la sublimation avec réagrégation suffisamment lente, l'électro-chimie, les mouvements vibratoires, etc.

Nous parlerons plus tard de ces différents modes de cristallisation.

CRISTAUX NATURELS.

On distingue les cristaux en *cristaux naturels* et en *cristaux artificiels* ; les premiers sont formés par la nature, tandis que les seconds sont ceux que nous pouvons produire. Or, la minéralogie ne s'occupe que des cristaux naturels.

En minéralogie on donne donc le nom de cristal à tout minéral qui se présente sous la forme de polyèdre régulier ou symétrique.

Cet état est l'indice le plus sûr de la pureté et de l'individualité (2).

(1) L'expression de cristal vient du mot grec κρύσταλλος, qui signifie glace, eau congelée ou pierre transparente.

(2) Dans les laboratoires et les usines on met à profit la faculté que possèdent

Les cristaux sont des polyèdres géométriques; mais tous les polyèdres géométriques que l'on peut concevoir construits, en renfermant un espace par un nombre quelconque de faces, ne sont pas des cristaux; car les cristaux doivent être assujettis à de certaines conditions, qui en limitent le nombre.

Les cristaux sont toujours des formes régulières ou symétriques, en ce sens qu'il existe toujours une loi qui règle la disposition générale de leurs parties terminales ainsi que le mode de répétition des parties semblables et semblablement placées par rapport au centre de la figure.

La plus grande symétrie que puissent atteindre les polyèdres est celle que présentent les solides réguliers de la géométrie. Le caractère essentiel de ces solides consiste en ce que chaque sorte de parties terminales s'y répète le plus possible et sans changer de valeur; d'où il résulte qu'ils n'offrent qu'une seule espèce d'arêtes, qu'une seule espèce de faces, qu'une seule espèce d'angles plans, qu'une seule espèce d'angles dièdres et qu'une seule espèce d'angles solides. Or, il n'existe que cinq polyèdres de ce genre : le tétraèdre régulier, l'hexaèdre régulier, l'octaèdre régulier, le dodécaèdre régulier et l'icosaèdre régulier.

La plus grande irrégularité que puissent avoir les polyèdres est celle que présentent les solides dans lesquels il n'y a point de répétition de parties égales et de disposition symétrique.

Entre la régularité absolue et l'irrégularité complète il existe une multitude de degrés intermédiaires. Ce sont les formes plus ou moins symétriques auxquelles la plupart des cristaux appartiennent, et dont le caractère particulier de symétrie se détermine par une loi de répétition et de distribution des parties terminales à l'égard d'un système d'axes.

Deux polyèdres peuvent être semblables de figure, ou simplement semblables de symétrie. Dans le première cas, il nous offrent la similitude absolue, et leurs parties terminales de même espèce sont non-seulement disposées de la même manière, mais encore semblables chacune à chacune. Dans le second cas, les deux polyèdres diffèrent par la figure et par le nombre de leurs parties terminales : néanmoins, celles-ci sont toujours ordonnées

beaucoup de corps de pouvoir être obtenus en cristaux, pour séparer, à l'état de pureté, les corps facilement cristallisables des matières mélangées ou des impuretés qu'ils renferment : nous citerons les fabriques de sel ordinaire, de soufre, de nitre, d'alun, de couperose, etc.

suivant la même loi; en sorte qu'il y a dans ces polyèdres un même degré de symétrie.

Dans leur état normal les cristaux sont terminés par des faces planes, souvent unies et quelquefois aussi brillantes que si elles eussent été polies par un lapidaire. En outre, les angles des cristaux sont toujours saillants, et ne sont jamais rentrants.

Ces conditions fondamentales paraissent subir quelquefois des exceptions. Par exemple, le diamant, le gypse, le calcaire, etc., offrent plus ou moins fréquemment des cristaux dont les faces sont courbes. Or, cette convexité tient tantôt à une déformation qu'a éprouvée le cristal dans quelques parties, par diverses causes accidentelles; tantôt à ce que les faces du cristal étant très-multipliées, et par conséquent très-petites, le polyèdre qui en résulte présente alors un certain arrondissement. D'un autre côté, différents minéraux, tels que la cassitérite, le gypse, l'albite, etc., se trouvent souvent en cristaux avec des angles rentrants; mais on reconnaît que ces cristaux ne sont pas simples et que cette conformation provient uniquement de l'accolement ou de la pénétration de deux cristaux, qui produisent ainsi par l'intersection de leurs faces un angle rentrant.

Les conditions nécessaires dans lesquelles la matière doit se trouver pour produire des cristaux et les circonstances générales dans lesquelles se sont formées les masses minérales qui constituent l'écorce du globe, pourraient faire supposer que la nature présente très-rarement les minéraux sous la forme de cristaux, et que dès lors le caractère tiré de la forme cristalline devrait être d'un usage bien restreint. Mais, d'une part, les cristaux sont moins rares qu'on ne serait porté à l'admettre de prime abord; d'autre part, l'état cristallin des minéraux se traduit aussi par leur structure régulière intérieure, qui permet fréquemment de rattacher les minéraux aux lois fondamentales des cristaux, et par conséquent de se servir souvent du caractère offert par la forme cristalline, comme nous le verrons dans la suite.

ÉLÉMENTS DES CRISTAUX.

Dans la configuration des cristaux il y a trois *principaux éléments* à considérer : 1° les *faces*, 2° les *arêtes*, 3° les *angles*.

Les *faces* sont les plans diversement figurés qui terminent le cristal. Elles prennent le nom de *facettes* lorsqu'elles sont très-petites ou plus petites que d'autres, et lorsque leur présence n'altère pas sensiblement la configuration générale du cristal.

Les *arêtes* ou *bords* sont les lignes droites qui terminent les faces du cristal et qui résultent de l'intersection de celles-ci. On les dit *rectangulaires*, *aiguës* ou *obtuses*, suivant que les faces qui les déterminent par leur intersection forment entre elles des angles droits, aigus ou obtus.

Les *angles* sont les quantités plus ou moins grandes dont s'écartent entre elles soit deux arêtes, soit deux ou un plus grand nombre de faces qui se rencontrent. On les distingue en angles *linéaires* ou *plans*, en angles *dièdres* et en angles *solides*. Les premiers résultent de l'intersection de deux arêtes, les seconds de l'intersection de deux faces, et les troisièmes de l'intersection, ou de la réunion en un point, de trois ou bien d'un plus grand nombre de faces. Enfin, on nomme *trièdre* l'angle solide formé par l'intersection de trois faces, *quadrièdre* ou *quadruple* l'angle solide formé par l'intersection de quatre faces, et ainsi de suite.

Les arêtes et les angles dièdres sont les *éléments essentiels* des cristaux.

On entend par *éléments identiques*, ou de même espèce, ceux qui sont non-seulement égaux, mais encore semblablement constitués et disposés. Dans la plupart des cristaux (1) les arêtes et les faces opposées sont égales et parallèles au moins deux à deux ; en outre, les angles solides aussi opposés sont égaux. Il résulte de cette symétrie que généralement les cristaux peuvent, sous le rapport de la forme, être partagés en deux moitiés similaires au moyen de plans passant par leur centre.

AXES CRISTALLINS.

Dans tout cristal on peut ordinairement concevoir un point intérieur, situé de manière que toute ligne droite qui y passe et dont les deux extrémités aboutissent à la surface extérieure du cristal se trouve divisée par ce point central en deux parties égales.

Dès lors la symétrie d'un cristal se manifeste par l'ordonnance de ses parties similaires à l'égard d'une ou de plusieurs lignes droites que l'on peut imaginer dans l'intérieur du cristal, qui

(1) Sauf les cas où ils affectent une forme tétraédrique.

passent par son centre, et que l'on obtient en joignant les milieux
soit des arêtes, soit des faces, ou bien les sommets des angles
solides opposés.

Ces lignes droites sont nommées *axes cristallins*.

On peut en général admettre plusieurs sortes d'axes dans un
cristal, et leur ensemble est désigné sous le nom *de systèmes
d'axes*. Mais il y a presque toujours un système d'axes ou un axe
à l'égard duquel la symétrie semble être plus normale, et qui indique la position à donner au cristal ; cet axe est appelé *axe principal*, tandis que les autres sont nommés *axes secondaires*.

Les figures 8, 9, 10, 11 et 12 donnent une idée des différents
systèmes d'axes.

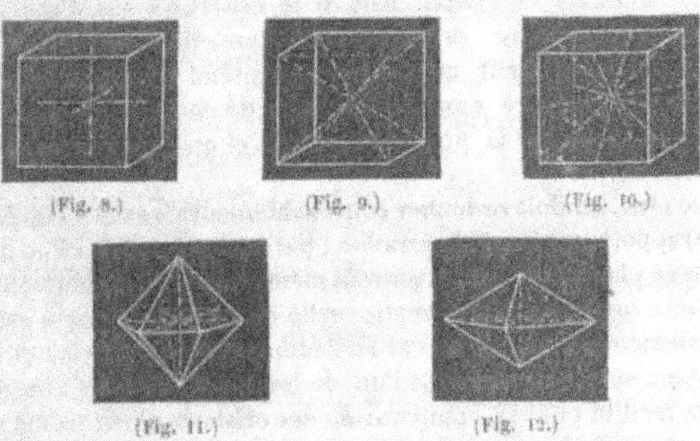

(Fig. 8.)   (Fig. 9.)   (Fig. 10.)

(Fig. 11.)   (Fig. 12.)

Dans l'hexaèdre régulier ou le cube on peut déterminer treize axes,
appartenant à trois systèmes différents (figures 8, 9 et 10), et les
axes d'un même système sont égaux ; par conséquent le choix de
l'axe principal parmi les axes d'un même système y est arbitraire.

Dans le dodécaèdre hexagonal (figure 11) on détermine les
axes en joignant les angles solides opposés. On obtient ainsi trois
axes horizontaux égaux, appartenant à un même système, et un axe
vertical, perpendiculaire au système des trois autres ; dès lors on
prend cet axe unique pour axe principal.

Dans l'octaèdre à base rhomboïdale (figure 12) on détermine
encore les axes en joignant les angles solides opposés, et l'on a
trois axes inégaux.

Pour les autres formes cristallines on arriverait à des résultats
analogues. Enfin nous ajouterons que les axes sont perpendiculaires

ou obliques entre eux, suivant les formes cristallines auxquelles ils se rapportent.

ORDONNANCE DES CRISTAUX.

Pour étudier avec plus de facilité les diverses formes cristallines, il est utile de donner aux cristaux des positions fixes. Or, l'on a reconnu qu'il convenait mieux de les placer de manière que l'un de leurs axes fût vertical.

Lorsque parmi les systèmes d'axes d'un cristal il existe un axe principal ou un axe qui n'a pas d'analogue, on choisit toujours cet axe pour le placer dans la position verticale et par conséquent pour ordonner le cristal. Mais si le cristal n'a pas d'axe principal, ou si aucune propriété exceptionnelle n'indique un des axes préférablement aux autres, on prend arbitrairement l'un quelconque d'entre eux que l'on regarde comme axe principal, que l'on met dans la position verticale et qui sert d'ordonnance au cristal.

De plus, on doit ordonner convenablement les axes secondaires par rapport au plan d'observation ; par exemple, placer l'un d'eux dans ce plan et lui donner souvent même une position horizontale.

Cette ordonnance conventionnelle ou mathématique n'est généralement pas naturelle, car en l'adoptant il faut souvent que les cristaux soient appuyés sur l'un de leurs angles ; mais elle offre de la facilité pour la comparaison des cristaux d'une même substance minérale.

Dans tous les cas, lorsque la position du cristal est fixée, il faut qu'il la conserve et qu'on adopte la même ordonnance pour tous les cristaux qu'on lui compare.

VARIÉTÉ DES FORMES CRISTALLINES.

Les formes cristallines qu'affectent les minéraux sont très-nombreuses, et paraissent être de prime abord variables à l'infini ; mais il existe des lois auxquelles sont soumises les formes cristallines des minéraux, et qui en limitent considérablement le nombre, comme il existe aussi des lois qui permettent de simplifier beaucoup ce nombre déjà limité. Il résulte des dernières lois :

1° Qu'un grand nombre de formes en apparence très-différentes se lient entre elles de la manière la plus naturelle et sont simplement des modifications plus ou moins profondes les unes des autres;

2° Que toutes les formes connues peuvent être groupées en un nombre restreint de types ou systèmes distincts;

3° Que dans chacun de ces types toutes les formes qui s'y rapportent peuvent se déduire rigoureusement d'une forme unique.

FORMES SIMPLES ET FORMES COMPOSÉES.

Les formes cristallines peuvent être *simples* ou *composées;* ces dernières sont aussi dites *complexes.*

On entend par cristaux *simples* ceux qui ne sont terminés que par des faces semblables ou de même sorte, comme par exemple le cube, qui est terminé par six carrés; le rhomboèdre, qui est terminé par six losanges, ou rhombes; le prisme, qui est terminé par six rectangles, ou parallélogrammes; l'octaèdre, qui est terminé par huit triangles; le dodécaèdre hexagonal, qui est terminé par douze triangles; etc. Les figures 13, 14 et 15 représentent séparément

(Fig. 13.)   (Fig. 14.)   (Fig. 15.)

trois formes simples : un cube, un octaèdre et un dodécaèdre.

On entend au contraire par cristaux *complexes* ou *composés* ceux qui sont terminés par des faces dissemblables ou de sortes différentes; ils résultent de la combinaison de formes simples entre elles. La figure 16, qui représente un cubo-octaèdre, et la figure 17,

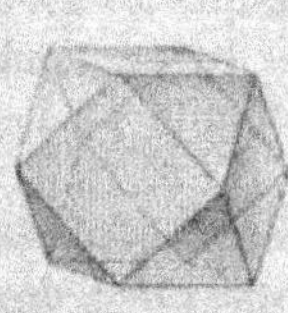

(Fig. 16.)   (Fig. 17.)

qui représente un prisme pyramidé, donnent deux exemples des formes composées ou complexes.

Lorsqu'un cristal composé est formé de deux sortes de faces, on le dit *biforme*; quand il est composé de trois sortes de faces, on le dit *triforme*, et ainsi de suite.

On distingue encore les formes en deux catégories : les formes *closes* ou *finies*, et les formes *ouvertes* ou *indéfinies*. La première catégorie comprend les formes dont les faces embrassent un espace limité de toutes parts : tels sont le cube, l'octaèdre régulier, etc. La deuxième catégorie comprend les formes dont les faces ne limitent l'espace que de certains côtés et le laissent indéfini dans d'autres sens : tels sont le prisme hexagonal, le prisme dodécagonal, etc. On regarde ces dernières formes comme ne pouvant pas toutes seules constituer un cristal complet, et quand on les observe sur un pareil cristal, c'est parce qu'elles sont en combinaison avec d'autres formes, soit fermées, soit ouvertes.

FORMES SIMPLES LES PLUS ORDINAIRES.

Les formes simples les plus ordinaires sont le *tétraèdre*, le *cube*, le *prisme*, le *rhomboèdre* et l'*octaèdre*, qui peuvent être réduits au prisme, au rhomboèdre et à l'octaèdre, ou même d'une manière plus générale au prisme et à l'octaèdre.

Le *prisme* (fig. 18) est un polyèdre terminé supérieurement et inférieurement par deux faces parallélogrammiques (*abcd*, *efgh*), égales et parallèles, latéralement par quatre faces parallélogrammiques (*aefb*, *bfgc*, *cghd*, *dhea*), dont les opposées sont égales et parallèles. Les deux faces supérieures et inférieures sont les *bases* du prisme, et les faces latérales en sont les *pans*. Les arêtes des bases prennent la dénomination de *basiques*, les autres s'appellent *latérales*.

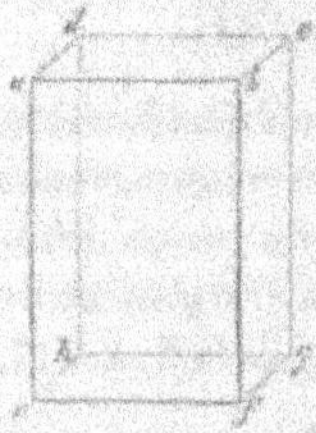

(Fig. 18.)

Un prisme est *droit* lorsque les arêtes latérales des pans sont perpendiculaires sur les bases, tandis qu'il est *oblique* dans le cas contraire; mais l'obliquité n'a lieu que dans un seul sens.

Différentes sortes de prismes résultent aussi de la forme des bases. On distingue entre autres : le prisme *carré*, dont les bases sont des carrés; le prisme *rectangulaire*, dont les bases sont des rectangles; le prisme *rhomboïdal*, dont les bases sont des rhombes.

Le *cube* (fig. 19) n'est qu'un prisme droit, terminé par six faces carrées et égales (1).

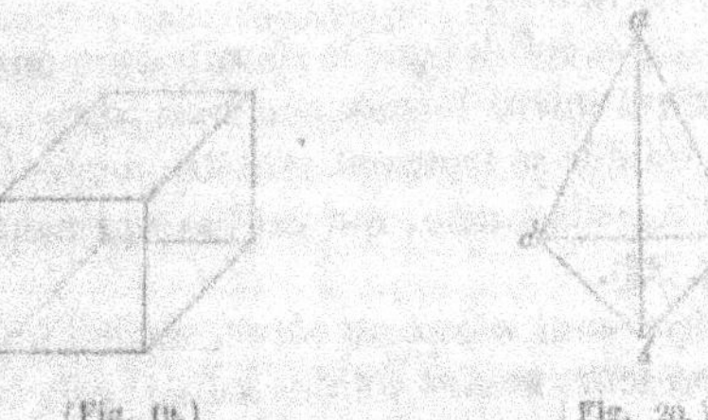

(Fig. 19.) Fig. 20.

Le *tétraèdre* (fig. 20), le plus simple géométriquement de tous les solides angulaires, est un polyèdre (*abcd*) terminé par quatre faces triangulaires (*abc, acd, adb, bcd*). Lorsque ses faces sont formées par des triangles équilatéraux on le nomme tétraèdre régulier. Mais le tétraèdre, quel qu'il soit, est considéré par beaucoup de cristallographes comme n'étant que la moitié d'une forme cristallographique.

L'*octaèdre* (fig. 21) est un polyèdre terminé par huit faces triangulaires. Lorsque ses faces sont formées par des triangles équilatéraux, il s'appelle octaèdre régulier. On peut concevoir tout octaèdre comme composé de deux pyramides quadrangulaires appuyées sur une base commune.

L'octaèdre est *droit* quand sa base est horizontale; il est *oblique* dans le cas contraire,

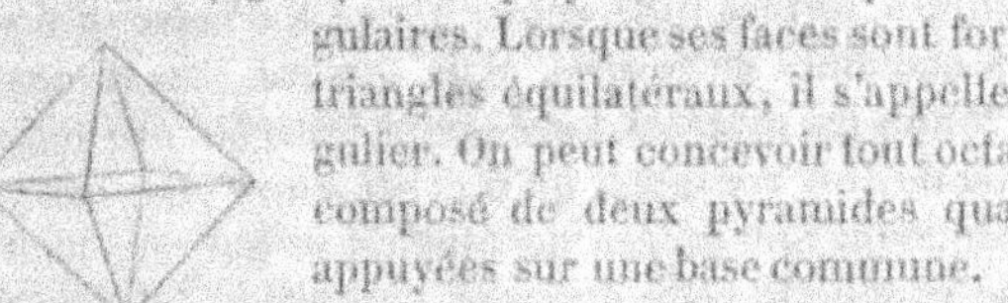

(Fig. 21.)

et l'obliquité peut avoir lieu en deux sens.

On distingue aussi les octaèdres d'après la forme de leurs bases; en sorte qu'un octaèdre peut être *carré*, *rectangulaire* ou *rhomboïdal*, selon que sa base est un carré, un rectangle ou un rhombe.

Enfin, on nomme *basiques* les arêtes de la base, et *culminantes* toutes les autres; de même on distingue les angles *basiques* et les angles *culminants*.

Le *rhomboèdre* (fig. 22) est un polyèdre obliquangle, terminé par six faces rhomboïdales égales et parallèles deux à deux, et qui a deux angles solides réguliers. A la rigueur,

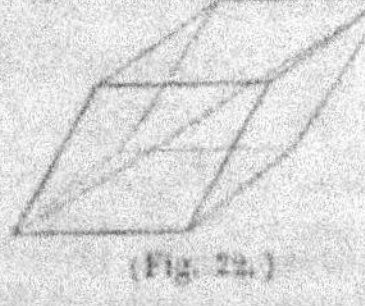

(Fig. 22.)

____

(1) C'est la forme que représente un dé à jouer.

on pourrait envisager le rhomboèdre comme étant un prisme; mais on doit par diverses considérations le regarder comme un hexaèdre tout particulier.

Parmi les huit angles solides que le rhomboèdre possède, il y en a seulement deux qui soient formés par trois angles plans égaux. Ces deux angles solides se trouvent symétriquement opposés et aux extrémités d'une diagonale, qui est l'axe principal du rhomboèdre (voyez fig. 22).

Les rhomboèdres sont *aigus* ou *obtus*, suivant que les angles plans, qui forment leurs angles solides culminants ou situés aux extrémités de l'axe principal, sont plus petits ou plus grands qu'un angle droit.

RELATIONS ENTRE LES DIFFÉRENTES FORMES CRISTALLINES D'UNE MÊME SUBSTANCE MINÉRALE.

Quand on considère l'ensemble des cristaux que présente une même substance minérale, on est généralement frappé de la diversité de leurs formes; car, s'il y a des substances qui affectent seulement quelques formes différentes, il y en a d'autres qui offrent plusieurs centaines de formes. Mais lorsque l'on compare attentivement toutes les diverses formes que présente une même substance minérale, on reconnaît qu'il existe entre elles des relations qui établissent une espèce de filiation et qui ramènent à une très-grande simplicité cette diversité de formes. Les lois du clivage, de la forme primitive et des dérivations démontrent ce principe d'unité à l'égard des cristaux d'une même substance minérale.

La galène présente, par exemple, des cristaux cubiques (fig. 23) et des cristaux octaédriques (fig. 24), qui au premier aspect

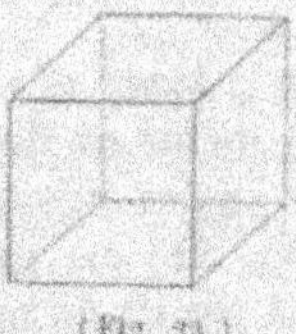

(Fig. 23.)

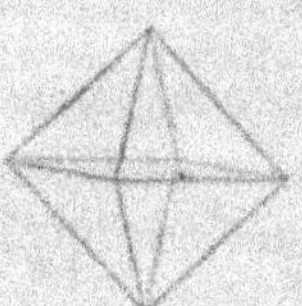

(Fig. 24.)

paraissent être tout à fait étrangers les uns aux autres; mais leur relation est dévoilée par l'existence de certains cristaux cubiques qui portent sur les huit angles solides des facettes triangulaires (fig. 25) et inclinées comme celles de l'octaèdre, ou par l'existence de certains cristaux octaédriques qui portent sur les six angles solides des facettes quadrangulaires (fig. 26) et inclinées comme

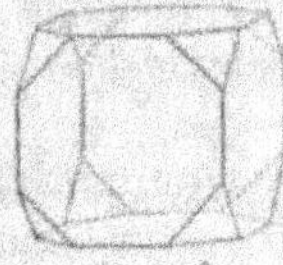

(fig. 25.)

(fig. 26.)

celles du cube, facettes qui si elles étaient approfondies jusqu'à leur rencontre mutuelle feraient dans le premier cas disparaître entièrement les faces du cube et formeraient un véritable octaèdre, tandis que dans le second cas elles feraient disparaître les faces de l'octaèdre et formeraient un véritable cube.

S'il y a des relations réelles entre les diverses formes cristallines d'une même substance minérale, il n'existe souvent aucune analogie entre les cristaux de substances minérales différentes, à moins de considérer les formes cristallines sous un point de vue philosophique particulier, qui du reste conduirait toujours à des différences marquées dans l'application.

FORME DOMINANTE.

Dans un cristal composé, l'une des formes élémentaires qui le constituent est ordinairement plus développée que les autres et donne au cristal son aspect général. Cette forme élémentaire prend alors le nom de *forme dominante*. Ainsi dans les fig. 27 et 28,

(Fig. 27.)

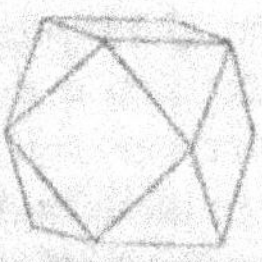

(Fig. 28.)

qui représentent des cristaux composés des faces du cube et de l'octaèdre, la forme dominante est celle du cube; tandis que dans la fig. 29, qui représente un autre cristal composé aussi des faces du cube et de l'octaèdre, la forme dominante est celle de l'octaèdre.

La forme dominante est généralement la forme primitive ou bien l'une des formes secondaires les plus simples.

(Fig. 29.)

CONSTANCE DES ANGLES.

Dans tous les cristaux d'une substance minérale qui se rapportent à la même variété de forme les valeurs des mêmes angles sont constantes.

Donc, pour la même forme cristalline d'un minéral, quel que soit le volume des cristaux, la valeur des mêmes angles dièdres est constante. Par exemple, pour le quartz les faces des rhomboèdres primitifs font toujours entre elles des angles dièdres de 94° 15′ et de 85° 45′ ; les faces des prismes habituels font toujours avec celles des pyramides correspondantes un angle dièdre de 141° 40′ ; et ainsi des autres formes.

Mais les valeurs des angles sont ordinairement différentes pour les formes semblables des substances différentes, et à plus forte raison pour les formes différentes des substances minérales différentes. Ainsi, tandis que les angles dièdres du rhomboèdre primitif du quartz sont de 85° 45′ et de 94° 15′, ceux du rhomboèdre primitif du calcaire sont de 74° 55′ et de 105° 5′.

Aussi cette propriété fournie par la valeur des angles est-elle employée avec avantage pour caractériser les minéraux cristallisés.

Dans les circonstances ordinaires les valeurs des angles des cristaux les plus parfaits peuvent varier jusqu'à une minute. Il s'ensuit que la nature des cristaux ne comporte pas une exactitude au delà des minutes. En outre, ce principe de la constance des angles n'est rigoureusement vrai que pour les cristaux de composition chimique identique et de même température.

M. Mitscherlich a démontré que les valeurs des angles pouvaient varier par suite de la dilatation inégale que les cristaux éprouvent dans les divers sens de leurs différents axes, quand on les chauffe fortement. Mais ces variations produites par des différences de chaleur suivent une marche assez peu rapide pour qu'elles paraissent insensibles à la température ordinaire.

Il n'en est pas ainsi des mélanges de matières de diverses natures qui peuvent faire varier la composition des cristaux : leur effet est beaucoup plus marqué. Néanmoins il y a une sorte de mélange qui ne paraît pas avoir d'influence sensible sur les valeurs des angles des cristaux; c'est lorsque les matières étrangères ne font point partie intégrante des couches du cristal et qu'elles ne sont qu'interposées dans les interstices qui séparent les couches, de manière que si on les soustrait par la pensée, le cristal n'éprouve aucun déchet et subsiste tout entier.

Des variations plus ou moins grandes ont lieu lorsque des substances de natures différentes, pouvant se substituer les unes aux autres dans toutes proportions, concourent à la formation d'un seul et même cristal. Dans les cas de ce genre de constitution la valeur de l'angle du cristal serait, d'après la loi qui a été formulée par Beudant, une moyenne entre celles des angles correspondants de toutes les substances prises proportionnellement à leurs quantités relatives dans le composé.

Supposons le cas de deux carbonates isomorphes. Soit a l'angle du premier, b celui du second et x celui du carbonate mélangé ; si de plus $\dfrac{m}{n}$ exprime le rapport des nombres d'atomes des deux carbonates qui entrent dans un poids quelconque du carbonate mélangé, on aura, d'après la loi de Beudant :

$$x = \frac{ma + nb}{m + n}$$

Mais la loi de Beudant est hypothétique et n'a pas encore été généralisée.

STRUCTURE OU CONSTITUTION CRISTALLINE.

La structure résulte de la disposition des parties qui constituent la masse minérale.

Nous avons déjà dit un mot sur la constitution corpusculaire et sur la structure des minéraux ; maintenant nous nous bornerons à expliquer la structure cristalline de ces corps, et plus tard nous reviendrons sur leur constitution intime.

La particule étant la plus petite partie d'un corps, et de même nature que lui, qu'on puisse obtenir par la division mécanique, est par conséquent pour un minéral le dernier solide qui puisse résulter de tous les clivages réunis de ce minéral.

Le clivage des minéraux montre que leurs particules sont des polyèdres très-simples, symétriques et d'une forme déterminée pour chaque substance minérale différente ; il montre aussi que les cristaux résultent d'assemblages symétriques de particules disjointes. La particule cristalline doit donc être considérée comme l'élément immédiat de la forme du cristal ; tandis que la molécule doit être considérée comme l'élément immédiat de la nature du minéral.

Il existe une relation géométrique déterminée entre la forme des particules et celles que les cristaux d'une substance minérale peuvent affecter. Mais la forme des particules peut être soit identique, soit différente de celles des cristaux; par exemple, des particules cubiques peuvent par leur assemblage produire des cristaux cubiques, octaédriques, dodécaédriques, etc. En sorte que des minéraux identiques par leur constitution cristalline fondamentale et par leur nature sont susceptibles de présenter des formes différentes, selon qu'ils sont terminés dans telle ou telle direction par rapport aux axes des particules.

Les molécules doivent avoir avec les particules une relation géométrique d'un certain ordre par leurs formes ou par leurs dispositions.

La propagation de la chaleur dans les cristaux et leur dilatation ayant lieu différemment, suivant les formes types de ceux-ci, paraissent démontrer qu'il existe des relations géométriques entre les molécules, les particules et les cristaux. Des phénomènes optiques, électriques, élastiques, etc. conduisent à la même conclusion. Enfin, si l'on déforme un cristal, par exemple au moyen de la pression, certains phénomènes optiques, calorifiques, électriques, etc. sont altérés, et d'autres modifications apportées aux formes des cristaux font aussi éprouver des changements à divers phénomènes physiques, ce qui semble encore établir qu'il y a nécessairement des relations entre les formes des cristaux et celles soit des particules, soit des molécules, ou tout au moins avec leurs dispositions systématiques.

La structure d'un minéral résultant de la disposition des particules qui le constituent, elle est régulière ou irrégulière, selon que le mode d'agrégation des particules est lui-même régulier ou irrégulier.

La structure d'un minéral est régulière ou cristalline quand les particules sont disposées symétriquement les unes à côté des autres ou les unes sur les autres. Ce minéral doit être alors considéré comme formé par la superposition de couches planes de particules, chacune de ces couches étant elle-même composée de rangées de particules juxtaposées. Par conséquent on peut comparer l'agrégation des particules à un assemblage de petits solides égaux et disposés comme les pierres de taille d'un édifice ou comme les boulets empilés dans un arsenal, avec cette différence que les particules qui constituent un cristal ne se touchent pas, mais se trouvent placées dans chaque rangée à des distances égales les unes des autres ; en sorte que dans la couche entière elles sont disposées en quinconce ou en échiquier.

La structure régulière des minéraux se manifeste principalement par le clivage, par la forme cristalline et par diverses propriétés physiques.

CLIVAGE.

La régularité que nous présente la constitution des minéraux cristallisés ne s'arrête pas à leur conformation extérieure : elle pénètre jusque dans leur structure intérieure. En effet, tout cristal simple est un assortiment symétrique de corpuscules, espacés régulièrement et offrant en plan une disposition analogue à celle figurée par un échiquier ; de manière que la masse du cristal présente en divers sens des séries parallèles de couches planes, qui sont elles-mêmes composées chacune de files parallèles de corpuscules, comme le montrent la figure 30 pour une lame d'un cristal se rapportant au cube, et la figure 31 pour une lame d'un

[Fig. 30.]

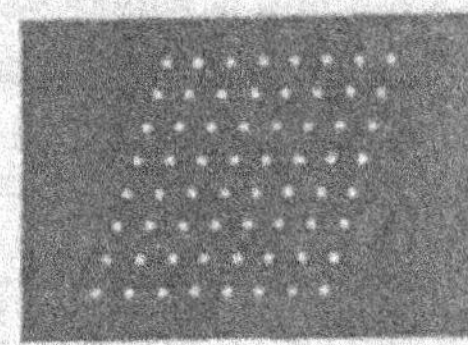

[Fig. 31.]

cristal se rapportant au rhomboèdre. Dans tout minéral cristallisé, l'arrangement des particules est donc tel que l'on puisse se figurer ce minéral comme étant formé dans plusieurs sens par une succession de lames superposées, et finalement par l'assemblage de petits polyèdres simples, ainsi que le montrent la figure 32 pour un cube et la figure 33 pour un rhomboèdre.

[Fig. 32.]   [Fig. 33.]

Dès lors on conçoit non-seulement que ces lames doivent, par l'attraction de cohésion, adhérer entre elles avec plus ou moins de force, selon telle ou telle direction dans l'intérieur du minéral cristallisé, mais aussi que l'on puisse souvent parvenir à vaincre leur adhérence et à les séparer plus ou moins nettement, en mettant à découvert les faces par lesquelles elles se regardaient.

On entend par *clivage* la division naturelle, et plus ou moins manifeste, dont sont doués les minéraux; ou bien, en prenant la démonstration du fait pour la propriété, le clivage est une opération qui permet, au moyen de la cassure ou de toute autre manière, soit de diviser un minéral cristallisé ou cristallin en fragments polyédriques, soit d'en détacher des lames parallèles dans un ou plusieurs sens fixes pour chaque minéral (1).

Le sel ordinaire et la galène se brisent en petits cubes, la fluorine et le diamant en octaèdres, la barytine et la topaze en prismes rhomboïdaux, le calcaire et le rubis en rhomboèdres, etc.; la poussière même de ces corps vue au microscope est un ensemble de petits solides plus ou moins régulièrement terminés.

L'opération du clivage est plus ou moins facile, suivant les différents minéraux et dans chaque minéral suivant le sens.

Par exemple, la galène se divise très-facilement en fragments cubiques, et le calcaire spathique en rhomboèdres par le simple choc du marteau; tandis que le mica et le gypse permettent d'enlever dans un sens et avec la plus grande facilité, au moyen d'un couteau, des feuilles plus ou moins étendues et plus ou moins minces.

La figure 34 montre les joints du clivage du calcaire spathique et la figure 35 ceux du gypse en fer de lance.

(Fig. 34)

(Fig. 35.)

(1) Cette propriété du clivage est connue depuis longtemps des lapidaires, qui l'utilisent pour tailler des pierres précieuses, notamment le diamant. Avant de polir sur la meule les diamants bruts, qui ordinairement se trouvent dans la nature à l'état de cristaux rugueux et ternes à la surface, les diamantaires profitent des joints naturels du diamant pour en enlever l'écaille extérieure et les parties défectueuses ou, comme ils le disent, pour le cliver.

Mais il s'en faut de beaucoup que le clivage puisse s'effectuer dans tous les minéraux avec autant de facilité et de perfection. Il y en a qui à raison de la grande cohésion de leurs particules ne sont nettement clivables qu'en deux sens, souvent même qu'en un seul sens, et par conséquent on n'obtient point alors de solide déterminé. On trouve aussi des minéraux qui sous le choc le mieux ménagé ou sous l'action du couteau ne donnent que des fragments irréguliers. D'autres fois les clivages ne se manifestent que par des moyens particuliers, comme le miroitement de leur cassure à une vive lumière. Pour certains minéraux on est même obligé d'avoir recours à l'étonnement du cristal, qui est ainsi fortement chauffé et brusquement refroidi; cet étonnement, en agrandissant les fissures naturelles qui existent entre les lames composantes du cristal, rend sensible la direction de leurs joints par les stries parallèles qu'il fait naître à la surface ou par les reflets de lumière qu'il développe à l'intérieur du minéral.

À l'aide de tous ces moyens on réussit donc généralement à découvrir dans un minéral cristallisé des joints naturels. Or, les incidences de ces joints ont une valeur constante dans la même substance minérale, et se reflètent, pour ainsi dire, à l'extérieur sur la forme fondamentale ou sur l'une des formes simples du minéral.

Pour les minéraux qui ne cristallisent pas, comme la saussurite et la néphrite, il n'y a point d'indice de cristallisation à l'intérieur, c'est-à-dire de clivage; mais ces minéraux, très-peu nombreux d'ailleurs, ne sont probablement que des variétés compactes d'espèces qui offrent des types cristallisés.

Lorsqu'un cristal a été clivé dans un sens par des coupes nettes, on peut toujours continuer à diviser les fragments de ce cristal parallèlement aux faces que l'on a mises à nu; en sorte que le cristal entier peut être partagé en lames plus ou moins minces, au moyen de divisions successives et opérées dans le même sens. Le clivage pourrait ainsi se répéter sur chacune des lames que l'on a détachées, et cela indéfiniment, ou du moins jusqu'aux couches moléculaires, s'il n'y avait pas à cette opération une limite relative, causée par l'imperfection de nos organes et de nos instruments. Au reste, certains minéraux, comme le mica et le gypse, sont susceptibles d'être séparés en feuilles d'une épaisseur extrêmement faible.

7.*

Les cristaux qui n'offrent de clivage net que dans un sens ne dévoilent qu'une simple structure laminaire ; ceux qui sont susceptibles de présenter des clivages plus ou moins nets dans différents sens démontrent une structure polyédrique. Mais ces divers clivages ne sont pas également faciles.

Le nombre des directions que peuvent affecter les joints naturels est très-limité dans un même minéral ; cependant il ne faudrait pas croire que ce nombre se réduisît toujours à celui offert par les faces d'une forme simple. Dans quelques minéraux, il y a outre les joints de cette sorte, que l'on nomme *clivages principaux* ou *essentiels*, d'autres joints naturels, qui sont ordinairement soit parallèles aux diagonales, soit perpendiculaires à l'axe, et qu'on désigne par la dénomination de *clivages surnuméraires* ou *supplémentaires*, bien que dans un assez grand nombre de cas ils s'obtiennent plus facilement que les autres. Nous devons ajouter que ces joints surnuméraires ne sont pas aussi constants que les joints principaux ; ils n'affectent jamais tous les cristaux d'une même substance minérale, mais seulement des variétés particulières, et résultent ordinairement d'un changement survenu dans la composition normale du minéral.

Le corindon saphir a pour forme primitive un rhomboèdre ; cependant ses cristaux offrent souvent un clivage perpendiculaire à l'axe principal, et qu'on obtient plus facilement que celui qui correspond aux faces rhomboédriques ; tandis que ce dernier clivage est au contraire très-net dans le corindon harmophane. Les joints surnuméraires du calcaire spathique passent par les diagonales horizontales du rhomboèdre primitif, parallélement aux faces de l'équiaxe ; quelquefois aussi ils suivent la direction des faces du prisme hexagonal.

Les faces de mêmes clivages sont toujours inclinées entre elles sous des angles constants dans tous les cristaux d'une même substance minérale. Par exemple : tous les cristaux de calcaire, quelles que soient d'ailleurs leurs formes extérieures, se partagent toujours en fragments rhomboïdaux, dont les angles dièdres sont de 75° et de 105° environ ; tous les cristaux de galène se divisent en fragments cubiques, dont les angles dièdres sont de 90°. Il en est de même pour les autres minéraux. Ce résultat nous montre de quelle importance est, pour la distinction des substances minérales, la considération de la structure cristalline manifestée par le clivage, cette structure, constante dans une même substance minérale, étant généralement différente dans les substances différentes.

Les principales lois qui dérivent du clivage peuvent être résumées de la manière suivante :

Dans une même substance minérale les clivages sont toujours semblablement disposés ; ils forment des angles constants entre eux, ainsi qu'avec les faces du cristal.

Quand il se manifeste trois directions de lames, elles constituent par leur réunion un *solide de clivage*, qui a constamment les mêmes angles pour une même substance minérale et qui la spécifie généralement d'une manière nette.

On distingue les directions des lames en deux ordres : les unes sous le nom de clivages principaux ou essentiels, les autres sous celui de clivages surnuméraires ou supplémentaires.

Les clivages supplémentaires jouent ordinairement un rôle important dans les cristaux ; ils sont placés parallèlement à certaines faces ou à certains plans, comme ceux qui joignent un angle solide à l'angle solide opposé.

Dans une même substance minérale les clivages sont généralement constants relativement à leur degré de netteté, et cette netteté est elle-même en rapport avec les faces. Dans un cube, par exemple, toutes les faces étant semblables, les clivages parallèles aux faces sont égaux et également faciles. Dans un prisme droit à base carrée qui a deux sortes de faces, le clivage parallèle à la base est d'un ordre différent des clivages parallèles aux faces verticales, et ces derniers sont égaux et également faciles. Enfin, dans le prisme oblique à base de parallélogramme obliquangle, qui a trois sortes de faces, les clivages sont chacun d'un ordre différent.

Le clivage des minéraux est la conséquence immédiate de la position relative des particules ; il s'opère entre celles-ci, et en fait reconnaître les lits. Les différences de facilité et de netteté des clivages qui existent entre les minéraux tiennent à la nature de ces corps et au mode particulier d'agrégation de leurs particules. L'inégalité qui se manifeste dans les différentes directions d'un même minéral dépend de l'étendue superficielle relative des faces par lesquelles les particules sont agrégées selon le sens de tel ou tel joint. On conçoit, en effet, que l'adhérence des particules et par conséquent la difficulté du clivage soient d'autant plus grandes que les surfaces de contact sont plus considérables.

Le clivage n'est pas toujours une conséquence nécessaire de la disposition des faces de la forme primitive, et il ne suffit pas toujours pour indiquer la véritable forme de la particule. Considérés d'une manière très-générale, les joints naturels correspondent à des plans de moindre résistance, qui séparent des tranches corpusculaires et qui peuvent bien ne pas correspondre aux faces des particules. Ainsi, dans un cube composé de petits octaèdres réguliers il peut exister des clivages cubiques, déterminés par les plans suivant lesquels seraient distribués les sommets des particules octaédriques.

Lorsque les clivages sont en nombre suffisant pour que les plans qu'ils mettent à découvert donnent par leur combinaison entre eux un solide complet, ce solide est toujours l'une des formes simples du système cristallin auquel se rapporte le minéral, c'est-à-dire que dans un minéral cristallisé les clivages ordinaires ont toujours lieu parallèlement aux faces de l'une des formes simples du système cristallin. Ainsi, dans la galène, qui se rapporte au système cubique, les clivages se font dans trois sens perpendiculaires entre eux et par conséquent parallèlement aux faces du cube, qui est l'une des formes simples de la galène; tandis que dans le calcaire, qui appartient au système rhomboédrique, les clivages ont lieu parallèlement aux faces du rhomboèdre, qui est l'une des formes simples du calcaire.

NOYAU ET PARTICULE CRISTALLINE.

Une même substance minérale peut se présenter en cristaux plus ou moins variés; mais, malgré leurs différences apparentes, il est possible d'obtenir de tous ces cristaux, lorsqu'ils sont suffisamment clivables, un solide de clivage de forme identique, qui a reçu le nom de *noyau*. On a également admis, pour les minéraux qui ne se prêtent pas au clivage, l'existence d'un noyau intérieur, autour duquel sont groupées d'une manière symétrique les autres parties qui extérieurement constituent les faces des cristaux.

Les figures 36, 37, 38, 39, 40, 41 et 42 montrent des exemples

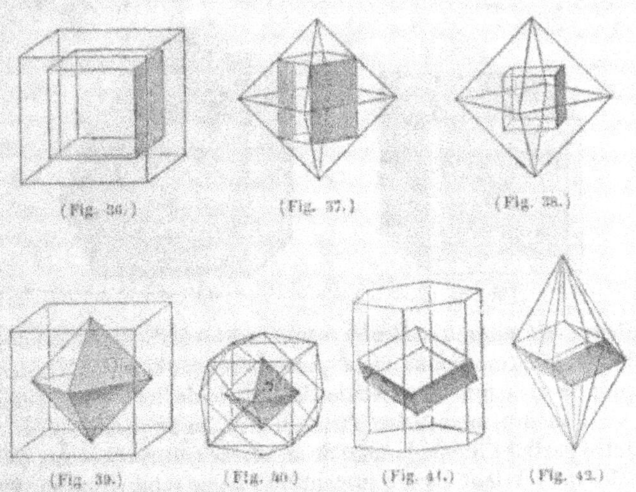

(Fig. 36.)   (Fig. 37.)   (Fig. 38.)

(Fig. 39.)   (Fig. 40.)   (Fig. 41.)   (Fig. 42.)

de noyaux dans des cristaux de mêmes formes et de formes différentes.

Mais le clivage appliqué au noyau central lui-même parallèlement à ses faces ne fait que diminuer le volume de ce solide sans changer sa forme, et conduit finalement à la *particule cristalline*.

Le plus simple des solides que l'on puisse obtenir par le clivage est l'une de ces trois formes : le tétraèdre, le prisme triangulaire et le parallélipipède. Dans tous les cas, on rencontre toujours le parallélipipède parmi les différents solides de clivage d'un même minéral ; de sorte que tout cristal appartenant à un système quelconque peut toujours être décomposé en petits parallélipipèdes semblables de forme et juxtaposés par leurs faces.

Ainsi, le noyau, comme les cristaux définitifs, n'est pas de toute pièce ; ils sont composés de particules cristallines de même forme que le noyau et agrégées symétriquement. Tous les cristaux et le noyau d'une substance minérale doivent donc être regardés comme constitués par l'agrégation symétrique des particules de même forme que le noyau, mais disposées de manière que tantôt elles conservent aux cristaux la forme du noyau et que tantôt elles leur donnent d'autres formes.

Les figures 43 et 44 montrent des exemples de ces dispositions.

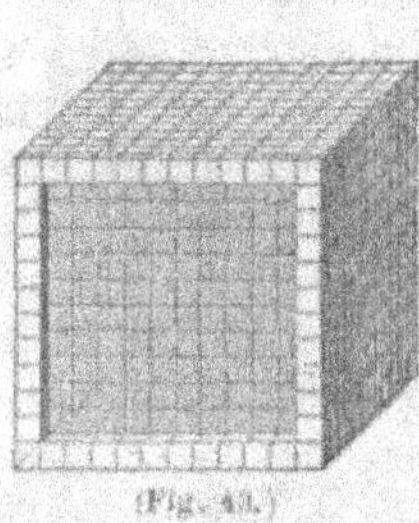

(Fig. 43.)   (Fig. 44.)

Haüy avait nommé *molécules intégrantes* les particules extrêmes, qui sont le terme ultime et le plus simple de la division mécanique; de sorte que la molécule intégrante de tout cristal serait ou un tétraèdre, ou un prisme triangulaire, ou un parallélipipède. D'autre part, il a donné le nom de *molécules soustractives* aux particules qui seraient encore susceptibles d'une subdivision suivant des directions obliques aux faces, qui auraient la forme parallélipipédique, et qui par leur assemblage symétrique constitueraient le minéral.

Les minéraux pendant leur formation s'accroissent soit en conservant leur forme originaire, comme le montrent les figures 45 et 46, où l'on voit des octaèdres successifs les uns autour des

(Fig. 45.)   (Fig. 46.)

autres et des dodécaèdres pyramidaux successifs les uns autour des autres; soit en changeant de formes, comme le montre la figure 47, où l'on voit d'abord un octaèdre enveloppé d'un hexatétraèdre, qui lui-même est enveloppé d'un cube.

Ces circonstances donnent lieu à des structures particulières, souvent très-compliquées, dans l'intérieur des cristaux. Quelquefois les divers accroissements peuvent se déboîter les uns des autres, lorsque la masse est brisée, comme le montre la figure 48. Le quartz, la fluorine, etc., nous offrent des exemples de cette particularité.

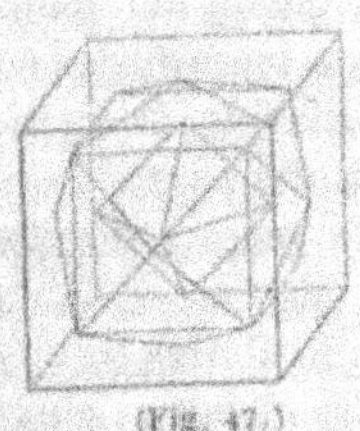

(Fig. 47.)

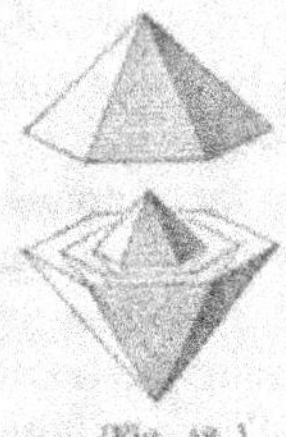

(Fig. 48.)

FORME PRIMITIVE ET FORME DÉRIVÉE OU SECONDAIRE.

Le noyau intérieur, souvent hypothétique, de tous les cristaux d'une même substance minérale a été nommé *forme primitive* ou *fondamentale*, parce qu'il est le type commun dont on peut faire dériver tous ces cristaux; tandis que tous les cristaux qui dérivent de la forme primitive sont nommés *formes secondaires* ou *dérivées*.

Ainsi, dans la figure 49 le cube est la forme primitive, et l'octaèdre qui l'enveloppe la forme secondaire; au contraire, dans

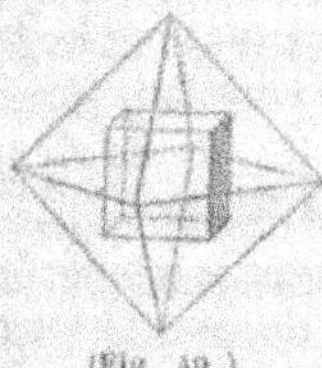

(Fig. 49.)

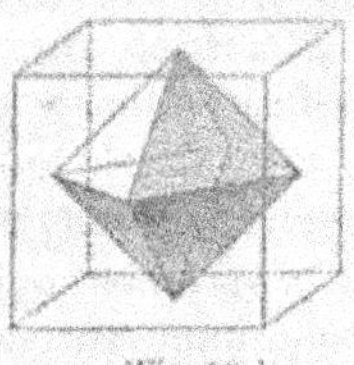

(Fig. 50.)

la figure 50 l'octaèdre est la forme primitive, et le cube qui l'enveloppe la forme secondaire.

Mais la forme primitive peut se présenter seule, isolée de toute forme secondaire et avoir un volume aussi grand que ceux des formes secondaires.

Naturellement la forme primitive d'une substance minérale est déterminée invariablement; mais théoriquement, c'est-à-dire pour concevoir la dérivation des formes secondaires d'une même substance minérale le choix de la forme primitive est arbitraire. Dans tous les cas la forme primitive doit toujours être l'une des formes simples de la substance minérale.

Le véritable caractère d'une forme primitive est de pouvoir

être clivée parallèlement à toutes ses faces, de manière à diminuer successivement de volume sans changer de forme ; tandis que les formes secondaires ne se clivent qu'obliquement à leurs faces et dès lors que sur leurs arêtes ou leurs angles solides.

Si la forme primitive est un parallélipipède, sa division parallèlement à ses faces donnera seulement des parallélipipèdes semblables à cette forme, ou du moins de mêmes valeurs d'angles. Mais il y a des formes primitives qui étant ainsi divisées peuvent donner plusieurs sortes de solides fragmentaires ou élémentaires, suivant que l'on combine entre eux les clivages, en les prenant tous ensemble ou partiellement. Ces formes primitives sont celles qui ont des faces dans plus de 3 directions différentes, et qui par conséquent admettent plus de 3 clivages ; tels sont les octaèdres, les prismes hexagonaux réguliers, les dodécaèdres rhomboïdaux, etc.

Lorsque des substances minérales différentes se présentent sous les mêmes formes extérieures, il est possible de les distinguer par leurs formes primitives respectives, qui peuvent être : 1° de figures différentes, par exemple la galène, dont la forme primitive est un cube, et la fluorine, dont la forme primitive est un octaèdre régulier ; 2° de figures semblables, avec des valeurs d'angles différentes, par exemple le calcaire, dont la forme primitive est un rhomboèdre de 105° 5', et le corindon, dont la forme primitive est un rhomboèdre de 86° 5' ; 3° de figures semblables, mais présentant des clivages différents, par exemple l'albite et la péricline, qui ont sensiblement la même forme primitive et qui montrent des différences de netteté pour le clivage parallèle à certaines faces. Cependant il y a des substances minérales différentes qui affectent les mêmes formes extérieures et qui ont la même forme primitive sans distinction sensible ; telles sont la galène et le sel commun, ainsi que les minéraux isomorphes.

Les différents plans de clivage qui donnent une forme primitive ne sont pas tous également nets et également faciles à obtenir. Sous ce double rapport il y a toujours identité entre les plans de clivage qui correspondent à des faces égales et semblablement placées sur le noyau, et diversité entre ceux qui correspondent à des faces de grandeur et de position différentes.

Lorsque le nombre des clivages n'est pas suffisant pour donner complétement la forme primitive, ceux qui existent peuvent par leur nombre et leurs positions servir à distinguer entre eux des minéraux qui se rapprochent par leurs formes extérieures ou qui se rapportent au même système cristallin. Ainsi, l'orthose et la ryacolite n'offrent que deux clivages bien nets et perpendiculaires l'un à l'autre; tandis que l'albite et la péricline présentent toujours trois clivages dont aucun n'est perpendiculaire sur les autres. L'amphibole, le pyroxène et l'orthose ont chacun pour forme primitive un prisme oblique à base rhomboïdale. Or, dans l'amphibole le clivage parallèle à la base manque entièrement, au lieu que ceux parallèles aux pans sont faciles et d'un éclat très-vif. Dans le pyroxène, au contraire, le clivage parallèle à la base est souvent plus facile et plus net. Enfin, dans l'orthose un clivage parallèle à la base se combine avec un autre clivage, d'égale netteté, qui est parallèle à l'axe et perpendiculaire au premier.

Les minéraux dont les formes primitives sont prismatiques n'offrent quelquefois de clivage possible que dans une seule direction, qui est toujours parallèle à l'axe ou à la base ; ou bien ils montrent un clivage net dans un sens et seulement des indices de clivage dans d'autres directions. Alors ce clivage unique ou prédominant est si facile que le minéral peut être divisé en lames minces et se présenter même naturellement sous cette forme : tel est le cas du gypse et surtout du mica. La topaze offre aussi un clivage très-brillant parallèlement à la base du prisme, et ce caractère suffit pour la distinguer des minéraux avec lesquels on pourrait la confondre.

MODIFICATIONS.

On peut concevoir que les formes primitives soient susceptibles de passer aux formes dérivées par des modifications de ces formes primitives , c'est-à-dire par des *formes intermédiaires* ou de passage. Or, ces modifications, qui sont soumises à certaines lois, peuvent être reproduites artificiellement en exécutant soit sur les arêtes, soit sur les angles solides des formes fondamentales une ou plusieurs des opérations qui ont reçu les noms de *troncature*, de *bisellement* et de *pointement*.

Mais cette manière de concevoir la production des formes secondaires semblerait faire croire que les cristaux sont d'abord tout formés sous des configurations primitives, et qu'ensuite leurs arêtes ou leurs angles solides sont plus tard modifiés pour donner lieu aux configurations secondaires. Or, ce n'est pas ainsi que procède la nature : on reconnaît en effet quand on observe la formation des cristaux que ceux-ci ont dès leur production la forme qu'ils présentent désormais, et que les formes différentes de la forme fondamentale, c'est-à-dire que les modifications résultent de circonstances mécaniques, physiques ou chimiques particulières, qui pendant la production des cristaux ont fait varier plus ou moins la forme. Néanmoins, pour comprendre plus facilement les formes dérivées, on a recours à des opérations artificielles, qui malgré leur différence avec les moyens employés par la nature conduisent aux mêmes résultats géométriques.

Partant de cette manière de concevoir la production des formes dérivées, nous dirons que les modifications ont lieu tantôt sur toutes les arêtes ou sur tous les angles solides, tantôt sur quelques-unes de ces parties seulement, et qu'elles se diversifient ou se combinent, mais toujours suivant des lois déterminées.

Troncature. — La *troncature* consiste en une section opérée sur l'un des éléments essentiels d'un cristal, qui se trouve ainsi remplacé par une facette.

La troncature peut avoir lieu sur une arête, comme le montre la figure 51, qui représente un cube tronqué sur toutes ses arêtes. Lorsque la troncature est pratiquée sur une arête, elle doit toujours être parallèle à cette arête.

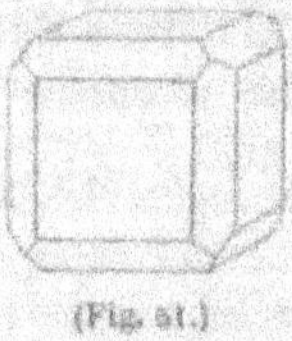

On dit que la troncature est *droite* ou *tangente* quand la facette qui en résulte se trouve également inclinée sur les deux faces, dont la rencontre mutuelle formait l'arête tronquée ; la troncature est *oblique* dans le cas contraire.

(Fig. 51.)

La troncature peut aussi avoir lieu sur un angle solide, comme le montre la figure 52, qui représente un cube tronqué sur tous ses angles solides.

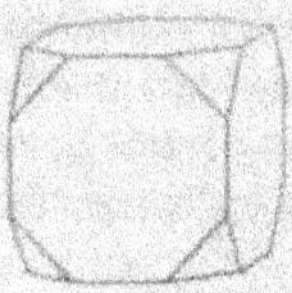

On dit encore que la troncature est *droite* ou *tangente* lorsque la facette qui en résulte se trouve également inclinée sur toutes les faces, dont la rencontre mutuelle formait l'angle tronqué ; la troncature est *oblique* dans le cas contraire.

(Fig. 52.)

Enfin, quand la troncature oblique d'un angle solide est également inclinée sur les deux faces qui forment une des arêtes

de cet angle, on dit qu'elle est placée *droit* ou *symétriquement* sur
cette arête.

Bisellement. — Un *biseau* est l'ensemble de deux troncatures
symétriquement placées de part et d'autre d'une arête ou d'un
angle. Il en résulte deux facettes formant un angle plus ouvert
que celui qui a été remplacé par le biseau.

Le biseau placé sur une arête entière lui est toujours parallèle.

La figure 53 représente un cube qui porte un biseau sur toutes

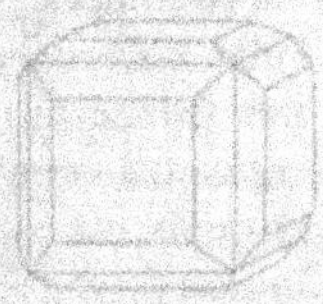

(Fig. 53.)

(Fig. 54.)

ses arêtes; tandis que la figure 54 représente un octaèdre qui
porte un biseau sur tous ses angles solides.

Si le biseau se rapporte à un sommet, on le dit *culminant*, et
dans ce cas il peut être *direct* ou *indirect*, suivant que les troncatures dont il se compose sont placées sur les faces ou sur les
arêtes qui entrent dans la constitution du sommet modifié.

On distingue encore les biseaux *obliques*. Ceux-ci se rapportent

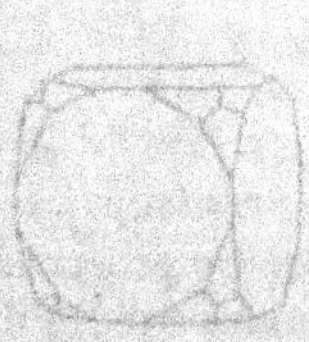

ordinairement aux extrémités d'arêtes vers les angles
solides. La figure 55 représente un prisme droit à
base carrée avec un biseau oblique qui affecte
toutes ses arêtes.

Pointement. — Le *pointement* est la réunion au
sommet d'un angle solide d'au moins trois troncatures symétriques, qui portent sur les faces ou sur
les arêtes.

(Fig. 55.)

La figure 56 montre un cube portant un pointement à 3 faces

(Fig. 56.)

(Fig. 57.)

sur tous ses angles, et la figure 57 montre un octaèdre à base

carrée dont les deux sommets sont remplacés par un pointement
à 4 faces.

Le pointement peut être *direct*, c'est-à-dire porter sur les faces,
comme dans la figure 57; ou il peut être *indirect*, c'est-à-dire
porter sur les arêtes, comme dans la figure 56.

Il peut aussi être *simple*, comme dans la figure 56; ou *double*,
comme dans la figure 58.

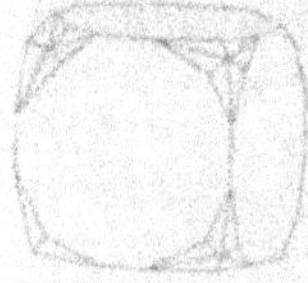

Déduction. — Pour arriver des formes intermédiaires aux formes secondaires complètes
qu'elles représentent à l'état d'ébauche, il suffit
de prolonger les plans des troncatures, des biseaux ou des pointements jusqu'à ce qu'ils se rencontrent mutuellement et qu'ils masquent entièrement les faces des formes fondamentales, ou bien d'entamer de
plus en plus les formes primitives par des sections parallèles aux
sections des formes intermédiaires jusqu'à la disparition complète
des faces des formes primitives. D'autre part, on pourrait arriver
directement des formes primitives aux formes dérivées complètes
en menant, soit par les arêtes, soit par les sommets des angles
solides des formes primitives, des plans tangents suivant les directions des modifications représentées par les formes intermédiaires.

Par ces divers moyens on obtient des formes dérivées complètes qui sont semblables, mais qui ont des volumes différents,
comme le montrent les figures 59 et 60, qui représentent : la pre-

(Fig. 59.)

(Fig. 60.)

mière, un octaèdre provenant de troncatures faites sur tous les angles solides du cube; la seconde, un octaèdre provenant de l'intersection de plans tangents sur tous les angles solides du cube. Au
reste, peu importe le procédé employé; pourvu que les faces correspondantes des formes dérivées complètes soient parallèles

et que leurs positions relatives ne varient pas, on arrivera toujours à la même forme, ce qui est la seule chose essentielle dans la considération des formes cristallines comparées.

SYMÉTRIE.

La nature nous montre dans son ensemble, dans toutes ses parties, dans toutes ses œuvres l'empreinte d'un caractère d'harmonie et de symétrie remarquable. Si les systèmes célestes, le règne végétal et le règne animal sont soumis à des lois d'analogie et de symétrie, il en est de même pour le règne minéral. En conséquence la nature a suivi pour les différentes formes des minéraux cristallisés qu'elle nous présente une symétrie particulière, qui a été nommée *loi de symétrie*. Cette loi qui régit toute dérivation peut être énoncée de la manière suivante :

Dans un même cristal les parties identiques ou de même sorte (1), si elles sont modifiées, le sont toutes à la fois et de la même manière, et les parties non identiques, si elles sont modifiées, le sont isolément ou différemment.

Ainsi, lorsque toutes les arêtes d'un cristal sont identiques, ou elles restent toutes intactes, ou elles se modifient toutes à la fois et de la même manière. Mais quand un cristal présente plusieurs sortes d'arêtes, il y a autant d'espèces de modifications, et elles peuvent avoir lieu chacune isolément.

Tout ce que nous venons de dire à l'égard des arêtes s'applique également aux angles solides.

On entend par l'expression de modifié de la même manière l'égalité des inclinaisons de chaque facette semblable sur les faces adjacentes, et par l'expression de modifié différemment l'inégalité des inclinaisons de chaque facette semblable sur les faces adjacentes.

Ainsi, pour le cube, dont toutes les arêtes sont identiques, et qui se trouve modifié par une troncature sur toutes ces arêtes, chaque facette modifiante, quelle que soit l'arête modifiée, présente toujours la même inclinaison sur les deux faces adjacentes. Au contraire, le prisme droit à bases carrées, qui a deux sortes d'arêtes, offre souvent des modifications par une troncature sur toutes ces arêtes à la fois, mais d'une manière différente ; car la mesure des inclinaisons montre que chaque facette latérale est également

(1) Voyez la page 86.

inclinée sur les deux faces adjacentes, tandis que chacune des
facettes basiques a deux inclinaisons différentes : l'une sur la
base, l'autre sur la face latérale correspondante.

Enfin, on entend par l'expression de parties identiques les
parties qui sont identiques non-seulement sous le rapport géométrique, mais encore sous le rapport physique ou constitutif, c'est-
à-dire qui ont la même structure et la même constitution corpusculaire; car il arrive souvent que les conditions géométriques
étant les mêmes, les conditions physiques ou matérielles sont
différentes.

Il s'ensuit que la forme géométrique, considérée comme forme
cristalline, et par conséquent au point de vue matériel, peut présenter un caractère différent de symétrie, résultant d'une différence dans la structure interne, qui ne tombe pas immédiatement
sous les sens. Il faut donc établir une distinction entre : 1° la symétrie réelle d'un cristal, considéré comme corps matériel, celle-ci
dépendant à la fois de la forme et de la structure corpusculaire;
2° la symétrie apparente du même cristal, considéré comme corps
géométrique, cette dernière se rapportant uniquement à la forme
extérieure. Généralement les deux sortes de symétrie sont d'accord dans le même cristal; mais le contraire peut avoir lieu.

Les différences de nature physique entre des parties de formes
géométriquement semblables se trahissent par l'observation des
clivages, des stries, de la dureté, de l'élasticité, de la pyro-électricité, de l'éclat, de la couleur, etc.; elles se manifestent aussi
par la symétrie particulière à laquelle obéissent constamment
les modifications du cristal, quand son accroissement a lieu d'une
manière régulière.

Dans tous les cas, la loi de symétrie non-seulement exige que
la modification qui se produit sur un élément quelconque d'un
cristal, se répète exactement sur tous les autres éléments qui
sont identiques au premier; mais encore elle règle le nombre et
la disposition des facettes dont se compose la modification d'un
élément considéré isolément; car cette modification peut avoir
lieu par une ou plusieurs facettes, et par conséquent de plusieurs
manières différentes.

Une arête ou un angle solide quelconque est toujours susceptible de recevoir une troncature.

Si l'arête à modifier est formée par l'intersection de deux
faces identiques et semblablement placées par rapport à cette

ligne d'intersection, elle pourra être modifiée de deux manières différentes : ou par une facette unique et également inclinée sur les deux faces, ou par deux facettes obliques, mais faisant la même inclinaison, l'une sur la première face, et l'autre sur la seconde face, c'est-à-dire par un biseau symétrique.

Si l'arête à modifier est formée par l'intersection de deux faces non identiques ou différemment placées par rapport à cette intersection, la modification a lieu par une simple facette, inclinée différemment sur les deux faces.

Si l'angle solide à modifier est un angle régulier, composé de m faces identiques, il pourra être modifié de 4 manières différentes, mais seulement de 4 manières, sous la condition que chaque modification ne produise qu'une forme simple. La modification pourra être formée : 1° d'une facette unique, également ment inclinée sur toutes les faces de l'angle; 2° de m facettes, placées respectivement sur les m faces de l'angle, dans une position oblique et symétrique, de telle manière qu'elles aient la même inclinaison sur les faces correspondantes; 3° de m facettes, placées symétriquement, non plus sur les faces, comme dans le cas précédent, mais sur les angles dièdres; 4° de $2m$ facettes, placées obliquement deux à deux, sous forme de biseaux, au-dessus des faces ou des angles dièdres, et produisant, par leur concours, un nouvel angle solide d'un nombre de faces double, symétrique et semi-régulier, c'est-à-dire ayant ses angles plans, ainsi que ses angles dièdres, égaux seulement deux à deux.

Si l'angle solide est composé de m faces, parmi lesquelles il y en ait seulement n qui soient identiques entre elles, il pourra être modifié ou par une facette unique et également inclinée sur chacune des n faces identiques, ou bien par n facettes, placées respectivement sur ces dernières et également inclinées sur elles.

Si l'angle solide est complétement irrégulier, la modification a lieu par une facette unique, diversement inclinée sur les faces composantes.

Tels sont les différents cas que l'on peut rencontrer dans la déduction, par de simples considérations de symétrie, de toutes les formes génériques d'un système cristallin de l'une quelconque d'entre elles, prise pour forme primitive ou fondamentale. Cependant il serait possible, comme le montre l'observation des combinaisons ternaires, quaternaires, etc. de formes cristallines, de modifier symétriquement une partie de forme dominante par un plus grand nombre de facettes que nous ne l'avons supposé; mais alors il résulterait d'une pareille modification une forme complexe, susceptible de se décomposer en formes simples; de sorte que la modification dont il s'agit serait elle-même une modification multiple, et non une modification simple.

Les conditions de la loi de symétrie limitent nécessairement le nombre des modifications admissibles, et par conséquent le nombre des formes différentes dans les divers groupes ou systèmes cristallins que l'on peut établir.

HOMOÉDRIE, HÉMIÉDRIE, TRITOÉDRIE, TÉTARTOÉDRIE, ETC.

Lorsque la symétrie réelle concorde entièrement avec la symétrie géométrique, chaque modification de l'un des éléments du type fondamental atteint tous les autres éléments qui lui sont géométriquement égaux, et par conséquent produit en somme le maximum de facettes possible. Mais quand la concordance n'existe pas, il n'y a que la moitié, le quart, etc. des éléments géométriquement égaux qui soient identiques, et alors la modification ne se répétant que sur la moitié, le quart, etc. des éléments géométriquement égaux, produit seulement la moitié, le quart, etc. du nombre des facettes que l'on aurait dans le cas où la symétrie réelle concorderait avec la symétrie géométrique. Au reste cette discordance de la symétrie réelle avec la symétrie géométrique est assez rare dans la nature.

Les formes ou les cristaux dont le nombre des faces est au complet suivant la loi de symétrie géométrique sont nommés *homoédriques, homoèdres, holoédriques* ou *holoèdres*, et cette propriété qui les réunit a reçu le nom d'*homoédrie* ou d'*holoédrie*.

Les formes ou les cristaux qui ne présentent que la moitié du nombre total des faces qu'ils pourraient avoir suivant la loi de symétrie géométrique sont nommés *hémiédriques* ou *hémièdres*, et cette propriété qui les réunit a reçu le nom d'*hémiédrie*.

Par une semblable considération, les cristallographes allemands ont admis les expressions de formes *tritoédriques* ou *tritoèdres*, de formes *tétartoédriques* ou *tétartoèdres*, etc., pour les cristaux qui n'auraient que le tiers, le quart, etc. du nombre total des faces qu'ils pourraient offrir, et ont nommé *tritoédrie*, *tétartoédrie*, etc. les propriétés correspondantes qui les réuniraient respectivement.

L'hémiédrie, la tritoédrie, la tétartoédrie, etc. ont reçu la désignation générale *d'hétéroédrie;* et les cristaux qui paraissent affectés de l'hétéroédrie ont été nommés *hétéroédriques* ou *hétéroèdres.*

La loi de symétrie permet de se rendre un compte exact des cristaux homoèdres et de l'homoédrie. Mais, quoique des considérations géométriques et physiques permettent d'interpréter l'hémiédrie, la tritoédrie, la tétartoédrie, etc., ou l'hétéroédrie, il est difficile de concevoir, comme le supposent certains cristallographes, que les cristaux hémièdres, tritoèdres, tétartoèdres, etc. sont des moitiés, des tiers, des quarts, etc. de cristaux homoèdres; car la nature ne procède jamais par fractions d'êtres, surtout lorsqu'ils sont revêtus d'une forme régulière. Les interprétations des cristallographes dont il est question sont donc purement abstraites, et non naturelles.

Pour faire comprendre les cas les plus simples de la différence entre l'homoédrie et l'hétéroédrie, nous citerons les trois exemples suivants.

En géométrie il n'existe qu'un seul cube; mais parmi les cristaux naturels, il y a au moins trois sortes de cubes, qui diffèrent sous le rapport physique et cristallographique : tels sont ceux de la galène, de la pyrite, et de la boracite. Au moyen d'une étude attentive de la marche que suivent dans chacun de ces cubes les diverses propriétés et l'ensemble des modifications, on acquiert la preuve que ces trois sortes de cubes sont distinctes par leur structure et par leur symétrie; qu'elles doivent être composées chacune de particules d'une forme différente; que par conséquent il existe au moins trois séries cristallines différentes auxquelles la forme cubique peut être commune. L'une de ces séries, celle de la galène, est le système cubique à modifications toutes homoédriques; tandis que les deux autres séries, celle de la pyrite et celle de la boracite, sont des systèmes cubiques à modifications hémiédriques; de plus, l'un de ces deux derniers systèmes, celui de la pyrite, se rapporte au cas de la *parahémiédrie* ou hémiédrie à faces parallèles, et l'autre, celui de la boracite, offre un exemple de l'*antihémiédrie*, de l'hémiédrie polaire ou hémiédrie à faces inclinées.

8.

DISSYMÉTRIE.

D'après les observations précédentes, on voit qu'il y a des cas où les modifications paraissent avoir lieu autrement que l'exige la loi de symétrie, et qui dès lors semblent échapper à cette loi. L'ensemble de ces exceptions apparentes ou de ces anomalies constitue la partie de la cristallographie qu'on a nommée *dissymétrie*.

Les anomalies dont il s'agit ont été réunies et plus ou moins rattachées les unes aux autres : Weiss les a comprises dans sa théorie générale de l'hémiédrie ; diverses hypothèses ont été imaginées pour les interpréter, et M. Delafosse a cherché à les faire rentrer dans la loi de symétrie.

Il est un cas où, par suite de l'accroissement inégal qu'un cristal a subi dans son pourtour, quelques-unes de ses faces ont avorté, ou bien ont disparu plus ou moins, après s'être produites, sous l'extension exagérée de faces voisines qui ont pris leur place. Or, ce cas n'est évidemment qu'une anomalie accidentelle, qui affecte seulement le cristal individuel que l'on observe, et qui doit être mise sur le compte de l'irrégularité du cristal. Mais en supposant que l'accroissement des cristaux se fasse d'une manière uniforme et régulière, on conçoit difficilement comment la loi de symétrie pourrait souffrir des exceptions dans un cristal dont toutes les parties seraient exactement proportionnées. Néanmoins beaucoup de cristallographes ont admis des cas où cette loi semble être en défaut, et où l'exception leur apparaît comme une anomalie constante, en ce qu'elle affecte généralement et au même degré tous les cristaux d'une même substance minérale.

Tout d'abord nous allons énoncer les faits principaux, tels qu'ils sont admis.

Dans les cristaux qui montrent le défaut de symétrie, les parties géométriquement identiques ne sont pas toutes modifiées à la fois ou de la même manière ; de sorte qu'il manque souvent un certain nombre de faces, et que les cristaux sont incomplets.

La boracite, qui cristallise en cube, possède des cristaux représentés par les figures 61 et 62, dans lesquels il n'existe de troncature

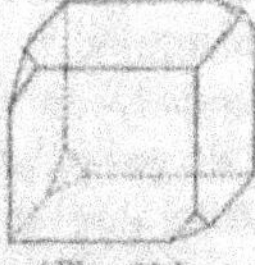

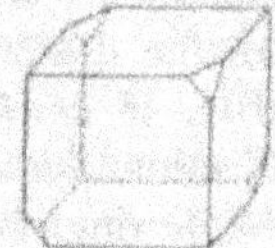

(Fig. 61.)   (Fig. 62.)

que sur quatre des huit angles, en alternant. Cette circonstance conduit à deux tétraèdres différemment disposés, comme le montrent les figures 63 et 64. Dans d'autres cristaux, appartenant à

(Fig. 63.)   (Fig. 64.)

la même substance, quatre angles portent des pointements triples, tandis que les quatre autres angles n'ont aucune facette. Les angles ainsi modifiés ne sont pas placés d'une manière indifférente ; l'anomalie est soumise à une règle, car ce sont les angles opposés à une même diagonale du cube qui présentent cette anomalie.

La pyrite cristallise en cube, comme la boracite ; mais la dissymétrie présentée par la pyrite est différente de celle que nous venons de signaler pour la boracite. Les troncatures qui ont lieu sur les angles de la pyrite et qui conduisent à l'octaèdre régulier sont au complet (fig. 65) ; la dissymétrie consiste en ce que la moitié des faces des biseaux qui naissent sur les arêtes n'existent pas, ou en ce que les arêtes sont remplacées par des facettes différemment inclinées sur les deux faces adjacentes (fig. 66). Le solide à vingt-quatre faces, qui devrait résulter des biseaux s'ils étaient complets, est en conséquence réduit à douze faces, et produit le solide particulier qui a reçu le nom de dodécaèdre pentagonal (fig. 67). Comme pour la boracite, la dis-

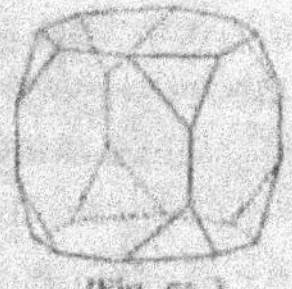

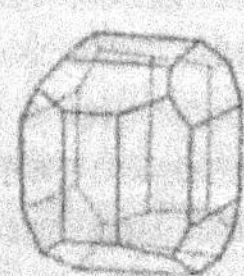

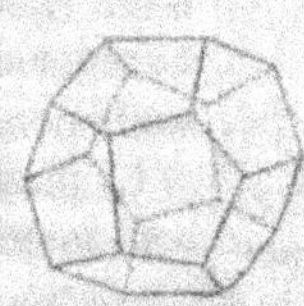

(Fig. 65.)   (Fig. 66.)   (Fig. 67.)

symétrie suit une certaine loi dans la pyrite : ce sont les faces parallèles qui manquent, de sorte que ses dodécaèdres pentagonaux sont en réalité des cristaux hémiédriques.

Dans la pyrite, le dodécaèdre pentagonal, en se combinant avec les modifications des angles solides du cube, produit un polyèdre composé de vingt faces triangulaires, dont huit, équilatérales, correspondent aux faces de l'octaèdre, et dont douze, isocèles, correspondent aux faces du dodécaèdre pentagonal. Ce nouveau solide (fig. 68), nommé icosaèdre, diffère de l'icosaèdre de la géométrie en ce que dans le dernier tous les triangles sont équilatéraux. De plus, il arrive souvent que les faces qui correspondent à celles de l'octaèdre sont très-développées par rapport aux faces qui correspondent à celles du dodécaèdre, comme le montre la figure 69. On voit également ici que les

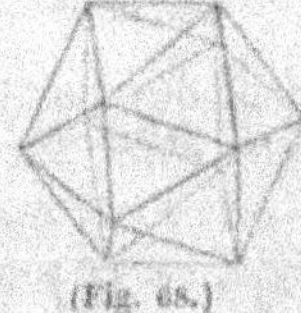 

(Fig. 68.)   (Fig. 69.)

arêtes de l'octaèdre ne sont pas toutes de même espèce, puisque les modifications sur chaque sommet se réduisent à deux.

La tourmaline, dont la forme primitive est un rhomboèdre, offre des anomalies analogues à celles que nous venons de signaler. Au moyen de diverses modifications du rhomboèdre primitif on obtient deux prismes réguliers à base hexagonale et une série de rhomboèdres secondaires. Dans l'un de ces prismes à base hexagonale il ne se produit de modifications que sur trois arêtes latérales alternes, et dès lors il manque toujours trois faces, ce qui donne au cristal un aspect triangulaire, ainsi que le montre la figure 70; en outre, les pointements sur les bases

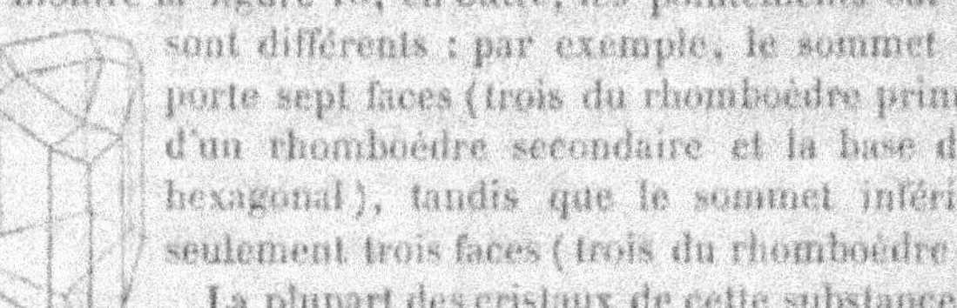 sont différents : par exemple, le sommet supérieur porte sept faces (trois du rhomboèdre primitif, trois d'un rhomboèdre secondaire et la base du prisme hexagonal), tandis que le sommet inférieur porte seulement trois faces (trois du rhomboèdre primitif).

La plupart des cristaux de cette substance minérale sont hémiédriques; mais quelques-uns ne le sont pas.

(Fig. 70.)

Ainsi, le rhomboèdre primitif est complet et par conséquent homoèdre. Le prisme hexagonal qui naît sur les arêtes de ce rhomboèdre est également homoèdre; tandis que le prisme hexagonal qui naît sur les angles du même rhomboèdre est constamment réduit à trois faces, et par suite hémièdre. En général, les faces parallèles manquent dans la majeure partie des formes secondaires de la tourmaline, et dès lors ces cristaux sont hémièdres; pour d'autres, au contraire, la symétrie est observée, et par conséquent ils sont homoèdres.

Dans quelques autres substances minérales le prisme hexagonal se modifie seulement sur trois arêtes alternatives de chaque base (fig. 71) ou sur trois angles solides (fig. 72). Mais pour beau-

(Fig. 71.)   (Fig. 72.)

coup d'autres minéraux le prisme hexagonal se conforme entièrement à la loi de symétrie.

Certains cristaux du quartz, qui a pour forme primitive un rhomboèdre, offrent un caractère particulier d'hémiédrie. La forme dominante et la plus habituelle de ce minéral est un prisme hexagonal, terminé par deux pyramides régulières à six faces. Or, le quartz montre souvent sur plusieurs ou sur tous les angles du prisme, à la naissance de chaque pyramide terminale, des facettes inclinées toutes d'un côté, soit à droite, soit à gauche, ce qui constitue une dissymétrie ou une sorte d'hémié-

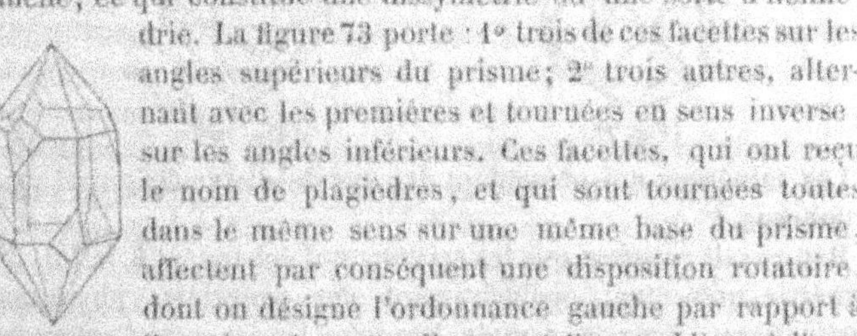

drie. La figure 73 porte : 1° trois de ces facettes sur les angles supérieurs du prisme; 2° trois autres, alternant avec les premières et tournées en sens inverse, sur les angles inférieurs. Ces facettes, qui ont reçu le nom de plagièdres, et qui sont tournées toutes dans le même sens sur une même base du prisme, affectent par conséquent une disposition rotatoire, dont on désigne l'ordonnance gauche par rapport à l'axe du prisme, en disant qu'elle est oblique à l'axe.

(Fig. 73.)

Tous les cas d'hémiédrie qui sont connus ont fait admettre que les parties privées de modifications suivent un ordre fixe et déterminé, qui consiste ordinairement en une alternance avec les parties modifiées; de sorte que le prolongement des modifications de ces dernières parties donne naissance à des solides particuliers, identiques à ceux que l'on obtiendrait par le prolongement de la moitié des faces des solides dérivés au moyen de modifications complètes. Par exemple, si l'on donne toute l'extension possible aux quatre troncatures qui affectent souvent les angles de la boracite cubique, on arrive au tétraèdre régulier (fig. 74), qui résulterait également du prolongement de quatre faces alternes de l'octaèdre régulier, comme le montre la figure 75, et l'on peut dire que le tétraèdre est l'hémièdre de l'octaèdre. De même, le dodécaèdre pentagonal (fig. 76), qui résulte du

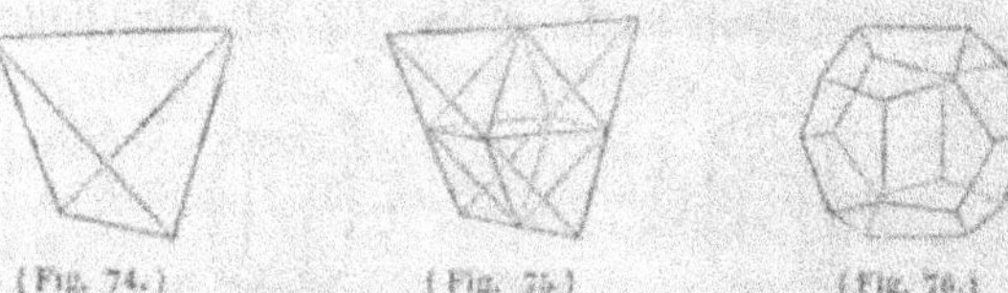

(Fig. 74.)　　　　　　　(Fig. 75.)　　　　　　　(Fig. 76.)

prolongement de modifications dissymétriques signalées dans la pyrite, serait l'hémièdre de l'hexatétraèdre (fig. 77) qu'on obtient au moyen d'un bisellement complet sur les arêtes du cube. Enfin, le rhomboèdre qui proviendrait de la troncature de trois arêtes alternes sur chaque base du prisme hexagonal, serait l'hémièdre du dodécaèdre triangulaire qui résulterait de la troncature complète des douze arêtes des bases du même prisme hexagonal, comme le montre la figure 78.

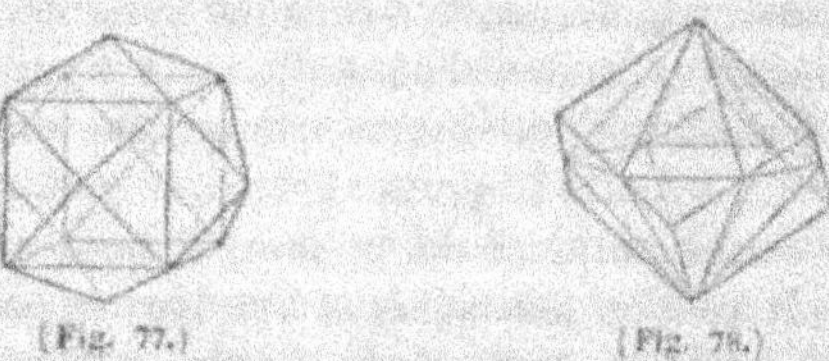

(Fig. 77.)　　　　　　　(Fig. 78.)

Les minéraux qui présentent des cas de dissymétrie sont peu nombreux.

Haüy avait reconnu que les cristaux qui échappent à la loi de symétrie présentent ordinairement des propriétés physiques particulières; que par exemple, lorsqu'on les soumet à l'action de la chaleur, les parties dissymétriques prennent des états électriques opposés, c'est-à-dire qu'elles sont douées de l'électricité polaire, ce qui le portait à admettre qu'une force moléculaire spéciale paralysait la formation d'un certain nombre de faces. Il en concluait que l'électricité et la cristallisation étaient deux forces en présence, et que la diversité des pôles nécessitait une différence dans la forme. Au moyen de cette hypothèse les lois de la cristallisation étaient respectées, en ce sens que les modifications appartenaient toujours au système cristallin de la substance minérale ; mais les forces électriques dérangeaient pour ainsi dire les facettes et empêchaient les correspondantes de se produire à chaque extrémité du cristal. Puisqu'en changeant le milieu dans lequel on fait cristalliser un sel on change la forme secondaire, et que toute modification à l'état physique de la dissolution amène un changement analogue, ne paraît-il pas naturel de supposer que l'hémiédrie peut être le résultat d'une force opposée à la cristallisation?

Suivant Weiss, les formes hémiédriques seraient le résultat d'une nouvelle manière de se modifier des cristaux, qui, au lieu de changer de forme par une addition de facettes, en changeraient dans certains cas par la soustraction ou l'évanouissement de la moitié des faces habituelles ; en sorte que la nature aurait la faculté de produire tantôt des cristaux entiers, tantôt des demi-cristaux. D'après cette manière de voir, les cristaux hémiédriques seraient considérés moins comme de nouvelles espèces de formes que comme de simples variétés des formes homoédriques dans un état de développement incomplet.

M. Delafosse croit que la dissymétrie signalée à l'égard de certains minéraux n'est qu'apparente et qu'elle n'existe pas en réalité. Selon lui, il y aurait une appréciation incomplète des parties identiques dans les cristaux, et par suite on ferait une fausse application de la loi de symétrie pour les cas des anomalies apparentes. Ainsi, dans la comparaison des parties d'un cristal, les cristallographes n'ont envisagé pour l'identité qu'une seule condition, savoir : une condition purement géométrique. Pour eux, deux angles dièdres ou solides, par exemple, seraient identiques lorsqu'ils sont géométriquement égaux ; quant aux considérations physiques, ils n'en tiennent aucun compte. Cependant tout cristal étant un polyèdre matériel, on ne saurait le dépouiller entièrement de la considération de sa constitution corpusculaire ; et s'il arrive que deux éléments géométriquement identiques aient des structures corpusculaires différentes, on ne peut plus dire, dans ce cas, qu'ils sont complétement identiques. Dès lors, suivant M. Delafosse, l'identité absolue exige deux conditions, l'une géométrique et l'autre physique; les modifications qui engendrent les formes hémiédriques sont ce qu'elles doivent être si l'on tient compte des conditions physiques de la forme fondamentale dont elles dérivent, et la dissymétrie n'existe que pour les cristallographes qui les rapportent à une forme fondamentale purement abstraite. Toutes les fois que la loi de symétrie paraîtra en défaut, il y aurait donc lieu d'examiner si les parties dissymétriques ne cachent pas sous leur identité extérieure ou géométrique des constitutions intérieures ou matérielles différentes.

En outre, l'hémiédrie ne consisterait pas toujours dans le fait d'une forme entière et fermée, qui se dédoublerait en deux autres formes pareillement closes; on devrait voir en elle un phénomène plus général, qui se rapporterait primitivement à l'un des axes de cristallisation, et qui ne se reproduirait ensuite dans d'autres directions qu'autant que cet axe aurait des analogues.

Voici comment on peut expliquer certains cas de dissymétrie qui ont été signalés, en admettant, d'après M. Delafosse, que les diverses substances minérales qui présentent des cristaux en apparences dissymétriques sont affectées d'une modification dans leur structure interne, ce qui entraînerait un changement de symétrie pour les parties extérieures de ces cristaux.

Si l'on admet que la particule intégrante de la boracite soit cubique, les facettes qui manquent sur quatre des huit angles des cristaux constitueraient une dérogation à la loi de symétrie, puisque tous les angles seraient géométriquement et physiquement identiques. Mais si l'on suppose que la particule intégrante de ce minéral soit le tétraèdre régulier, et si l'on dispose des particules de cette forme de manière à construire un cube, on aura un assemblage de tétraèdres (figure 79), dont les axes

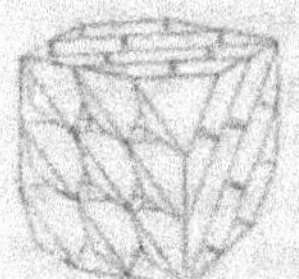

seront parallèles entre eux, les sommets tournés vers l'une des extrémités du cube et les bases vers une autre extrémité. Il résulte de cette construction une sorte de polarité pour les angles opposés du cristal, qui ne se trouvent plus dans les mêmes conditions physiques ou de constitution.

(Fig. 79.)

L'identité géométrique des angles opposés existe toujours; mais leur identité physique n'a pas lieu : quatre des angles sont formés par des pointes de tétraèdres, tandis que les quatre autres angles le sont par des bases de ces mêmes solides élémentaires; ils sont par conséquent dans une position inverse et d'espèces différentes. D'après cela, l'absence des facettes sur quatre angles, loin d'être une anomalie à la loi de symétrie, serait au contraire une confirmation de cette loi. L'électricité polaire elle-même, si difficile à expliquer, deviendrait une conséquence de la disposition inverse des particules intégrantes, les fluides qui lui donnent naissance devant éprouver des actions différentes suivant qu'ils parcourent les files de particules tétraédriques dans un sens ou dans un autre.

Cependant la particule pourrait aussi être cubique, et avoir alors quatre de ses sommets occupés par des molécules d'une certaine nature, et les quatre autres par des molécules de nature différente, comme le montre la figure 80. Cette figure fait voir de plus qu'un cube corpusculaire peut être considéré comme formé de deux tétraèdres croisés et ayant le même centre, que par conséquent il pourrait se prêter à un dédoublement, d'où résulterait la particule hémiédrique.

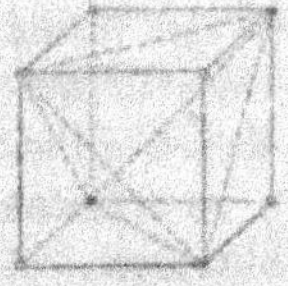

(Fig. 80.)

Pour la pyrite le défaut de symétrie se présente sur les arêtes. Tous ses angles solides, toutes ses arêtes et toutes ses faces sont géométriquement identiques; mais tout n'est plus symétrique des deux côtés de chaque arête. En sorte que, suivant M. Delafosse, il doit y avoir, entre les files de particules qui, sur la même face, sont perpendiculaires entre elles et parallèles aux arêtes, une différence physique provenant de la forme de la particule et de la manière dont elle est disposée dans chaque file. On se rendra compte de ces particularités de structure en imaginant un polyèdre corpusculaire, formé de six groupes linéaires de molécules, avec les dispositions croisées que représentent les figures 81 et 82; puis en circonscrivant cet assemblage de mo-

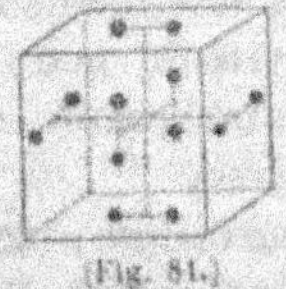

(Fig. 81.)

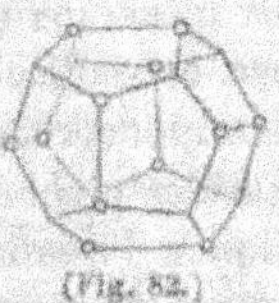

(Fig. 82.)

lécules soit par le dodécaèdre pentagonal (fig. 82), auquel on arrive quand on construit la forme enveloppante de manière que chaque plan touche à la fois trois molécules appartenant à deux couples rectangulaires, soit par le cube (fig. 84), qu'on obtient si l'on mène un plan tangent à chaque couple de molécules et perpendiculaire à l'axe qui correspond au couple.

Or, dans le cube de la pyrite qui serait construit par l'assemblage de particules intégrantes ayant la forme du dodécaèdre pentagonal, et ordonnancées toutes de la même manière (fig. 83.),

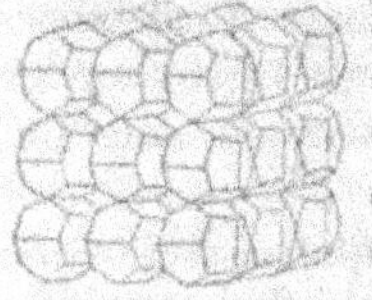

les arêtes culminantes de ces particules étant disposées sur les trois faces adjacentes du cristal, en trois sens différents et perpendiculaires entre eux, les conditions ne seraient pas identiques sur ces faces; par conséquent, l'existence de troncatures obliques simples sur chacune des

(Fig. 83.)

arêtes s'accorderait réellement avec la véritable symétrie.

De même, si l'on suppose que le cube de la pyrite soit formé par l'assemblage de particules cubiques et composées de molécules disposées en séries linéaires, les arêtes de ce cube, malgré leur égalité et leur disposition semblable, ne seraient pas identiques sous le rapport de la constitution intime, et devraient jouer des rôles différents; en sorte qu'il ne deviendrait plus nécessaire qu'une facette qui se produit d'un côté d'une arête se reproduisit de l'autre côté de cette arête, ou que les facettes qui naissent sur les bases du cube existassent aussi sur les pans. Au reste les stries que porte la pyrite cubique (fig. 84), et qui lui on fait donner le nom de triglyphe, sont re-

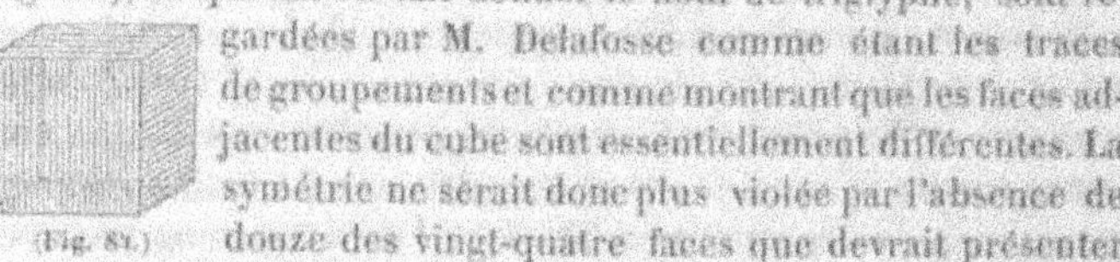

gardées par M. Delafosse comme étant les traces de groupements et comme montrant que les faces adjacentes du cube sont essentiellement différentes. La symétrie ne serait donc plus violée par l'absence de douze des vingt-quatre faces que devrait présenter

(Fig. 84.)

l'hexatétraèdre de la pyrite, car les faces adjacentes du cube étant différentes il n'y aurait plus nécessité d'une face en retour.

Lorsque les minéraux qui présentent des anomalies aux lois de la symétrie cristallisent dans un système non régulier, on peut toujours supposer que la particule intégrante est composée de deux pyramides placées en sens inverse.

Pour expliquer l'hémiédrie de la tourmaline, anomalie qui avait été nommé *hémimorphisme,* on peut, selon M. Delafosse, considérer la particule intégrante de cette substance comme un rhomboèdre qui serait composé de deux tétraèdres à base équilatérale et en position inverse l'un de l'autre, chaque tétraèdre ayant son sommet formé par une molécule d'une certaine espèce et sa base constituée par trois molécules d'espèces différentes, et de plus, les molécules de l'un des tétraèdres n'étant pas les mêmes que celles de l'autre, comme l'indique la fig. 85; ou bien on peut prendre pour particule intégrante de la tourmaline le tétraèdre (fig. 86) résultant du dédoublement du rhomboèdre. Or, d'après ces deux hypothèses, la loi de symétrie

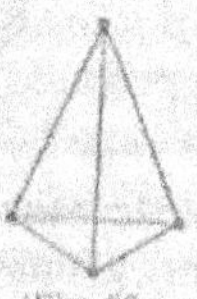

(Fig. 85.) (Fig. 86.)

ne serait pas violée dans les modifications de la forme fondamentale, puisque ces modifications suivraient les parties réellement identiques.

A l'égard de la tourmaline, M. Delafosse ne voit qu'une hémiédrie tout à fait comparable à celle des cristaux de la boracite, si ce n'est que dans la première substance le phénomène a lieu seulement pour un axe, tandis que dans la seconde il se répète en quatre sens différents.

Quoi qu'il en soit, les prismes hexagonaux qui se modifient sur toutes les parties géométriquement identiques peuvent être regardés comme composés de particules prismatiques de même sorte qu'eux, ou de prismes triangulaires équilatéraux. Mais les prismes hexagonaux qui ne se modifient que sur la moitié des angles solides ou que sur la moitié des arêtes des bases peuvent être considérés comme formés de particules rhomboédriques modifiées au sommet ou sur les parties latérales (fig. 87 et 88) et empilées dans le sens de leur axe (fig. 89 et 90). Quant

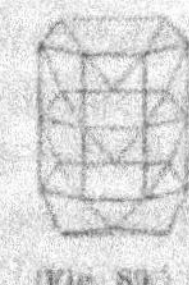

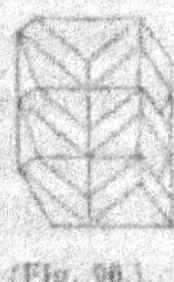

(Fig. 87.) (Fig. 88.) (Fig. 89.) (Fig. 90.)

aux prismes qui se modifient sur trois des arêtes latérales, on pourrait les regarder comme composés de trois prismes rhomboïdaux (fig. 91) dont l'ensemble présenterait latéralement trois arêtes d'une sorte et trois autres physiquement différentes; il y aurait de même deux sortes d'angles sous le rapport physique.

Les figures 92, 93 et 94 montrent par des stries les clivages,

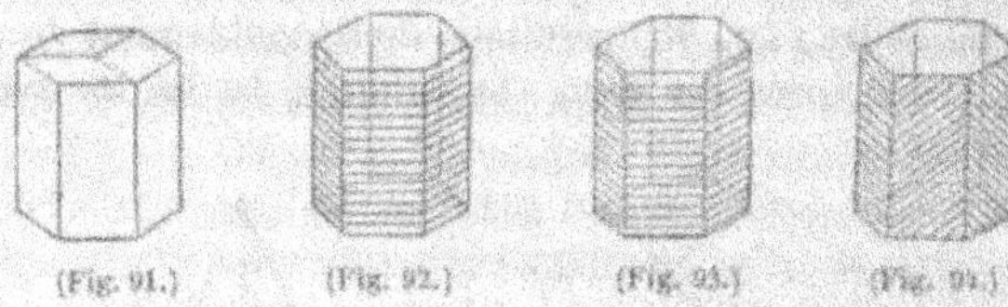

(Fig. 91.)   (Fig. 92.)   (Fig. 93.)   (Fig. 94.)

c'est-à-dire les structures différentes de prismes hexagonaux qui cependant sont géométriquement identiques. Si l'on compare les faces et les angles de ces prismes, on voit qu'ils présentent de grandes différences de nature physique et qu'il devient alors facile de remonter à leurs formes primitives respectives, par conséquent d'interpréter leurs cas de dissymétrie.

D'après l'ingénieuse et savante théorie de M. Delafosse, l'hétéroédrie serait un fait qui, ramené à sa juste valeur, ne porte aucune atteinte aux lois connues de la cristallisation et ne peut donner lieu à aucun principe nouveau. La génération des formes hétéroédriques s'opérerait suivant la règle commune, et les modifications qui les produisent n'échapperaient pas à la loi de symétrie bien entendue. Toutes les fois qu'un même solide géométrique appartient à plusieurs groupes différents de formes, il présenterait dans chacun d'eux une loi particulière de structure et de symétrie. Chaque mode réellement distinct d'hémiédrie, de tétartoédrie, etc. aurait pour cause un changement dans la forme de la particule, et par suite dans la polarité des axes, d'où résulterait une modification dans la symétrie. Les diverses séries de formes hétéroédriques qu'amèneraient ces modifications dans la polarité ne devraient pas être considérées seulement comme des subdivisions du système qui comprend au nombre de ses formes simples les formes homoédriques correspondantes : chacune d'elles déterminerait un nouveau système ; car les solides d'apparence homoédrique qui n'accusent pas l'hétéroédrie par leur aspect l'accuseraient toujours par leur structure, par leurs propriétés physiques et par la marche particulière de leurs modifications, le même caractère de symétrie devant se trouver dans toutes les formes coexistantes. Comme ce caractère devrait exister aussi dans la particule, il suffirait pour se rendre compte d'un système quelconque de formes, au nombre desquelles il s'en trouve qui sont visiblement hétéroédriques, de choisir la plus simple parmi ces dernières, pour représenter la particule des cristaux, et de composer ensuite le réseau cristallin de pareils corpuscules. Ces corpuscules transmettraient leur symétrie à la masse interne des cristaux et aux formes qui les limitent à l'extérieur.

Malgré son caractère rationnel, la théorie proposée par M. Delafosse ne paraît pas être exempte de difficultés, surtout sous le rapport de la constitution corpusculaire des cristaux et sous celui de sa généralité. D'ailleurs, tout en admettant que les dissymétries signalées ne soient pas réelles au fond et qu'elles puissent résulter d'un état particulier de constitution intérieure, il reste à savoir si pour tous les cas on a suffisamment constaté le genre de dissymétrie apparente, si l'on ne peut pas en attribuer, plus souvent qu'on ne le croit, la cause à des circonstances extérieures accidentelles, et si d'autres fois on ne devrait pas y voir des groupements comme pour les hémitropies plus ou moins complexes. Enfin, est-on bien certain que les cristaux supposés dissymétriques ne portent pas à l'état rudimentaire les facettes voulues qui paraissent manquer ?

Or, nous avons reconnu par un examen très-minutieux de plus de cent cristaux d'epsomite, qui avaient été obtenus dans le vide, que la dissymétrie quant au nombre des facettes modifiantes et à la valeur de leurs angles (1) n'existait sur aucun de ces cristaux, et que par conséquent les modifications y avaient toujours lieu symétriquement. Seulement, sur les cristaux observés, les facettes modifiantes étaient plus ou moins prononcées, et ordinairement la moitié d'entre elles étaient quelquefois à un état tellement rudimentaire que l'on ne pouvait les reconnaître qu'à l'aide d'une forte loupe, dont le pouvoir amplificateur devenait même insuffisant dans les cas extrêmes pour rendre très-visibles quelques-unes de ces facettes. En outre, il y avait un ordre constant et symétrique dans le nombre et la position des petites facettes, qui étaient aussi relativement

<hr>

(1) Nous nous sommes assuré par des mesures prises avec le goniomètre à réflexion que les incidences des facettes modifiantes, soit exagérées, soit rudimentaires, sur les autres faces étaient égales.

entre elles plus ou moins rudimentaires. Dès lors toute l'anomalie consistait dans un développement plus ou moins grand de certaines modifications, et il reste évident pour nous que les cristaux d'epsomite regardés comme dissymétriques rentrent naturellement dans la loi de symétrie, sans exiger d'interprétation particulière. D'autre part, l'examen d'un assez grand nombre de cristaux de boracite nous a présenté des faits généralement semblables à ceux offerts par les cristaux d'epsomite (1).

Voilà donc au moins deux cas de dissymétrie qui semblent disparaître et fortifier la loi générale de symétrie, puisque des différences dans l'étendue des modifications ne détruisent nullement cette loi. Seulement elles la voilent plus ou moins, et la différence d'étendue des facettes ainsi que l'ordre dans le nombre et la position des petites facettes tiennent aux conditions qui ont présidé à la formation des cristaux. Nous savons que dans la formation des cristaux il y a une foule de circonstances qui peuvent paralyser ou favoriser le développement des faces les unes par rapport aux autres; mais quelles sont les causes qui déterminent un ordre dans le nombre et la position soit des facettes exagérées, soit dans les facettes rudimentaires? C'est ce que nous ne saurions préciser dans l'état actuel de la question.

D'après les observations précédentes, nous croyons qu'il reste encore à faire une étude approfondie des cas de dissymétrie réelle ou non avant d'arriver à une solution générale.

RATIONALITÉ DES AXES.

La nature s'est imposé dans la formation des cristaux des conditions de simplicité et de régularité qui réduisent beaucoup le nombre des formes possibles réalisées. D'abord, le nombre des formes fondamentales différentes qui ont été adoptées par elle est très-petit; ensuite, le nombre des formes dérivées différentes qu'elle présente est restreint par la loi de dérivation des faces ou de *rationalité des axes*, qui règle les positions relatives et par conséquent la variabilité de l'inclinaison des troncatures que permet la symétrie.

Pour une même forme simple fondamentale les polyèdres dérivés ont des longueurs d'axes liées entre elles par des rapports très-sim-

---

(1) *Note sur l'apparence du défaut de symétrie de certains minéraux*, présentée à l'Académie des Sciences, le 2 novembre 1847.

ples, c'est-à-dire que leurs axes sont dans des rapports très-simples avec les axes de la forme fondamentale. En d'autres termes, les faces qui existent sur les éléments essentiels d'une forme simple fondamentale sont placées de manière que si on les supposait prolongées, elles couperaient les axes de la forme fondamentale à des distances proportionnelles, et toujours dans des rapports simples, comme les nombres 1, 2, 3, etc., ou 1/2, 1/3, 1/4, etc. (1). Donc, si l'on se représente les diverses formes comme étant toutes construites autour d'un même centre et d'un même système d'axes de longueurs infinies, les distances par rapport au centre, auxquelles les faces de chacune de ces formes couperont les axes, seront généralement différentes ; et si l'on part d'une forme particulière dans laquelle ces portions d'axe aient des valeurs déterminées, il faudra, pour avoir celles qui correspondent à une autre forme, multiplier ou diviser les premières valeurs par certains coefficients numériques.

Par exemple, si une face d'une des formes simples d'un système cristallin coupe les trois axes principaux à des distances égales à a, b et c, une face d'une autre forme du système coupera les mêmes axes à des distances ma, nb et pc, qui seront aux premières distances dans des rapports simples et rationnels ; c'est-à-dire que l'on aura pour l'expression symbolique de la première face par rapport aux axes $a : b : c$, et pour l'expression symbolique de la dernière face par rapport aux mêmes axes $ma : nb : pc$, m, n et p étant des coefficients entiers ou fractionnaires, mais le plus souvent très-petits. Quand ces coefficients sont fractionnaires, on peut les ramener tous à la forme de nombres entiers, en les réduisant au même dénominateur, puis supprimant le dénominateur commun.

Les expressions $a : b : c$ et $ma : nb : pc$ sont nommées *symboles ou signes cristallographiques* des faces auxquelles ces expressions correspondent ; tandis que m, n et p sont les *indices*, les *caractéristiques*, les *coefficients paramétriques* ou *de dérivation* des faces auxquelles ces lettres se rapportent.

Les symboles $a : b : c$ et $ma : nb : pc$ étant composés de valeurs finies, supposent que les faces auxquelles ils correspondent coupent à la fois les trois axes. Mais il y a beaucoup de cas

____

(1) On remarquera l'analogie de cette loi avec celle des proportions chimiques qui règle la composition des minéraux.

où les faces, se trouvant parallèles à l'un ou à deux des trois axes,
ne rencontrent pas l'un ou deux de ces axes; alors pour exprimer qu'une face est parallèle à un axe on met le signe ∞ devant
la valeur correspondant à l'axe non rencontré, ce qui signifie
que la face couperait l'axe à une distance infinie.

Ainsi, on pourra avoir les symboles :

$$\infty \ a : b : c,$$
$$a : \infty \ b : c,$$
$$a : b : \infty \ c,$$
$$\infty \ a : \infty \ b : c,$$
$$\infty \ a : b : \infty \ c,$$
$$a : \infty \ b : \infty \ c.$$

Enfin, on fait précéder le membre du symbole qui correspond
à l'axe considéré du signe $+$ ou du signe $-$, selon que la face
coupe cet axe d'un côté par rapport au centre ou bien du côté
opposé.

On peut donc avoir :

$$+ a : + b : + c,$$
$$+ a : + b : - c,$$
$$+ a : - b : + c,$$
$$- a : + b : + c,$$
$$+ a : - b : - c,$$
$$- a : - b : + c,$$
$$- a : + b : - c,$$
$$- a : - b : - c;$$

ou d'une manière générale,

$$\pm \ a : \pm \ b : \pm c.$$

Mais, pour plus de simplicité, on supprime le signe $+$ lorsque tous les membres du symbole devraient être affectés de ce
signe; de sorte que dans ce cas on écrit seulement :

$$a : b : c.$$

La loi de rationalité des axes ne s'applique pas seulement à
un système d'axes composé de trois axes, mais bien à un système
composé d'un nombre quelconque d'axes passant par le centre.
Ordinairement on ne l'applique qu'à un, deux, trois ou quatre
axes.

PROGRESSIONS SYMÉTRIQUES.

Dans les formes cristallines les nombres des faces, des arêtes et des angles qui résultent de modifications successives, faites sur les éléments identiques et conformément à la loi de symétrie, suivent une progression arithmétique ou par différence, qui est déterminée par les nombres des éléments identiques dans la forme simple fondamentale. Ainsi, en partant du cube, qui a huit angles trièdres égaux, et douze arêtes égales, dont quatre verticales et huit horizontales, les modifications de ce solide donnent lieu à des polyèdres secondaires dont les nombres des parties sont toujours compris dans la progression :

$$\div 4 \cdot 8 \cdot 12 \cdot 16 \cdot 20 \cdot 24 \ldots\ldots$$

dont la raison est 4.

Chaque système cristallographique n'a pas sa progression spéciale, car il n'existe pour les six systèmes admis que trois progressions, savoir :

$$\div 2 \cdot 4 \cdot 6 \cdot 8 \ldots\ldots$$
$$\div 4 \cdot 8 \cdot 12 \cdot 16 \ldots\ldots$$
$$\div 6 \cdot 12 \cdot 18 \cdot 24 \ldots\ldots \text{ ou } 3 \cdot 6 \cdot 9 \cdot 12 \ldots$$

dont les raisons sont 2, 4, 6 ou 3.

La 1re progression appartient à trois systèmes, la 2e à deux systèmes, et la 3e à un système.

DIMENSIONS DES FORMES CRISTALLINES.

Nous avons dit (1) que l'on distinguait les formes cristallines en formes fermées ou finies et en formes ouvertes ou indéfinies.

Les formes fermées sont déterminées dans tous les sens, et les rapports de leurs *dimensions* (longueur, largeur et hauteur) sont fixes. Parmi ces formes nous citerons les octaèdres et les rhomboèdres, dont les rapports des dimensions sont arrêtés par les valeurs des angles dièdres.

Les formes ouvertes comprennent celles dont les dimensions semblent pouvoir s'étendre ou se raccourcir indéfiniment, c'est-à-dire celles dont les rapports des dimensions paraissent être

(1) page 90.

9.

variables. Parmi ces dernières nous citerons les prismes qui semblent avoir des hauteurs indéterminées par rapport aux dimensions des bases.

Mais un minéral qui peut se présenter en prismes de hauteurs diverses pour une même base, n'en a pas moins réellement des rapports fixes entre ses dimensions. Pour connaître ces rapports on compare les formes ouvertes aux formes fermées qui leur correspondent, et l'on arrive à la détermination des dimensions soit par le calcul, soit par une construction géométrique.

Ainsi chaque prisme ayant la même hauteur que la forme fermée qui lui correspond, il suffit de connaître soit un octaèdre, soit un rhomboèdre, etc., correspondant pour déterminer la hauteur théorique du prisme de même base. On aura la démonstration de ce principe par la figure 95, qui représente un prisme droit à

base carrée circonscrit à son octaèdre correspondant ou conjugué.

Nous ferons observer, relativement aux dimensions des formes cristallines, comme en général pour toutes les considérations cristallographiques, qu'il ne s'agit

(Fig. 95.) pas de dimensions absolues, mais bien de rapports qui existent entre les hauteurs des prismes et les dimensions des bases. Ces rapports, réunis aux valeurs des angles dièdres, sont nécessaires et suffisent pour la détermination des cristaux.

FORMES DIRECTES ET FORMES ALTERNES.

Les parties constituantes de deux formes cristallines peuvent êtres respectivement égales, mais différer par leurs positions. Alors l'une de ces formes est dite *immédiate* ou *directe*; tandis que l'autre est dite *alterne* ou *inverse*.

La figure 96 représente un tétraèdre direct, et la figure 97

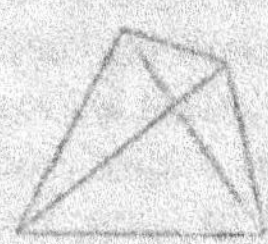

(Fig. 96.) (Fig. 97.)

un tétraèdre alterne.

Deux formes de mêmes dimensions, l'une directe et l'autre alterne, combinées ensemble, donnent toujours naissance à un polyèdre régulier nouveau. Par exemple, la combinaison du prisme droit à base carrée direct avec son prisme droit à base carrée alterne produit le prisme octogonal régulier; et la combinaison du tétraèdre équilatéral direct avec son tétraèdre équilatéral alterne constitue l'octaèdre régulier.

En général, les faces de la forme directe correspondent aux arêtes de la forme alterne, et réciproquement.

On emploie aussi les expressions *directe* et *alterne* pour indiquer d'une manière générale les positions relatives qu'occupent des formes de même genre.

DÉCROISSEMENTS.

Un cube de galène peut être considéré comme l'assemblage de particules cubiques, un rhomboèdre de calcaire comme l'assemblage de particules rhomboédriques, un prisme de karsténite comme l'assemblage de particules prismatiques rectangulaires, et ainsi des autres formes primitives.

De plus, en disposant les particules par séries linéaires on a des files ou des rangées rectilignes de particules, et en groupant toutes les files dont les lignes centrales sont sur un même plan, on a des lames planes.

Tels sont les principaux éléments qui ont servi à Haüy pour reconstruire théoriquement les cristaux, au moyen de la méthode qu'il a désignée sous le nom de *théorie des décroissements*.

Tous les cristaux d'une même substance minérale renferment un noyau commun; on peut donc concevoir chacun de ces cristaux comme formé de deux parties, savoir : d'une partie constante, qui est le noyau, et d'une partie variable, qui se compose de lames empilées sur les différentes faces de ce noyau. Or, la variation de la partie enveloppante résulte des changements que subissent, dans leur figure et dans leur étendue, les lames cristallines qui s'élèvent au-dessus de chaque face du noyau. Si ces lames se superposent en conservant toujours la même figure, et en augmentant régulièrement de dimensions de manière à recouvrir les bords du noyau, celui-ci croîtra sans changer de forme. Mais si ces lames viennent à décroître soit par leurs bords, soit par leurs angles, et si ce décroissement a lieu uniformément par la soustraction constante d'une ou de plusieurs rangées de particules, alors le noyau acquerra de nouvelles facettes, et par conséquent changera de forme; les lames qui recouvriront chaque face du noyau s'élèveront en pyramide au-dessus d'elle, et par la retraite successive et régulière de leurs bords, ainsi alignés sur des plans, elles produiront les facettes modifiantes, qui entoureront le noyau en le touchant chacune soit dans l'une de ses arêtes, soit dans l'un de ses angles.

L'épaisseur des lames doit être celle des particules; et la quantité du décroissement est donnée par un certain nombre, généralement très-petit, de rangées particulaires soustraites en largeur ou en hauteur.

Le décroissement peut s'opérer simplement par la soustraction d'une rangée de particules, ou bien la retraite, se produisant dans un sens par plusieurs rangées, n'a lieu dans l'autre sens que par une seule. Pour ces deux cas on dit que le décroissement est *simple*. Au contraire, il est *mixte* lorsque les lames de superposition décroissent à la fois en largeur et en hauteur par plusieurs rangées.

La direction du décroissement ou des rangées soustraites peut être parallèle soit aux bords des faces du noyau, soit à certaines diagonales, soit à des lignes intermédiaires. On distingue donc encore trois sortes de décroissements, savoir :

1° *Décroissements sur les bords;*
2°   *id.*   *sur les angles;*
3°   *id.*   *intermédiaires.*

La figure 98 peut servir à représenter la structure du dodé-

caédre rhomboïdal, naissant sur les arêtes du cube par un décroissement d'une rangée en hauteur et d'une rangée en largeur. Elle montre un cube qui fait fonction de noyau, et sur plusieurs faces duquel sont placées des lames régulièrement décroissantes. Mais pour pouvoir figurer ces lames, et surtout la quantité de leur retraite, qui est toujours égale ou à une, ou à deux, ou

(Fig. 98)

à trois, etc. fois la distance qui sépare les centres des particules de deux rangées voisines, on a été obligé de donner une certaine forme à ces particules, et on les a supposées

cubiques, comme le noyau. Chacune des lames qui recouvrent ce noyau a vers ses bords une rangée de cubes de
moins que celle sur laquelle elle repose, et qui par conséquent
la dépasse d'une quantité égale à une largeur de rangée ; en sorte
que la dernière lame se réduit à un simple cube. Chaque
face du noyau est donc surmontée d'une pyramide à quatre faces
triangulaires. Ces faces se présentent dans la figure 98 comme
des escaliers : au lieu de paraître planes, elles sont sillonnées
par des cannelures que forment les rentrées et les saillies alternatives de leurs bords ; mais sur les cristaux naturels, où les corpuscules sont d'une petitesse presque infinie, et où les distances
qui les séparent sont imperceptibles, ces sillons échappent à nos
sens, et les faces produites par les décroissements s'offrent à l'œil
sous l'aspect de plans lisses et continus. Or, il y a six pyramides,
et par conséquent vingt-quatre triangles ; mais à cause de l'uni-
formité des décroissements qui ont lieu de part et d'autre d'une
même arête, les triangles qui s'y joignent et qui appartiennent à
deux pyramides voisines sont sur le même plan et forment un
rhombe. La surface du solide secondaire est donc composée de
douze rhombes égaux, d'où résulte le dodécaèdre rhomboïdal.

Si l'on imagine que les lames surajoutées au noyau décroissent
par deux rangées, par trois rangées ou davantage, toujours
parallèlement aux différents bords du cube primitif, alors les
pyramides étant surbaissées, leurs faces ne pourront plus se trouver deux à deux sur un même plan, la surface du solide secondaire sera composée de vingt-quatre triangles distincts, et l'on
aura l'hexatétraèdre, au lieu du dodécaèdre rhomboïdal.

Quand les lames successives sur lesquelles le décroissement
s'opère uniformément sont des lames simples, n'ayant que l'é-
paisseur d'une particule, elles ne peuvent décroître en hauteur
que par une rangée ; mais elles peuvent perdre en largeur plusieurs rangées. Tout l'effet du décroissement se porte alors dans
le sens de la largeur ; c'est un *décroissement en largeur*.

La figure 99 montre l'effet initial d'un décroissement par une
rangée en hauteur et par deux rangées en lar-
geur de particules. Il sera facile de se représenter
des décroissements par trois rangées, par quatre
rangées ou davantage.

Si les lames atteintes par le décroissement sont composées de plusieurs lames sim-

(Fig. 99.)

ples, mais paraissant n'en faire qu'une, si de plus elles subissent un décroissement d'une seule rangée en largeur, et perdent plusieurs rangées en hauteur, on a l'inverse du cas précédent. Tout l'effet d'un pareil décroissement se porte alors sur la hauteur; c'est un *décroissement en hauteur.*

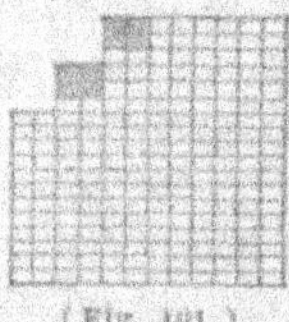

La figure 100 représente des lames doubles de particules qui subissent un décroissement d'une seule rangée en largeur et de deux rangées en hauteur.

Mais les lames étant composées, il peut se faire que le décroissement participe des deux précédents, qu'il agisse à la fois dans les deux sens par plusieurs rangés, par m rangées en largeur et par n rangées en hauteur. Ce sera alors un *décroissement mixte.*

(Fig. 100.)

Les figures 101 et 102 représentent chacune un décroissement

(Fig. 101.)   (Fig. 102.)

mixte par deux rangées en largeur et par trois rangées en hauteur.

Le décroissement qui aurait lieu parallèlement aux arêtes et de chaque côté des arêtes du noyau cubique par deux rangées en longueur produirait un hexatétraèdre. Mais s'il n'y a qu'un seul décroissement pour chaque arête, et si le sens particulier dans lequel ce décroissement agit est réglé par la symétrie propre aux formes hémiédriques qui appartiennent au cube, on aura pour forme secondaire un dodécaèdre pentagonal, comme le montre la figure 103.

A l'égard des décroissements sur les bords, au lieu de distinguer des décroissements qui s'effectuent tantôt en largeur, tantôt en hauteur, sur des lames simples ou sur des lames composées, et par un nombre variable de rangées, mais toujours par des rangées de particules simples, on pourrait ramener tous ces cas de décroissement à un seul, celui d'un décroissement à une simple rangée, en admettant, pour les dé-

(Fig. 103.)

sement par une simple rangée, en admettant, pour les décroissements sur les bords, des rangées de particules multiples, comme pour les décroissements sur les angles.

Les décroissements sur les angles sont ceux qui ont un angle pour point de départ et dont la direction coupe transversalement les deux côtés de cet angle. Ils s'effectuent au moyen de rangées qui s'alignent en se touchant, non par des faces, mais par des arêtes, et les éléments composants de ces rangées peuvent être des particules simples ou des particules multiples.

On distingue deux sortes de décroissements sur les angles : les *décroissements ordinaires* et les *décroissements intermédiaires*. Les premiers sont ceux qui ont lieu par la soustraction de rangées de particules simples parallèlement à des diagonales, les seconds sont ceux qui ont lieu par la soustraction de rangées de particules composées dans une direction oblique tout à la fois aux arêtes et aux diagonales du noyau.

La figure 104 représente un octaèdre régulier qui résulte du décroissement par une rangée, à partir des angles, sur les trois faces formant chaque angle du cube, et la figure 105 montre l'effet initial de ce décroissement.

 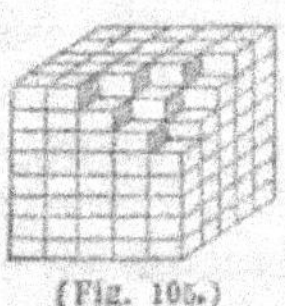

(Fig. 104.)   (Fig. 105.)

Si les décroissements qui s'opèrent sur chaque face du cube n'atteignaient pas leurs limites, c'est-à-dire s'ils s'arrêtaient en deçà du terme où les faces qu'ils produisent tendent à se réunir en pointe, il resterait sur le cristal secondaire des faces parallèles à celles du noyau, et dès lors on aurait le cubo-octaèdre.

S'il y avait plus d'une rangée soustraite, les trois faces que produiraient autour du même angle solide ne seraient plus sur un même plan ; le polyèdre secondaire aurait vingt-quatre faces distinctes, inclinées vers les angles plans du noyau et de forme trapézoïdale ; alors le solide résultant serait un trapézoèdre.

Le décroissement pourrait agir aussi par plusieurs rangées dans le sens de la hauteur.

La figure 106 représente l'effet initial d'un décroissement qui aurait lieu sur un angle du cube par deux rangées en hauteur.

(Fig. 106.)

Les décroissements intermédiaires peuvent être ramenés aux décroissements ordinaires et au plus simple de tous, à celui qui a lieu par la soustraction d'une seule rangée de particules, pourvu que la particule soustraite soit en général un multiple de la particule simple, et que la valeur particulière de ce multiple puisse varier d'un décroissement à un autre. Il est donc possible de réduire tous les décroissements sur les angles à une seule espèce de décroissement, savoir : à un décroissement par une rangée de particules multiples, dont la valeur sera égale à $m \times n \times p$ particules simples.

Dans tous les cas qui se rapportent aux décroissements sur les angles, les faces du solide secondaire ne sont plus sillonnées par des stries, comme lorsque les décroissements ont lieu sur les bords : elles sont hérissées d'une multitude de pointes angulaires, formées par les angles extérieurs des particules, et qui, étant toutes de niveau et échappant à l'œil à cause de leur petitesse, présentent encore l'aspect de plans lisses et continus.

Pour expliquer la structure de tous les autres cristaux originaires du cube, il ne s'agirait que de placer de même sur les différentes faces du noyau des lames composées de petits cubes élémentaires et de les faire décroître régulièrement, de toutes les manières possibles, tantôt par une rangée et tantôt par plusieurs rangées sur les bords ou sur les angles du noyau, c'est-à-dire dans le sens des arêtes ou dans celui des diagonales et même dans un sens intermédiaire quelconque ; car on peut dans une lame cristalline considérer des files de particules suivant toutes sortes de sens. On produirait ainsi à l'entour du noyau une série d'enveloppes régulières, qui représenteraient toutes les formes secondaires susceptibles d'être dérivées de ce noyau.

En considérant d'autres formes primitives que celles qui se rapportent au système cubique, et en tenant compte de la symétrie qui leur est propre, on arriverait à des résultats analogues aux exemples que nous avons donnés.

La position d'une face de forme secondaire par rapport à celle de la forme primitive est complétement déterminée quand on connaît la loi du décroissement qui a donné naissance à cette face secondaire, et le sens dans lequel il a agi. De plus, la loi du décroissement est marquée par le nombre des rangées de particules soustraites, et l'observation prouve que dans les cristaux naturels ce nombre est ordinairement très-simple.

Les lois de la structure cristalline dépendent de l'assortissement des files corpusculaires et de la distance qui les sépare dans chaque sens de clivage, et non de la forme des corpuscules. On est donc libre de supposer à ces corpuscules la forme que l'on voudra et d'admettre que les lames cristallines sont toujours composées de petits parallélipipèdes réunis par leurs faces, pourvu que ces corpuscules supposés aient des dimensions telles que leurs centres soient espacés dans une même lame comme le sont ceux des véritables particules.

La théorie des décroissements peut se résumer de la manière suivante.

Toutes les modifications d'une forme primitive se réduisent à deux sortes : modifications sur les arêtes et modifications sur les angles. Les unes comme les autres consistent dans un décroissement par une rangée de particules soustractives, qui sont généralement des multiples de la particule simple. La seule différence qui existe entre les deux sortes de modifications est que pour les rangées soustraites sur les bords les particules soustractives se placent à la suite les unes des autres en s'apposant par leurs faces ; tandis que pour les rangées tournées vers les angles les particules soustraites se suivent en se tenant par leurs arêtes.

Dans toute modification sur une arête, la particule soustractive est un multiple de la forme $m \times n$; et le groupe particulaire est constitué de manière qu'il comprend m particules simples en largeur, n en hauteur et 1 seule dans le sens transversal, c'est-à-dire parallèlement au bord qui subit le décroissement. Pour se représenter facilement le plan modifiant avec la texture particulaire qui lui est propre, il suffira de retrancher du noyau lui-même, le long du bord, une rangée de particules soustractives, ce qui déterminera un coin rentrant, semblable à une marche d'escalier ; puis d'imaginer que l'escalier se continue uniformément dans des lames surajoutées au noyau, tant au-dessus qu'au-dessous de la première marche ainsi formée.

Dans toute modification sur un angle, la particule soustractive est un multiple de la forme $m \times n \times p$; et ce multiple a des dimensions telles qu'il comprend m particules simples dans le sens de la première arête, n dans le sens de la deuxième arête et p dans le sens de la troisième arête qui se réunissent au sommet de l'angle. Si à partir du sommet on retranche du noyau les particules nécessaires pour constituer la particule soustractive $m \times n \times p$, on déterminera la formation d'une petite cavité angulaire égale en volume à cette particule, et entourée de trois pointes saillantes de forme semblable qui aboutiront à un même plan. Ce plan étant supposé prolongé de tous côtés, pour servir de limite à la matière enveloppante du noyau, et l'alternative de creux et de saillies angulaires étant continuée, on aura une texture particulaire semblable à celles que représentent les figures 107, 108 et 109, c'est-à-dire une face qui sera

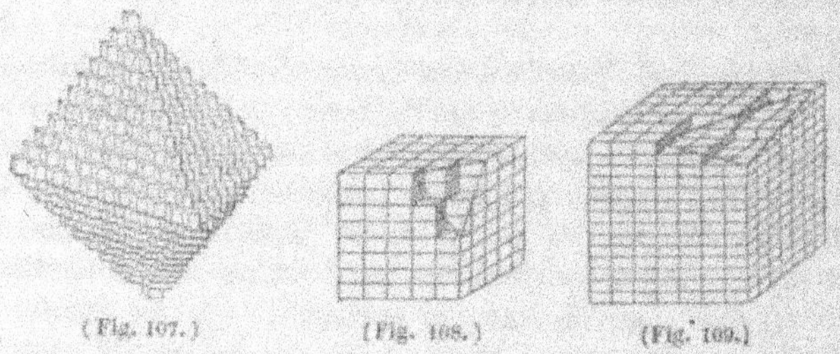

(Fig. 107.)   (Fig. 108.)   (Fig. 109.)

plane, quant à l'ensemble de ses parties, mais hérissée d'angles alternativement saillants et rentrants.

Il est toujours possible de substituer hypothétiquement au vrai noyau une forme secondaire quelconque. Dès lors, si parmi toutes les formes secondaires qui dérivent d'une même forme primitive on en choisit une à volonté, pour la substituer comme noyau hypothétique à la véritable forme primitive, et si, de plus, on suppose que ce noyau type soit un assemblage de petits solides particulaires, semblables à ceux qu'on obtiendrait en le divisant géométriquement par des plans parallèles à ses différentes faces, on pourra en faire dériver, par des lois simples et régulières de décroissement, toutes les autres formes, y compris le véritable noyau, qui à son tour devient secondaire par rapport au noyau supposé. Cette proposition démontre la dérivation mutuelle des formes qui font partie d'un même groupe cristallin.

NOTATIONS SYMÉTRIQUES.

Les cristaux sont des polyèdres assujettis à des lois de symétrie, qui donnent le moyen de représenter les faces, les arêtes et les angles de ces solides par des notations systématiques ou symboliques. Dès lors une notation simple qui serait universellement adoptée offrirait de grands avantages pour l'étude de la cristallographie. Mais depuis l'époque des découvertes de Haüy jusqu'à nos jours divers auteurs ont adopté des manières différentes pour représenter les parties des cristaux et finalement les cristaux eux-mêmes ; en sorte que maintenant la cristallographie possède à cet égard une synonymie très-complexe.

Les principales notations sont celles de Haüy, Weiss, G. Rose, Naumann, Mohs, Breithaupt, Brooke, Lévy, Dufrénoy et Delafosse. Elles reposent toutes sur les lois de symétrie et de dérivation.

Les notations employées par Haüy ont pour but de rappeler les formes primitives et les décroissements qui donnent naissance à chaque face ; elles indiquent les distances auxquelles les modifications coupent les arêtes. Haüy rapporte donc toutes ses lois aux configurations des cristaux. Les notations employées par d'autres cristallographes, notamment par les allemands, ont surtout pour but de rappeler les dérivations ; elles indiquent les distances coordonnées (1) auxquelles les modifications rencontrent les axes des formes primitives. Ces cristallographes rapportent donc toutes les lois de Haüy aux structures intérieures des cristaux. Mais quels que soient les modes de notation, les valeurs numériques restent les mêmes.

Les notations des autres cristallographes sont des combinaisons des précédentes.

Toutes les formes primitives peuvent être ramenées à des prismes à six faces. Deux de ces six faces sont considérées comme les bases des prismes, et les quatre autres comme les faces latérales. En outre, les six faces qui circonscrivent ces prismes peuvent être réduites à trois par suite de leur parallélisme deux à deux. De même les huit angles solides peuvent être réduits à quatre, et les douze arêtes à six, dont quatre basiques et deux latérales.

(1) Comptées sur les axes à partir du centre.

Généralement pour la notation des formes primitives, on désigne les faces de trois sortes par les lettres P, M, T; les angles solides de quatre sortes par les lettres A, E, I, O; les arêtes basiques de quatre sortes par les lettres B, C, D, F, et les arêtes latérales de deux sortes par les lettres G, H. Enfin, les éléments géométriquement identiques reçoivent la même lettre.

Pour la notation des formes secondaires ou dérivées, quoique le procédé soit aussi très-simple, les notations symboliques de ces formes sont quelquefois très-compliquées.

Les formes secondaires étant considérées comme résultant de décroissements qui ont lieu sur les bords ou sur les angles des formes primitives, on désigne les faces secondaires par de petites lettres, et de préférence par celles qui correspondent aux grandes lettres des éléments sur lesquels ces faces se trouvent placées dans les formes primitives. En outre, des nombres, qui expriment les lois de leurs dérivations ou leurs décroissements, sont mis en exposants ou en indices, à droite ou à gauche de ces petites lettres, suivant les positions des faces secondaires au-dessus ou au-dessous, à droite ou à gauche par rapport aux bords ou aux angles modifiés dans les formes primitives. Enfin, on emploie les chiffres 1, 2, 3, etc. lorsqu'il s'agit d'une, de deux, de trois, etc. rangées soustraites en largeur, et les fractions 1/2, 1/3, 1/4, etc. quand il faut indiquer deux, trois, quatre, etc. rangées soustraites en hauteur; tandis que les décroissements mixtes sont exprimés par des fractions dont le numérateur représente le nombre des rangées soustraites en largeur, et le dénominateur le nombre des rangées soustraites en hauteur. Par exemple, on écrit ainsi :

b^1, b^2, b^3, $b^{\frac{1}{2}}$, etc.; a^1, a^1, a^4, $a^{\frac{3}{2}}$, etc. ; $_1a$, $_2a$, $_3a$, etc.; a_1, a_2, etc.;

$a^{\frac{x}{3}}$, etc ; ou plus généralement b^n, a^n, $_nb$, $_na$, b_n, a_n, $b^{\frac{m}{z}}$, $a^{\frac{m}{z}}$, $_{\frac{m}{z}}a$, etc.

Mais comme les modifications sur les arêtes ne sont placées que d'une seule manière, les nombres qui indiquent les décroissements relatifs à ces modifications sont toujours mis en exposants et à droite des lettres représentant les arêtes.

Au contraire, les modifications sur les angles pouvant offrir trois dispositions, suivant qu'elles coupent les faces des formes primitives parallèlement aux diagonales des faces P, aux diagonales des faces M, ou aux diagonales des faces T, ces différences sont exprimées par la position des nombres. Ainsi on aura a^1

pour une modification placée sur l'angle A coupant l'axe à une distance 1, et dont la trace sur P serait parallèle à la diagonale opposée à l'angle sur lequel la modification a eu lieu ; on aura a_1 ou $_1a$ pour une modification placée sur l'angle A coupant la face de droite ou la face de gauche de cet angle parallèlement à la diagonale, et donnée par un décroissement d'une rangée en largeur sur une rangée en hauteur.

Enfin, les facettes qui résultent de décroissements intermédiaires sont désignées d'une manière générale par la lettre i ; mais pour indiquer leurs lois de décroissement il faudrait combiner parmi les notations précédentes celles qui leur sont relatives et les réunir entre deux parenthèses, comme par exemple $i = (b^1, b^2, b^3)$, $i = (a^{\frac{1}{2}}, b^1, b^2)$, etc.

Au moyen de ce mode de notation il est facile de représenter un cristal par une formule symbolique. Il suffit pour cela de placer à la suite les uns des autres tous les symboles des diverses faces, tant primitives que secondaires, qui le circonscrivent, en ayant soin de les disposer dans un ordre systématique, mais procédant du simple au composé. Par exemple, la formule symbolique de la variété d'amphibole cristallisée qui est représentée par la fig. 110 serait $P\, M\, g^1\, b^{\frac{1}{2}}$.

M. Delafosse a indiqué des notations plus générales et plus simples, pour représenter les faces dérivées ou secondaires sur les arêtes et sur les angles de la forme primitive.

Soient B, C et G les arêtes d'un angle solide A du noyau.

(Fig. 110.)

Si un décroissement a lieu sur l'arête B par m particules dans le sens de C et par n particules dans le sens de G, ce décroissement pourra être exprimé par le symbole B $(C^m\, G^n)$, et plus simplement par $B^{\frac{m}{n}}$ ou $^{\frac{m}{n}}B$, selon la marche du décroissement à droite ou à gauche relativement à l'arête.

Si un décroissement a lieu sur l'angle A par m particules dans le sens de B, par n particules dans le sens de C et par p particules dans le sens de G, ce décroissement pourra être exprimé par A $(B^m\, C^n\, G^p)$.

Lorsque le décroissement sur l'angle est intermédiaire, c'est-à-dire si les exposants m, n et p sont inégaux, le symbole conserve sa forme générale A $(B^m\, C^n\, G^p)$. Mais lorsque le décroissement sur l'angle est ordinaire, c'est-à-dire si deux des exposants, par exemple n et p, sont égaux, on pourra substituer au symbole général les suivants $A^{\frac{m}{n}}$ ou $^{\frac{m}{n}}A$, selon la marche du décroissement ordinaire à droite ou à gauche relativement à l'angle.

Quant aux notations générales par les axes, nous en avons donné une indication en parlant de la rationnalité des axes; bientôt nous emploierons les plus simples, parmi les plus usitées, pour représenter symboliquement les principales formes qui composent les différents systèmes cristallins.

GROUPES OU SYSTÈMES CRISTALLINS.

Nous avons admis que les atomes en se groupant formaient les molécules, que les molécules en se groupant à leur tour formaient les particules et que les divers assemblages des particules constituaient les cristaux. Nous avons aussi admis que les atomes devaient être sphéroïdaux, et que les molécules pouvaient être soit sphéroïdales, soit polyédriques. Dans tous les cas nous avons vu que les particules étaient des polyèdres simples, et que les cristaux étaient des polyèdres tantôt simples, tantôt plus ou moins complexes. Or, quelles que soient les formes des atomes et des molécules, il importe de connaître, puisqu'il existe des relations entre les formes cristallines, quels sont les groupements possibles et le nombre des systèmes cristallins distincts auxquels peuvent donner lieu les divers cristaux ou bien les particules, en ramenant la question à toute sa simplicité.

Il s'agit de savoir d'abord ce que l'on doit entendre par système cristallin, puis quelles sont les considérations qu'on peut faire rationnellement entrer dans la distinction, c'est-à-dire dans la similitude ou la différence des systèmes cristallins.

On entend généralement par système cristallin l'ensemble de toutes les formes qui offrent des relations telles que ces formes puissent se déduire les unes des autres, ou de l'une d'entre elles prise comme type fondamental.

Les cristallographes ont envisagé sous différents points de vue la nature des relations qui rattachent plus ou moins entre elles les diverses formes pour composer un système cristallin. Selon les uns, ces relations sont purement géométriques, et les lois qui en découlent sont fondées uniquement sur l'observation des configurations des cristaux; selon les autres, ces relations ne doivent s'établir qu'à l'aide de considérations puisées dans l'étude de la structure intérieure des cristaux; enfin, on peut se servir de considérations soit mathématiques, soit physiques plus ou moins importantes, les combiner, les diviser ou bien les généraliser.

Certains cristallographes ont établi un assez grand nombre de systèmes cristallins d'après des considérations géométriques et même d'après des considérations physiques de divers ordres. M. Delafosse, partant de semblables vues, a admis douze systèmes, qu'il réduit finalement à six groupes généraux en rattachant six de ces systèmes aux autres.

D'autres cristallographes, parmi lesquels nous citerons MM. Naumann et Bravais, ont établi sept systèmes, dont un hémiédrique.

En général les cristallographes, notamment la plupart des cristallographes français, admettent six systèmes.

MM. Weiss, Mohs et Breithaupt ont soutenu que tous les cristaux connus pouvaient être rapportés à des systèmes d'axes rectangulaires, et par suite n'ont admis que trois ou quatre systèmes cristallins. M. Breithaupt a même prétendu déduire de l'octaèdre du système cubique toutes les formes primitives d'un autre système par sa dérivation progressionnelle.

Ainsi, le nombre des systèmes cristallins n'est pas absolument fixe : on peut l'augmenter ou le diminuer suivant les conceptions d'après lesquelles on établit ces systèmes. Il est élevé si l'on prend pour base de chaque système des considérations qui ne s'appliquent qu'à peu de formes; il est très-restreint quand on adopte les considérations les plus générales et d'un seul ordre.

En rejetant toute considération étrangère aux relations géométriques, on peut grouper tous les cristaux en six systèmes, et même les réunir en trois catégories, selon qu'ils possèdent des axes d'un seul, de deux ou de trois ordres.

Sous un point de vue philosophique plus général, il n'y aurait que deux sortes fondamentales de groupements corpusculaires : un groupement à axes rectangulaires et un groupement à axes obliques; c'est-à-dire qu'il y aurait seulement le système régulier et le système irrégulier. On pourrait même regarder le système à axes obliques comme une modification ou une altération du système à axes rectangulaires : car on pourrait concevoir que les molécules, si elles étaient toutes semblables et en mêmes nombres relatifs, devraient se grouper régulièrement, mais que dans d'autres conditions, ou pouvant éprouver soit des attractions, soit des répulsions différentes, et être gênées dans leur arrangement régulier, elles devraient faire obliquer plus ou moins leurs axes en s'équilibrant par leurs positions respectives. De sorte qu'il peut arriver plusieurs cas intermédiaires depuis celui du système régulier jusqu'à celui du système le plus irrégulier : d'où il résulte que l'on ne devrait admettre qu'un système normal.

En laissant de côté ces conceptions abstraites, si l'on envisage seulement des considérations géométriques, et si l'on prend celles qui offrent l'ordre le plus naturel de groupement et le plus de facilité pour l'étude, on reconnaît que les cristaux sont réglés par deux conditions essentielles, qui sont fournies par leurs axes, dont l'ensemble constitue pour ainsi dire le squelette géométrique des cristaux.

Ces deux conditions sont :

1° L'ordonnance relative des axes ;

2° La longueur relative des axes.

D'après les deux conditions précédentes le nombre des groupes ou systèmes cristallins qui peuvent exister est égal au nombre de combinaisons différentes que l'on peut obtenir avec ces deux conditions essentielles. Or, tout polyèdre, ayant trois dimensions, exige trois axes pour sa détermination de position et de forme ; par conséquent le nombre des combinaisons différentes est le nombre des axes multiplié par le nombre des conditions, c'est-à-dire $3 \times 2 = 6$. Donc il y a six groupes ou systèmes cristallins, en se fondant seulement sur les considérations géométriques que nous venons d'indiquer.

Ces six systèmes sont caractérisés respectivement par les conditions suivantes :

1ᵉʳ *système*. Trois axes perpendiculaires et égaux entre eux, soit, en représentant par x, y et z ces axes, $\frac{\overline{X}}{\underline{Y}}\,\overline{Z}$ (1) et $x = y = z$.

2ᵉ *système*. Trois axes perpendiculaires, deux égaux et un inégal, soit $\frac{\overline{X}}{\underline{Y}}\,\overline{Z}$ et $x = y >$ ou $< z$ (2).

3ᵉ *système*. Trois axes perpendiculaires et inégaux, soit $\frac{\overline{X}}{\underline{Y}}\,\overline{Z}$ et $x >$ ou $< y$, $x >$ ou $< z$ et $y >$ ou $< z$.

(1) La superposition des lettres exprimant les axes avec leur séparation par des traits horizontaux est le signe symbolique de la perpendicularité de ces axes.

(2) Le signe $>$ veut dire plus grand, et le signe $<$ veut dire plus petit.

4e *système*. Trois axes obliques et égaux, soit $^{X}/_{Y/_{Z}}$ (1) et x = Y = Z.

5e *système*. Trois axes obliques, deux égaux et un inégal, soit $^{X}/_{Y/_{Z}}$ et x = Y > ou < z.

6e *système*. Trois axes obliques et inégaux, soit $^{X}/_{Y/_{Z}}$ et x > ou < Y, x > ou < z et Y > ou < z.

Les six systèmes ramenés chacun à une forme prismatique simple, prise comme forme fondamentale, sont :

1° Le système prismatique droit, cubique; par abréviation, système cubique;

2° Le système prismatique droit à base carrée; par abréviation, système prismatique droit, carré;

3° Le système prismatique droit à base rectangulaire ou rhomboïdale; par abréviation, système prismatique droit, rectangulaire ou rhomboïdal;

4° Le système prismatique oblique, rhomboédrique; par abréviation, système rhomboédrique;

5° Le système prismatique oblique à base rectangulaire ou rhomboïdale; par abréviation, système prismatique oblique, rectangulaire ou rhomboïdal.

6° Le système prismatique oblique à base parallélogrammique obliquangle; par abréviation, système prismatique oblique, obliquangle.

Voici successivement les huit figures qui représentent respectivement la forme fondamentale de chacun de ces six systèmes :

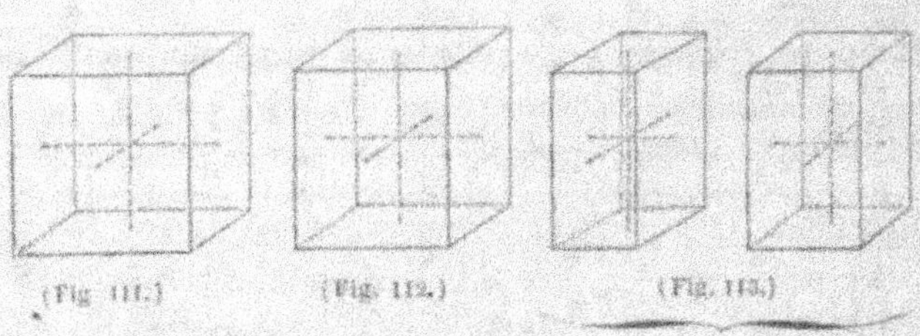

(Fig. 111.) (Fig. 112.) (Fig. 113.)

____

(1) La superposition des lettres exprimant les axes avec leur séparation par des traits obliques est le signe symbolique de l'obliquité de ces axes.

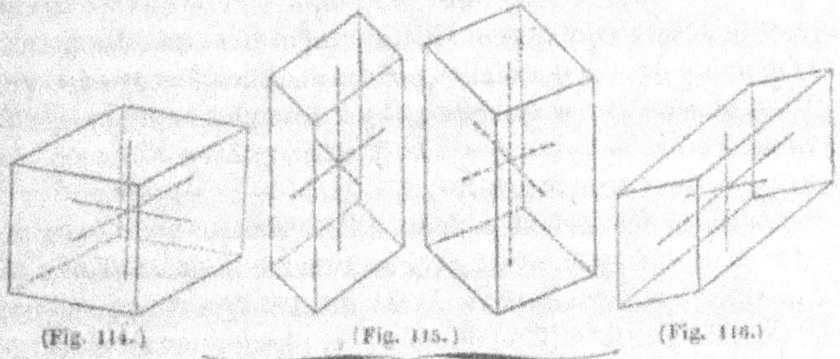

Nous avons obtenu ces six systèmes différents au moyen des combinaisons des deux conditions essentielles aux trois axes ; mais si l'on négligeait de tenir compte de l'ordonnance ou de la longueur des axes, on n'aurait plus que trois ou que deux systèmes différents. On pourrait enfin, dans le cas de deux systèmes seulement, regarder le système rectangulaire comme représentant le système normal, et considérer le système oblique comme une altération ou une anomalie du système rectangulaire.

Au reste, les six systèmes peuvent être groupés en trois catégories qui représentent des cristaux avec des caractères physiques bien tranchés.

La 1re catégorie comprend le système cubique, dont les cristaux transparents ne jouissent que de la réfraction simple ;

La 2e catégorie comprend le système prismatique droit à base carrée et le système rhomboédrique, dont les cristaux transparents jouissent de la double réfraction à un axe optique ;

La 3e catégorie comprend le système prismatique droit à base rectangulaire, le système prismatique oblique à base rectangulaire et le système prismatique oblique à base parallélogrammique obliquangle, dont les cristaux transparents jouissent de la double réfraction à deux axes optiques.

Quoi qu'il en soit, pour la facilité de l'étude des cristaux nous admettrons, à l'exemple de la plupart des minéralogistes, les six systèmes cristallins que nous venons de définir, et nous choisirons pour forme fondamentale de chaque système la plus simple parmi ses formes prismatiques.

Tous les cristaux, quelque compliqués qu'ils soient, se rapportent toujours à l'un des six systèmes.

Le trait caractéristique de ces six systèmes est que toutes les formes qui se rapportent à l'un quelconque d'entre eux offrent une symétrie équivalente et sont si étroitement liées qu'elles peuvent être déduites de chacune d'elles par des modifications symétriques.

Dans chacun de ces systèmes, il y a une plus ou moins grande série de formes simples, que l'on peut rencontrer libres ou combinées les unes avec les autres.

Le nombre des formes simples différentes qui peuvent se présenter dans un système est nécessairement limité. Si l'on a soin de modifier conformément à la loi de symétrie chaque élément essentiel du polyèdre fondamental, de répéter les modifications sur tous les éléments de même valeur cristallographique et d'épuiser toutes les combinaisons de facettes modifiantes qui sont possibles, on obtiendra ainsi toutes les formes qui peuvent appartenir à un système.

Dans les formes d'un système quelconque, les arêtes, les faces et les angles peuvent varier de nombre et de position ; mais les axes sont invariables, et tout changement dans la symétrie entraîne nécessairement un changement de système.

Il y a incompatibilité entre les formes de systèmes différents ; par conséquent les formes d'un système ne se combinent ou ne s'associent jamais avec celles d'un autre système.

Cependant cette incompatibilité n'est pas tellement absolue pour quelques-uns des systèmes qu'ils ne puissent non pas se confondre, mais bien se transformer. Ainsi le rhomboèdre, dont les trois axes sont obliques les uns sur les autres, peut passer graduellement au cube, dont les trois axes sont perpendiculaires entre eux, et réciproquement. Dans un cube ayant quatre axes rhomboédriques, si l'on réduit ses modifications à celles qui ont lieu autour d'un seul de ces axes, on obtiendra, pour formes dérivées, des solides semblables à ceux qui appartiennent au système rhomboédrique ; par conséquent on peut regarder ce dernier système comme une sorte de tétartoédrie du système cubique, produite par la réduction du nombre des axes de quatre à un. De même, il est possible de considérer le système prismatique droit à base carrée comme une sorte de tritoédrie du système cubique, produite par la réduction du nombre des axes pyramidaux de trois à un. Cette espèce de passage ou de liaison que l'esprit conçoit entre des formes de symétries différentes montre donc qu'il existe entre tous les systèmes des rapports plus ou moins sensibles.

Une même substance minérale peut quelquefois affecter des formes cristallines qui dérivent de formes fondamentales différentes, c'est-à-dire qu'elle peut cristalliser dans plusieurs systèmes différents. Ainsi, le carbonate de chaux cristallise généralement dans le système rhomboédrique, et alors tous ses cristaux dérivent d'un rhomboèdre; mais le carbonate de chaux cristallise aussi dans le système prismatique droit à base rectangulaire, et alors tous ses cristaux dérivent d'un prisme droit à base rectangulaire. Or, ces deux systèmes sont incompatibles d'après les principes sur lesquels repose la distinction des six systèmes que nous avons établis. De même, le soufre naturel cristallise dans le système prismatique droit à base rhomboïdale; tandis que les cristaux de soufre obtenus artificiellement se rapportent tantôt au système prismatique droit à base rhomboïdale, tantôt au système prismatique oblique à base rhomboïdale. Le cuivre qui se précipite d'une dissolution saline sur une lame de fer cristallise dans le système cubique; au lieu que le cuivre obtenu par la fusion cristallise dans le système prismatique droit à base rectangulaire. Le sel commun dissous par l'eau cristallise dans le système cubique; mais par la fusion il paraît cristalliser dans le système prismatique droit à la base rhomboïdale. Enfin des solutions saturées de certains sels peu cristallisables dans lesquelles on en fait ensuite dissoudre un autre qui cristallise promptement forcent ce dernier à prendre les formes qui leur conviennent.

Mais une même substance minérale ne cristallise dans des systèmes différents que lorsque la cristallisation a lieu dans des circonstances différentes; par exemple, soit à des températures éloignées, soit dans des milieux ou des temps différents; et généralement l'un de ces systèmes est le système normal de la substance minérale, celui qu'elle adopte de préférence, qui lui est habituellement propre, qui est le plus stable, et auquel elle tend à revenir quand elle reprend son état de liberté. Sous les formes extraordinaires ou anormales qu'une substance minérale est susceptible d'affecter, l'arrangement corpusculaire ne se trouve donc pas à un état d'équilibre stable. Ainsi, les sels qu'on a forcés de cristalliser sous une forme qu'ils ne prennent pas ordinairement deviennent promptement opaques et pulvérulents; les matières qui n'ont pas une très-grande cohésion et qui sont fondues ou dissoutes se remplissent de fissures bientôt après leur solidification, ce qui indique un changement intérieur de cristallisation; souvent même, comme dans les cristaux de soufre obtenus par la fusion ou par certaines dissolutions, on peut reconnaître que la masse, tout en conservant sa forme extérieure, est composée de petits cristaux rudimentaires ayant la forme que la substance affecte quand elle cristallise dans les conditions ordinaires; enfin, l'aragonite ne résiste pas à la chaleur rouge comme le calcaire spathique, car à peine est-elle chauffée qu'elle se boursoufle et se désagrège. Il suffit souvent d'une élévation de température pour changer toute la structure intérieure d'un corps, sans même qu'aucune variation se manifeste au dehors; on ne s'en aperçoit alors que par des fissures intérieures et régulièrement disposées ou que par le changement des propriétés optiques. Dans tous les cas, les cristaux artificiels sont moins stables que les cristaux naturels et se comportent différemment : il paraît que dans leur formation ils n'emploient pas le temps nécessaire pour permettre à leurs corpuscules de se grouper d'une manière réellement stable.

Les forces en vertu desquelles les corpuscules se groupent en cristaux varient dans leur nature et dans leurs intensités suivant les circonstances; de sorte que les corpuscules qui se sont groupés dans certaines conditions peuvent se trouver, lorsque le corps est revenu aux conditions ordinaires, sous l'influence de forces très-différentes de celles qui ont présidé à leur cristallisation, et par suite ils doivent tendre à s'arranger autrement pour obéir aux forces qui les sollicitent dans les nouvelles conditions.

On conçoit donc qu'une même substance minérale placée dans des conditions diverses puisse prendre plusieurs formes regardées comme incompatibles les unes des autres, et par conséquent se rapporter à plusieurs systèmes différents. Ce polymorphisme démontre encore qu'il peut exister des relations entre les divers systèmes cristallins que nous avons admis.

D'autre part, des substances minérales différentes qui ont des compositions chimiques analogues peuvent affecter des formes semblables, et par conséquent appartenir à un même système cristallin. Ces cas sont présentés par l'isomorphisme. Or, l'isomorphisme tient souvent aussi aux circonstances extérieures. Par exemple, la quantité d'eau qui entre dans la composition de certains sels varie ordinairement suivant la température à laquelle la cristallisation a lieu, et une quantité d'eau déterminée se combine pour un sel à une température fixe et pour un autre sel à une température différente; de sorte que deux sels hydratés sont ou ne sont pas isomorphes, selon qu'ils ont cristallisé ou non à la température qui convient dans ce cas à chacun d'eux. De même, la présence d'un autre sel dans la solution facilite souvent aussi la combinaison de l'eau dans des proportions déterminées : c'est ainsi que le sulfate de cuivre lorsque la solution renferme du sulfate de fer prend la forme de ce dernier, et par suite une quantité d'eau différente de celle qu'il contient ordinairement.

Finalement, toutes les variations de formes que peut affecter une même substance minérale en cristallisant dépendent des conditions dans lesquelles elle cristallise, comme par exemple la température, la pression, la nature du milieu ou du corps qui sert de dissolvant, les associations avec d'autres substances, les matières qu'elle peut renfermer ou entraîner, etc. Aussi les minéralogistes distinguent-ils facilement le calcaire cristallisé du Harz de celui du Derbyshire, le calcaire des filons de celui des couches, l'oligiste de l'île d'Elbe de celui de Framont, l'aragonite des mines de fer de celle des argiles, l'amphibole du terrain primitif de celle des volcans, etc. Souvent même il est possible, par la variété de la forme cristalline d'un minéral, d'apprécier le mode de formation et les circonstances physiques dans lesquelles il a été produit, et c'est là surtout qu'existe le point de vue le plus philosophique de la cristallographie pour le naturaliste.

PREMIER GROUPE CRISTALLIN.

Système cubique.

Synonymie principale : *système cubique ou octaédrique régulier* (Haüy et Brochant), *régulier* (G. Rose), *sphéroédrique* (Weiss), *tessulaire* (Mohs), *tessural* (Naumann).

CARACTÈRES :

FORME TYPE OU FONDAMENTALE, LE CUBE.
TROIS AXES PRINCIPAUX RECTANGULAIRES ET ÉGAUX (1).
PROGRESSION SYMÉTRIQUE, $\frac{1}{2}$. 4 . 8 , 12 . 16...

POLYÈDRES HOMOÈDRES.

Cube.

ÉLÉMENTS :
6 faces carrées égales.
12 arêtes égales.
8 angles trièdres droits.

2 sortes d'éléments essentiels $\left\{\begin{array}{l} \text{1 espèce d'arêtes,} \\ \text{1 espèce d'angles.} \end{array}\right.$

Le cube (fig. 117) est pris pour la forme fondamentale du système cubique.

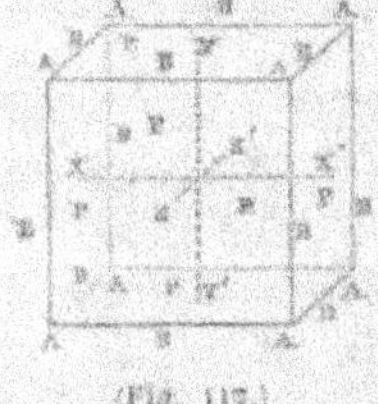

(Fig. 117.)

On désigne ses faces par la lettre P, ses arêtes par la lettre B, ses angles trièdres par la lettre A, et ses axes choisis comme principaux par les lignes XX', YY' et ZZ'.

Dans le cube, tous les éléments de même sorte sont situés à égale distance du centre de ce solide. Il s'ensuit que l'on peut : 1° cons-

(1) Ce sont ceux du système d'axes déterminés par la jonction du milieu des faces opposées (voyez page 87).

truire dans le cube une sphère tangente aux faces, et une autre tangente aux arêtes; 2° circonscrire au cube une sphère qui passerait par le sommet de chaque angle solide.

Les axes étant rectangulaires et aboutissant au milieu des faces, il est évident que chacune de celles-ci se trouve perpendiculaire à l'un des axes et parallèle aux deux autres axes; de sorte que si l'on désigne par la lettre a la longueur des axes, une face quelconque sera rencontrée par l'un des axes à la distance a et ne sera jamais rencontrée par les deux autres axes, ce qu'on exprime par le signe ∞. Dès lors on peut représenter la relation de chaque face du cube avec les axes principaux par le symbole

$$a : \infty a : \infty a.$$

Le cube renfermant deux sortes d'éléments essentiels, les arêtes et les angles trièdres, il en résulte que les modifications qui donnent lieu à des formes dérivées du cube peuvent exister soit sur les arêtes, soit sur les angles, ou bien à la fois sur les arêtes et sur les angles.

Dans le cube, conformément à la loi de symétrie, lorsqu'une modification a lieu sur l'un des éléments de ce polyèdre, la même modification doit se reproduire sur tous les éléments géométriquement identiques, c'est-à-dire que : 1° si l'une des 12 arêtes se trouve modifiée par une ou par plusieurs facettes, toutes les autres arêtes doivent être aussi modifiées et de la même manière; 2° si l'un des 8 angles solides est modifié par 3 ou par 6 facettes, les autres angles solides doivent être aussi modifiés et de la même manière.

Ces modifications peuvent avoir des positions différentes :

1° Les nouvelles faces peuvent être placées avec des inclinaisons égales dans les divers sens par rapport aux faces qui aboutissent aux arêtes ou aux angles, sur lesquels les modifications existent;

2° Les nouvelles faces peuvent être placées avec des inclinaisons inégales dans les divers sens par rapport aux faces qui aboutissent aux arêtes ou aux angles sur lesquels les modifications existent.

De ces deux dispositions différentes il résulte des polyèdres de deux ordres essentiellement différents.

TRONCATURE SUR LES ANGLES.

Octaèdre régulier.

Les 8 angles trièdres du cube étant géométriquement identiques, une troncature faite sur l'un de ces angles entraînera des troncatures identiques sur les 7 autres angles trièdres ; chacune de ces modifications produira une facette *a* (fig. 118), et tous les angles

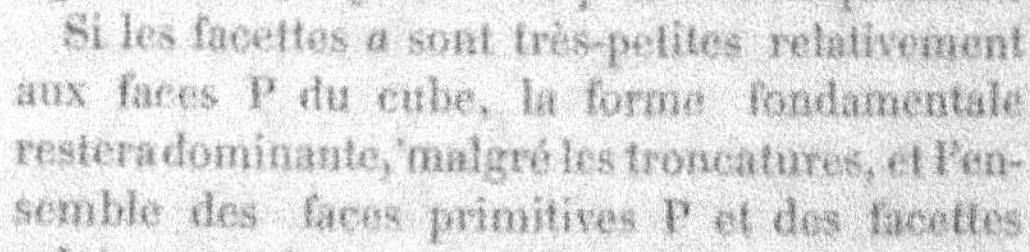

solides seront remplacés par des triangles *a* équilatéraux, égaux et disposés identiquement.

Si les facettes *a* sont très-petites relativement aux faces P du cube, la forme fondamentale restera dominante, malgré les troncatures, et l'ensemble des faces primitives P et des facettes modifiantes *a* produira un cube épointé (fig. 118).

(Fig. 118.)

Lorsque par leur extension ou leur approfondissement les facettes *a* parviendront à se toucher deux à deux en un point, elles formeront avec les faces P un cubo-octaèdre (fig. 119).

Mais après avoir pris un développement de plus en plus grand, les facettes *a* prédomineront sur les faces P (fig. 120), et finiront par faire disparaître entièrement les faces P du cube pour donner, par la jonction complète de leurs côtés, un solide formé de 8 triangles *a* équilatéraux et égaux, c'est-à-dire l'octaèdre régulier (fig. 121).

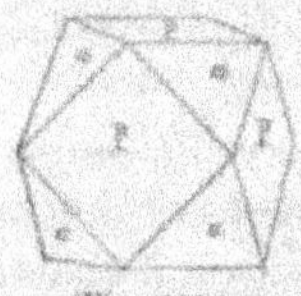 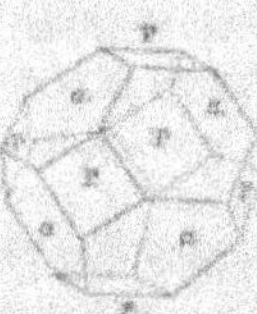 

(Fig. 119.)   (Fig. 120.)   (Fig. 121.)

Les éléments de l'octaèdre régulier sont :

8 faces triangulaires, équilatérales et égales.
12 arêtes égales.
6 angles solides quadruples ou quadrièdres et égaux.

Chacune des 8 faces de l'octaèdre régulier rencontrant les 3 axes principaux à la distance *a*, la relation de chaque face de l'octaèdre régulier avec ces axes peut être représentée par le symbole

$$a : a : a.$$

TRONCATURE SUR LES ARÊTES.

Dodécaèdre rhomboïdal (1).

Les 12 arêtes du cube étant géométriquement identiques, une troncature *b* (fig. 122) faite sur l'une de ces arêtes devra se 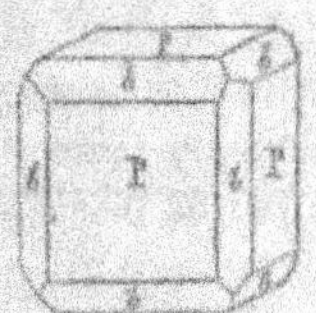reproduire sur toutes les autres arêtes, et chacune des troncatures *b* devra être également inclinée sur les deux faces adjacentes P dont la rencontre forme l'arête, puisque ces faces sont égales et forment entre elles un angle dièdre droit.

(Fig. 122.)   Si les facettes modifiantes *b* ne sont pas assez profondes pour faire disparaître les faces primitives P du cube, elles donneront lieu à un polyèdre de passage plus ou moins émarginé, qui porte le nom de cubo-dodécaèdre (fig. 122).

Mais si les troncatures *b* sont suffisamment profondes pour faire disparaître entièrement les faces P du cube, il en résultera un solide terminé par douze faces *b* rhomboïdales et égales, c'est-à-dire le dodécaèdre rhomboïdal ou rhombododécaèdre (fig. 123).

On arriverait également à la forme du dodécaèdre rhomboïdal en prolongeant les premières facettes *b* (fig. 122) jusqu'à ce qu'elles pussent cacher complétement les faces P du cube.

(Fig. 123.)   Les éléments du dodécaèdre rhomboïdal sont :

12 faces rhomboïdales égales.

24 arêtes égales.

14 angles solides { 6 quadruples ou quadrièdres octaèdriques.
                  { 8 triples ou trièdres cubiques.

La relation de chaque face du dodécaèdre rhomboïdal avec les axes principaux, toujours par rapport à la distance où elle les rencontre respectivement, peut être représentée par le symbole

$$a : a : \infty a.$$

(1) Rombo-dodécaèdre (Delafosse).

BISELLEMENT SUR LES ARÊTES.

Hexatétraèdre (1).

Sur le cube il ne peut exister qu'une seule sorte de bisellement; c'est celui au moyen duquel chacune des arêtes est remplacée par deux facettes *h* (fig. 124) également inclinées, de part et d'autre, sur les deux faces adjacentes P du cube.

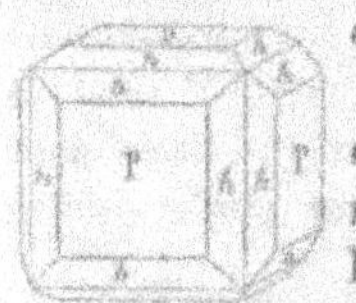

Le solide de passage que forment les faces P du cube et les facettes *h* produites par ce bisellement plus ou moins profond, est nommé cube bordé ou cubo-hexatétraèdre (fig. 124).

(Fig. 124)

Si les facettes *h* sont assez profondes pour faire disparaître les faces P du cube, ou si l'on prolonge ces facettes de manière à cacher entièrement les faces du cube, on a un solide formé par 24 faces triangulaires isocèles et égales, c'est-à-dire l'hexatétraèdre ou cube pyramidé (fig. 125).

L'inclinaison des facettes produites par le bisellement semblerait de prime abord pouvoir varier à l'infini; d'où il résulterait que le nombre des hexatétraèdres serait illimité. Mais la relation qui existe entre les facettes du bisellement et les axes principaux

(Fig. 125.)

est ordinairement simple, et jusqu'à présent le règne minéral n'a offert que sept variétés d'hexatétraèdres, en sorte que le nombre en est assez limité.

Les éléments de l'hexatétraèdre sont :

24 faces triangulaires, isocèles et égales.

36 arêtes { 12 cubiques. 24 pyramidales.

14 angles solides { 6 quadruples ou quadrièdres et octaédriques. 8 sextuples ou sextièdres et cubiques.

La relation de chaque face de l'hexatétraèdre avec les axes principaux peut être représentée par le symbole

$$a : ma : \infty a,$$

m étant une quantité ou un coefficient variable.

(1) Tétrakishexaèdre (G. Rose), hexaèdre pyramidal (Weiss), trigonalicositétraèdre hexaédrique (Mohs), icositétraèdre pyramidal hexaédrique (Breithaupt), polyèdre à 24 faces (Bernhardi), octotriaèdre et octaèdre pyramidé (Leymerie).

POINTEMENT SUR LES ANGLES.

Lorsqu'un pointement existe sur l'un des 8 angles solides du cube, il doit y avoir un pointement identique sur chacun des autres angles solides de ce polyèdre.

Les pointements sont simples ou doubles, c'est-à-dire composés de 3 ou de 6 facettes.

POINTEMENT SIMPLE.

Trapézoèdre (1).

Prenant trois points (fig. 126) à égales distances du sommet, sur les 3 arêtes qui forment un angle solide du cube, et joignant ces points, sur chaque face, par des lignes droites qui seront parallèles aux diagonales du cube ; ensuite faisant passer par chacune de ces droites des plans sécants et également inclinés sur les faces P du cube, il naîtra de cette triple modification une petite pyramide surbaissée, à faces triangulaires isocèles *t*, qui remplacera l'angle solide du cube ; enfin, si l'on répète la même opération sur les autres angles solides du cube, on obtiendra de nouvelles facettes *t*, qui, par leur prolongement ou leur approfondissement jusqu'à leurs mutuelles intersections, finiront par faire disparaître entièrement les faces P du cube et produiront un solide composé de 24 faces trapézoïdales *t*, c'est-à-dire le trapézoèdre (fig. 127).

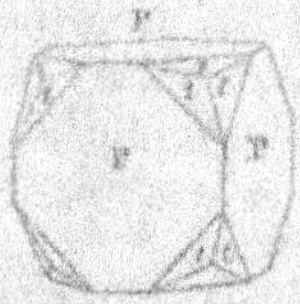

(Fig. 126.)

Comme l'inclinaison des plans sécants qui conduisent au trapézoèdre peut varier, il semblerait de prime abord que le nombre des trapézoèdres devrait être très-considérable ; mais la nature a restreint beaucoup ce nombre, car on ne connaît que quelques minéraux qui présentent des trapézoèdres.

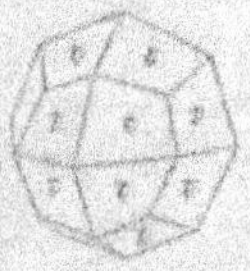

(Fig. 127.)

Le éléments du trapézoèdre sont :

24 faces trapézoïdales symétriques et égales.

48 arêtes { 24 octogonales.
{ 24 cubiques.

(1) Leucitoèdre ou leucitoïde (Weiss), leucit (Raumer), icositétraèdre (G. Rose), icositétraèdre et dyakisdodécaèdre (Naumann), icos-tétraèdre trapézoïdal (Breithaupt), tetragonalikositétraèdre à 2 arêtes (Mohs), polyèdre à 24 deltoïdes (Bernhardi.)

26 angles solides { 6 quadrièdres et octaédriques.
{ 8 trièdres et cubiques.
{ 12 quadrièdres et symétriques.

La relation des faces du trapézoèdre avec les axes principaux peut être représentée par le symbole

$$a : ma : ma,$$

m étant un coefficient variable.

Octotrièdre (1).

Le pointement direct qui conduit au trapézoèdre produit tout d'abord des facettes triangulaires, dont les intersections finissent par donner des trapèzes. Dans le pointement indirect c'est le contraire qui a lieu; ainsi les facettes initiales e (fig. 128), formées principalement aux dépens des arêtes de chaque angle solide du cube, sont trapézoïdales, tandis que leurs intersections mutuelles conduisent à des triangles et finissent par produire un octotrièdre

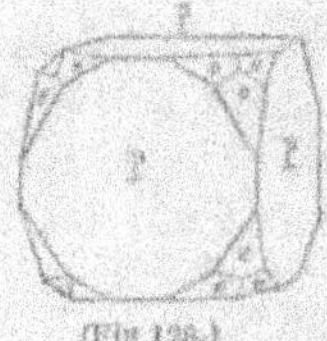

(Fig 128.)

(Fig. 129.)

(fig. 129), qui est composé de 24 faces triangulaires et isocèles e.

Le nombre des octotrièdres différents est très-restreint dans le règne minéral, car jusqu'à présent il s'élève à peine à 6.

Les éléments de l'octotrièdre sont :

24 faces triangulaires isocèles.

36 arêtes { 12 octaédriques.
{ 24 pyramidales.

24 angles solides { 6 octuples et octaédriques.
{ 8 trièdres et cubiques.

La relation des faces de l'octotrièdre avec les axes principaux peut être représentée par le symbole

$$a : a : ma,$$

m étant un coefficient variable.

(1) Octotrièdre (Delafosse), Octotriaèdre (Dufrénoy), octaèdre pyramidal (Weiss), triakisoctaèdre (G.Rose), trigonalikositétraèdre octaédrique (Mohs) , icositesséraèdre pyramidal octaédrique (Breithaupt), polyèdre à 24 faces (Berchardt).

Hexaoctaèdre et octohexaèdre (1).

Lorsque le pointement, au lieu de se faire par 3 facettes naissant d'une manière symétrique aux extrémités des arêtes, s'effectue au moyen de biseaux obliques, formés chacun par deux plans également inclinés de part et d'autre, chaque angle est remplacé par 6 facettes triangulaires égales *i* (fig. 130), et le cube se

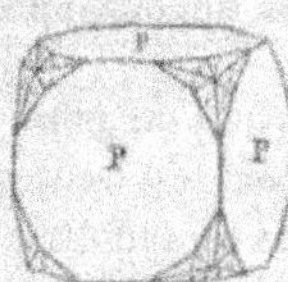

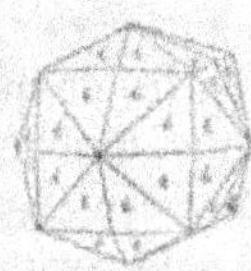

(Fig. 130.)   (Fig. 131.)

trouve épointé par 48 facettes. Ensuite, si ces facettes sont continuées assez profondément ou prolongées jusqu'à leurs intersections mutuelles, on aura un solide terminé par 48 triangles scalènes (fig. 131), c'est-à-dire tantôt une sorte de cube pyramidé ou hexaoctaèdre, tantôt une sorte d'octaèdre pyramidé ou octohexaèdre, suivant l'inclinaison des facettes initiales.

Comme l'inclinaison des plans qui conduisent aux dérivations précédentes peut varier, il semblerait que le nombre des solides différents de ce genre est très-grand; mais il n'en est pas ainsi dans le règne minéral, car les cristaux de cette sorte que l'on trouve sont ordinairement ceux qui présentent les relations les plus simples par rapport aux axes. Du reste, les minéraux qui offrent ce genre de forme sont généralement en cristaux composés, dans lesquels les faces appartenant à la forme dont il s'agit ne jouent souvent qu'un rôle secondaire.

Les éléments de l'hexaoctaèdre et de l'octohexaèdre sont :

48 faces triangulaires scalènes et égales.

72 arêtes { 24 octogonales.
{ 24 cubiques.
{ 24 octaédriques.

____

(1) Scalénoèdre ou dodécatétraèdre (Delafosse), polyèdre à 48 faces et granaloïde pyramidal (Weiss), hexakisoctaèdre, octokishexaèdre et tétrakisdodécaèdre (G. Rose), hexakisoctaèdre (Naumann), tétrakontaoctaèdre (Mohs), polyèdre trigonal (Hausmann), polyèdre à 48 faces (Bernhardi).

$$16 \text{ angles solides} \begin{cases} 6 \text{ octuples et octaédriques,} \\ 8 \text{ sextuples et cubiques,} \\ 12 \text{ quadruples et dodécaédriques,} \end{cases}$$

La relation des faces de l'hexaoctaèdre et de l'octohexaèdre avec les axes principaux peut être représentée par le symbole

$$a : ma : na,$$

m et n étant des coefficients variables.

OBSERVATION SUR LES FORMES HOMOÉDRIQUES.

Toutes les sortes de modifications que l'on peut faire dans le système cubique, directement en partant du cube comme forme fondamentale et conformément à la loi de symétrie, se bornent à celles que nous avons indiquées; elles ont donné seulement 6 nouvelles formes simples. Mais on peut appliquer aussi la méthode de dérivation à chacune de ces formes simples en les prenant tour à tour chacune pour forme fondamentale, ce qui conduirait, du reste, aux mêmes résultats que les précédents.

POLYEDRES HÉMIEDRES.

Tétraèdre régulier (1).

Dans le tétraèdre régulier on obtient les axes principaux de la forme fondamentale, le cube, en joignant le milieu des arêtes des faces opposées, comme le montrent les figures 132 et 133, qui représentent l'une le cube avec ses axes principaux et un

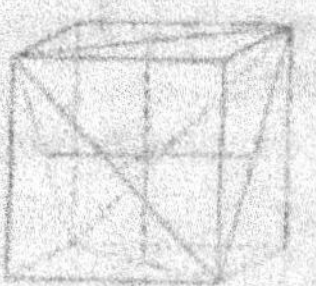

(Fig. 132.)

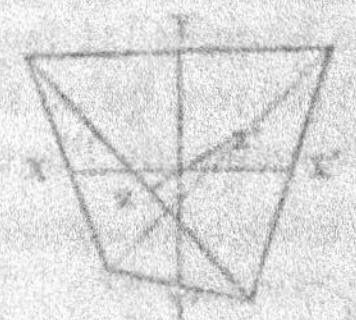

(Fig. 133.)

tétraèdre, l'autre un tétraèdre isolé avec les axes principaux du cube. Par conséquent le tétraèdre, pour être ordonné suivant ces axes, doit avoir la position que lui donne le figure 133. Dans

(1) Système tétraédrique (Delafosse).

cette position normale les arêtes du tétraèdre correspondent à
6 des 12 diagonales du cube; et si l'on traçait les 6 autres diagonales du cube, elles détermineraient un second tétraèdre, égal
au premier, mais disposé d'une manière alterne, comme le montre
la figure 134.

(Fig. 134.)   (Fig. 135.)

Le tétraèdre peut être aussi obtenu en partant de l'octaèdre
régulier. Pour le concevoir il suffit de supposer que 4 des 8 faces
a (fig. 135) de l'octaèdre, prises alternativement deux sur la pyramide supérieure et deux sur la pyramide inférieure, s'étendent
jusqu'à leurs intersections mutuelles. De même, si l'on suppose
que les 4 autres faces soient prolongées à leur tour, à l'exclusion
des premières, on aura un second tétraèdre, mais disposé d'une
manière alterne (fig. 136).

(Fig. 136.)   (Fig. 137.)

Le tétraèdre régulier peut donc être considéré comme une
moitié de l'octaèdre régulier, c'est-à-dire comme une hémiédrie
de ce dernier solide.

D'après ce que nous avons vu, il y a deux tétraèdres réguliers
différents, qui sont disposés symétriquement et à angle droit l'un
par rapport à l'autre. Ces deux tétraèdres sont géométriquement
identiques, et l'on ne pourrait les reconnaître quand ils se présentent isolément; mais lorsqu'ils sont modifiés ou qu'ils font partie
de formes composées, il est facile de les distinguer par la disposition relative des arêtes. Au reste, pour certaines propriétés physiques, les deux tétraèdres jouent des rôles différents, et leur arrangement corpusculaire paraît aussi être différent.

11.

On les distingue en tétraèdre de droite (fig. 137) et en tétraèdre de gauche (fig. 138).

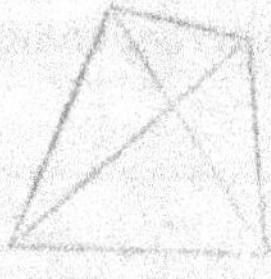

(Fig. 138.)

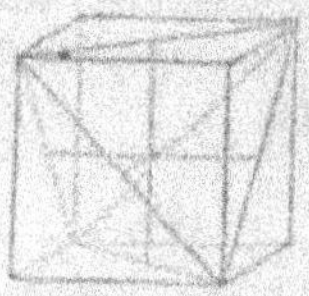

(Fig. 139.)

L'identité géométrique des deux tétraèdres réguliers nous fait voir que les solides homoèdres, susceptibles de donner des formes hémièdres par dérivation directe, doivent pouvoir se réduire à deux formes hémiédriques symétriques ; il en résulte que le cube et le dodécaèdre, qui ne satisfont pas à cette condition, ne peuvent produire des solides hémièdres par dérivation directe.

De même que l'on peut à volonté faire dériver du cube ou de l'octaèdre régulier les différents solides homoèdres qui appartiennent au système cubique, de même on pourrait prendre le tétraèdre régulier pour point de départ des dérivations.

Ainsi, le cube résulterait de l'intersection de 6 plans tangents sur les arêtes du tétraèdre, comme le montre la fig. 139 ; tandis que l'octaèdre régulier serait obtenu par des troncatures faites sur les angles solides du tétraèdre et combinées avec les résidus des faces de ce polyèdre, comme l'indiquent les fig. 140 et 141.

(Fig. 140.)

(Fig. 141.)

Les éléments du tétraèdre régulier sont :

4 faces triangulaires, équilatérales et égales.

6 arêtes égales.

4 angles solides, trièdres et égaux.

Les faces du tétraèdre régulier coupant les axes principaux du cube à la même distance que les faces de l'octaèdre régulier, le symbole du tétraèdre serait donc $a : a : a$; mais pour distinguer le tétraèdre de l'octaèdre, ainsi que pour indiquer la différence qui

existe entre le tétraèdre de droite et le tétraèdre de gauche, on
fait précéder la notation adoptée pour l'octaèdre des signes
1/2 d et 1/2 g. Dès lors la relation de chaque face des tétraèdres
réguliers avec les axes principaux peut être représentée par les
symboles

$$1/2\, d\,(a : a : a)\ \text{et}\ 1/2\, g\,(a : a : a).$$

Tétratrièdre ou tétraèdre pyramidal.

Le bisellement des arêtes du tétraèdre régulier, ou le pointement indirect de ses angles par 3 facettes, produit un solide à
12 faces triangulaires isocèles qu'on nomme tétratrièdre ou tétraèdre pyramidal (fig. 142).

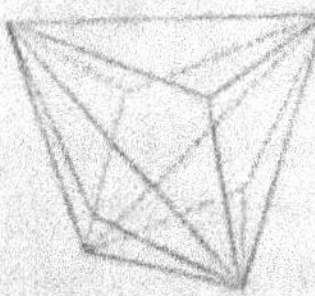

Comme pour le tétraèdre régulier, on doit
distinguer le tétratrièdre de droite et le tétratrièdre de gauche.

On connaît dans la nature deux sortes de té-
tratrièdres.

(Fig. 142.)

Les éléments du tétratrièdre sont :

12 faces triangulaires, isocèles et égales.

18 arêtes.

8 angles solides { 4 sextuples symétriques.
{ 4 trièdres.

Le tétratrièdre pouvant être regardé géométriquement comme
un demi-trapézoèdre, la relation de chaque face du tétratrièdre
avec les axes principaux peut être représentée par les symboles

$$1/2\, d\,(a : ma : ma)\ \text{et}\ 1/2\, g\,(a : ma : ma),$$

m étant un coefficient variable.

Dodécaèdre trapézoïdal ou tétratrapézoèdre.

Le pointement direct des angles du tétraèdre régulier par 3 facettes produit un solide à 12 faces trapézoïdales, qu'on appelle
dodécaèdre trapézoïdal ou tétratrapézoèdre (fig. 143).

Il y a le dodécaèdre trapézoïdal de droite et le dodécaèdre trapézoïdal de gauche.

Les éléments du dodécaèdre trapézoïdal sont :

12 faces trapézoïdales.

(Fig. 143.)   24 arêtes { 12 aiguës et longues.
{ 12 obtuses et courtes.

14 angles solides de 3 sortes.

Le dodécaèdre trapézoïdal pouvant être regardé géométriquement comme un demi-octotrièdre, la relation de ses faces avec les axes principaux peut être représentée par les symboles

$$1/2\ d\ (a : a : ma)\ \text{et}\ 1/2\ g\ (a : a : ma),$$

m étant un coefficient variable.

Tétrahexaèdre.

En supprimant la moitié des faces de l'hexaoctaèdre ou de l'octohexaèdre, ou bien en modifiant les angles du tétraèdre régulier par 6 facettes, on a généralement un solide nommé tétrahexaèdre et composé de 24 triangles scalènes.

Les éléments du tétrahexaèdre sont :

24 faces triangulaires scalènes.
36 arêtes de 3 sortes.
14 angles solides de 3 sortes.

Le tétrahexaèdre pouvant être considéré comme un demi-hexaoctaèdre ou un demi-octohexaèdre, soit un demi-dodécaté-traèdre, la relation de ses faces avec les axes principaux peut être exprimée par le symbole

$$1/2\ (a : ma : na),$$

m et n étant des coefficients variables.

Dodécaèdre pentagonal ou hexadièdre (1).

Si dans l'hexatétraèdre 12 faces sont supprimées en alternant, de manière que sur chaque arête du cube il n'y ait qu'une modification, au lieu de deux, et qui soit inégalement inclinée sur les deux faces adjacentes, on trouve un solide composé seulement de 12 pentagones symétriques et égaux, qui (Fig. 144) est nommé dodécaèdre pentagonal ou hexadièdre (fig. 144).

On peut le considérer comme un cube qui porterait une espèce de toit ou de dièdre sur chacune de ses faces.

On doit distinguer le dodécaèdre pentagonal de droite et le dodécaèdre pentagonal de gauche.

(1) Hémitétrakishexaèdre (G. Rose), système hexadiédrique (Delafosse), pyritoèdre.

Il existe plusieurs sortes de dodécaèdres pentagonaux; mais jusqu'à présent on n'en connaît que trois.

Les éléments du dodécaèdre pentagonal sont :

12 faces pentagonales, symétriques et égales.

30 arêtes { 6 cubiques et égales.
{ 24 autres et égales.

20 angles solides { 8 trièdres, réguliers et cubiques,
{ 12 trièdres, irréguliers et culminants.

Le dodécaèdre pentagonal pouvant être regardé comme un demi-hexatétraèdre, la relation de ses faces avec les axes principaux peut être représentée par le symbole

$$1/2\, d\, (a : ma : \infty a)\; \text{et}\; 1/2\, g\, (a : ma : \infty a).$$

Dodécadièdre.

Si le cube est modifié sur les angles par 3 facettes placées de biais sur chaque angle et coupant inégalement les 3 arêtes de cet angle, si de plus les facettes modifiantes sont approfondies ou prolongées jusqu'à leurs rencontres mutuelles, on obtiendra un solide particulier à 24 faces trapézoïdales non symétriques, ayant 3 sortes d'arêtes. Ce solide, nommé dodécadièdre, offrira l'apparence d'un dodécaèdre pentagonal, dont les faces seraient brisées ou pliées en 2 moitiés symétriques et relevées en forme de coin. Son caractère principal est d'avoir 12 coins ou angles dièdres égaux et correspondant aux faces du dodécaèdre pentagonal.

On distingue le dodécadièdre de droite et le dodécadièdre de gauche.

Le dodécadièdre pouvant être considéré comme une sorte de demi-dodécatétraèdre, la relation de ses faces avec les axes principaux peut être exprimée par le symbole

$$1/2\, (a : ma : na),$$

m et n étant des coefficients variables.

Icosaèdre.

La combinaison des 8 faces de l'octaèdre régulier avec les 12 faces du dodécaèdre pentagonal détermine un solide, composé de 8 triangles équilatéraux et de 12 triangles isocèles, qu'on nomme icosaèdre (fig. 145).

(Fig. 145.)

Les éléments de l'icosaèdre sont :

20 faces { 8 triangulaires et équilatérales.
          { 12 triangulaires et isocèles.

30 arêtes.

12 angles solides.

OBSERVATION SUR LES FORMES HÉMIÉDRIQUES.

Les formes complètes ou homoédriques qui proviennent du tétraèdre régulier ne sont identiques aux formes homoédriques qui proviennent du cube, ou de l'octaèdre, qu'au point de vue géométrique. Les cristaux qui affectent ces formes des deux séries se distinguent par la structure intérieure et par des propriétés soit mécaniques, soit physiques. Par exemple, le cube de la série homoédrique est supposé présenter les mêmes conditions physiques et de structure dans toutes ses parties géométriquement identiques, ce qui se trouve évidemment rempli par la forme de ses particules admises comme cubiques et par leur disposition symétrique; tandis que le cube de la série hémiédrique, c'est-à-dire dérivé du tétraèdre régulier, montre des angles solides de deux sortes aux extrémités d'une même diagonale, et probablement une disposition inverse pour ses particules tétraédriques opposées.

FORMES LES PLUS FRÉQUENTES.

Parmi tous les polyèdres qui appartiennent au système cubique, le cube, l'octaèdre, le dodécaèdre rhomboïdal et le trapézoèdre sont de beaucoup les plus fréquents; les trois premières formes surtout s'appliquent à un grand nombre de minéraux. Le tétraèdre, le dodécaèdre pentagonal et l'hexatétraèdre se montrent aussi isolés; mais les minéraux qui se présentent sous ces dernières formes sont peu variés. Quant aux autres polyèdres, on ne les trouve ni isolés ni complets; ils existent pour ainsi dire en appendices soit sur le cube, soit sur l'octaèdre, dont ils modifient plus ou moins profondément les angles ou les arêtes; d'ailleurs l'étendue de leurs facettes est rarement assez grande pour effacer la forme dominante.

FORMES COMPOSÉES.

Il y a des minéraux qui se présentent souvent en cubes, en octaèdres, en dodécaèdres ou sous d'autres formes simples sans aucune modification. Mais le plus fréquemment les minéraux offrent à la fois des facettes qui appartiennent à plusieurs polyèdres simples, et constituent dès lors des cristaux composés. Outre cela, parmi les différentes formes que nous avons décrites, quelques-unes sont rarement complètes, et l'on n'en voit pour ainsi dire que les rudiments. Il résulte de là que c'est en comptant le nombre des facettes qui existent sur un des éléments de la forme dominante qu'on parvient à déterminer la modification à laquelle elles appartiennent, et alors on applique au cristal l'expression de la forme dominante, à laquelle on ajoute celle de la modification, si la dénomination ne devient pas trop compliquée.

Par exemple, un cube tronqué sur les angles par les faces de l'octaèdre donne lieu au cubo-octaèdre (fig. 146 et 147) ; tandis

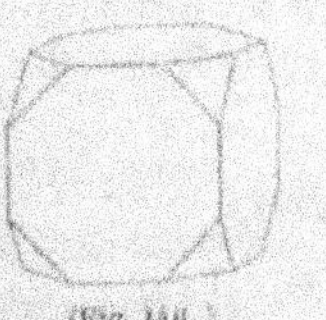

(Fig. 146.)

(Fig. 147.)

qu'un cube émarginé sur ses arêtes par les faces du dodécaèdre rhomboïdal, produit un cubo-dodécaèdre (fig. 148).

Lorsque le cube ne porte qu'un pointement de trapézoèdre, on peut employer soit l'expression de cubo-trapézoèdre, soit celle de cube tri-épointé (fig. 149). De même on a le dodécaèdre rhomboïdal trapézoèdre ou le dodécaèdre rhomboïdal émarginé (fig. 150), le dodécaèdre rhomboïdal tri-émarginé (fig. 151), et ainsi d'une manière analogue pour les autres polyèdres composés. Enfin la figure 152 donne une idée des polyèdres composés assez compliqués.

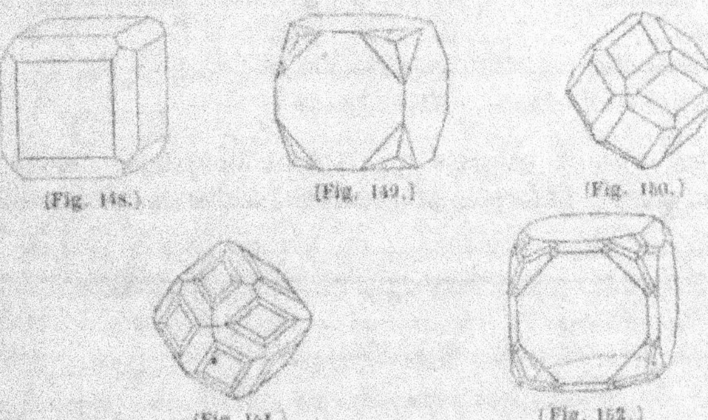

(Fig. 148.)

(Fig. 149.)

(Fig. 150.)

(Fig. 151.)

(Fig. 152.)

Les différentes formes hémiédriques peuvent aussi se combiner entre elles et donner lieu à des formes composées ; mais on ne connaît pas de combinaisons d'une forme hémiédrique à faces parallèles avec une forme hémiédrique à faces inclinées ; tandis que les deux genres de formes hémiédriques se combinent avec des formes homoédriques.

RÉCAPITULATION DES FORMES SIMPLES
DU PREMIER SYSTÈME.

Le système cubique, qui est de beaucoup le plus compliqué, ne comporte dans son état normal ou homoédrique que 7 formes simples, et dans son état anormal ou hémiédrique que 6 formes simples, qui peuvent même se réduire à 3 catégories.

Voici l'énumération de ces formes d'après leur ordre de simplicité avec leurs notations respectives.

Solides homoèdres.

Cube.	$a : \infty a : \infty a.$	3 formes limites et inva-
Octaèdre.	$a : a : a.$	riables dans leurs angles.
Dodécaèdre rhomboïdal.	$a : a : \infty a.$	
Hexatétraèdre.	$a : ma : \infty a.$	4 formes variables dans
Trapézoèdre.	$a : ma : ma$	leurs angles, mais dont la
Octotriède.	$a : a : ma.$	nature ne présente que
Hexaoctaèdre et octahexaèdre.	$a : ma : na.$	les plus simples.

Solides hémièdres.

Tétraèdre régulier.	$1/2 (a : a : a)$
Tétraèdre pyramidal.	$1/2 (a : ma : ma)$.
Dodécaèdre trapézoïdal.	$1/2 (a : a : ma)$.
Tétrahexaèdre.	$1/2 (a : ma : na)$.
Dodécaèdre pentagonal.	$1/2 (a : ma : \infty a)$.
Dodécaïèdre.	$1/2 (a : ma : na)$.

Tous les cristaux naturels appartenant au système cubique n'affectent que les 13 formes précédentes, seules ou combinées.

SECOND GROUPE CRISTALLIN.

Système prismatique droit à base carrée.

Synonymie principale : *système octaédrique à base carrée* (Haüy), *bino-singulaxe* (Weiss), *quadravctaédrique* (G. Rose), *tétragonal* (Naumann), *Quadratique ou tétragonal* (Delafosse).

CARACTÈRES :

FORME TYPE OU FONDAMENTALE, LE PRISME DROIT A BASE CARRÉ.

TROIS AXES RECTANGULAIRES {UN PRINCIPAL ET INÉGAL AUX DEUX AUTRES. DEUX SECONDAIRES ET ÉGAUX ENTRE EUX.

PROGRESSION SYMÉTRIQUE, $\frac{1}{4}$. 4 . 8 . 12 . 16.....

POLYEDRES HOMOEDRES

Prisme droit à base carrée.

ÉLÉMENTS :

6 faces {2 carrées basiques, horizontales et égales. 4 rectangulaires latérales, verticales et égales.

12 arêtes {8 basiques, horizontales et égales. 4 latérales, verticales et égales.

8 angles trièdres droits.

3 sortes d'éléments essentiels {2 espèces d'arêtes. 1 espèce d'angles.

Le prisme droit à base carrée (fig. 153) est pris pour la forme type du système prismatique droit à base carrée.

On désigne ses faces horizontales ou ses bases par la lettre P, ses faces verticales ou latérales par la lettre M, les arêtes de ses bases par la lettre B, les arêtes de ses faces latérales par la lettre H, les angles trièdres par la lettre A, et ses axes par les lignes XX', YY' et ZZ'.

(Fig. 153.)

L'axe principal YY' est déterminé par la ligne droite qui joint les centres des bases ; les deux axes secondaires XX' et ZZ' sont donnés par les lignes droites qui joignent les centres des faces verticales opposées; et l'axe principal est plus grand ou plus petit que les axes secondaires, qui sont égaux entre eux.

Dans le prisme droit à base carrée tous les éléments de même nature et de même grandeur sont situés à égale distance du centre du solide.

La longueur de l'axe principal YY' étant indéterminée par rapport à la longueur des deux axes secondaires XX' et ZZ', il s'ensuit qu'il peut y avoir un nombre indéfini de prismes droits à base carrée. Or, c'est précisément cette différence dans les longueurs relatives de l'axe principal et des axes secondaires qui distingue entre eux les minéraux dont la forme fondamentale est le prisme droit à base carrée.

D'une part, les bases P sont parallèles aux deux axes horizontaux et rencontrent l'axe principal à une distance variable h; d'autre part, toutes les faces latérales M sont parallèles à l'axe vertical, mais alternativement de deux en deux les faces latérales opposées sont parallèles à l'un des axes horizontaux et rencontrent l'autre axe horizontal à une distance variable a. On peut donc représenter les relations des faces du prisme droit à base carrée avec les axes par les symboles:

Pour chaque base ou face horizontale... $\infty a : \infty a : h$;

Pour chaque face latérale ou verticale.. $a : \infty a : \infty h$.

Il résulte de la forme générale du prisme droit à base carrée que ce polyèdre présente trois sortes d'éléments essentiels: 1° les arêtes horizontales, 2° les arêtes verticales, 3° les angles solides; en conséquence, ces trois sortes d'éléments peuvent donner lieu à trois genres de modifications.

TRONCATURE SUR LES ARÊTES HORIZONTALES OU BASIQUES.

Prisme pyramidé et octaèdre à base carrée (1).

Les arêtes des bases du prisme droit à base carrée étant identiques, elles doivent être modifiées toutes à la fois et de la même manière; par conséquent une troncature b faite sur l'une de ces arêtes devra se présenter également sur chacune des autres arêtes des bases, comme le montre la figure 154.

____

(1) Ou octaèdre (Delafosse).

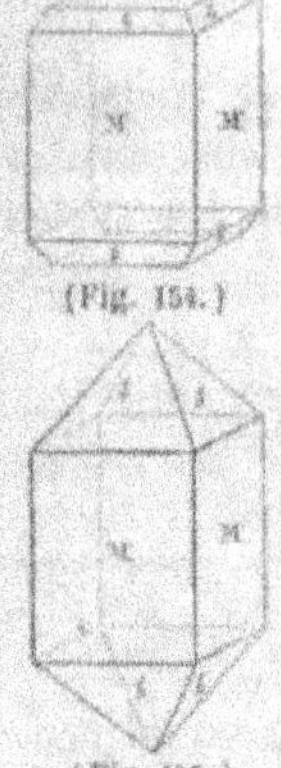

(Fig. 154.)

Si l'on suppose que ces troncatures *b* soient prolongées sur chaque base jusqu'à leurs intersections mutuelles, on aura un prisme pyramidé ou surmonté, à chaque extrémité, par une pyramide droite dont les faces seront des triangles isocèles, comme le montre la figure 155.

L'inclinaison des plans sécants qui déterminent les faces des pyramides pouvant varier, il semblerait possible d'obtenir un nombre pour ainsi dire illimité de prismes pyramidés différents ; mais la nature a réduit ce nombre en s'imposant des lois simples à l'égard de la variation de l'inclinaison des plans sécants.

Les éléments du prisme pyramidé sont :

(Fig. 155.)

12 faces { 4 latérales, verticales, rectangulaires et égales.
{ 8 culminantes, triangulaires isocèles et égales.

20 arêtes { 8 basiques, horizontales et égales.
{ 4 latérales, verticales et égales.
{ 8 pyramidales et égales.

10 angles solides { 8 basiques, quadrièdres et égaux.
{ 2 culminants, quadrièdres et égaux.

Si l'on entame le prisme (fig. 154 et 155) de plus en plus par des sections planes et parallèles, les deux pyramides se porteront à la rencontre l'une de l'autre, finiront par se réunir sur une base commune, égale à celle du prisme, et formeront un octaèdre à base carrée terminé par 8 triangles isocèles égaux, comme le montre la figure 156.

L'octaèdre à base carrée peut donc être regardé comme composé de deux pyramides droites, appuyées sur une base carrée commune.

Dans ce polyèdre, l'axe principal joint les deux sommets, et les axes secondaires réunissent les milieux des arêtes basiques opposées.

(Fig. 156.)

De même que pour le prisme pyramidé, l'inclinaison des plans sécants qui déterminent les faces de l'octaèdre pouvant varier, il semblerait possible d'obtenir un nombre pour ainsi dire illimité d'octaèdres différents ; mais la nature a beaucoup réduit ce nombre en s'imposant des lois simples à l'égard de la variation de l'inclinaison des plans sécants. On distingue généralement les octaèdres différents en octaèdres aigus et en octaèdres obtus, suivant que leur axe vertical est plus grand ou plus petit que leurs axes horizontaux.

Le prisme droit à base carrée peut se déduire de l'octaèdre par la combinaison des troncatures verticales sur chacune des arêtes basiques avec les troncatures horizontales sur les angles culminants de l'octaèdre.

Les éléments de l'octaèdre à base carrée sont :

8 faces triangulaires isocèles et égales.

12 arêtes { 8 culminantes et égales.
          { 4 basiques et égales.

6 angles solides { 2 culminants, quadrièdres et égaux.
                 { 4 basiques, quadrièdres et égaux.

On peut représenter la relation de chacune des faces de l'octaèdre droit à base carrée avec les axes par le symbole

$$a : \infty a : m\,h,$$

m étant un coefficient variable.

<h3 style="text-align:center">TRONCATURE SUR LES ARÊTES VERTICALES OU LATÉRALES.</h3>

Prisme droit octogonal et prisme droit à base carrée alterne.

Si les troncatures ont lieu sur les arêtes verticales ou latérales, il en résulte 4 facettes h (fig. 157), qui, combinées avec les résidus des 4 faces M du prisme primitif, forment un prisme droit octogonal, comme le montre la figure 157.

Le nombre des prismes droits octogonaux que présentent les minéraux est très-limité, car il se réduit à 4 ou 5, et en outre on les trouve rarement isolés.

Le prisme droit octogonal peut se déduire de l'octaèdre à base carrée par la combinaison de troncatures sur les angles de la base de l'octaèdre avec les troncatures des angles culminants.

(Fig. 157.)

Les éléments du prisme droit octogonal sont :

10 faces { 8 rectangulaires,
         { 2 octogonales.

24 arêtes { 8 verticales,
          { 16 horizontales.

16 angles solides trièdres.

Lorsque dans le prisme droit octogonal (fig. 157) les facettes h de troncature sur les arêtes verticales sont approfondies ou prolongées jusqu'à leurs rencontres mutuelles et font disparaître les faces M du prisme primitif, elles produisent un prisme droit à base carrée égal au prisme primitif (fig. 153), mais offrant une disposition alterne, comme le montre la figure 158.

(Fig. 158.)

On doit donc distinguer deux sortes de prismes droits à bases carrées : le prisme direct (fig. 153) et le prisme alterne (fig. 158).

Le prisme alterne peut se déduire de l'octaèdre à base carrée par la combinaison des troncatures verticales sur les angles basiques avec des troncatures horizontales sur les angles culminants.

Les éléments du prisme alterne sont les mêmes que ceux du prisme direct, mais dans des positions différentes.

Les deux axes horizontaux XX' et ZZ', déterminés dans le prisme direct, aboutissant aux arêtes verticales du prisme alterne, on peut représenter les relations des faces de ce dernier avec les axes par les symboles :

Pour chaque face horizontale..... $\infty \cdot a : \infty a : h$;
Pour chaque face verticale................ $a : a : \infty h$.

TRONCATURE SUR LES ANGLES.

Prisme pyramidé alterne, dodécaèdre rhomboïdal symétrique et octaèdre alterne.

Les 8 angles solides du prisme droit à base carrée étant identiques, les troncatures doivent avoir lieu à la fois et de la même manière sur tous ces angles. En sorte que ce genre de modification produit sur chaque base 4 facettes a (fig. 159), qui par leurs intersections mutuelles sur l'axe principal forment un pointement à 4 faces. L'ensemble des deux pointements et des résidus des faces M du prisme primitif donne lieu à un prisme droit épointé ou pyramidé alterne, comme le montre la figure 159;

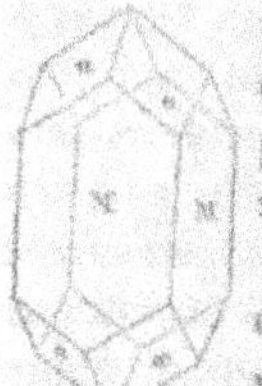

mais les faces de ces pointements, au lieu d'être des triangles isocèles, ainsi que cela arrive pour les pointements du prisme pyramidé direct (fig. 155), sont des rhombes (fig. 159).

Lorsque le prisme se raccourcit au point de mettre en contact les extrémités des rhombes qui se trouvent sur une même arête, l'un en haut, l'autre en bas, les faces du prisme primitif se réduisent à 4

(Fig. 159.)

rhombes M, différents des rhombes a des pointements, et l'on a un dodécaèdre rhomboïdal symétrique, représenté par la figure 160.

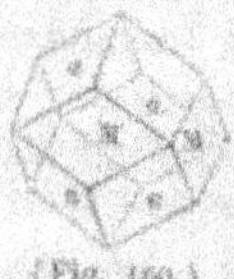

(Fig. 160.)

(Fig. 161.)

En dernier lieu, si l'on suppose que les deux pointements marchent l'un vers l'autre par l'effet de l'approfondissement des troncatures, ils finiront par se combiner entièrement et par produire un octaèdre à base carrée alterne (fig. 161), dont les arêtes de la base sont parallèles aux diagonales des bases du prisme primitif.

Aucune condition géométrique ne limite le nombre des octaèdres à base carrée alternes; mais la nature n'en offre que 3 ou 4.

On les distingue, comme les octaèdres à base carrée directs, en octaèdres aigus et en octaèdres obtus.

L'octaèdre alterne a, dans des positions différentes, les mêmes éléments que l'octaèdre direct.

Enfin, la relation de ses faces avec les axes peut être représentée par le symbole

$$a : a : mh,$$

m étant un coefficient variable.

BISELLEMENT SUR LES ARÊTES.

Prisme droit octogonal symétrique.

Le prisme droit à base carrée qui porte un biseau sur chacune de ses arêtes verticales est représenté par la figure 162. Avec cette modification il se trouve transformé en un prisme à 14 faces.

Si les facettes produites par les biseaux s'étendent jusqu'à la disparition complète des faces du prisme primitif, on a un prisme droit octogonal symétrique, formé de 10 faces, comme le montre la figure 163.

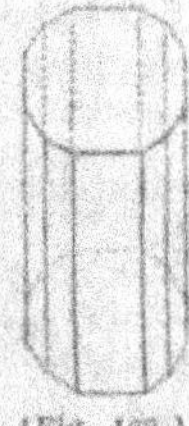 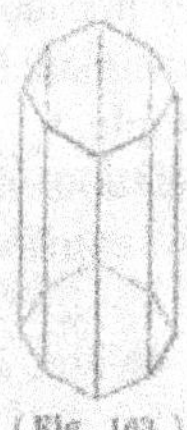

(Fig. 162.) (Fig. 163.)

Le nombre des prismes droits octogonaux symétriques est très-limité dans la nature; le plus important est le prisme octogonal régulier.

BISELLEMENT SUR LES ANGLES.

Dioctaèdre.

Les biseaux sur les angles du prisme droit à base carrée résultent de deux troncatures obliques et également inclinées, faites aux extrémités de chaque arête verticale. Or, l'ensemble de ces biseaux forme 8 facettes à la périphérie de chaque base du prisme, comme l'indique la figure 164.

Si ces 8 facettes sont prolongées jusqu'à leurs rencontres mutuelles et de manière à faire disparaître les faces du prisme primitif, elles produisent 2 pyramides octogonales symétriques, appuyées l'une sur l'autre, ce qui donne un solide à 16 faces triangulaires scalènes et ayant pour base un octogone symétrique. Le polyèdre qui en résulte (fig. 165) est nommé dioctaèdre.

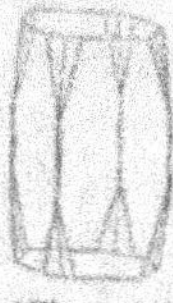 

(Fig. 164.)   (Fig. 165.)

Le dioctaèdre pourrait être produit par plusieurs genres de modifications.

Il y a plusieurs sortes de dioctaèdres, mais ils n'ont jamais été trouvés à l'état complet; ordinairement les faces qui leur correspondent sont représentées sous forme de troncatures disposées en zigzag sur des prismes droits à quatre faces et surmontés d'un pointement sur les angles, comme la figure 166 en donne un exemple.

La relation des faces du dioctaèdre avec les axes peut être exprimée par le symbole

$$a : ma : n\,h,$$

(Fig. 166.)

m et n étant des coefficients variables.

POLYÈDRES HÉMIÈDRES.

Sphénoèdre ou tétraèdre symétrique.

Il y a plusieurs tétraèdres qui se rapportent au système prismatique droit à base carrée. On peut les considérer comme résultant de la suppression de la moitié des faces des octaèdres, c'est-à-dire comme des demi-octaèdres.

Si l'on applique au prisme droit à base carrée le procédé qui a été employé pour déduire du cube le tétraèdre régulier, on obtiendra un tétraèdre particulier ou sphénoèdre, qui est au prisme droit à base carrée ce que le tétraèdre régulier est au cube.

Ainsi (fig. 167), en traçant sur la face supérieure du prisme une diagonale AA, et sur la face inférieure une diagonale alterne AA, puis joignant les extrémités de ces diagonales par 4 autres diagonales AA, AA, AA, et AA, on déterminera le sphénoèdre AAAA, qui, dégagé du prisme par l'enlèvement des parties excédantes, aura la forme d'un coin à deux tranchants, et qui est représenté isolément par la figure 168.

On peut aussi obtenir le sphénoèdre en partant de l'octaèdre, comme le montre la figure 169.

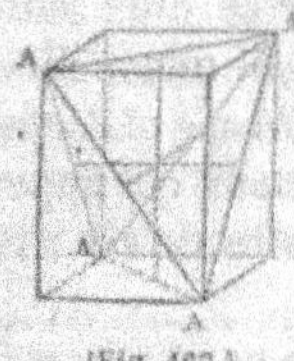 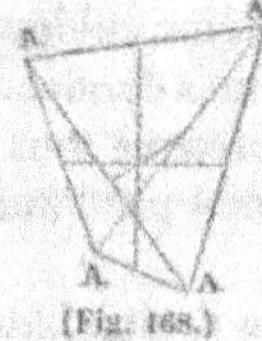 

(Fig. 167.)   (Fig. 168.)   (Fig. 169.)

On distingue ordinairement les différents sphénoèdres en sphénoèdres directs et en sphénoèdres alternes.

Les éléments du sphénoèdre sont :

4 faces triangulaires, isocèles et égales.

6 arêtes { 2 culminantes et égales.
          { 4 latérales et égales.

4 angles solides, trièdres et égaux.

L'axe principal joint les milieux des arêtes culminantes, et les axes secondaires joignent les milieux des arêtes latérales opposées.

FORMES COMPOSÉES.

On trouve souvent seuls les octaèdres; quelquefois aussi les prismes se présentent sans aucune modification; mais habituellement les prismes portent des troncatures soit sur les angles, soit sur les arêtes, et fréquemment leurs bases sont remplacées par des pointements à 4 faces.

Nous avons indiqué la réunion de deux formes : du prisme originaire avec des octaèdres placés tantôt sur ses arêtes, tantôt sur ses angles (fig. 155 et 159). Nous avons vu aussi la réunion de 3 formes : du prisme avec l'octaèdre et le dioctaèdre (fig. 166). En outre la figure 170 représente une réunion de 6 formes, et l'on connaît même des cristaux qui montrent des éléments de 9 formes à la fois.

Quoi qu'il en soit, les formes très-compliquées appartenant au système prismatique droit à base carrée sont rares dans le règne minéral.

(Fig. 170.)

RÉCAPITULATION DES FORMES SIMPLES
DU DEUXIEME SYSTÈME.

Le système prismatique droit à base carrée offre moins de formes variées que le système cubique ; on peut même dire qu'il renferme seulement 2 formes dominantes, le prisme et l'octaèdre ; car l'aspect général de presque tous les cristaux qui appartiennent à ce système est donné par l'une ou l'autre de ces 2 formes simples.

Le système prismatique droit à base carrée ne comporte dans son état normal, ou homoédrique, que 4 formes simples, et dans son état anormal, ou hémiédrique, que 1 ou 2 formes simples.

Voici l'énumération de ces formes, avec la notation symbolique des principales :

Solides homoédres.

Prismes carrés	Prisme direct	Pour les faces P. $\infty\, a : \infty\, a : h$;
		— $M.\, a : \infty\, a : \infty\, h.$
	Prisme alterne	— $P.\, \infty\, a : \infty\, a : h$;
		— $M. \ldots a : a : \infty\, h.$

Prismes octogonaux.

Octaèdres	Octaèdre direct, ou sur les arêtes. . .	$a : \infty\, a : m\, h.$
	Octaèdre alterne, ou sur les angles. . . .	$a : a : m\, h.$

Dioctaèdres. . . . . $a : ma : n\, h.$

Solides hémièdres.

Sphénoèdres ou tétraèdres symétriques	1/2 octaèdre placé sur les arêtes du prisme.
	1/2 octaèdre placé sur les angles du prisme.

Tous les cristaux naturels appartenant au système prismatique droit à base carrée n'affectent que les 5 formes précédentes, seules ou combinées.

TROISIÈME GROUPE CRISTALLIN.

Système prismatique droit à base rectangulaire.

Synonymie principale : *système octaédrique à base rectangle* (Haüy), *prismatique droit à base rectangle* (Beudant), *binaire* (Weiss), *rhomboctaédrique* (G. Rose), *rhombique* (Naumann), *orthorhombique* (Delafosse).

CARACTÈRES :

FORME TYPE OU FONDAMENTALE, LE PRISME DROIT A BASE RECTANGULAIRE.
TROIS AXES RECTANGULAIRES ET INÉGAUX.
PROGRESSION SYMÉTRIQUE, : 2 . 4 . 6 . 8.....

POLYÈDRES HOMOÈDRES.

Prisme droit à base rectangulaire.

ÉLÉMENTS :

6 faces	4 latérales, rectangulaires de deux sortes	2 larges et égales.
		2 étroites et égales.
	2 basiques, rectangulaires et égales.	
12 arêtes	4 latérales, verticales et égales.	
	8 basiques, horizontales de deux sortes	4 courtes et égales.
		4 longues et égales.
8 angles solides, trièdres et égaux.		
4 sortes d'éléments essentiels	3 espèces d'arêtes.	
	1 espèce d'angles.	

La figure 171 représente un prisme droit à base rectangulaire, qui est pris pour forme fondamentale du troisième groupe cristallin. Les deux bases sont désignées par la lettre P, deux des faces latérales par la lettre M, les deux autres faces latérales par la lettre T, les arêtes latérales par la lettre H, les arêtes basiques longues par la lettre B, les arêtes basiques courtes par la lettre D, et les angles so-

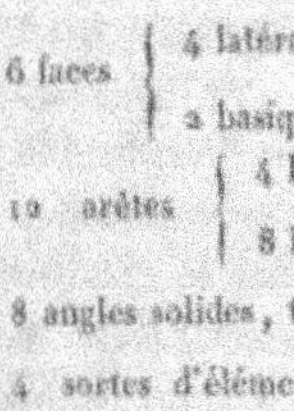

(Fig. 171.)

ides par la lettre A. Enfin les 3 axes YY', XX' et ZZ' sont perpendiculaires, mais inégaux entre eux.

Les arêtes basiques B et D étant inégales, les arêtes latérales H étant égales entre elles et semblablement placées par rapport aux axes, les angles solides A étant aussi égaux entre eux et semblablement placés par rapport aux axes, le prisme droit à base rectangulaire offre 3 sortes d'arêtes et 1 sorte d'angles solides, c'est-à-dire 4 sortes d'éléments essentiels; par conséquent il est susceptible de 4 genres de modifications.

D'après la disposition respective des faces du prisme droit à base rectangulaire, et en désignant par b et c les longueurs des axes horizontaux XX', ZZ', et par h celle de l'axe vertical YY', on peut représenter les relations de ces faces avec les axes par les symboles :

Pour les faces basiques P. . . . . . $\infty\, b : \infty\, c : h;$
Pour les faces latérales M. . . . . $\infty\, b : c : \infty\, h;$
Pour les faces latérales T. . . . . $b : \infty\, c : \infty\, h.$

TRONCATURE SUR LES ARÊTES LATÉRALES.

Prisme droit à base rhomboïdale.

Toutes les arêtes latérales étant égales et de même sorte, elles doivent être modifiées ensemble et de la même manière. Or, la troncature des arêtes latérales du prisme droit à base rectangulaire produira des facettes verticales (fig. 172) qui seront parallèles aux plans diagonaux verticaux, et l'ensemble de ces facettes approfondies jusqu'à leurs rencontres mutuelles formera un prisme droit à base rhomboïdale, comme le montre la figure 173, qui représente le prisme dérivé inscrit dans le prisme primitif.

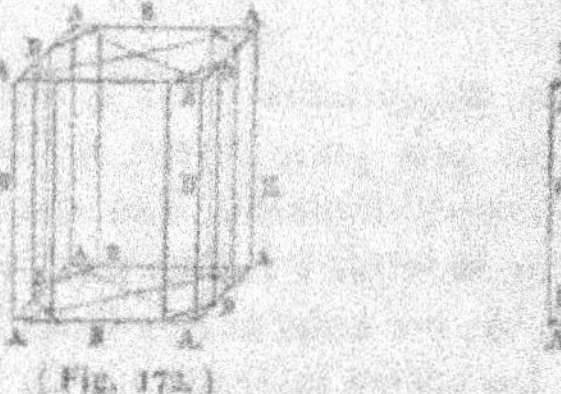

(Fig. 172.)   (Fig. 173.)

Le prisme droit à base rhomboïdale étant plus fréquent dans la nature que le prisme droit à base rectangulaire, il a été souvent choisi de préférence pour type du troisième système cristallin, et alors le prisme droit à base rectangulaire a été considéré comme une forme dérivée. Mais cette interversion ne change en rien la liaison des différentes formes qui appartiennent au troisième groupe cristallin.

Les éléments du prisme droit à base rhomboïdale sont :

6 faces { 4 latérales, rectangulaires et égales.
          2 basiques, rhomboïdales et égales.

12 arêtes { 4 latérales, égales et de deux sortes.
            8 basiques et égales.

8 angles solides, trièdres de deux sortes { 4 aigus et égaux.
                                            4 obtus et égaux.

Les relations des faces du prisme droit à base rhomboïdale avec les axes peuvent être représentées par les symboles :

Pour les faces basiques. . . . . $\infty\, b : \infty\, c : h$;
Pour les faces latérales. . . . . $b : c : \infty\, h$.

TRONCATURE SUR LES ARÊTES BASIQUES.

Prisme bisoté et octaèdre à base rectangulaire.

Les arêtes basiques étant de deux sortes, les modifications qui résultent de la troncature de ces arêtes donnent lieu à deux ordres de prismes bisotés.

La figure 174 représente le prisme fondamental tronqué sur ses arêtes basiques longues B; tandis que la figure 175 représente

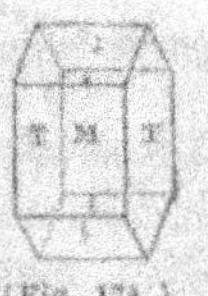

(Fig. 174.)

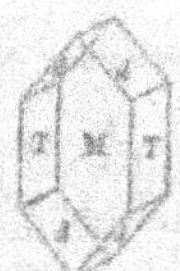

(Fig. 175.)

le même prisme tronqué sur ses arêtes basiques courtes D.

Les facettes de troncature b sur les arêtes longues B étant parallèles à l'axe parallèle à ces arêtes, elles peuvent être exprimées par le symbole

$$\infty\, b : c : nh;$$

d'un autre côté, les facettes de troncature d sur les arêtes courtes

D étant parallèles à l'axe parallèle à ces arêtes, elles peuvent être exprimées par le symbole

$$b : \infty \, c : nh,$$

n représentant un coefficient variable, mais très-restreint dans la nature.

Lorsque les troncatures ont lieu à la fois sur les arêtes longues B et sur les arêtes courtes D, le prisme originaire est terminé supérieurement et inférieurement par un pointement à 4 faces, b et d, qui finalement produisent un octaèdre à base rectangulaire, comme le montre la figure 176.

(Fig. 176.)

Les éléments de l'octaèdre à base rectangulaire sont :

8 faces triangulaires, isocèles { 4 grandes. 4 petites.

12 arêtes { 8 culminantes. 4 basiques { 2 longues. 2 courtes.

6 angles solides, quadruples { 2 culminants. 4 basiques.

La notation de l'octaèdre à base rectangulaire doit naturellement être exprimée par les symboles :

Pour les faces b. . . . . $\infty \, b : c : nh$;

Pour les faces d. . . . . $b : \infty \, c : nh$,

n étant, comme pour les prismes bisotés, un coefficient variable, mais très-restreint dans la nature.

TRONCATURE SUR LES ANGLES.

Prisme à pointements et octaèdre scalène à base rhomboïdale.

Les angles solides du prisme droit à base rectangulaire étant égaux, ils doivent être modifiés tous à la fois et de la même manière. Lorsque les troncatures des angles sont parallèles aux diagonales des bases, le prisme est terminé supérieurement et inférieurement par un pointement à 4 faces. Si ces troncatures sont approfondies jusqu'à leurs rencontres mutuelles et de manière à faire disparaître les faces du prisme originaire, il en résulte un octaèdre scalène à base rhomboïdale (1), comme le montre la figure 177.

____

(1) *Rhomboctaèdre* (Delafosse).

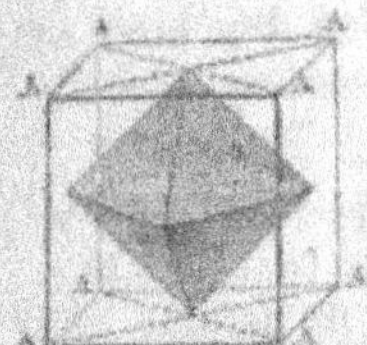

(Fig. 177.)

Les troncatures n'étant soumises qu'à la condition d'être parallèles aux diagonales basiques du prisme, elles peuvent varier d'inclinaison, et par conséquent produire un nombre indéterminé d'octaèdres scalènes à base rhomboïdale ayant des hauteurs différentes ; mais dans la nature ce nombre d'octaèdres est limité à 4 ou 5.

Les éléments de l'octaèdre scalène à base rhomboïdale sont :

8 faces triangulaires, scalènes et égales.

12 arêtes { 8 culminantes de deux sortes { 4 longues. / 4 courtes. / 4 basiques d'une sorte.

6 angles solides, quadruples { 2 culminants d'une sorte. / 4 basiques de deux sortes.

Comme les faces de l'octaèdre scalène à base rhomboïdale sont égales et semblablement placées, comme de plus elles rencontrent les deux axes horizontaux aux extrémités de ceux-ci et l'axe vertical à une distance variable, les relations de chacune de ces faces avec les axes peuvent être représentées par le symbole

$$b : c : nh,$$

n étant un coefficient variable, mais très-limité.

Dans les cas où la hauteur de l'octaèdre scalène à base rhomboïdale est la même que celle du prisme fondamental, n égale l'unité, et la notation symbolique des faces de l'octaèdre devient

$$b : c : h.$$

De même que l'on peut prendre indifféremment pour forme fondamentale du troisième groupe cristallin le prisme droit à base rectangulaire ou le prisme droit à base rhomboïdale, de même on pourrait choisir à volonté l'octaèdre à base rectangulaire ou l'octaèdre à base rhomboïdale pour remplir ce rôle.

BISELLEMENT SUR LES ARÊTES LATÉRALES.

Prisme droit à base rhomboïdale.

Les 4 arêtes latérales étant égales et à la même distance de l'axe vertical, elles doivent éprouver à la fois les mêmes modifications ; néanmoins, les faces latérales étant de deux sortes, les modifications ne sont pas nécessairement doubles. Dès lors, s'il naît un biseau sur chaque arête latérale, c'est une simple faculté, et non une obligation.

Le bisellement sur les arêtes latérales produit un prisme droit octogonal ou hexagonal symétrique, suivant que ce bisellement entame plus ou moins les faces, et finalement un prisme droit à base rhomboïdale.

L'inclinaison des faces modifiantes peut varier et par suite donner lieu à un nombre indéterminé de prismes droits à base rhomboïdale; mais la nature a restreint beaucoup ce nombre.

La notation du prisme droit à base rhomboïdale peut être exprimée par les symboles :

Pour les faces basiques, ... $\infty b : \infty c : h$;

Pour les faces latérales, ... $b : mc : \infty h$,

m étant un coefficient variable, mais très-limité.

BISELLEMENT SUR LES ANGLES.

Octaèdre à base rhomboïdale.

Des bisellements placés sur les angles solides donnent lieu à une nouvelle série d'octaèdres à base rhomboïdale.

La notation générale de ces octaèdres à base rhomboïdale peut être exprimée par le symbole

$b : mc : nh,$

m et n étant des coefficients variables, mais très-limités.

POLYÈDRES HÉMIÈDRES

Tétraèdre scalène.

Les formes hémiédriques qui se rapportent au système prismatique droit à base rectangulaire sont très-rares.

On connaît un tétraèdre scalène (1), qui peut être regardé comme un demi-octaèdre à base rhomboïdale et dont la dérivation a lieu semblablement à celle du tétraèdre symétrique.

Les éléments de ce tétraèdre sont :

4 faces triangulaires, scalènes et égales.
6 arêtes de 3 sortes.
4 angles solides, trièdres et égaux.

(1) *Sphénoïde rhombique* (Delafosse).

FORMES COMPOSÉES.

Les formes simples sont assez rares dans le troisième groupe cristallin ; néanmoins, on trouve quelques octaèdres à base rhomboïdale et quelques prismes droits à base rhomboïdale ; mais les cristaux naturels sont ordinairement formés de la réunion de plusieurs modifications, et il y en a qui montrent jusqu'à 34 facettes appartenant à 6 sortes de formes différentes.

RÉCAPITULATION DES FORMES SIMPLES
DU TROISIÈME SYSTÈME.

Le système prismatique droit à base rectangulaire comprend dans son état normal, ou homoédrique, 6 formes simples, et dans son état anormal, ou hémiédrique, 1 forme simple. Voici l'énumération de ces formes, avec la notation symbolique des principales :

Solides homoèdres.

Prisme droit à base rectangulaire..........		pour les faces P... $\infty b : \infty c : h$;
		— M... $\infty b : o : \infty h$;
		— T... $b : \infty c : \infty h$.
Prismes droits à base rhomboïdale.....	parallèle aux plans diagonaux......	pour les faces P... $\infty b : \infty c : h$;
		— h.... $b : c : \infty h$.
	oblique aux plans diagonaux......	pour les faces P,.. $\infty b : \infty c : h$;
		— h.... $b : m c : \infty h$.
Octaèdre à base rectangulaire............		pour les faces b... $\infty b : c : n h$;
		— d..... $b : \infty c : n h$.
Octaèdres à base rhomboïdale.....	parallèle aux diagonales basiques....	$b : c : n h$;
	oblique aux diagonales basiques.....	$b : m c : n h$.

Solide hémièdre.

Tétraèdre scalène.

Toutes ces formes simples peuvent même se réunir en 5 catégories, savoir : 2 sortes de prismes, 2 sortes d'octaèdres et 1 sorte de tétraèdre.

QUATRIÈME GROUPE CRISTALLIN.

Système rhomboédrique.

Synonymie principale : *système ternasingulaxe* (Weiss), *hexagondodécadère* (G. Rose), *hexagonal* (Naumann), *rhomboïdal* (Mohs).

CARACTÈRES :

FORME TYPE OU FONDAMENTALE, LE RHOMBOÈDRE.
TROIS AXES OBLIQUES ET ÉGAUX.
PROGRESSION SYMÉTRIQUE, $\frac{1}{2}$. 3 . 6 . 9.... ou 6 . 12 . 18......

POLYEDRES HOMOÈDRES.

Rhomboèdre.

ÉLÉMENTS :
6 faces rhomboïdales égales.

12 arêtes égales { 6 d'une sorte.
{ 6 d'une autre sorte.

8 angles solides, trièdres { 2 réguliers et égaux.
{ 6 irréguliers et égaux.

4 sortes d'éléments essentiels { 2 espèces d'arêtes.
{ 2 espèces d'angles.

Le rhomboèdre pris pour forme fondamentale du quatrième système cristallin est un parallélipipède, ou espèce de prisme terminé par 6 rhombes égaux, P, comme le montre la fig. 178.

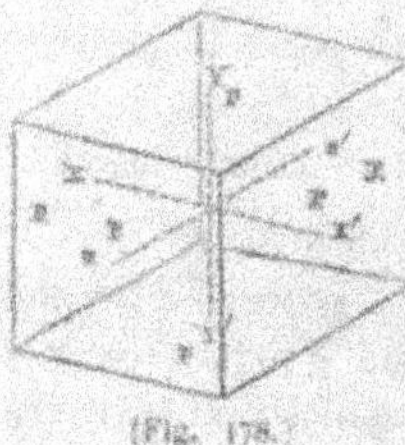

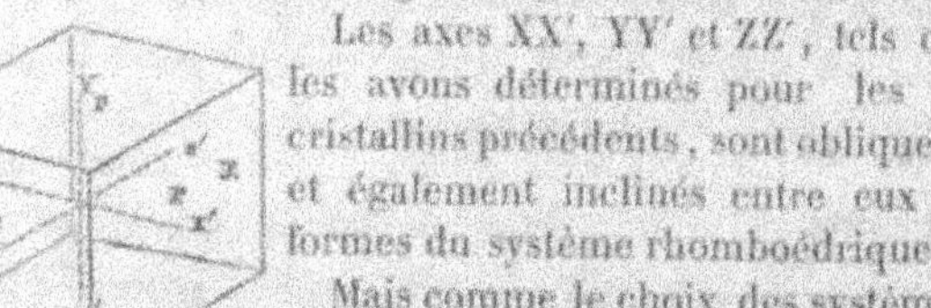

Les axes XX′, YY′ et ZZ′, tels que nous les avons déterminés pour les systèmes cristallins précédents, sont obliques, égaux et également inclinés entre eux dans les formes du système rhomboédrique.

Mais comme le choix des systèmes d'axes est arbitraire, comme le rhomboèdre a deux angles solides opposés, A et A′ (fig. 179),

(Fig. 178.)

réguliers et égaux, comme de plus toutes les parties de ce polyèdre sont disposées symétriquement autour de la diagonale A A′, qui joint les sommets de ces deux angles et qui passe par son milieu, on prend généralement cette diagonale pour axe principal du rhomboèdre et pour axes secondaires les lignes droites XX′, YY′ et ZZ′, qui joignent les milieux des arêtes opposées, qui ont des longueurs égales, qui se trouvent dans un même plan perpendiculaire à la diagonale A A′, et qui font des angles égaux entre eux. Dès lors on ordonne le rhomboèdre par rapport à cette diagonale, que l'on place verticalement, les axes secondaires étant par suite horizontaux, ainsi que le montre la figure 179. Au reste, il sera toujours facile de revenir aux anciens axes déterminés par la jonction du milieu des faces opposées, en remarquant qu'ils font avec l'axe principal des angles égaux entre eux et égaux à l'angle que fait l'axe principal avec les côtés du rhomboèdre qui aboutissent aux extrémités de cet axe.

Soit donc pris pour forme fondamentale du système rhomboédrique un rhomboèdre (fig. 180) ordonné comme nous venons de le dire.

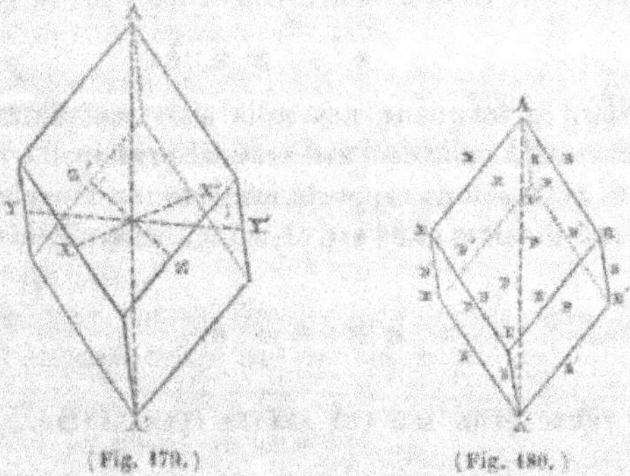

(Fig. 179.)   (Fig. 180.)

Parmi les 8 angles solides du rhomboèdre, il y en a seulement 2 opposés, A et A′, qui soient composés de trois angles plans égaux, et qui par conséquent soient réguliers; ils sont égaux entre eux et forment des angles solides d'une sorte. Les 6 autres angles solides E et E′ sont composés d'un angle plan obtus et de deux angles plans aigus, ou réciproquement : ils sont égaux entre eux et forment une seconde sorte d'angles solides.

Toutes les 12 arêtes sont égales, mais elles ne sont pas identiques cristallographiquement : les 6 arêtes B et B' qui se rendent aux sommets A et A' des angles solides culminants forment une sorte d'arêtes; les 6 autres arêtes D et D' constituent dans leur ensemble un zigzag à 6 côtés égaux, dont chacun se trouve à la même distance de l'axe principal, et forment une seconde sorte d'arêtes.

Les éléments essentiels du rhomboèdre sont donc de 4 sortes :

2 sortes d'arêtes, savoir : 6 culminantes B et B', 6 latérales D et D';

2 sortes d'angles solides, savoir : 2 culminants A et A', 6 latéraux E et E'.

Il en résulte que l'on doit admettre 4 genres de modifications.

Si les angles plans qui constituent les angles solides culminants sont obtus, le rhomboèdre est plus ou moins déprimé (fig. 183), et on le dit *obtus*; au contraire, si ces angles plans sont aigus, le rhomboèdre est plus ou moins allongé (fig. 184), et on le dit *aigu*.

En rapportant les faces du rhomboèdre à l'axe principal et aux axes secondaires, on peut représenter la relation de chaque face avec ces axes par le symbole

$$a : a : x \, a : h,$$

a étant la longueur des trois axes horizontaux secondaires et *h* celle de l'axe vertical principal.

Si nous avions rapporté les faces du rhomboèdre aux axes ordinaires et à l'axe principal, le symbole de chaque face serait

$$a : x \, a : x \, a : h.$$

(Fig. 181.)

TRONCATURE SUR LES ARÊTES CULMINANTES.

Rhomboèdre équiaxe.

Les 6 arêtes culminantes étant identiques, elles devront être tronquées toutes à la fois et de la même manière. Ces troncatures produiront 6 facettes allongées *b*, dont chacune sera également inclinée sur les deux faces adjacentes du romboèdre primitif, comme l'indique la figure 182.

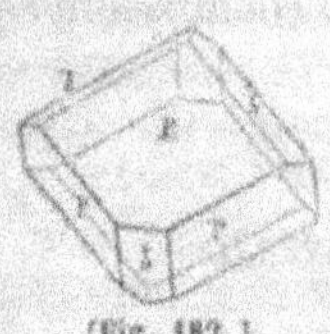
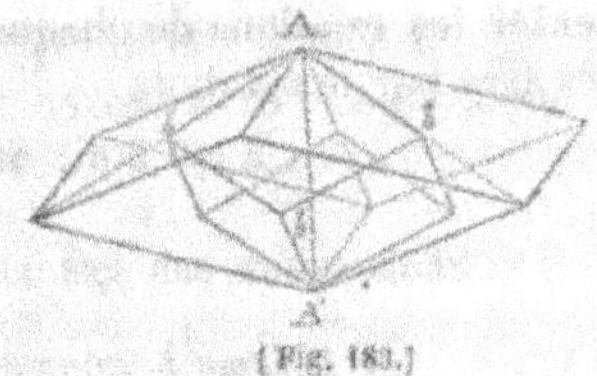

[Fig. 182.]   [Fig. 183.]

En prolongeant l'ensemble des facettes de troncature b jusqu'à leurs rencontres mutuelles, on obtiendra un rhomboèdre plus
déprimé que le rhomboèdre originaire, et dont les faces correspondront aux arêtes de ce dernier et réciproquement. On pourrait
aussi produire le rhomboèdre dérivé dont il s'agit par l'entrecroisement de plans tangents aux arêtes culminantes du rhomboèdre primitif, qui dès lors se trouverait inscrit dans le rhomboèdre dérivé, comme le montre la figure 183.

Or, ce rhomboèdre dérivé ayant le même axe principal que le
rhomboèdre originaire, est nommé rhomboèdre équiaxe.

Les axes secondaires de ce rhomboèdre ont une longueur
double de celle des axes secondaires du rhomboèdre primitif;
de plus, les diagonales obliques des faces de l'équiaxe et qui
partent des angles solides culminants sont doubles de la longueur
des arêtes du rhomboèdre originaire.

Il résulte de cette dernière relation un moyen très-simple pour
construire l'équiaxe sur le rhomboèdre primitif; car il suffit de
prolonger les arêtes culminantes de celui-ci d'une quantité égale
à elles-mêmes, ce qui détermine les sommets des angles solides
latéraux de l'équiaxe, puis de joindre ces sommets pour achever la construction.

On peut faire sur le rhomboèdre équiaxe des modifications
tangentes comme celles qui ont été faites sur le rhomboèdre
primitif, et obtenir ainsi une série de rhomboèdres équiaxes,
qui seraient de plus en plus obtus.

Au contraire, si au lieu de construire un rhomboèdre équiaxe
tangent au rhomboèdre primitif, on suppose qu'il existe dans
ce dernier un rhomboèdre équiaxe sur lequel le primitif soit tangent, on pourra obtenir une série intérieure de rhomboèdres
équiaxes devenant de plus en plus aigus.

Les faces du rhomboèdre équiaxe rencontrant les axes horizontaux secondaires à des distances doubles de celles auxquelles les
faces du rhomboèdre fondamental rencontrent ces axes, on peut

représenter les relations de chaque face du rhomboèdre équiaxe avec les axes par le symbole

$$2\,a : 2\,a : \infty\,a : h.$$

TRONCATURE SUR LES ARÊTES LATÉRALES.

Prisme hexagonal régulier.

Les 6 arêtes latérales forment dans leur ensemble un zigzag à 6 côtés égaux, dont chacun se trouve à égale distance de l'axe principal et dont chacun est incliné de la même quantité, mais respectivement en sens inverse, sur un plan horizontal médian, ce qui donne un hexagone régulier pour la projection horizontale de l'ensemble de ces arêtes, ainsi que le représente la figure 184. Les troncatures *d* des arêtes latérales devront donc être verticales, et ces troncatures étant suffisamment profondes produiront les faces d'un prisme hexagonal régulier qui sera terminé supérieurement et inférieurement par deux pointements à 3 faces P, résidus du rhomboèdre primitif, comme le montre la figure 185.

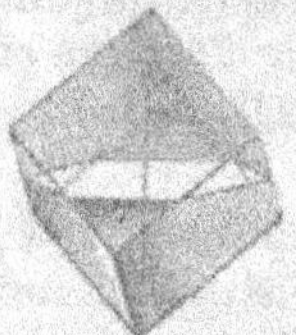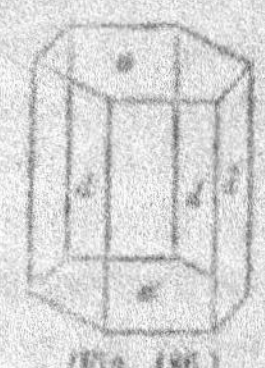

(Fig. 184.)   (Fig. 185.)   (Fig. 186.)

Ce prisme hexagonal pourrait être terminé par deux bases hexagonales horizontales *a* (fig. 186), si à la troncature des arêtes latérales on ajoutait la troncature des angles solides culminants du rhomboèdre primitif.

Les éléments du prisme hexagonal régulier sont :

8 faces { 2 basiques, hexagonales et égales, 6 latérales, rectangulaires et égales.

18 arêtes { 12 basiques et égales, 6 latérales et égales.

12 angles solides, trièdres et égaux.

Enfin, la notation de ce prisme hexagonal peut être exprimée par le symbole

$$2\,a : 2\,a : a : \infty\,h.$$

Le prisme hexagonal régulier se présente souvent avec des

modifications ; les principaux polyèdres qui en résultent sont le prisme hexagonal pyramidé (figure 187), le dihexaèdre ou bi-

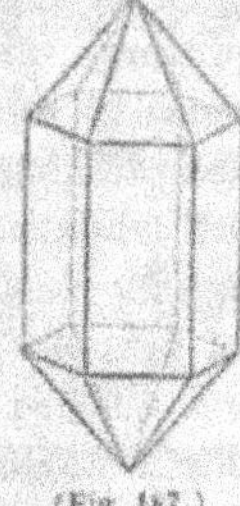

(Fig. 187.)

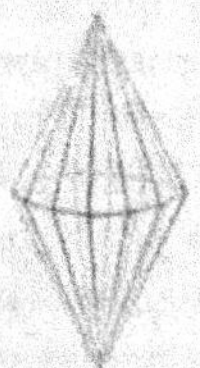

(Fig. 188.)

rhomboèdre, le prisme dodécagonal et le bidodécaèdre (figure 188).

TRONCATURE SUR LES ANGLES LATÉRAUX.

Rhomboèdre inverse, birhomboèdre et prisme hexagonal alterne.

Les angles solides latéraux se composant de deux angles plans égaux et d'un troisième angle plan inégal aux deux autres, la seule condition que la troncature de chaque angle solide latéral ait à remplir, d'après la loi de symétrie, est d'être également inclinée sur les deux faces qui présentent les angles plans égaux, l'inclinaison de la troncature par rapport à la troisième face pouvant varier à volonté. Ordinairement, la troncature des 6 angles solides latéraux donne 6 facettes, dont 3 dirigées vers la partie supérieure de l'axe principal et 3 autres alternant avec les premières, mais dirigées en sens inverse ; enfin l'ensemble de ces troncatures prolongées produit un rhomboèdre dans une position alterne.

Mais l'inclinaison des troncatures des angles solides latéraux étant arbitraire, il y a 3 cas principaux :

1er cas. Lorsque les troncatures sont disposées comme si l'on faisait passer par les diagonales obliques δ (fig. 189) des faces du

(Fig. 189.)

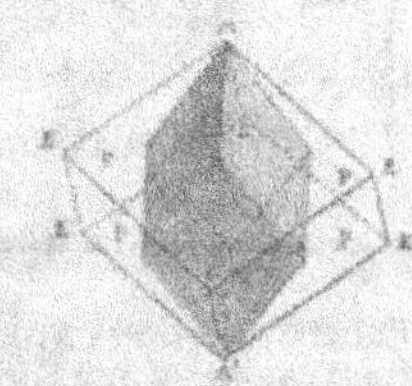

(Fig. 190.)

rhomboèdre fondamental 6 plans coupants, dont 3 par les diagonales supérieures en les prenant de 2 en 2, et 3 autres, alternant avec les premiers, par les diagonales inférieures, on obtient (fig. 190) un rhomboèdre nommé inverse, qui a le même axe principal que le rhomboèdre originaire et dont les arêtes culminantes correspondent aux diagonales obliques de celui-ci.

2ᵉ cas. Lorsque l'inclinaison de chaque troncature sur l'axe principal est la même que celle des faces du rhomboèdre fondamental, le rhomboèdre secondaire est égal au rhomboèdre primitif, à l'exception de la position qui est alterne ; l'association de ces deux solides produit un dodécaèdre triangulaire isocèle, ou birhomboèdre, qui se trouve formé de deux pyramides régulières adossées contre une base hexagonale commune, comme le montre la figure 191.

3ᵉ cas. Lorsque les troncatures sont verticales, elles ne se rencontreront sur l'axe principal ni au-dessus, ni au-dessous, puisqu'elles lui sont parallèles. Mais si on les approfondit suffisamment, elles se couperont latéralement suivant des droites verticales, et formeront un prisme hexagonal régulier à pointements (fig. 192), qui sera semblable à celui que nous avons obtenu par la troncature des arêtes latérales ; seulement il aura une position différente, de manière que les milieux de ses faces latérales correspondront aux arêtes latérales de l'autre prisme, c'est-à-dire que dans l'un les axes secondaires joignent les milieux des arêtes opposées, tandis que dans l'autre ils aboutissent aux centres des faces opposées.

(Fig. 191.)

(Fig. 192.)

Ce nouveau prisme hexagonal pourrait, comme le premier, être pourvu de deux bases hexagonales horizontales, si l'on ajoutait à la troncature des angles solides latéraux la troncature des angles solides culminants du rhomboèdre primitif (fig. 193).

La notation du prisme hexagonal régulier alterne peut être exprimée par le symbole

$$a : a : \infty a : \infty h.$$

TRONCATURE SUR LES ANGLES CULMINANTS.

Rhomboèdre basé.

(Fig. 193.)

La troncature des deux angles solides culminants produit deux facettes horizontales, triangulaires et équilatérales, ce qui donne lieu à un rhomboèdre basé, comme l'indique la figure 194.

En continuant supérieurement et inférieurement les troncatures jusqu'aux angles latéraux on arrive au polyèdre représenté par la figure 195.

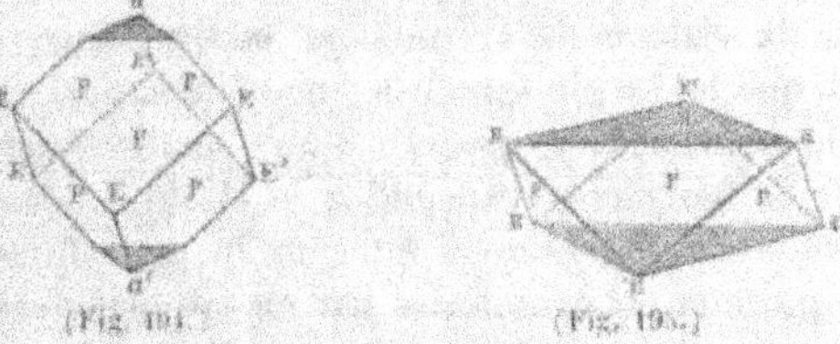

(Fig. 194.)   (Fig. 195.)

BISELLEMENT SUR LES ARÊTES LATÉRALES.

Scalénoèdre aigu.

Le bisellement sur les arêtes latérales produira sur chacune d'elles deux facettes, dont l'une inclinée vers le sommet supérieur et l'autre vers le sommet inférieur du rhomboèdre, comme le montrent les figures 196 et 197. Si l'on prolonge toutes ces facettes

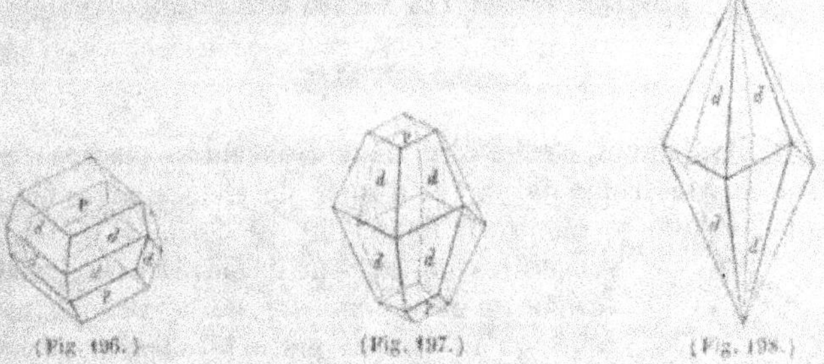

(Fig. 196.)   (Fig. 197.)   (Fig. 198.)

jusqu'à leurs rencontres mutuelles, ou si l'on entame suffisamment le rhomboèdre primitif, on obtiendra un scalénoèdre aigu, c'est-à-dire un dodécaèdre formé par 12 triangles scalènes égaux, et dont la base est terminée extérieurement par un zigzag composé de droites parallèles aux arêtes latérales du rhomboèdre originaire ou se confondant avec celles-ci, comme le représente la figure 198.

Les éléments du scalénoèdre sont :

12 faces triangulaires, scalènes et égales.

12 arêtes { 12 culminantes { 6 longues. 6 courtes. 6 latérales ou basiques.

$$\text{8 angles solides} \begin{cases} \text{2 culminants et sextuples.} \\ \text{6 latéraux et quadruples.} \end{cases}$$

L'angle des biseaux qui produisent le scalénoèdre pourrait varier à l'infini, et par conséquent il serait possible d'obtenir une infinité de scalénoèdres, plus ou moins aigus, si l'on ne considérait que la loi de symétrie; mais la nature en a limité beaucoup le nombre et a assujetti d'une manière remarquable la longueur de leurs axes respectifs à la loi de rationalité.

Parmi les scalénoèdres nous citerons le métastique et l'axigraphe. Le premier est caractérisé par un axe principal triple de celui du rhomboèdre primitif, et le second par un axe principal 9 fois aussi grand que celui du même rhomboèdre.

La notation des scalénoèdres peut être exprimée par le symbole

$$a : ma : na : ph.$$

m, n et p étant des coefficients variables.

BISELLEMENT SUR LES ARÊTES CULMINANTES.

Scalénoèdre obtus.

Un bisellement, c'est-à-dire deux troncatures placées d'une manière symétrique de part et d'autre de chaque arête culminante, comme le montre la figure 199, produiraient par leurs rencontres mutuelles un dodécaèdre triangulaire scalène ou un scalénoèdre, qui serait analogue à celui qu'on obtient par le bisellement sur les arêtes latérales, mais qui serait obtus au lieu d'être aigu.

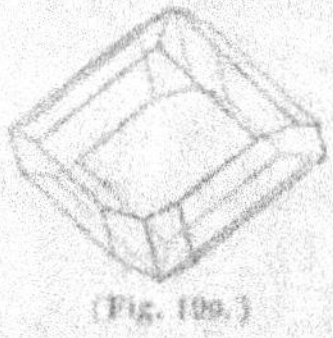

(Fig. 199.)   Les scalénoèdres obtenus par bisellement sur les arêtes culminantes sont plus déprimés que le rhomboèdre primitif; tandis que ceux obtenus sur les arêtes latérales sont plus aigus que ce rhomboèdre.

BISELLEMENT SUR LES ARÊTES ALLANT DES ANGLES LATÉRAUX
AUX ANGLES CULMINANTS.

Scalénoèdre aigu.

En remplaçant les angles solides latéraux par des biseaux obliques, alternativement dirigés vers la partie supérieure et la partie inférieure de l'axe principal, c'est-à-dire suivant les arêtes qui aboutissent des angles solides latéraux aux angles solides culminants, comme le montre la figure 200, on arriverait aussi à des scalénoèdres plus aigus que le rhomboèdre primitif.

POINTEMENT SUR LES ANGLES.

(Fig. 200.)

Comme les angles solides culminants sont les seuls qui soient formés de 3 angles plans égaux, ils sont aussi les seuls susceptibles de recevoir un pointement, et ce pointement peut être simple ou double.

POINTEMENT SIMPLE.

Rhomboèdre surbaissé.

Le pointement simple peut porter sur les arêtes ou sur les faces. Dans les deux cas on arrive, par le prolongement des facettes produites jusqu'à leurs rencontres mutuelles, à un rhomboèdre plus surbaissé que le rhomboèdre originaire, et dont la configuration variera suivant l'inclinaison qui sera donnée aux facettes de pointement. Enfin ce nouveau rhomboèdre aura une position directe si le pointement porte sur les faces du rhomboèdre primitif (fig. 201), et une position alterne si le pointement porte sur les arêtes.

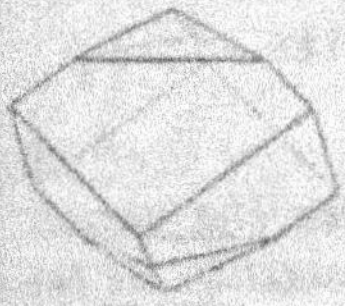

(Fig. 201.)

POINTEMENT DOUBLE.

Scalénoèdre et isocéloèdre.

Au moyen du pointement double, chaque extrémité d'arête culminante sera interceptée par 2 facettes également inclinées de part et d'autre ; il en résultera 6 facettes à chacun des sommets du rhomboèdre, avec des inclinaisons de deux sortes alternant entre elles, comme le montre la figure 202 ; et si l'on prolonge suffisamment ces facettes, on obtiendra finalement un scalénoèdre déprimé.

Lorsque l'inclinaison adoptée pour chaque couple de facettes modifiantes est égale à celle d'une de ces facettes sur la facette voisine du couple suivant, il n'y a qu'une sorte d'inclinaison, et le scalénoèdre devient un isocéloèdre ou dodécaèdre triangulaire isocèle à base hexagonale.

POLYÈDRES HÉMIÈDRES.

Les formes hémiédriques proprement dites qui se rapportent au système rhomboédrique sont très-rares et incomplètes.

FORMES COMPOSÉES.

Les minéraux qui appartiennent au système rhomboédrique présentent un grand nombre de formes variées (1), et ordinairement ces formes sont composées, c'est-à-dire qu'elles résultent de combinaisons plus ou moins complexes de diverses formes simples. Mais si les formes du système rhomboédrique sont souvent très-compliquées, elles offrent habituellement une configuration générale qui se rapporte à l'une des formes simples, principalement au rhomboèdre et au prisme hexagonal.

RÉCAPITULATION DES FORMES SIMPLES
DU QUATRIÈME SYSTÈME.

Le système rhomboédrique comprend dans son état normal ou homoédrique 4 formes simples. Voici l'énumération de ces formes avec la notation symbolique des principales.

Solides homoèdres.

Rhomboèdres
$$\begin{cases} \text{Rhomboèdre primitif} \ldots a : a : \infty a : h. \\ \text{id.} \quad \text{équiaxe} \ldots \tfrac{1}{2} a : 2 a : \infty a : h. \\ \text{id.} \quad \text{inverse.} \\ \text{id.} \quad \text{surbaissé.} \\ \text{etc.} \end{cases}$$

(1) Le calcaire offre plus de 800 formes différentes.

Scalénoèdres	Scalénoèdre obtus. id. aigu.	$a : ma : na : ph.$
Prismes	Prisme hexagonal régulier direct. $2a : 2a : a : \infty h.$ id. id. id. alterne. $a : a : \infty a : \infty h.$	
Isocéloèdres.		

Ces 4 groupes peuvent même être réunis en deux catégories :
la première comprenant les rhomboèdres et les scalénoèdres ; la
seconde comprenant les prismes et les isocéloèdres.

CINQUIÈME GROUPE CRISTALLIN.

Système prismatique oblique à base rhomboïdale (1).

Synonymie principale : *système prismatique à base oblique symétrique* (Haüy), *syngulaxe bino-unitaire* (Weiss), *mono-clinoédrique* (Naumann), *prismatique oblique à base rectangle* (Beudant), *hémi-orthotype* (Mohs), *klinorhombique* (Delafosse), *prismatique oblique rhomboïdal* (Dufrénoy), *anoblique* (Leymerie).

CARACTÈRES :

FORME TYPE OU FONDAMENTALE, LE PRISME OBLIQUE A BASE RHOMBOIDALE.

TROIS AXES OBLIQUES { DEUX ÉGAUX ENTRE EUX. / UN INÉGAL AUX DEUX AUTRES.

PROGRESSION SYMÉTRIQUE, $\frac{1}{2}$. 2 . 4 . 6 . 8........

POLYÈDRES HOMOÈDRES.

Prisme oblique à base rhomboïdale.

ÉLÉMENTS :

6 faces { 2 basiques, rhomboïdales et égales. / 4 latérales, parallélogrammiques et égales.

12 arêtes { 8 basiques et égales { 4 d'une sorte, / 4 d'une autre sorte. } 4 latérales et égales { 2 opposées d'une sorte. / 2 opposées d'une autre sorte.

(1) Il semblerait plus rationnel de nommer prismatique oblique à base rectangulaire ce système, en prenant pour type un prisme oblique dont les bases seraient des rectangles, au lieu d'être des rhombes. Mais le prisme oblique dont les bases sont des rhombes paraît être plus général dans la nature; en sorte que le prisme oblique à bases rectangulaires deviendrait un cas particulier du système prismatique oblique à bases rhomboïdales. Le prisme oblique à bases rectangulaires sera donc regardé comme une forme dérivée du prisme oblique à bases rhomboïdales, de même que ce dernier pourrait dériver du premier si celui-ci était pris pour type du système. Au reste, le choix de l'un de ces deux prismes pour forme fondamentale est arbitraire et conduit aux mêmes résultats.

8 angles solides, trièdres $\left\{\begin{array}{l}\text{4 d'une sorte.}\\ \text{2 d'une autre sorte.}\\ \text{2 d'une autre sorte.}\end{array}\right.$

7 sortes d'éléments essentiels $\left\{\begin{array}{l}\text{4 espèces d'arêtes.}\\ \text{3 espèces d'angles.}\end{array}\right.$

La figure 203 représente un prisme oblique à base rhomboïdale, dont les bases sont désignées par P, les faces latérales par M, les arêtes basiques par B et D, les arêtes latérales par G et H, les angles solides par A, A′, E, E′, O et O′, l'axe principal par YY′, et les axes secondaires par XX′ et ZZ′.

Dans ce prisme les arêtes de chaque base sont égales, mais leurs positions respectives par rapport à l'axe principal sont différentes. Ainsi les deux arêtes B qui se réunissent à l'angle A sont d'une

(Fig. 204.)

sorte, et les deux arêtes D qui se réunissent à l'angle O sont d'une autre sorte que les premières.

De même, les quatre arêtes latérales sont de deux sortes par rapport à leurs distances respectives de l'axe principal.

Les angles solides sont aussi de trois sortes. En effet, lorsque l'angle plan formé par les deux arêtes basiques D, qui se rencontrent au point O, est obtus, l'angle solide O placé en avant se trouve composé de trois angles obtus ; tandis que l'angle solide A qui lui est opposé, se trouve composé d'un angle obtus et de deux angles aigus. Une différence analogue, mais inverse, existerait si le prisme était aigu supérieurement en avant, au lieu d'être obtus. Enfin, les deux angles solides E sont au contraire semblables entre eux, puisqu'ils se trouvent composés d'angles égaux et que la diagonale qui les joindrait serait horizontale.

Il résulte de ces conditions que le prisme oblique à base rhomboïdale renferme 7 éléments essentiels différents, savoir :

2 angles solides A et A′, opposés et aux extrémités d'une diagonale coupant le prisme ;

2 angles solides O et O′, opposés et aux extrémités d'une autre diagonale coupant le prisme ;

4 angles solides opposés, aux extrémités de deux diagonales basiques horizontales, et dont 2 (E, E) à la base supérieure et 2 autres (E′, E) à la base inférieure ;

4 arêtes basiques, dont 2 (B, B) à la base supérieure et 2 autres (B, B) à la base inférieure ;

4 arêtes basiques, dont 2 (D, D) à la base supérieure et 2 autres (D, D) à la base inférieure;

2 arêtes latérales H aux extrémités des diagonales inclinées des bases.

2 arêtes latérales G aux extrémités des diagonales horizontales des bases.

Le prisme oblique à base rhomboïdale est donc susceptible de 7 genres de modifications.

L'axe principal YY' étant désigné par h, et les deux axes secondaires XX' et ZZ', qui sont égaux entre eux, étant désignés par a, on peut représenter les relations des faces du prisme oblique à base rhomboïdale avec les axes par les symboles :

Pour chacune des faces latérales M, $a : \infty a : \infty h$;

Pour chacune des faces basiques P, $\infty a : \infty a : h$.

TRONCATURE SUR LES ARÊTES LATÉRALES.

Prisme oblique à base rectangulaire, prisme oblique à base hexagonale et prisme oblique à base octogonale.

Les arêtes latérales du prisme oblique à base rhomboïdale étant situées 2 aux extrémités de la petite diagonale et les 2 autres aux extrémités de la grande diagonale de chaque base, sont à des distances différentes de l'axe principal; de plus, étant situées les unes aux extrémités de diagonales obliques et les autres aux extrémités de diagonales horizontales, elles se trouvent dans deux sortes de positions; par conséquent elles comportent des modifications distinctes.

La troncature des deux arêtes latérales G et G (fig. 204), situées aux extrémités des deux diagonales horizontales E E et E' E', donnera deux facettes latérales parallélogrammiques et parallèles au plan A O A' O', terminé sur les bases par ces deux diagonales; et la combinaison des deux nouvelles faces avec le résidu des faces du prisme originaire formera un prisme oblique hexagonal symétrique, comme le montre la figure 205.

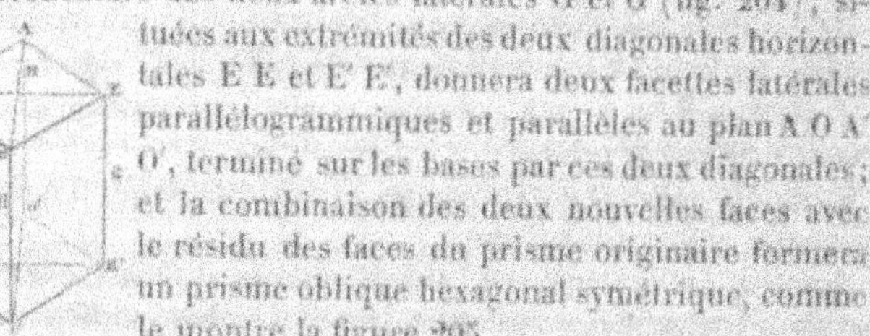

(Fig. 204.)

Une modification analogue faite sur les deux arêtes latérales H et H (fig. 204), situées aux extrémités des deux diagonales obliques A O et A' O', donnera deux facettes latérales rectangulaires et parallèles au plan E E E' E', terminé sur les bases par ces deux diagonales; et la combinaison des deux nouvelles faces avec le résidu des faces du prisme originaire formera un prisme oblique hexagonal plus déprimé que le premier prisme hexagonal, comme le montre la figure 206.

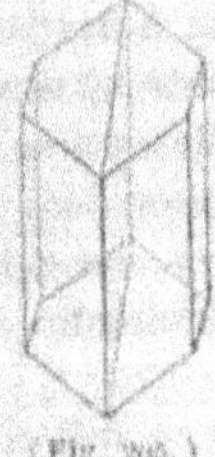

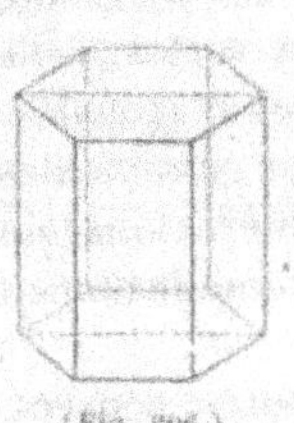

(Fig. 205.)   (Fig. 206.)

Si l'on exécute simultanément sur les quatre arêtes latérales les deux modifications précédentes, on aura un prisme oblique octogonal symétrique et variable d'aspect suivant le développement de telles ou telles faces latérales.

Enfin, si l'on continue les troncatures jusqu'à leurs rencontres mutuelles et de manière à faire disparaître entièrement les faces latérales du prisme originaire, on obtiendra un prisme oblique à bases rectangulaires, comme le montre la figure 207.

C'est ce prisme que nous aurions pu prendre pour type du cinquième groupe cristallin; mais alors les modifications auraient été inverses, puisque les arêtes des bases du prisme oblique à base rectangulaire correspondent aux angles du prisme oblique à base rhomboïdale, et que les faces latérales du premier polyèdre correspondent aux arêtes latérales du second.

(Fig. 207.)

Les éléments du prisme oblique à base rectangulaire sont :

6 faces	2 basiques, rectangulaires et égales.	
	4 latérales	2 rectangulaires et égales.
		2 parallélogrammiques et égales.

12 arêtes	8 basiques de 3 sortes.
	4 latérales et égales.

8 angles solides, trièdres	4 obtus.
	4 aigus.

TRONCATURE SUR LES ARÊTES BASIQUES.

Prisme oblique quadragonal pyramidé et octaèdre oblique à base rhomboïdale.

Les arêtes des bases du prisme oblique à base rhomboïdale étant de deux sortes, celles qui se rencontrent aux extrémités inférieures des diagonales obliques et celles qui se rencontrent aux extrémités culminantes des mêmes diagonales, on peut modifier les premières sans toucher aux secondes, et réciproquement. Au reste les modifications des unes sont analogues à celles des autres.

Les troncatures peuvent être également ou différemment inclinées des deux cotés de chaque arête des bases; mais dans ces deux cas les facettes qui naîtront seront de même sorte; seulement elles seront plus ou moins inclinées sur les bases.

Si les troncatures sont très-étroites, elles ne formeront qu'une simple bordure sur une partie du prisme originaire, comme le montre la figure 208; tandis que dans le cas où elles s'étendront suffisamment, elles feront disparaître les bases du prisme, qui seront alors remplacées chacune par un biseau oblique, comme le montre la figure 209.

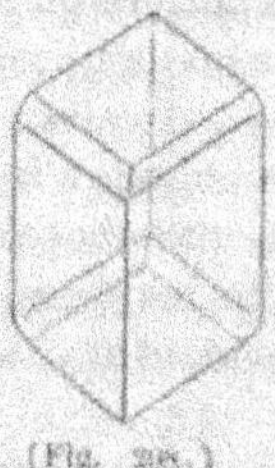

(Fig. 208.) (Fig. 209.)

Nous aurions eu des formes analogues si nous avions effectué les troncatures sur les autres arêtes des bases.

Par la troncature opérée simultanément sur toutes les arêtes de chaque base du prisme on arrive à un prisme oblique quadragonal pyramidé, tel que le représente la figure 210.

Enfin, si l'on fait marcher l'un vers l'autre les deux sommets pyramidaux jusqu'à l'entière disparition des faces du prisme, on obtiendra un octaèdre scalène oblique symétrique, ou en d'autres termes un octaèdre oblique à base rhomboïdale, c'est-à-dire un octaèdre qui a la même base avec la même inclinaison que le prisme originaire. La figure 211 représente cet octaèdre, qui peut du reste varier suivant les différentes inclinaisons des troncatures.

Il arrive que l'une des modifications sur les arêtes basiques produit sur le prisme une sorte de pointement à 3 faces; la figure 212 montre ce genre de modification réunie à une troncature sur 2 arêtes latérales.

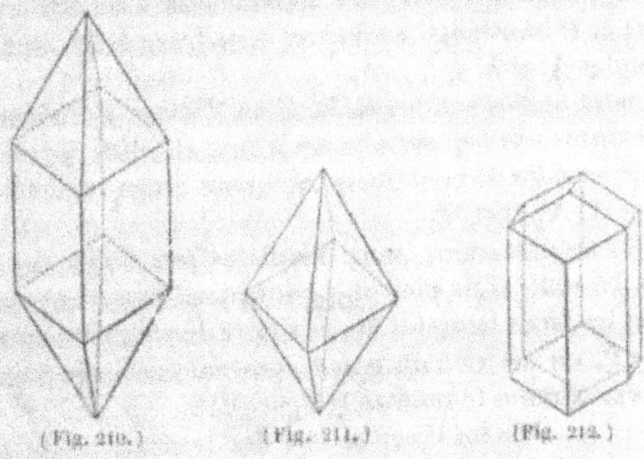

(Fig. 210.)   (Fig. 211.)   (Fig. 212.)

TRONCATURE SUR LES ANGLES.

Prisme oblique à base rhomboïdale diversement tronqué,
et octaèdre oblique à base rectangulaire.

Les angles solides du prisme oblique à base rhomboïdale étant de 3 sortes, on doit examiner séparément les modifications dont sont susceptibles ces 3 sortes d'angles.

Les troncatures sur deux angles solides, par exemple A et A′ (fig. 204), opposés et situés aux extrémités d'une diagonale coupant le prisme, peuvent se produire dans 3 cas différents :

1° Les traces des troncatures sur les bases P peuvent être parallèles à la diagonale horizontale EE, comme dans la figure 213.

2° Les traces des troncatures sur les bases P ayant des directions quelconques, les traces sur les faces latérales M peuvent être parallèles aux diagonales E O′ et O E′ de ces faces et opposées aux

(Fig. 213.)

(Fig. 214.)

angles A et A', comme dans la figure 214.

3° Les troncatures peuvent être sans loi de relations, c'est-à-dire être intermédiaires, ne se trouvant en réalité ni sur les angles A et A', ni sur les arêtes basiques B du prisme; dans ce cas la disposition de la figure est analogue à la précédente.

Les positions des deux angles solides O et O' étant analogues à celles des angles A et A', les modifications sur les premiers angles O et O' sont aussi analogues à celles opérées sur les seconds angles A et A'.

Les quatre angles solides E, E, E' et E' étant de même sorte, les troncatures ont lieu sur chacun d'eux, et celles-ci peuvent se présenter avec les circonstances que nous avons indiquées pour les angles A, A', O et O'.

1° Si les modifications sont parallèles aux diagonales A O et A' O' des bases P, si de plus on prolonge suffisamment ces troncatures et les faces latérales M pour faire disparaître entièrement les bases P, on arrive à un prisme portant un biseau à ses deux extrémités, comme le montre la figure 215.

Suivant l'inclinaison des troncatures le prisme portera des biseaux plus ou moins obtus.

2° Si les modifications sont parallèles aux diagonales E A' et E O' des faces latérales M, les biseaux qui résultent de ces troncatures ne sont plus symétriques, comme ceux qui proviennent des modifications précédentes.

(Fig. 215.)

3° Si les modifications sont placées sans être assujetties à une loi de relations mutuelles, on obtiendra des biseaux encore différents des autres.

En combinant des troncatures faites sur tous les angles solides du prisme originaire, on obtiendra deux pyramides cunéiformes obliques, qui réunies par leurs bases formeront un octaèdre oblique à base rectangulaire, comme le montre la figure 216. Cet octaèdre peut aussi varier d'aspect.

(Fig. 216.)

BISELLEMENT SUR LES ARÊTES ET SUR LES ANGLES.

*Prisme oblique octogonal, prisme oblique dodécagonal
et octaèdre oblique à base rhomboïdale.*

Les arêtes latérales du prisme oblique à base rhomboïdale sont susceptibles de recevoir des biseaux, dont l'effet pour chaque sorte d'arêtes sera d'ajouter 4 faces au prisme primitif, ce qui donnera lieu à de nouveaux prismes obliques, soit rhomboïdaux lorsque les modifications seront suffisamment prolongées, soit octogonaux lorsque les biseaux d'une seule catégorie seront combinés avec les résidus des faces du prisme originaire ou avec celles des biseaux de l'autre catégorie, soit dodécagonaux lorsque les faces des deux catégories de biseaux se trouveront associées avec les résidus des faces du prisme primitif, soit enfin à un plus grand nombre de faces par certaines combinaisons.

On peut aussi faire des biseaux sur les angles solides du prisme originaire, et produire des toits obliques.

La combinaison et le prolongement de 4 biseaux convenablement choisis pourraient former un octaèdre oblique à base rhomboïdale.

POLYEDRES HÉMIÈDRES.

Jusqu'à présent on ne connaît pas dans la nature de cristaux hémièdres appartenant au système prismatique oblique à base rhomboïdale; seulement les octaèdres obliques symétriques donneraient lieu, par la suppression de 4 faces, à deux tétraèdres semblables, mais disposés en sens inverses.

FORMES COMPOSÉES.

Les minéraux cristallisés qui appartiennent au système prismatique oblique à base rhomboïdale se présentent rarement sous des formes simples. Ordinairement diverses modifications, parmi celles que nous avons indiquées, se combinent ensemble et produisent des cristaux plus ou moins chargés de facettes, mais qui habituellement offrent une configuration générale prismatique. Néanmoins, ce système comprend souvent des formes très-compliquées.

RÉCAPITULATION DES FORMES SIMPLES DU CINQUIÈME SYSTÈME.

Le système prismatique oblique à base rhomboïdale comprend dans son état normal ou homoédrique 4 formes simples, qui peuvent même se réduire à 2. Voici l'énumération de ces formes avec la notion symbolique de la principale.

Solides homoédres.

Prisme oblique à base rhomboïdale
  Pour les faces basiques P......
  $\infty a : \infty a : h$;
  Pour les faces latérales M......
  $a : \infty a : \infty h$.

Prisme oblique à base rectangulaire.
Octaèdre oblique à base rhomboïdale.
Octaèdre oblique à base rectangulaire.

Toutes ces formes peuvent se réduire à 2 catégories, savoir : 2 sortes de prismes et 2 sortes d'octaèdres.

SIXIÈME GROUPE CRISTALLIN.

Système prismatique oblique à base parallélogrammique obliquangle.

Synonymie principale : *système prismatique à base oblique non symétrique* (Haüy), *prismatique oblique à base de parallélogramme obliquangle* (Beudant), *unitaire* (Weiss), *triclinométrique* (Naumann), *prismatique oblique non symétrique* (Dufrénoy), *klinoédrique* (Delafosse), *bioblique* (Leymerie).

CARACTÈRES :

FORME TYPE OU FONDAMENTALE, LE PRISME OBLIQUE A BASE PARALLÉLO-
GRAMMIQUE OBLIQUANGLE.

TROIS AXES INÉGAUX ET OBLIQUES LES UNS SUR LES AUTRES.

PROGRESSION SYMÉTRIQUE, $\frac{\cdot}{\cdot}$ 2 , 4 . 6 . 8......

POLYÈDRES HOMOÉDRES.

Prisme oblique à base parallélogrammique obliquangle (1).

ÉLÉMENTS :

6 faces parallélogrammiques de 3 sortes.

12 arêtes de 6 sortes.

8 angles trièdres de 4 sortes.

10 sortes d'éléments essentiels { 6 espèces d'arêtes. / 4 espèces d'angles.

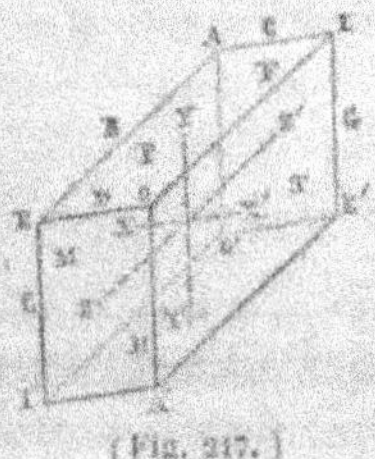

(Fig. 217.)

Le prisme oblique à base parallélogrammique obliquangle (fig. 217) est pris pour la forme type du sixième système.

Ce prisme pris pour type n'a ni faces rectangulaires ni faces rhomboïdales ; il n'offre que le degré de régularité strictement nécessaire à un polyèdre parallélipipédique, c'est-à-dire que : 1° le parallélisme et l'égalité des

(1) *Klinoèdre.*

faces et des arêtes opposées ; 2° l'égalité des angles aux extrémités des mêmes diagonales. De sorte que les diverses parties n'y sont identiques que de deux en deux : aussi a-t-on nommé, improprement il est vrai, non symétriques ce prisme et ses dérivés.

Parmi les 6 faces on peut prendre pour bases arbitrairement deux faces opposées. Dès lors, en prenant pour bases les deux faces opposées P, l'axe principal ou vertical sera la ligne droite Y Y' qui joint les centres de ces deux faces, et les axes secondaires seront les deux lignes droites XX' et ZZ' qui joignent les milieux des faces latérales opposées M et T.

La figure 217 montrera suffisamment la forme générale du prisme oblique à base parallélogrammique obliquangle, ainsi que la disposition et la notation de ses différentes parties.

Comme ce polyèdre renferme 10 sortes d'éléments essentiels, 6 espèces d'arêtes et 4 espèces d'angles, le système cristallin dont il est le type fondamental admet 10 genres de modifications. Mais si le nombre des genres de modifications possibles est considérable dans ce système cristallin, les modifications sont elles-mêmes peu complexes. En effet, d'une part, les arêtes étant formées par la rencontre de faces inégales, et les angles solides étant formés d'angles plans inégaux, toutes les modifications se réduisent à des troncatures ; d'autre part, chaque modification différente n'a lieu ou que sur deux arêtes ou que sur deux angles.

Si l'on désigne par h la longueur de l'axe YY', par a celle de l'axe XX', et par b celle de l'axe ZZ', on peut représenter les relations des faces du prisme oblique à base parallélogrammique obliquangle avec les axes par les symboles suivants :

Pour les faces P, $\infty a : \infty b : h$;

Pour les faces M, $b : \infty a : \infty h$;

Pour les faces T, $a : \infty b : \infty h$.

TRONCATURE SUR LES ARÊTES.

Prisme oblique hexagonal, prisme oblique octogonal, et octaèdre oblique non symétrique direct.

Une troncature faite séparément sur chaque sorte d'arêtes donne des prismes hexagonaux obliques non symétriques, comme le montrent les figures 218 et 219.

Si la troncature était faite à la fois sur deux sortes d'arêtes parallèles, elle conduirait à de nouveaux prismes obliques non symétriques, à 6 faces, en passant par des prismes octogonaux obliques non symétriques (figure 220), et en supposant que les facettes de troncature soient prolongées jusqu'à

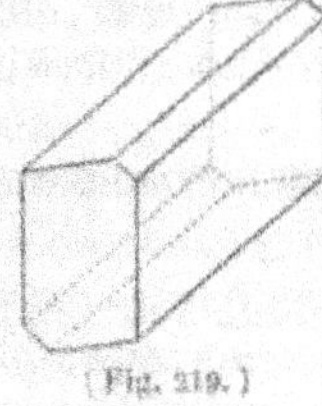

(Fig. 218.)　　　　　(Fig. 219.)　　　　　(Fig. 220.)

leurs rencontres mutuelles ou que le prisme originaire soit entamé assez profondément.

On obtiendrait des octaèdres obliques à bases parallélogrammiques obliquangles par la troncature simultanée des 8 arêtes des deux bases du prisme primitif. Ces octaèdres seraient formés par 8 triangles scalènes.

Les éléments de l'octaèdre scalène oblique non symétrique sont :

> 8 faces triangulaires scalènes de 4 sortes,
> 12 arêtes de 6 sortes,
> 6 angles solides de 3 sortes.

TRONCATURE SUR LES ANGLES.

Prisme oblique non symétrique tronqué, et octaèdre oblique non symétrique alterne.

La troncature des angles solides du prisme primitif produit des prismes obliques obliquangles plus ou moins modifiés.

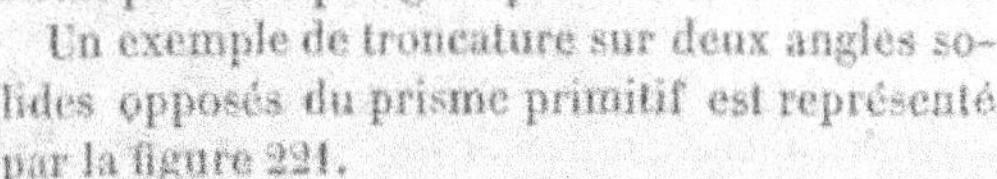

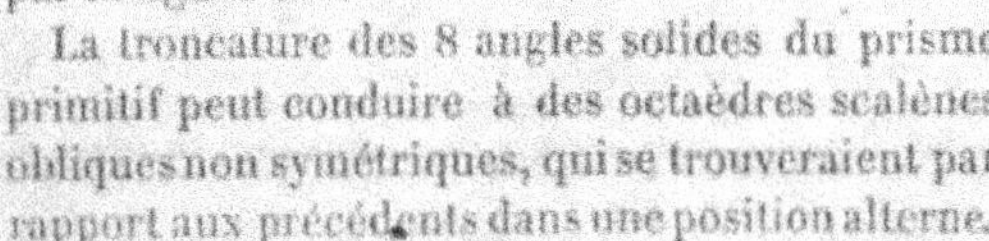

Un exemple de troncature sur deux angles solides opposés du prisme primitif est représenté par la figure 221.

La troncature des 8 angles solides du prisme primitif peut conduire à des octaèdres scalènes obliques non symétriques, qui se trouveraient par rapport aux précédents dans une position alterne.

(Fig. 221.)

14.

POLYÈDRES HÉMIÈDRES.

Comme il existe des octaèdres dans le système prismatique oblique à base parallélogrammique obliquangle, on peut admettre aussi des tétraèdres irréguliers dans ce système.

FORMES COMPOSÉES.

Il y a des formes assez complexes dans le système prismatique oblique à base parallélogrammique obliquangle; mais, d'une part, les cristaux naturels qui appartiennent à ce système sont peu nombreux; d'autre part, ils offrent en général une configuration prismatique plus ou moins modifiée.

RÉCAPITULATION DES FORMES SIMPLES
DU SIXIÈME SYSTÈME.

Le système prismatique oblique à base parallélogrammique obliquangle ne comporte dans son état normal que 2 formes simples. Voici l'énumération de ces formes avec la notation symbolique de la principale.

Solides homoèdres.

Prisme oblique à base parallélogrammique obliquangle.

Pour chacune des faces P, $\infty a : \infty b : h$;
Pour chacune des faces M, $b : \infty a : \infty h$;
Pour chacune des faces T, $\infty b : \infty : a h$.

Octaèdre oblique à base parallélogrammique obliquangle.

PROBLÈMES CRISTALLOGRAPHIQUES.

Les problèmes cristallographiques sont très-variés ; nous ne parlerons que des plus utiles à connaître en minéralogie, et encore le ferons-nous sommairement. Pour les autres problèmes ainsi que pour les détails, nous devons renvoyer aux ouvrages spéciaux de cristallographie et aux traités étendus de minéralogie.

Les principaux problèmes de cristallographie comprennent :

1° La mesure des angles,

2° La détermination de la forme primitive,

3° La détermination des formes secondaires.

Nous verrons plus tard que les cristaux naturels se présentent rarement avec la perfection qu'on leur suppose dans les considérations générales de la cristallographie. Il n'y a réellement qu'une de leurs parties qui reste constante au milieu de toutes les variations dont les cristaux sont susceptibles, c'est l'angle dièdre ; au reste, cet angle est le seul élément du cristal qu'il soit utile de mesurer directement et exactement.

Pour mesurer les angles dièdres ou angles formés par l'intersection de deux faces, on se sert d'instruments particuliers qui ont reçu le nom de *goniomètres*, et qui sont de deux sortes : 1° les goniomètres d'application, 2° les goniomètres à réflexion.

Goniomètre d'application. — Le goniomètre d'application, nommé aussi goniomètre ordinaire ou goniomètre de Carangeot, se compose de deux parties : 1° de deux lames ou alidades métalliques (fig. 222), mobiles autour d'un axe a, et qu'on peut

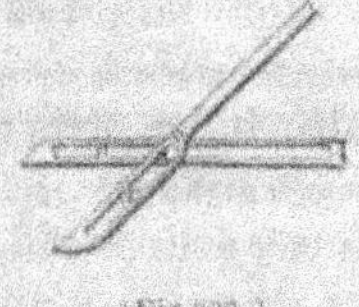

(Fig. 222.)

(Fig. 223.)

faire glisser l'une sur l'autre au moyen des rainures r, pour allonger ou raccourcir à volonté les portions qui servent à mesurer les angles; 2° d'un demi-cercle ou rapporteur métallique (fig. 223), divisé en 180°, et dont le diamètre offre une cavité c à son centre, ainsi qu'une petite saillie s vers la droite.

Pour mesurer un angle à l'aide de cet insrument, on tient le cristal avec la main gauche, et les alidades avec la main droite, laissant entre les alidades une ouverture à peu près égale à l'angle dont on cherche la valeur. On se place devant le jour et l'on élève le cristal à la hauteur de l'œil, en dirigeant horizontalement l'arête de l'angle; puis on applique les lames par leurs tranches sur les deux faces du cristal, en ayant soin qu'elles soient bien perpendiculaires à l'arête, et avec l'index on fait varier, s'il est besoin, leur ouverture jusqu'à ce qu'elles ne laissent plus aucun jour entre elles et les plans qu'elles recouvrent, comme le montre la figure 224. Ensuite on pose les alidades sur le rapporteur,

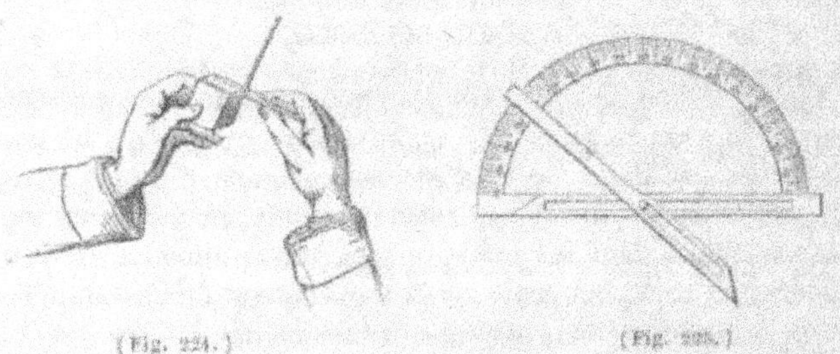

(Fig. 224.)   (Fig. 225.)

de manière que l'axe a entre dans la cavité c, et la saillie s dans la rainure de l'une des alidades, qui se trouve alors placée sur le diamètre comme le montre la figure 225. Enfin il ne s'agit plus que de lire sur le limbe du rapporteur le degré d'ouverture des deux lames pour avoir la valeur de l'angle du cristal, puisque les angles opposés au sommet sont égaux.

Le goniomètre d'application a l'avantage de donner rapidement la valeur d'un angle; mais il ne peut la donner que par approximation, tout au plus jusqu'à 1/4 de degré près. Les imperfections de cet instrument tiennent principalement à ce qu'il est impossible de bien s'assurer si l'on a satisfait aux deux conditions nécessaires, de la perpendicularité des alidades sur l'arête, et de leur coïncidence exacte avec les faces du cristal; en outre ce goniomètre ne peut pas s'appliquer aux petits cristaux

Les goniomètres à réflexion, au contraire, sont applicables aux cristaux les plus petits et même à ceux dont les faces sont chargées de lamelles; mais ces goniomètres ont aussi leurs inconvénients.

Goniomètre à réflexion. — Les goniomètres à réflexion sont fondés sur le principe suivant.

Si l'on suppose que *a m b* (fig. 226) représente l'angle formé par deux plans réfléchissants, et qu'un rayon de lumière *r* tombe en *m* sur l'un de ces plans *a m*, le rayon *r m* se réfléchira dans la direction *m o*, en faisant avec le plan *a m* un angle *o m c* égal à l'angle d'incidence *r m a*, et pourra être reçu dans l'œil *o*, où il portera l'image du point *r*. Ensuite, si l'on suppose que l'œil *o* ne change pas de position, et que l'on fasse tourner le système des deux plans autour de l'arête d'intersection projetée en *m*, jusqu'à ce que le plan *m b* arrive en *m c* dans le prolongement de la position primitive du plan *m a*, qui maintenant se trouvera en *m d*, l'œil fixé en *o*, après avoir perdu pendant ce mouvement l'image du point *r*, la percevra de nouveau aussitôt que les plans s'arrêteront dans cette nouvelle position. Or, il est évident que l'angle *b m c*, décrit dans le mouvement opéré par le système en passant de la première position, où le rayon était réfléchi par le plan *a m*, à la seconde, où cette réflexion est produite par le plan *m c*, se trouve être précisément le supplément de l'angle *a m b* formé par les deux plans; de sorte qu'en mesurant le premier de ces angles et en retranchant de 180° sa valeur, on aura exactement celle du second.

Le goniomètre de Wollaston étant de tous les goniomètres à réflexion celui qui réunit le plus d'avantages, sous le rapport de l'application à la minéralogie, nous le décrirons avec quelques détails et nous indiquerons la manière de s'en servir.

Le goniomètre de Wollaston, représenté par la figure 227, se compose de plusieurs pièces essentielles.

Un cercle vertical et gradué *cc* est traversé par un axe horizontal, autour duquel il peut tourner au moyen de la virole v. Cet axe, qui est creux et qui traverse un pied droit, fixé solidement sur une base massive *b*, est traversé lui-même par un autre axe, qu'on peut faire tourner seul au moyen de la virole *v*, mais qui adhère assez à l'axe creux pour que celui-ci

(Fig. 227.)

l'entraîne dans tous ses mouvements. L'axe intérieur porte, fixé à son extrémité, l'appareil destiné à la pose et à l'ordonnance du cristal.

Cet appareil est formé de plusieurs pièces. La première se compose de deux coudes rectangulaires, dont l'un est mobile de droite à gauche autour du point *h*. La seconde *no* se compose : 1° d'une tige qui traverse, près de son extrémité, le coude mobile de manière à pouvoir être tirée ou poussée dans le sens de sa longueur et tourner sur elle-même au moyen du bouton *n*; 2° d'une petite plaque *o* pincée ou soudée à l'extrémité de la tige, et sur laquelle ou contre laquelle on fixe le cristal *x*, soit avec de la cire, soit avec de la colle.

Un vernier *p*, qui se trouve appliqué contre le cercle mobile, est fixé par une tige vers l'extrémité supérieure du pied de l'instrument. Enfin, on adapte souvent à la base du goniomètre, dans la direction du côté qui est parallèle à l'axe du cercle, un miroir *m* mobile autour d'un axe *d*.

Le coude *h n* et la tige *n o* ayant été préalablement tournés dans un plan parallèle à celui du cercle gradué, comme le montre la figure, on fixe le cristal *x* sur le porte-objet *o* de manière que l'arête de l'angle à mesurer soit parallèle à l'axe du goniomètre et, autant que possible, dans la direction de cet axe; ce qui est facile à exécuter en poussant ou en retirant la tige *n o*. Puis, après avoir placé l'instrument sur une table de façon que son axe soit parallèle aux barreaux horizontaux d'une croisée, par exemple, éloignée de trois mètres au moins, on prend pour mire supérieure l'un de ces barreaux *t*, et pour mire inférieure la ligne d'intersection du mur de la croisée avec le plancher ou mieux l'image *r* de la première mire sur le miroir *m* du goniomètre. Ensuite, ayant approché l'œil très-près du cristal, on fait mouvoir l'axe intérieur avec la virole *v*, pour amener l'une des faces de l'angle à déterminer dans une position telle qu'elle puisse porter à l'œil l'image de la mire supérieure, et l'on continue à faire tourner l'axe très-lentement jusqu'à ce que cette image vienne rencontrer la mire inférieure vue directement. Si ces deux lignes coïncident dans toute l'étendue qu'on aperçoit, on est certain que la face du cristal sur laquelle on a opéré se trouve perpendiculaire au plan du cercle gradué; si elles ne coïncident pas, on fait varier très-lentement encore la position du cristal, au moyen du coude mobile en *h* ou de la tige *n o*, jusqu'à ce qu'on parvienne à produire la coïncidence voulue. Pour amener l'autre face de l'angle à la même condition de position par rapport au plan du cercle gradué, on fait tourner l'axe intérieur avec la virole *v* jusqu'à ce que cette face arrive à peu près dans la position qu'occupait la première, et l'on répète à son égard les tâtonnements qui ont été indiqués, en ayant soin toutefois de n'agir que sur la tige *n o*, si l'on s'est servi du coude *h* dans la première épreuve, et réciproquement. De cette manière le changement opéré dans la position de la seconde face n'altérera pas l'ajustement de la première; néanmoins, il faudra revenir à celle-ci pour s'assurer si elle n'a pas été dérangée, et continuer les tâtonnements tant que la coïncidence des deux lignes de mire sur les deux faces de l'angle ne sera pas obtenue.

Lorsque la condition de coïncidence est entièrement remplie, il ne reste plus qu'à procéder à la mesure de l'angle. Pour cela, on amène, au moyen de la virole v, le zéro du cercle gradué à coïncider avec le point de repère tracé sur le vernier fixe (un arrêt indique quand on y est parvenu); puis, sans changer cette position du cercle, on fait tourner avec la virole *v* l'axe intérieur, jusqu'à ce qu'il amène l'une des faces de l'angle dans la position voulue pour qu'on puisse observer la coïncidence des deux lignes de mire vues, l'une *t* directement et l'autre *r* par réflexion; ensuite, au moyen de la virole v on fait tourner le cercle gradué, qui entraîne dans son mouvement l'axe intérieur et le cristal, jusqu'à ce que la coïncidence des deux lignes de mire soit reconnue avec la seconde face. Enfin, on lira sur le limbe et le vernier le nombre de degrés et de fractions de degré, ou de minutes, qui représente la rotation qu'a subie le cristal. Or, ce nombre exprimant le supplément de l'angle cherché, en le retranchant de 180°, on aura la valeur de l'angle lui-même.

Le goniomètre à réflexion n'est destiné qu'à mesurer de très-petits cristaux; en outre, son emploi suppose que leurs faces soient assez réfléchissantes, et il rencontre plusieurs autres difficultés. Cependant, on est parvenu à remédier en général aux inconvénients et aux causes d'erreur qu'il peut présenter soit par des modifications apportées dans l'appareil, soit par l'application de matières sur les faces des cristaux, soit enfin par différentes méthodes d'expérimentation et de calcul.

Le goniomètre de M. Babinet a des avantages qui le rendent précieux. Il se suffit à lui-même ; il peut être employé en tout lieu ainsi qu'à toute heure, et il sert à l'étude de certaines propriétés optiques des minéraux ; mais l'usage en devient presque impossible lorsque les cristaux sont très-petits et à faces peu brillantes.

Le goniomètre de M. Babinet, représenté par la figure 228, et

(Fig. 228.)

qu'on peut tenir à la main ou fixer sur un pied, consiste en un cercle garni de deux lunettes, *a* et *b*, et d'une alidade *c* qui tourne au centre de l'instrument. La lunette *a* est fixe, tandis que la lunette *b* est mobile et pourvue d'un vernier *v*. Au centre du goniomètre se trouve un petit support *s*, susceptible de tourner sur lui-même, et sur lequel on fixe le cristal *m* dont on veut mesurer l'un des angles.

Chaque lunette renferme intérieurement deux fils croisés rectangulairement, qui sont placés au foyer de l'oculaire, et qui, la lunette étant tournée vers le jour, se trouvent ainsi éclairés par un faisceau de rayons parallèles. Ces fils remplacent dès lors, dans la lunette fixe, des points de mire qui seraient situés à une distance presque infinie. Avant de se servir de l'instrument, il faut au moyen de tirages arranger chacune des lunettes de manière à voir distinctement des objets éloignés, pour qu'en amenant la lunette mobile *b* vis-à-vis la lunette fixe *a* on aperçoive les quatre fils à la fois.

Maintenant il importe de mettre un des fils de la lunette fixe *a* parallèlement au plan du cercle; l'autre fil sera par suite perpendiculaire à ce plan. Pour arriver à ces positions, on tourne d'abord l'oculaire de la lunette mobile *b* de manière que ses fils soient parallèles à ceux de la lunette fixe *a*; puis on pousse la lunette *b* alternativement de droite à gauche et de gauche à droite, pour voir ce qui arrive dans ces mouvements. Si les fils parallèles se rapprochent ou s'écartent l'un de l'autre, le parallélisme au plan du cercle n'existe pas, et il faut tourner sensiblement les oculaires, ensuite recommencer les mouvements de droite à gauche et de gauche à droite jusqu'à ce qu'on parvienne à une position telle que les fils ne changent plus de distance pendant les mouvements. Ce résultat étant obtenu, on est certain que deux des fils sont parallèles au cercle et que les deux autres lui sont perpendiculaires; alors on fixe avec de la cire le cristal *m* sur le support *s*.

L'arête du cristal doit être perpendiculaire au plan du cercle. Pour lui donner cette position, après avoir poussé la lunette mobile à droite, par exemple, on tourne le support jusqu'à ce que l'une des faces du cristal réfléchisse les points de mire fournis par la lunette fixe, et en amène l'image dans la lunette mobile. Si en faisant aller et venir cette lunette on n'aperçoit aucun dérangement au parallélisme précédemment établi, l'arête est perpendiculaire au plan du cercle; mais si le parallélisme est dérangé, on fait mouvoir le cristal sur la cire de manière à le rétablir. Après avoir opéré sur une face du cristal, on tourne le support pour opérer de même sur l'autre face. Quand celle-ci ne dérange pas le parallélisme, l'arête est restée perpendiculaire au cercle; mais si le parallélisme n'existe plus, on fait mouvoir le cristal sur la cire jusqu'à ce qu'il soit rétabli, puis on vérifie avec la première face.

Pour mesurer l'angle du cristal, on tourne d'abord un peu l'oculaire de la lunette mobile, afin que ses fils soient obliques sur ceux de la lunette fixe, ce qui donne plus de facilité pour observer les coïncidences dont on a ensuite besoin. On met l'alidade *c* sur 180° et la lunette mobile sur la partie opposée du cercle; on fait mouvoir le support *s* du cristal *m*, pour placer celui-ci de manière qu'une de ses faces réfléchisse les fils de mire dans la lunette mobile et amène le point de croisement des fils de cette dernière sur le fil vertical de la lunette fixe; puis on fait mouvoir l'alidade *c* jusqu'à ce qu'on amène l'autre face du cristal à réfléchir de même les lignes de mire et à effectuer la coïncidence du point de croisement avec le fil vertical de la lunette fixe. Il ne reste plus alors qu'à lire sur le limbe la valeur de l'angle cherché.

DÉTERMINATION DE LA FORME PRIMITIVE.

La détermination de la forme primitive comprend : 1° la détermination du système cristallin auquel se rapporte le cristal donné ; 2° la détermination de la figure de la forme primitive ; 3° la détermination des dimensions relatives de la forme primitive ; 4° la détermination des angles de la forme primitive.

1° *Détermination du système cristallin auquel se rapporte le cristal donné.* — Pour déterminer le système cristallin auquel appartient un cristal, on ordonne ce cristal par rapport à son axe ou à ses axes principaux ; on reconnaît sa forme dominante, et l'on cherche le nombre et la disposition de ses faces semblables selon la loi de symétrie particulière à chaque système. A cet effet il faut se rappeler que :

Dans le système cubique, tous les angles solides du cube étant identiques et toutes les arêtes étant également identiques, si l'un de ces éléments essentiels est modifié d'une certaine façon, tous les autres éléments identiques du cristal doivent porter une modification semblable. Ces éléments modifiés ou non sont au nombre de 8 pour les angles solides, et de 12 pour les arêtes ; par conséquent les mêmes modifications se répéteront 8 fois pour les angles, et 12 fois pour les arêtes ; elles marcheront d'après la progression symétrique 4 . 8 . 12 . 16....

Dans le système prismatique droit à base carrée, les mêmes modifications se répéteront 8 fois pour les angles ainsi que pour les arêtes basiques, et seulement 4 fois pour les arêtes latérales ; elles marcheront d'après la progression symétrique 4 . 8 . 12 . 16....

Dans le système prismatique droit à base rectangulaire, les mêmes modifications se répéteront 8 fois pour les angles, 4 fois pour les arêtes basiques et généralement aussi 4 fois pour les arêtes latérales ; elles marcheront d'après la progression symétrique 2 . 4 . 6 . 8....

Dans le système rhomboédrique, les mêmes modifications se répéteront pour les angles 2 ou 6 fois suivant les angles, et pour les arêtes 6 fois ; elles marcheront d'après la progression symétrique 3 . 6 . 9.... ou 6 . 12 . 18....

Dans le système prismatique oblique à base rhomboïdale, les mêmes modifications se répéteront pour les angles 2 ou 4 fois suivant les angles, pour les arêtes basiques 4 fois, et pour les arêtes latérales 2 fois ; elles marcheront d'après la progression symétrique 2 . 4 . 6.....

Dans le système prismatique oblique à base parallélogrammique obliquangle, les mêmes modifications se répéteront seulement 2 fois pour les angles et les arêtes ; elles marcheront d'après la progression symétrique 2 . 4 . 6.....

Il suffit donc de reconnaître l'ordonnance verticale ou oblique du cristal et de compter le nombre des faces semblables pour déterminer le système cristallin auquel se rapporte le cristal donné.

Par exemple, soit (figure 229) un cristal d'orthose.

Ce cristal présente la forme d'un prisme à six faces latérales, dont 4 (M) sont plus larges que les 2 autres (*g*). Une pareille disposition ne peut s'accorder qu'avec le système prismatique droit à base rhomboïdale et le système prismatique oblique à base rhomboïdale. Mais l'existence des facettes *a* et *a*' sur deux angles, et l'absence de semblables facettes sur les deux angles opposés O démontrent que le cristal se rapporte au système prismatique oblique

(Fig. 229.)

à base rhomboïdale : car dans le prisme rhomboïdal droit les angles de chaque base sont identiques deux à deux, tandis que dans le prisme rhomboïdal oblique les angles de devant et de derrière de chaque base sont d'espèces différentes.

2° *Détermination de la figure de la forme primitive.* — La figure de la forme primitive doit être choisie parmi les formes simples du système auquel appartient le cristal donné, et autant que possible il faut prendre la forme à laquelle conduit le clivage normal de ce cristal. Mais lorsque le cristal ne se prête pas au clivage ou lorsque celui-ci n'est pas assez net pour indiquer clairement la figure de la forme primitive, on a recours à l'ensemble des formes cristallines que présente la même substance minérale, et l'on adopte celle qui se trouve naturellement signalée par des considérations de simplicité et d'harmonie cristallographiques.

3° *Détermination des dimensions relatives de la forme primitive.* — Quand il s'agit d'une forme fermée, par exemple d'un cube, d'un octaèdre, d'un rhomboèdre, etc., on obtient immédiatement les dimensions relatives de la forme primitive par la mesure des angles ; mais lorsqu'il s'agit d'une forme ouverte, comme par exemple celles des prismes dont les dimensions ne sont pas dans un rapport nécessaire, il faut avoir recours à une forme fermée correspondante ou conjuguée (1) pour déterminer les dimensions relatives de la forme primitive.

Le problème se trouve donc ramené à la recherche des dimensions des formes fermées qui sont substituées aux formes ouvertes. Pour obtenir ces dimensions, on pourrait se servir de procédés graphiques ; mais on les détermine plus exactement par le calcul, en partant des inclinaisons des faces secondaires sur les faces de la forme primitive, que l'on trouve directement au moyen du goniomètre (2).

4° *Détermination des angles de la forme primitive.* — Pour les deux premiers systèmes cristallins, le problème se trouve naturellement résolu d'avance ; car pour le cube et le prisme droit à base carrée les angles dièdres et les angles plans sont droits.

Pour le troisième système, lorsque la forme primitive est un prisme droit à base rectangulaire, le problème est aussi résolu d'avance, puisque pour ce prisme les angles dièdres et les angles plans sont droits ; mais quand la forme primitive est un prisme droit à base rhomboïdale, qui appartient, comme le prisme droit à base rectangulaire, au troisième système, il faut nécessairement déterminer l'angle dièdre de deux faces latérales adjacentes, ce que l'on fait par la mesure directe de cet angle au moyen du goniomètre.

Pour les trois autres systèmes, on est obligé d'avoir recours au calcul, et il se présente alors deux cas : le premier cas a lieu quand on connaît par la mensuration les angles dièdres de trois faces primitives entre elles, et un angle dièdre formé par la base avec une face secondaire placée sur une arête latérale ; le deuxième cas a lieu quand on connaît par la mensuration seulement les angles dièdres de trois faces primitives entre elles.

Or, dans le premier cas, le problème se réduit à la résolution de triangles rectangles ; tandis que dans le second cas la solution du problème exige le secours de la trigonométrie sphérique ou de la géométrie analytique.

<hr>

(1) Voyez page 122.

(2) Voyez les traités de minéralogie de Haüy, de Beudant, de Dufrénoy, de M. Delafosse, ainsi que les ouvrages spéciaux de cristallographie de Haüy, de Lévy, de Miller, de M. de Senarmont, etc.

DÉTERMINATION DES FORMES SECONDAIRES.

Le calcul des inclinaisons mutuelles des faces secondaires soit d'un même ordre, soit de différents ordres, est l'un des objets les plus importants de la cristallographie pratique. Les symboles qui expriment la loi de génération de chaque face renferment toutes les données nécessaires à la solution des questions de ce genre.

Voici comment on doit poser les problèmes du calcul des angles formés par des faces dont les signes cristallographiques sont fournis par les lois de dérivation :

Étant donnés la forme primitive et le signe cristallographique d'une face secondaire, calculer les angles que cette face fait avec les faces primitives, ou bien avec des faces secondaires déjà déterminées; et réciproquement, les angles formés par une face secondaire inconnue avec des faces secondaires connues, ou avec les faces primitives, étant donnés par l'observation directe, calculer les indices du signe cristallographique qui exprime la génération de cette face secondaire inconnue.

On parvient à résoudre ce double problème soit par les formules de la trigonométrie sphérique, soit par celles de la géométrie analytique ; et non-seulement on peut ainsi calculer d'avance toutes les formes cristallines qui sont possibles, mais encore on arrive à reconnaître celles qui sont impossibles (1), parce qu'elles sont incompatibles avec la loi fondamentale de la cristallisation, c'est-à-dire avec la loi des troncatures rationnelles (2).

---

(1) On peut reconnaître, par exemple, que le dodécaèdre et l'icosaèdre réguliers de la géométrie sont interdits à la cristallisation.

(2) Voyez les ouvrages spéciaux de cristallographie, notamment ceux de Haüy, de Levy, de Miller et de M. de Sénarmont, ainsi que les traités de minéralogie de Haüy, de Beudant, de Dufrénoy, de M. Delafosse, etc.

IMPERFECTION DES CRISTAUX.

Les cristaux naturels sont rarement complets et d'une régularité parfaite. Souvent une de leurs extrémités se trouve engagée et perdue dans d'autres cristaux, ou dans des masses minérales de structure et de texture diverses ; souvent aussi certaines faces ont pris un développement beaucoup plus considérable que d'autres, avec lesquelles elles devraient être égales, et ces dernières paraissent s'être formées dans des circonstances qui ne leur ont pas permis de prendre leur accroissement normal. Toutes ces particularités résultent de différentes causes, parmi lesquelles nous citerons les conditions de gisement, la présence d'autres cristaux, la différence de pression et de chaleur, la nature ou la pureté du milieu ambiant, etc., qui ont agi plutôt dans un sens que dans un autre durant la période de l'accroissement du cristal ; en sorte que les cristaux sont plus ou moins altérés dans leurs formes respectives. Mais au milieu de tant d'imperfections il y a une chose qui ne varie pas sensiblement, c'est la valeur respective des angles, et c'est réellement dans ce caractère essentiel que réside la véritable fixité des cristaux.

Par exemple la forme complète la plus ordinaire de l'alun est l'octaèdre régulier ; mais l'alun n'affecte cette forme complète et régulière que dans une dissolution homogène, dont toutes les parties sont dans des conditions identiques, où il n'existe point de cause perturbatrice et où le cristal peut se développer librement sans être gêné en aucun sens. La figure 230 nous montre l'imperfection d'un ensemble de cristaux de cette substance.

(Fig. 230.)

Déformation des cristaux par accroissement inégal.

Lorsque, par suite d'un accroissement inégal ou plus rapide pour certains côtés que pour d'autres, les faces d'un même ordre viennent à varier entre elles de distance et d'étendue, il en résulte souvent des oblitérations qui peuvent de prime abord tromper sur les véritables formes cristallines et sur les symétries des cristaux.

Ces déformations des cristaux proviennent principalement : 1° de l'étendue inégale que présentent souvent les faces de même ordre, certaines d'entre elles ayant pris un accroissement anormal aux dépens des autres ; 2° de la disparition complète d'une ou de plusieurs faces par l'empiétement d'autres faces; 3° de la réduction du cristal à une portion de son contour, quelquefois même à un seul de ses sommets, par suite de son implantation sur les parois de la cavité où il s'est formé, ou bien par suite de son groupement avec d'autres cristaux.

Ainsi, souvent les groupements des cristaux élémentaires s'étendant plutôt d'un côté que d'un autre, le cristal composé prend plus d'extension par certaines faces que par d'autres. En effet, de petits cubes peuvent se grouper de manière que le solide résultant ait l'apparence d'un prisme droit à base carrée ou rectangulaire (figures 231, 232, 233 et 234); des octaè-

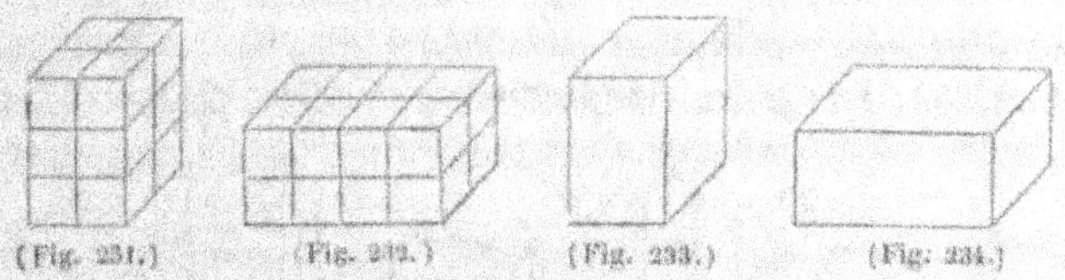

(Fig. 231.)   (Fig. 232.)   (Fig. 233.)   (Fig. 234.)

dres simples ou basés s'allongent dans un sens ou dans un autre (figures 235, 236, 237 et 238); des prismes simples ou

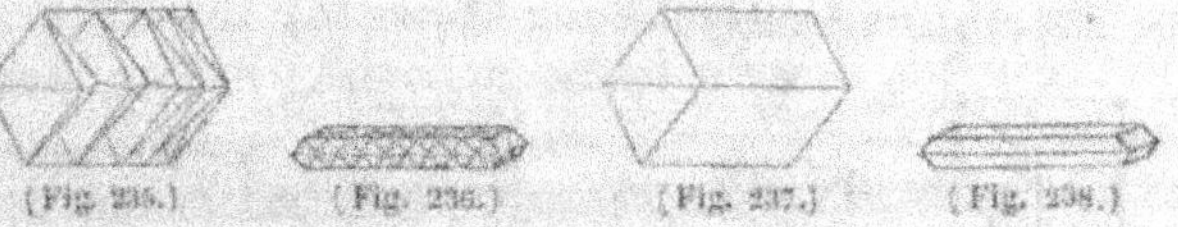

(Fig. 235.)   (Fig. 236.)   (Fig. 237.)   (Fig. 238.)

pyramidés se présentent comme des plaques simples ou modifiées (figures 239, 240, 241 et 242).

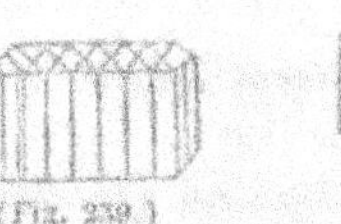

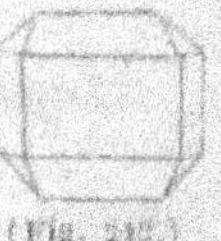

(Fig. 239.)   (Fig. 240.)   (Fig. 241.)   (Fig. 242.)

De même de petits cristaux prismatiques en se plaçant les uns au bout des autres allongent le cristal résultant, de manière à lui donner la forme capillaire, fibreuse, etc.

L'allongement, l'élargissement, le raccourcissement ou l'aplatissement des cristaux résulte toujours de groupements variés de cristaux élémentaires.

Par suite, l'octaèdre représenté par la figure 243, peut, en se déformant et en se modifiant plus ou moins, donner lieu à des configurations cunéiformes, tabulaires, etc., semblables aux figures 244, 245, 246 et 247; l'octaèdre représenté par la figure 248

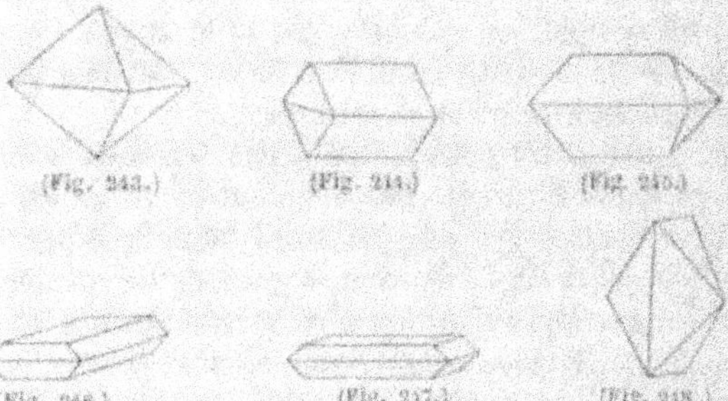

(Fig. 243.)   (Fig. 244.)   (Fig. 245.)

(Fig. 246.)   (Fig. 247.)   (Fig. 248.)

peut dégénérer en cristaux semblables aux figures 249, 250, 251 et 252; l'octaèdre représenté par la figure 253 peut pro-

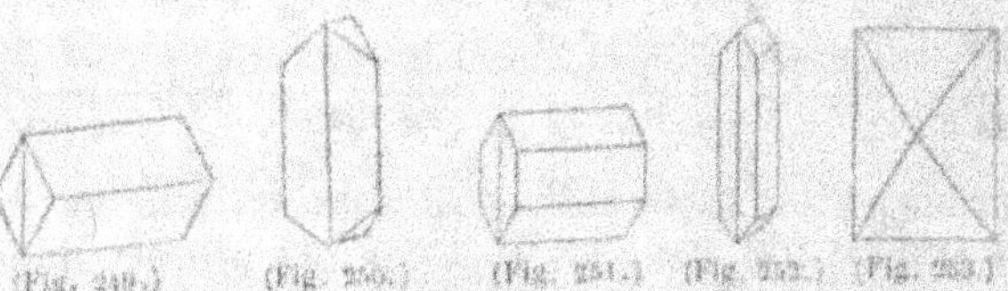

(Fig. 249.)   (Fig. 250.)   (Fig. 251.)   (Fig. 252.)   (Fig. 253.)

duire des cristaux semblables aux figures 254, 255, 256 et 257.

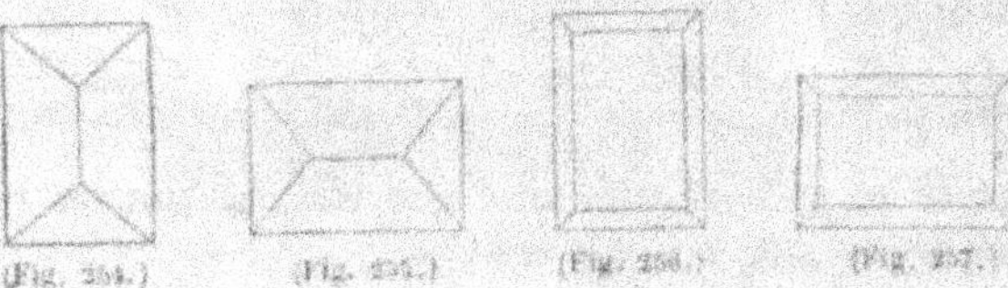

(Fig. 254.)   (Fig. 255.)   (Fig. 256.)   (Fig. 257.)

D'autres déformations paraissent encore plus grandes. Ainsi, l'octaèdre régulier (figure 258) peut devenir tel que le montrent les figures 259 et 260; le prisme hexagonal pyramidé (figure 261)

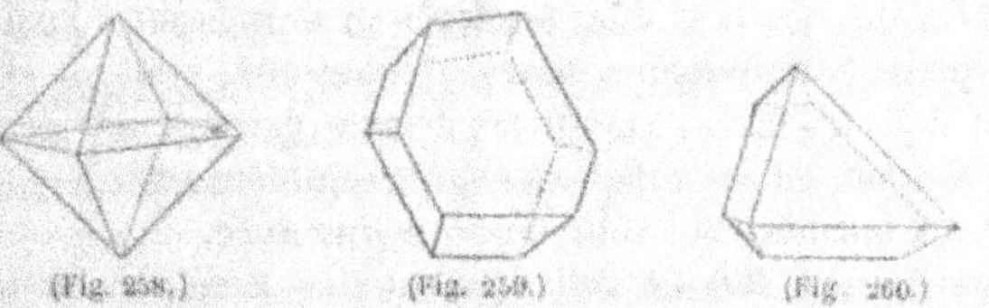

(Fig. 258.) (Fig. 259.) (Fig. 260.)

peut affecter les formes représentées par les figures 262, 263, 264 et 265.

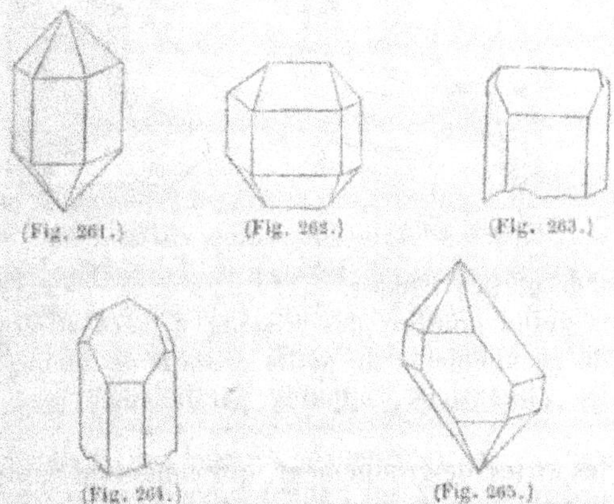

(Fig. 261.) (Fig. 262.) (Fig. 263.)

(Fig. 264.) (Fig. 265.)

Enfin, les exemples précédents et la comparaison des deux figures 266 et 267, qui possèdent exactement les mêmes faces,

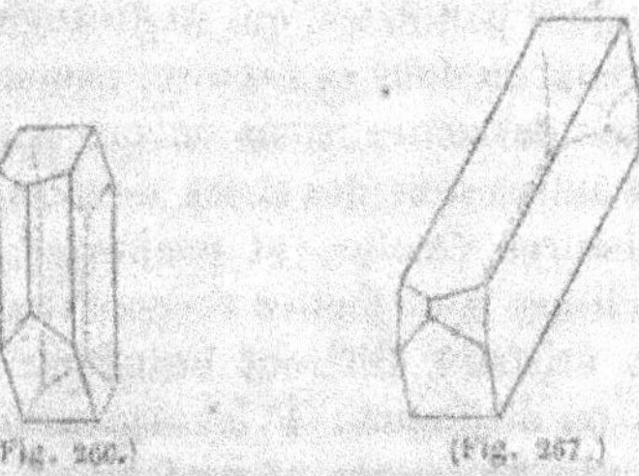

(Fig. 266.) (Fig. 267.)

mais avec des développements très-différents, suffisent pour donner une idée des changements variés qu'une forme peut subir.

15.

Il y a des cristaux dont les faces se présentent à l'œil comme des plans parfaitements lisses et continus; mais on en trouve aussi dont les faces, examinées de près, laissent voir des inégalités en creux ou en relief. Ces faces semblent avoir été rayées et comme burinées à l'aide d'une pointe dure.

Les figures 268 et 269 donnent des exemples de stries, de

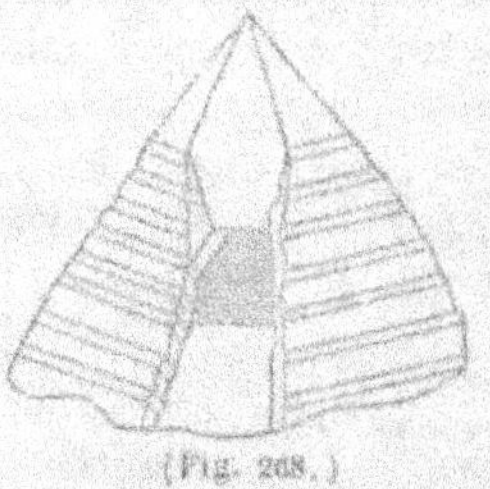 

(Fig. 268.)   (Fig. 269.)

saillies et de petites bandes.

Le plus grand nombre des cristaux à faces striées sont le résultat de groupements de petits cristaux de même forme et de mêmes dimensions, apposés parallèlement les uns aux autres.

Outre les stries de groupement, qui consistent dans une succession de saillies et de rentrées cunéiformes, on doit admettre deux autres sortes de stries. Les unes sont des stries d'accroissement, dues à la formation successive du cristal par lames ou couches polyédriques parallèles, qui se distinguent nettement à la surface du cristal ou dans sa cassure, non-seulement par les nuances différentes des zones, mais encore par les fissures qui les séparent; les autres sont des stries de clivage, produites de même par les fissures étroites et profondes qui séparent les couches que le clivage peut mettre successivement à découvert.

Les stries des cristaux diffèrent beaucoup en intensité, et sous ce rapport on distingue : 1° les stries fines, 2° les cannelures plus ou moins grossières et profondes.

Sur une même face, la rayure peut être simple ou multiple, selon qu'il y a un seul ou plusieurs systèmes de stries parallèles, qui sont ou juxtaposées ou entre-croisées.

Le pointillage existe sur des faces qui offrent non une suite
d'arêtes fines et très-serrées, mais un assemblage de petites
pointes, qui sont tout autant d'angles solides formés par la réunion de trois ou d'un plus grand nombre de facettes planes. Dans
ce cas les faces paraissent comme chagrinées.

La figure 270 nous montre un exemple de pointillage ou de
chagrinage des faces.

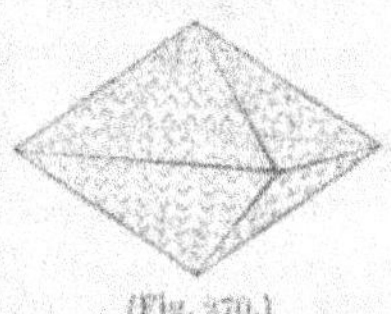

(Fig. 270.)

Courbure des faces des cristaux.

Souvent les faces et les arêtes des cristaux sont plus ou moins
arrondies, de manière qu'ils présentent des configurations cylindroïdes, sphéroïdes, ellipsoïdes, lenticulaires, etc.

Les prismes hexagonaux, octogonaux ou dodécagonaux offrent
des configurations cylindroïdes, chargées sur leur longueur de
stries, parmi lesquelles on remarque çà et là des plans unis,
qui semblent indiquer que la configuration cylindroïde est due
à la multiplicité des facettes (figure 271).

Les dodécaèdres rhomboïdaux, les trapézoèdres, etc. produisent souvent par leurs oblitérations des configurations sphéroïdes, dont les faces et les arêtes sont presque toujours
plus ou moins bombées et curvilignes (figures 272, 273 et 274).

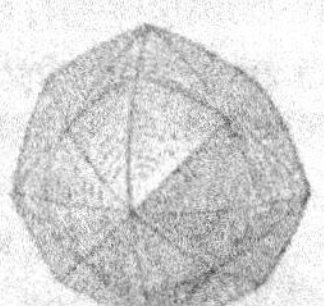

(Fig. 271.)   (Fig. 272.)   (Fig. 273.)   (Fig. 274.)

Les rhomboèdres obtus, certains octaèdres aplatis, en général
les solides surbaissés, affectent en se déformant des configurations lenticulaires; les scalénoèdres ou différents dodécaè-

dres prennent des configurations séminiformes, doliformes, etc.
(figures 275, 276 et 277).

(Fig. 275.)   (Fig. 276.)   (Fig. 277.)

Ces oblitérations paraissent souvent dues soit à la multiplicité des facettes sur les angles solides ou sur les arêtes, soit à des petites bandes qui varient progressivement de largeur; mais elles peuvent aussi provenir d'autres causes.

Il y a des courbures qui s'étendent dans toute la masse cristalline, parce qu'elles consistent en une incurvation générale des lignes du réseau et des couches du cristal. Cette sorte de courbure est tantôt convexe, tantôt concave, et quelquefois à double courbure. On trouve ainsi des cristaux contournés en forme de 8, de selle, d'arc, etc.

Dans d'autres cas, la courbure n'atteint pas les couches internes et provient de circonstances étrangères à la cristallisation, par exemple, de causes physiques ou chimiques, qui semblent avoir opéré un commencement de fusion du cristal, ou bien de causes mécaniques qui ont usé la surface. Dès lors on rencontre des cristaux granuliformes, etc.

Creusement des faces des cristaux.

Il y a des cristaux dont les arêtes seules sont nettement constituées et dont les faces sont creusées tantôt régulièrement, tantôt irrégulièrement, quelquefois même jusqu'au centre de ces solides, soit par une action postérieure à leur formation, soit par une circonstance particulière qui a agi pendant leur formation. Les parties  creuses de ces cristaux présentent fréquemment des cloisons ou des lames décroissantes, d'où résulte une sorte de carcasse ou de cristal à jour. Lorsqu'on examine avec soin les parois des cloisons, on reconnaît souvent qu'elles sont en forme de gradins descendants.

(Fig. 278.)

La figure 278 nous offre un exemple des cristaux à faces creuses.

GROUPEMENTS DES CRISTAUX.

Dans la nature les cristaux isolés sont rares; ils se réunissent ordinairement entre eux de diverses manières, et constituent ainsi des groupements dont la configuration est régulière ou irrégulière.

Parmi les groupements on en trouve qui sont soumis à des lois cristallographiques ou géométriques, et qui sont par conséquent déterminés par la forme même des cristaux réunis. Cette classe comprend les *groupements réguliers;* tandis que les autres groupements, qui ne sont soumis à aucune loi cristallographique, constituent la classe des *groupements irréguliers.*

Dans les groupements il n'y a pas de régularité, si les cristaux composants, étant égaux, débordent, comme le montrent, par exemple, les figures 279, 280 et 281.

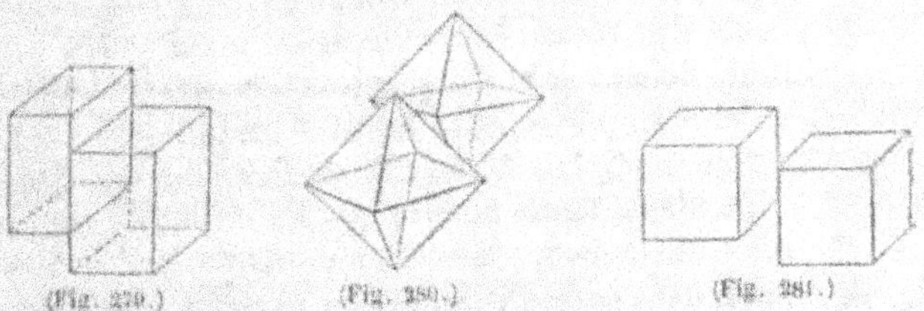

(Fig. 279.) (Fig. 280.) (Fig. 281.)

L'irrégularité peut être encore plus grande avec d'autres positions moins normales, et à plus forte raison lorsque les cristaux sont inégaux ou de formes différentes, ou bien lorsqu'ils appartiennent à des substances minérales différentes. Néanmoins, dans les groupements plus ou moins variés et complexes qui ne sont pas soumis à des lois cristallographiques, on peut reconnaître en général certaines règles d'associations et de dispositions qui dépendent des conditions dans lesquelles les minéraux se sont formés, de leurs relations réciproques et des gisements.

GROUPEMENTS RÉGULIERS.

GROUPEMENTS DE CRISTAUX DE NATURE, DE FORME ET DE STRUCTURE SEMBLABLES.

Le groupement régulier des cristaux s'effectue généralement lorsque ceux-ci commencent à se former ou qu'ils sont encore à l'état rudimentaire. A ce moment, ils se joignent soit par des faces égales, soit par des arêtes égales, soit enfin par des angles solides égaux. Quand deux cristaux sont ainsi soudés l'un à l'autre, ils s'accroissent simultanément par une succession de couches enveloppantes, comme s'ils ne constituaient qu'un seul et même cristal. Il résulte de là : 1° que les deux cristaux doivent se déformer de plus en plus par l'effet de cet accroissement simultané, de manière à ne ressembler bientôt qu'à des cristaux tronqués ou fractionnaires réunis ; 2° que, dans tous les cas, ils doivent paraître s'être joints par des plans, lors même qu'ils se seraient primitivement accolés par de simples points.

La figure 282 représente deux petits cristaux c et c qui se sont groupés par leurs sommets. On y voit que chacune des couches enveloppantes a augmenté la solidité du groupe et élargi la jonction, qui s'est étendue de plus en plus sous la forme d'un plan $p\,p$. Ce plan est nommé *plan de jonction* ou *face de groupement*.

La même figure montre que les cristaux c et c, pris individuellement, n'ont rien perdu de leur accroissement dans le sens parallèle au plan de jonction $p\,p$, tandisque dans le sens perpendiculaire à ce plan l'accroissement ne s'est effectué que d'un seul côté, le plan de jonction ayant fait obstacle à l'arrivée des corpuscules du côté opposé. De sorte que les deux cristaux ne sont plus au complet, et que leur assemblage représente deux fragments de cristaux ou deux moitiés d'un même cristal qui auraient été séparées et ensuite rapprochées, ou bien dont l'une aurait tourné sur l'autre. Mais les choses ne se passent pas ainsi dans la nature : car elle a réellement formé deux cristaux distincts, qui se sont soudés dès le principe et qui se sont développés simultanément dans la position où ils se trouvent placés.

Le plan de jonction, qui partage le groupe des deux cristaux

(Fig. 282.)

en deux moitiés symétriques, est nommé *équateur* du groupe. Il correspond ordinairement à une face existante ou non sur les cristaux considérés isolément, mais qui, dans tous les cas, y est possible. On peut obtenir celle-ci par une des modifications les plus simples; elle est généralement perpendiculaire à un axe ou à une arête du cristal, ou bien elle est parallèle soit à la base de ce dernier, soit à l'une de ses sections diagonales, soit enfin à l'un de ses clivages principaux.

Il y a deux sortes de groupements réguliers des cristaux de nature, de forme et de structure semblables : 1° les groupements sans inversion, 2° les groupements avec inversion.

Groupements sans inversion.

Cette catégorie de groupements comprend les cristaux qui sont groupés en position parallèle, c'est-à-dire ceux dont les axes, les arêtes et les faces homologues sont respectivement parallèles.

Il arrive souvent qu'un grand nombre de petits cristaux de la même forme se groupent parallèlement les uns aux autres, en s'accolant par des parties semblables et en se combinant de manière à produire un ensemble régulier.

Le groupement résultant est tantôt de même configuration que les cristaux qui le composent, tantôt de configuration différente de celle des cristaux composants. Les figures 283, 284 et 285 donnent des exemples du premier cas; tandis que les

(Fig. 283.)

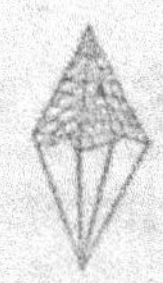

(Fig. 284.)

(Fig. 285.)

figures 286, 287 et 288 en donnent du second.

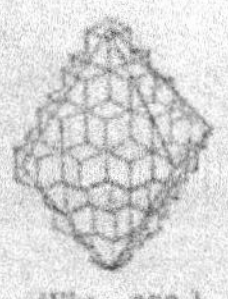

(Fig. 286.)

(Fig. 287.)

(Fig. 288.)

La plupart des gros cristaux montrent clairement qu'ils sont ainsi constitués, et souvent lorsqu'une de leurs parties est très-nette, une autre présente l'échafaudage plus ou moins grossier qui les constitue.

Les prismes rhomboïdaux sont très-sujets à se grouper, et produisent quelquefois des groupements particuliers. L'aragonite et la céruse nous en offrent des exemples remarquables.

Si deux prismes s'accolent par les arêtes latérales, comme le montre la figure 289, l'intervalle se remplit par deux demi-prismes de la même sorte, comme l'indique la figure 290.

(Fig. 289.)

(Fig. 290.)

Si deux prismes se réunissent par les faces latérales, comme le montre la figure 291, l'intervalle se remplit par un prisme dérivé, comme l'indique la figure 292; ou bien il est comblé par de petits prismes de même sorte, qui viennent se presser sur une ligne moyenne et qui laissent entre eux un angle rentrant, comme le montre la figure 293.

(Fig. 291.)

(Fig. 292.)

(Fig. 293.)

D'autres fois les prismes se groupent au nombre de plus de deux et présentent des groupements souvent très-complexes (figures 294, 295, 296 et 297).

(Fig. 294.)

(Fig. 295.)

(Fig. 296.)

(Fig. 297.)

Les prismes qui se réunissent sont tantôt simples à leurs sommets, tantôt modifiés de diverses manières. Dans le premier cas les groupements ont des bases assez nettement terminées, quoique striées en différents sens. Dans le deuxième cas, les modifications des prismes constituants se dessinent en creux et en relief sur les bases des groupements, comme le montre la figure 298.

Lorsque les prismes qui se groupent sont modifiés profondément sur les arêtes latérales, il en résulte des groupements semblables à la figure 299, si tous les prismes constituants ont la même étendue, et semblables à la figure 300, si plusieurs de ces

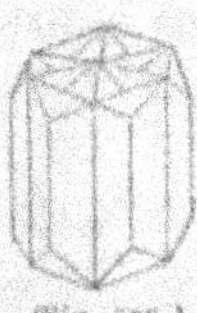

(Fig. 298.)

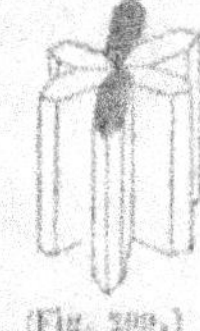

(Fig. 299.)

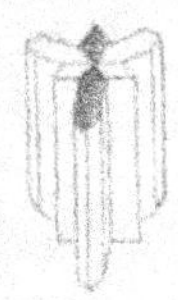

(Fig. 300.)

prismes élémentaires restent plus petits.

Quand les prismes constituants sont en même temps modifiés à leurs sommets et sur leurs arêtes latérales, il se produit une sorte de carcasse de prisme pyramidé, semblable à celle que représente la figure 301.

Enfin, la configuration du groupement peut-être simplement une forme imitative, mais offrant néanmoins un certain rapport avec la forme des cristaux composants (1).

(Fig. 301.)

Groupements avec inversion.

Dans cette catégorie de groupements il faut distinguer : 1° la position relative des cristaux; 2° leur mode particulier de réunion, qui peut consister soit en une simple apposition ou soudure, soit en une sorte de pénétration ou d'enchevêtrement.

1° Pour déterminer la position relative de deux cristaux, on les suppose d'abord en position parallèle; puis, l'un d'eux restant immobile, on fait tourner l'autre autour d'un certain axe et d'une certaine quantité angulaire.

Un axe de révolution est toujours perpendiculaire à une face

(1) Voyez plus loin les groupements irréguliers et les configurations irrégulières.

ou parallèle à une arête. Le plan normal à un axe de révolution correspond ordinairement à une face; dans le cas contraire il est perpendiculaire à une arête. Ces plans normaux remplissent souvent le rôle de plans de jonction dans les groupements; de plus, si les groupements possèdent toute la perfection qu'ils peuvent avoir, et si les cristaux dont ils se composent se sont formés régulièrement depuis l'origine, chacun des plans normaux est alors un plan de symétrie pour le groupement, les deux cristaux composants ayant à son égard les mêmes positions relatives que celles d'un objet et de son image par rapport à un miroir plan qui le réfléchit.

Les figures 302, 303, 304, 305, 306, 307 et 308 présentent des

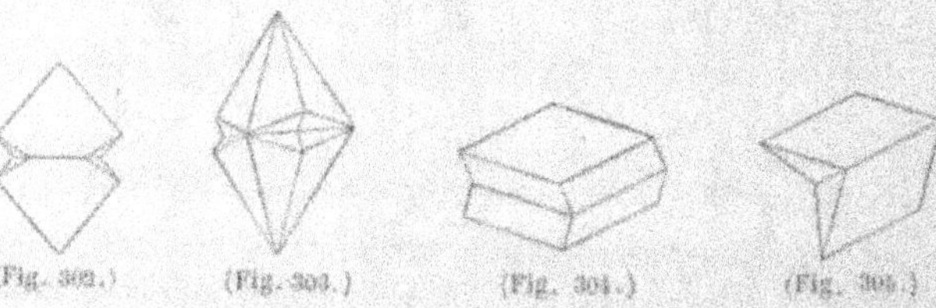

(Fig. 302.) (Fig. 303.) (Fig. 304.) (Fig. 305.)

exemples de groupements avec inversion. Ces groupements sont

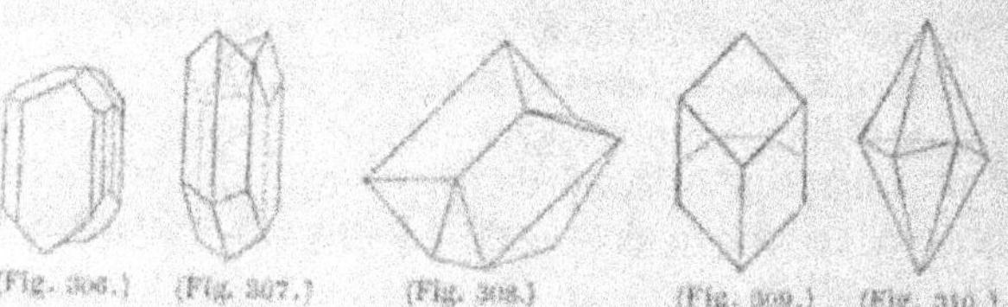

(Fig. 306.) (Fig. 307.) (Fig. 308.) (Fig. 309.) (Fig. 310.)

formés comme si les solides ordinaires qui leur correspondent (figures 309, 310, 311, 312, 313, 314 et 315) avaient été coupés

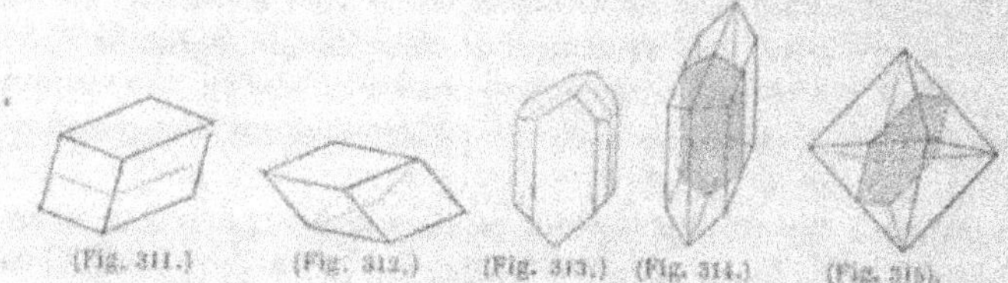

(Fig. 311.) (Fig. 312.) (Fig. 313.) (Fig. 314.) (Fig. 315.)

par un plan en deux parties égales, dont une aurait ensuite tourné de manière à produire les figures des groupements précédents.

On dit qu'il y a *hémitropie* lorsque l'angle de révolution est de

180°, ou d'une demi-révolution ; tandis que l'on dit qu'il y a *transposition* si l'angle de révolution n'atteint pas 180° ou une demi-révolution, comme lorsqu'il est par exemple de 1/4, de 1/6, etc. de révolution, ou de 90°, de 60°, etc.

Le plan de jonction des groupements peut être dans trois positions différentes par rapport à l'axe cristallin, savoir : 1° parallèlement, 2° perpendiculairement, 3° obliquement à cet axe.

Les figures 316 et 317 présentent des exemples de groupe-

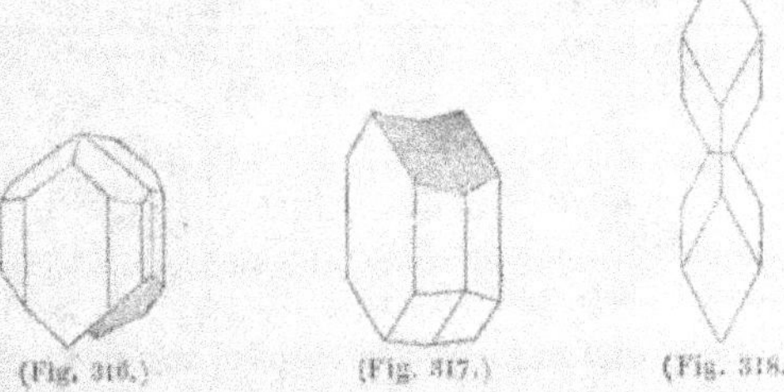

(Fig. 316.)   (Fig. 317.)   (Fig. 318.)

ments dont la surface de jonction est parallèle à l'axe ; les figures 318, 319 et 320, des exemples de groupements dont la

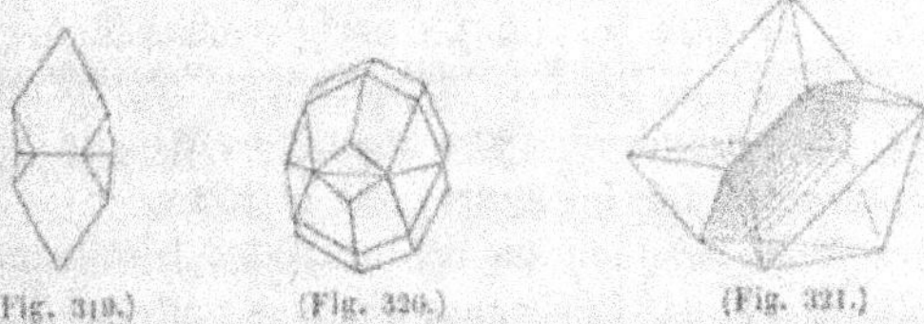

(Fig. 319.)   (Fig. 320.)   (Fig. 321.)

surface de jonction est perpendiculaire à l'axe ; enfin, les figures 321, 322, 323 et 324, des exemples de groupements dont la surface de jonction est oblique à l'axe.

2° Pour déterminer le mode du groupement, il faut reconnaître si les deux cristaux sont réunis par juxta-position ou par enchevêtrement, et dans ce dernier cas en se croisant ou bien en paraissant se pénétrer mutuellement d'une manière plus ou moins complète.

Lorsque le groupement a lieu par simple juxta-position, il existe seulement un plan de jonction et un plan de symétrie. Les deux cristaux paraissent presque toujours incomplets, raccourcis et comme tronqués par un bout ; ils sont placés l'un sur l'autre, ou l'un à côté de l'autre, la masse de chacun d'eux se trouvant tout entière d'un seul côté par rapport au plan de jonction. On désigne ordinairement ces sortes de groupements sous les noms de groupes en *gouttière* (figures 316, 317 et 322), en *cœur* (figure 323), en *genou* (figure 324), etc.

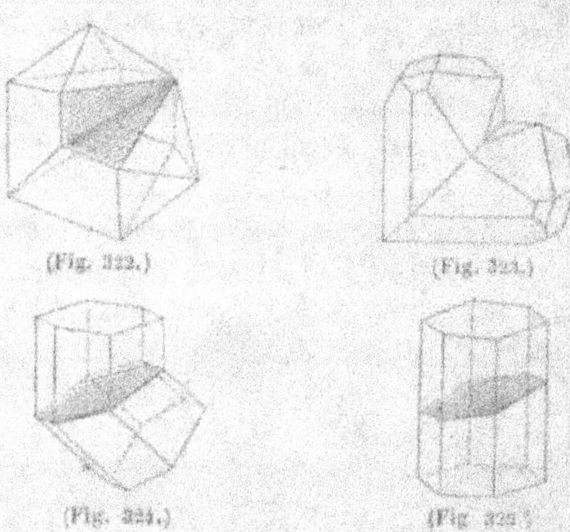

Si dans le prisme (figure 325) on suppose que l'on détermine par le centre une section de manière à couper le cristal en deux parties égales et symétriques; puis, si l'on suppose que l'on fasse tourner la moitié inférieure du cristal d'une demi-révolution ou de 180° suivant un axe perpendiculaire à la section déterminée, on aura le groupement représenté par la figure 324. On obtiendrait d'une manière analogue les groupements représentés par les figures 322 et 323.

Les caractères auxquels on reconnaît les hémitropies et les transpositions sont : 1° l'existence d'angles rentrants à la surface du groupement; 2° le changement de la symétrie, qui dans le groupement est différente de celle des cristaux composants; 3° l'interception des clivages, qui ne se prolongent pas dans le même sens de part et d'autre du plan de jonction; 4° la disposition anormale des stries superficielles; 5° la discontinuité de la structure cristalline.

On sait que les cristaux isolés n'admettent pas d'angles rentrants; par conséquent, si l'on voit un angle rentrant à la surface d'un cristal, on peut être certain que celui-ci est un groupement formé par la réunion de deux ou d'un plus grand nombre de cristaux.

Néanmoins il y a des groupements qui ont lieu sans produire

d'angle rentrant; ce sont, par exemple, ceux dont le plan de
jonction ou la section du cristal est perpendiculaire à l'axe d'un
prisme régulier. Mais le groupement offre une symétrie différente
de celle que réclame le système cristallin propre à la substance
minérale qui présente le groupement.

Par exemple, si l'on suppose que le dodécaèdre représenté par
la figure 326 soit coupé horizontalement en 2 parties égales et

(Fig. 326.)   (Fig. 327.)

que la moitié inférieure tourne autour de son axe de 60° ou 180°,
il en résultera l'hémitropie représentée par la figure 327, dans laquelle il n'y a point d'angle rentrant, mais dans laquelle l'un des
caractères indiqués précédemment, tel que la différence de
symétrie, démontre l'existence du groupement.

De même la présence d'un angle rentrant n'existe pas toujours
dans les groupements dont le plan de jonction est parallèle à
l'axe; dans ce cas, il faut encore avoir recours aux autres
caractères que nous avons précédemment signalés pour reconnaître l'hémitropie. Un exemple de l'absence de gouttière est
donné par la figure 328, qui montre l'hémitropie la plus habi-

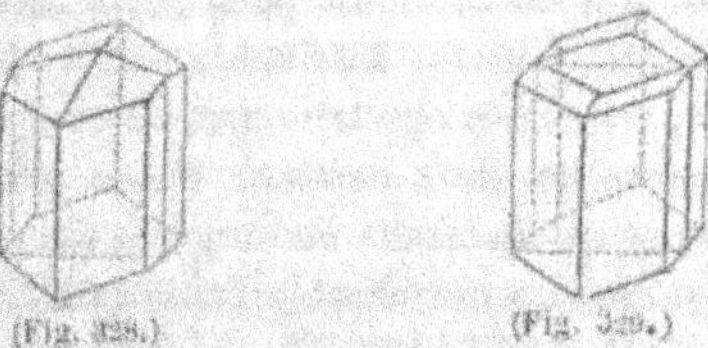

(Fig. 328.)   (Fig. 329.)

tuelle de l'amphibole hornblende et qui n'est que le groupement
représenté par la figure 329, dans lequel la gouttière a disparu
par suite de la plus grande pénétration des deux cristaux ou de
l'extension des facettes qui l'entourent.

Ainsi le groupement des cristaux peut donner lieu à des
angles rentrants qui s'effacent ensuite plus ou moins, pendant l'accroissement du groupement, par l'extension des
faces voisines. On conçoit, en effet, que si par un accroissement inégal des différentes parties d'un cristal les faces qui

entourent l'angle rentrant se développent outre mesure, les facettes qui forment cet angle se rétréciront peu à peu et pourront finalement s'évanouir avec lui. La pénétration des cristaux peut produire le même résultat.

Lorsque le groupement a lieu par enchevêtrement ou entrecroisement, il existe plusieurs plans de jonction avec des directions différentes. Les cristaux sont groupés autour d'un centre ou d'un axe commun; ils paraissent incomplets, échancrés par le milieu et placés l'un dans l'autre de manière à remplir les vides résultant des échancrures.

Les groupements de cette sorte sont nommés *macles*.

La macle diffère de l'hémitropie ordinaire en ce que dans la macle les deux cristaux qui se sont produits avec une position inverse de part et d'autre du plan commun, se continuent au delà du point de centre et d'origine de la macle; en sorte que chacun d'eux s'étend des deux côtés du plan de jonction.

La figure 330 en présentant un exemple de macle montre qu'il

résulte de ce prolongement un second plan de jonction perpendiculaire au premier et passant comme lui par le centre du groupement : les deux cristaux s'entrecroisent et s'entrecoupent l'un l'autre en deux parties, qui restent séparées et discontinues, si ce n'est dans l'axe qui passe par le centre. Au moyen de la disposition des stries, qui est la même pour les 2 moitiés d'un même

(Fig. 330.)

cristal, et différente dans les 2 cristaux, on reconnaît facilement quelles sont les parties qui appartiennent à chaque cristal. Enfin, si l'on suppose que les deux cristaux de ce groupement soient séparés, on verra qu'ils sont incomplets dans leur milieu et qu'ils présentent chacun une double échancrure, comme le montrent les figures 331 et 332.

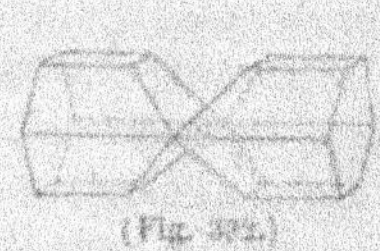

(Fig. 331.)   (Fig. 332.)

Cette sorte de macle appartient surtout à la staurotide ou

croisette, dont les cristaux groupés offrent la forme tantôt d'une croix rectangulaire, comme la figure 330, tantôt d'une croix obliquangle, comme la figure 333.

(Fig. 333.)

(Fig. 334.)

De même la céruse présente des cristaux en forme de croix, ainsi qu'on en voit un exemple par la figure 334; tandis que l'harmotome offre des macles dans lesquelles les axes coïncident au lieu de se croiser, comme le montrent les figures 335 et 336.

(Fig. 335.)

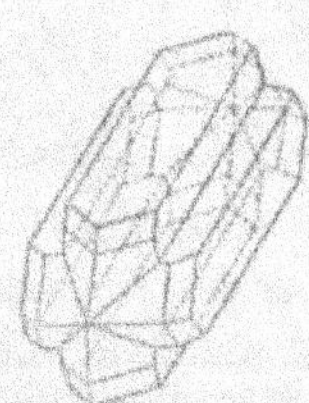
(Fig. 336.)

Dans la plupart des groupements, les deux cristaux se prolongent de part et d'autre de leur intersection; mais le contraire arrive aussi, surtout dans les croix rectangulaires, et alors le groupement offre l'aspect d'un solide presque carré, dont les surfaces sont tailladées de manière à présenter de chaque côté huit arêtes rayonnantes, formant alternativement une saillie et un sillon, comme l'indique la figure 337.

(Fig. 337.)

Des groupements par enchevêtrement de deux cristaux semblables avec plus de deux plans de jonction se rencontrent parmi les solides appartenant à l'aimant, la galène, la fluorine, l'orthose, la pyrite, la panabase, la phillipsite, la chabasie, au gypse, etc. Les figures 338, 339, 340, 341, 342, 343, 344, 345, 346, 347 et 348, nous représentent des exemples de ces pénétrations plus ou moins avancées.

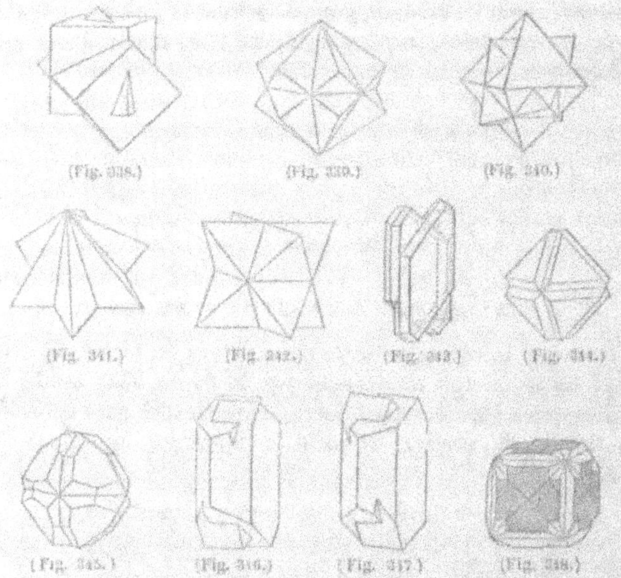

(Fig. 338.) (Fig. 339.) (Fig. 340.)

(Fig. 341.) (Fig. 342.) (Fig. 343.) (Fig. 344.)

(Fig. 345.) (Fig. 346.) (Fig. 347.) (Fig. 348.)

Il peut arriver pour les entrecroisements, comme pour les groupements par juxta-position, que toute trace d'angles rentrants disparaisse ; dans ce cas il faudra aussi, pour reconnaître le groupement, avoir recours à d'autres caractères distinctifs, tels que le changement de symétrie, la disposition anormale des stries, la discontinuation des clivages, etc. La pyrite, la schéelite, le quarz, etc. en offrent des exemples, dont les principaux sont représentés par les figures 349, 350 et 351.

(Fig. 349.) (Fig. 350.) (Fig. 351.)

Le groupement inverse ne se borne pas à l'assemblage de deux cristaux ; il peut avoir lieu à l'égard d'un nombre plus ou moins considérable de cristaux de même nature et de même forme, ordonnés en série par rapport à un axe, ou bien réunis autour soit d'un centre, soit d'un cristal intermédiaire, servant de tige ou de support commun à tous les autres. En outre, les résultats de cette sorte de groupement répété varient selon que les plans de jonction successifs sont tous parallèles, ou qu'ils sont obliques entre eux.

Considérons d'abord le cas où les faces de jonction sont en parallélisme continu et où les groupements ont lieu en série rectiligne.

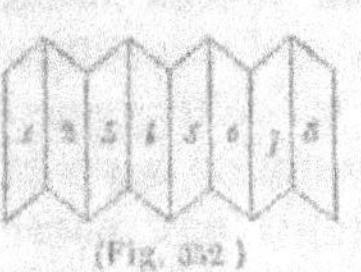

Soit 1 (figure 352) la coupe transversale d'un prisme droit à base rhomboïdale, avec lequel un second prisme semblable 2 est réuni en sens inverse, la face de jonction étant un des pans du premier prisme, et l'axe de révolution étant une droite perpendiculaire à la face de jonction. Puis, supposons qu'un prisme 3 se réunisse de la même manière avec le prisme 2, et que des prismes 4, 5, 6, 7, 8, etc. s'associent successivement et semblablement. Ces cristaux pris de deux en deux seront en position directe ou parallèle ; tous se trouveront apposés en série linéaire parallèlement à l'axe, et le nombre de ceux qui pourront être groupés ainsi n'aura pas de limite.

Quand il y a un très-grand nombre de cristaux, les surfaces du groupement parallèles à l'axe de révolution forment une succession d'angles saillants et d'angles rentrants qui donne un aspect dentelé. Généralement les cristaux élémentaires qui constituent le groupement subissent un raccourcissement considérable dans le sens de l'axe de révolution ; en sorte qu'ils apparaissent comme des lamelles plus ou moins minces, et alors les surfaces parallèles à cet axe ressemblent à des faces ordinaires de cristaux qui seraient striées avec beaucoup de régularité dans un sens parallèle à la direction des plans de jonction. Quelquefois, les cristaux élémentaires situés aux extrémités sont plus développés, tandis que les intermédiaires se trouvent très-amincis, et l'ensemble simule un cristal unique, dans lequel on aurait inséré des lames de la même substance, reconnaissables seulement aux stries qui résultent de leurs positions alternativement renversées.

Un certain nombre de minéraux, entre autres la labradorite, l'albite, le calcaire, l'aragonite, la chalkopyrite, l'oligiste, le corindon, le pyroxène, etc., présentent des exemples d'un pareil groupement répété, avec les stries de composition qui le caractérisent.

16.

Considérons maintenant le cas où les faces de jonction sont obliques entre elles et où les groupements ont lieu en série circulaire.

Soient 1, 2, 3, 4, etc. (figure 353) les coupes transversales de

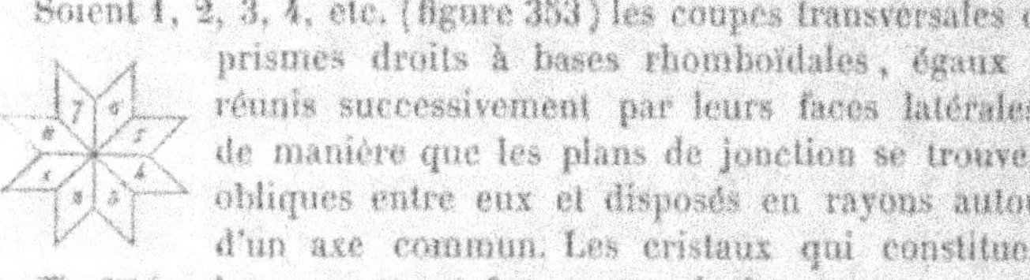
prismes droits à bases rhomboïdales, égaux et réunis successivement par leurs faces latérales, de manière que les plans de jonction se trouven obliques entre eux et disposés en rayons autour d'un axe commun. Les cristaux qui constituent le groupement formeront ainsi un arrangement circulaire (*macle circulaire*) ou une série rentrante sur elle-même, et le nombre de ces cristaux constitutifs sera nécessairement limité. Or, ce nombre pour un groupement complet est donné par l'expression $\frac{360^{\circ}}{a}$, a étant la valeur de l'un quelconque des angles dont les sommets se trouvent au centre du groupement. Quand a divise exactement 360°, tout l'espace circulaire autour du centre est rempli par le nombre de prismes élémentaires que détermine l'expression $\frac{360^{\circ}}{a}$; mais un quotient entier a rarement lieu. Dans ce cas il reste généralement un vide entre le premier cristal élémentaire et le dernier; ou bien le vide est comblé soit par l'extension irrégulière que subit chacun de ces deux cristaux, soit par l'existence d'un élément surnuméraire, qui se forme sur le dernier cristal et qui demeure incomplet, pénétrant ou enveloppant en partie le premier cristal, soit enfin par la présence de deux cristaux fragmentaires qui s'ajoutent l'un au premier, l'autre au dernier des cristaux complets, en se faisant mutuellement obstacle dans leur accroissement et se limitant à leur rencontre accidentelle.

Pour qu'une loi de groupement inverse puisse se répéter entre plusieurs cristaux semblables, avec un arrangement circulaire de ces cristaux et une disposition rayonnée de leurs plans de jonction, le groupement doit s'effectuer par des faces telles que chaque cristal en offre plusieurs de la même sorte dans des directions différentes.

Lorsque les cristaux qui se groupent circulairement autour d'un axe commun sont terminés par des sommets cunéiformes ou pyramidaux, les parties du groupement situées vers les extrémités de l'axe ou vers les bords de ce groupement présentent des angles rentrants, tantôt sous la forme de

cannelures divergentes avec stries et même avec dentelures,
tantôt sous celle d'une pyramide creuse ou d'un ombilic central.

Des exemples de ces sortes de groupements sont offerts par
l'aragonite cunéolaire (figure 354), par la sperkise péritome
(figure 355), par la cymophane (figure 356), par la lévyne
(figure 357) et par la chabasie (figure 358).

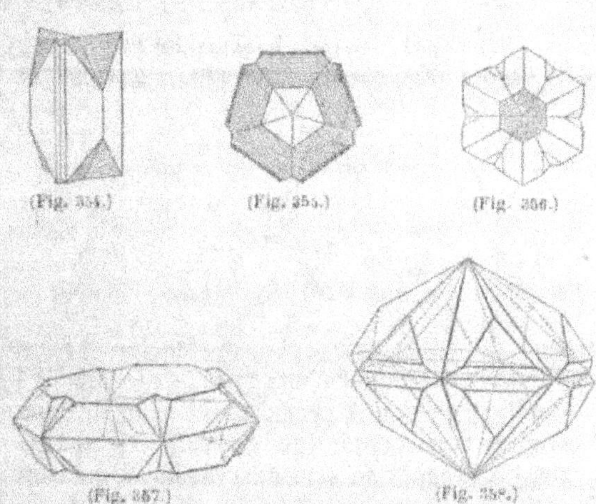

(Fig. 354.)   (Fig. 355.)   (Fig. 356.)

(Fig. 357.)   (Fig. 358.)

En général, la réunion de plusieurs cristaux semblables autour d'un axe commun, par des faces prismatiques, produira
des groupements analogues aux précédents, et qui peuvent être
compris sous la dénomination de groupements en *roses*.

Lorsque des cristaux se composent d'un prisme et de sommets
cunéiformes ou pyramidaux, si le groupement a lieu par juxta-
position de faces pyramidales, et s'il se répète d'un cristal à un
autre, il en résulte des groupements *géniculés*, ou en forme de
cadres polygonaux, comme le rutile en présente un exemple
(figure 359).

Si le groupement se répète sur plusieurs faces ou plusieurs
bords identiques d'un même cristal central (*macle axiale*),
faisant fonction en quelque sorte de tige ou de support à l'égard
des autres, il se produit des groupements symétriques en *gerbes*,
en *faisceaux*, en *bouquets*, en *étoiles*, etc. Des exemples de ce

genre de groupements sont offerts par la bornine (figure 360), par

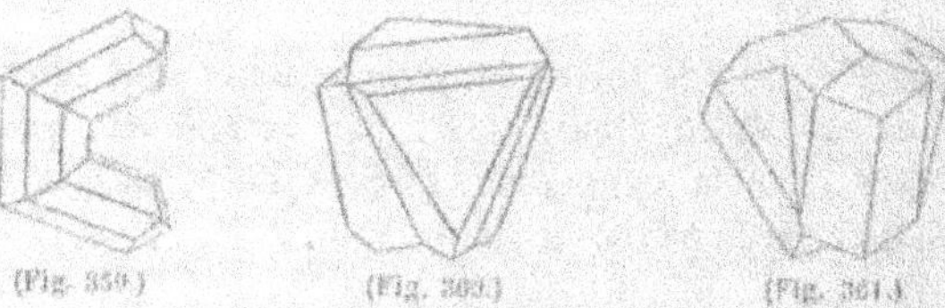

(Fig. 359.)   (Fig. 360.)   (Fig. 361.)

l'argyrithrose (figure 361), par la hausmanite (figure 362), par
la phénakite (figure 363), par la céruse (figure 364), etc.

(Fig. 362.)   (Fig. 363.)   (Fig. 364.)

Des cristaux de même nature et de même forme peuvent se
grouper en nombre fixe autour d'un centre, de manière à laisser
un vide au milieu d'eux et à produire une configuration régulière, plus simple et plus symétrique que celle des cristaux composants. Certains groupes en octaèdres réguliers, qui sont composés de petits cristaux rhomboédriques d'oligiste et que l'on
trouve dans des fissures du Vésuve, donnent un exemple de ce
genre de groupement déterminé par une loi purement géométrique.

GROUPEMENTS DE CRISTAUX DE MÊME NATURE, MAIS DE FORMES ET DE STRUCTURES
INVERSEMENT SEMBLABLES.

Ce genre de groupements n'a été encore observé que dans les
cristaux hémiédriques ou tétartoédriques d'une seule substance minérale. Il est offert par les cristaux de quarz qui sont
plagièdres et qui ne sont pas superposables, les uns étant
plagièdres à droite et les autres à gauche. Or, ces formes de
symétrie semblable, mais inverse, portent à admettre qu'il
existe une différence de même genre dans la structure intérieure
des cristaux, ce que démontre d'ailleurs l'analyse de cette structure par la lumière polarisée.

GROUPEMENTS DE CRISTAUX DE NATURES DIFFÉRENTES.

Les cristaux de même nature ne sont pas les seuls qui offrent une tendance à se grouper d'une manière régulière ; car il peut exister quelque régularité dans les groupements et quelque rapport constant dans les positions relatives de cristaux qui présentent des formes et des compositions différentes, surtout s'ils ont, à défaut d'identité, au moins une certaine analogie de formes et de compositions respectives.

Par exemple, deux silicates d'alumine, la staurotide, qui cristallise en prisme droit à base rhomboïdale, et le disthène, qui cristallise en prisme oblique à base parallélogrammique, se montrent quelquefois groupés suivant leur longueur, de manière que les axes de leurs prismes soient parallèles et que de plus une face du clivage principal du disthème corresponde à une troncature de l'arête aiguë du prisme fondamental de la staurotide. Des cristaux prismatiques de rutile sont disposés par faisceaux parallèles sur des tables hexagonales d'oligiste, et perpendiculairement aux bords de ces hexagones. Les deux pyrites de fer, dont l'une est cubique et l'autre prismatique, se groupent de telle sorte que l'une des faces du cube se trouve parallèle à la section passant par la petite diagonale du prisme. Sur de gros cristaux d'orthose on voit de petits cristaux d'albite qui sont avec les premiers en position presque parallèle. L'amphibole et le pyroxène se groupent souvent par couches prismatiques ou par lames planes superposées, de manière que leurs axes principaux soient parallèles, en même temps que les sections diagonales. On trouve également un composé de lames pyroxéniques, parallèles à l'axe principal ainsi qu'à la diagonale horizontale, et alternant avec des lames amphiboliques, qui tantôt ont une position cristallographique semblable, et tantôt se groupent par une de leurs faces prismatiques avec la section des lames pyroxéniques qui correspond à la diagonale horizontale de leur prisme. Enfin, d'autres groupements analogues aux précédents se présentent quelquefois.

GROUPEMENTS IRRÉGULIERS OU CRISTALLOÏDES.

Les groupements cristalloïdes comprennent les configurations qui laissent encore apercevoir l'influence de la cristallisation, c'est-à-dire qui sont formées par l'assemblage de cristaux plus ou moins oblitérés, mais constitués dans tous les cas par des particules cristallines.

Parmi les principaux groupements cristalloïdes nous indiquerons les *trémies*, les *dendrites*, les *faisceaux*, les *crêtes de coq*, les *roses*, les *sphéroïdes*, les *tubercules*, les *druses*, etc.

Trémies.

Les trémies sont des pyramides creuses, renversées et composées de différentes zones de cristaux, qui vont en diminuant de la base au sommet. Il s'en forme surtout dans les salines par l'évaporation des eaux mères.

Les trémies de sel (fig. 365) sont composées de rangées de  petits cubes semblables à des cadres rectangulaires, qui seraient appliqués les uns sur les autres en diminuant successivement de grandeur; il résulte de cette disposition une pyramide creuse à quatre pans, dont les parois présentent l'aspect de gradins.

(Fig. 365.)

Ces trémies se forment à la surface des eaux mères de la manière suivante. Il naît d'abord un petit cube *c*, qui tend à s'enfoncer en vertu de sa densité. La partie de ce cube initial qui se trouve à la surface devient un centre d'attraction, autour duquel il se forme d'autres petits cristaux, qui s'accolent au premier le long de ses arêtes supérieures et produisent ainsi une espèce de cadre. Alors la masse s'enfonce davantage; puis de nouveaux petits cristaux se groupent pour former un second cadre, qui se trouve appliqué sur les bords extérieurs du précédent, et ainsi de suite. Finalement il en résulte une pyramide creuse, dont l'angle dépend de la densité du liquide où elle s'est produite. Les cristaux se forment à la surface, parce que le sel tend à se déposer seulement par suite de l'évaporation, qui n'a lieu qu'à la surface. Il peut se produire autour du cube initial plus d'une rangée dans le même plan horizontal, en sorte que la hauteur des trémies peut varier beaucoup par rapport à la largeur de la base; cela dépend de l'état plus ou moins tranquille du liquide, de son degré de concentration, et de l'intensité de l'action capillaire.

Certains cornets calcaires (fig. 366) se forment de la même manière à la surface des eaux chargées de carbonate de chaux, qui séjournent dans des cavités souterraines très-aérées.

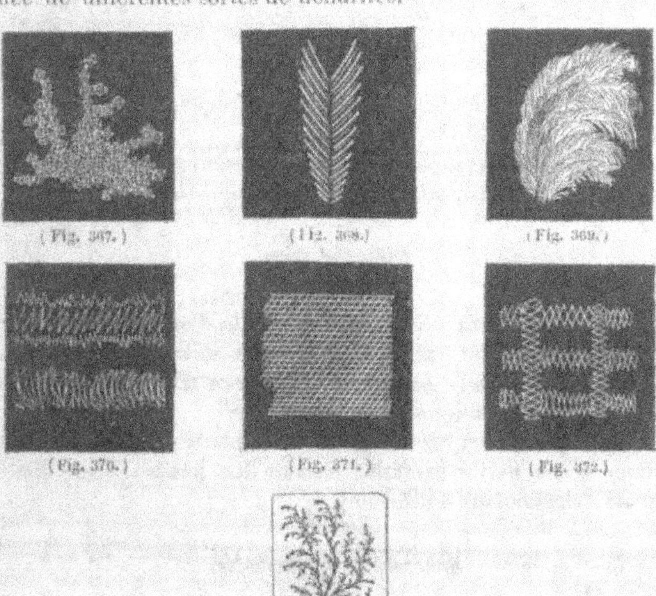

(Fig. 366.)

Dendrites.

Les dendrites sont dues à l'agrégation d'une multitude de petits cristaux qui se groupent à la suite les uns des autres, et qui produisent ainsi des ramifications dont l'ensemble offre souvent l'aspect d'un arbuste. Quelquefois les cristaux élémentaires se réunissent en files parallèles, auxquelles viennent se rattacher des rameaux transverses, comme des réseaux et des tricots (argent, smaltine, etc.). D'autres fois les files des cristaux élémentaires divergent en éventail ou en palme (stilbite, préhnite, mica, bismuth, galène, etc.).

Les figures 367, 368, 369, 370, 371, 372 et 373 donneront une idée de différentes sortes de dendrites.

(Fig. 367.)   (Fig. 368.)   (Fig. 369.)

(Fig. 370.)   (Fig. 371.)   (Fig. 372.)

(Fig. 373.)

Les cristaux qui composent les groupements dendritiques sont quelquefois reconnaissables à l'œil nu, ou peuvent se distinguer avec le secours d'une loupe; tel est le cas des dendrites formées par les octaèdres réguliers de l'or, de l'argent et du cuivre natifs. Mais ordinairement ils échappent à la vue par leur extrême petitesse, et ne forment qu'une sorte d'enduit à la surface de certains minéraux.

On distingue les dendrites *superficielles* et les dendrites *profondes*. Les premières sont celles qui n'ont pas d'épaisseur sensible, et que l'on voit souvent sur les surfaces de stratification des calcaires, des marnes, etc. Les secondes sont celles qui pénètrent dans l'intérieur de la masse des minéraux, et dont les arborisations ou les herborisations que présentent certaines agates, certains grès, etc., nous offrent des exemples.

Enfin, on nomme configurations *spiculaires* des variétés de dendrites formées par des cristaux aigus, qui appartiennent, pour la plupart, au système rhomboédrique.

Faisceaux.

Des cristaux aciculaires se trouvent fréquemment réunis en faisceaux, tantôt isolés, tantôt groupés.

Les faisceaux groupés peuvent être les uns par rapport aux autres dans des dispositions très-variées.

Crêtes et roses.

La disposition en crête de coq résulte d'un assemblage de tables oblitérées ou de lentilles alignées suivant une direction principale, à laquelle se rattachent souvent d'autres directions secondaires très-obliques (barytine).

Le groupement en rose est formé de cristaux plats et oblitérés autour d'une partie centrale, comme les pétales d'une fleur (quarz calcédonieux floriforme).

Sphéroïdes et tubercules.

On trouve des groupements de cristaux qui semblent s'être réunis d'une manière irrégulière et qui forment des masses sphé-

roïdales, noueuses, tuberculeuses, cylindroïdes, etc. (fig. 374,
375 et 376), dont la surface est hérissée de pointes pyramidales

 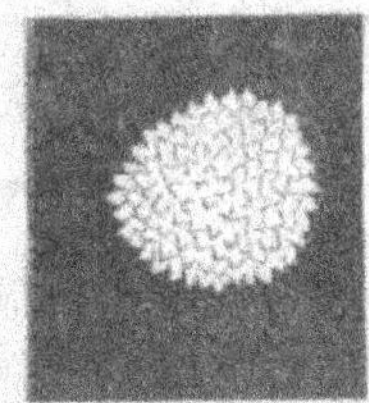 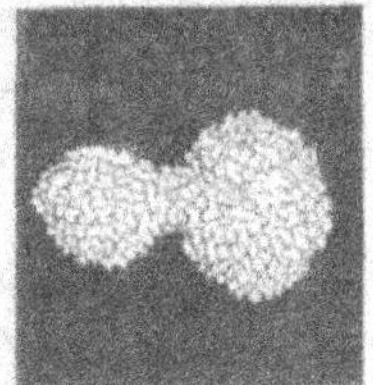

(Fig. 374.)   (Fig. 375.)   (Fig. 376.)

cristallines, qu'on voit se prolonger dans l'intérieur, en se déformant par leur pression mutuelle, et qui donnent lieu à une
structure radiée. Quelquefois le groupement s'effectue à la surface d'autres corps et produit alors une configuration mamelonnée cristalline.

La pyrite, la sperkise, la barytine, l'aragonite, le calcaire,
le gypse, la mésotype, etc. nous offrent des exemples de groupements sphéroïdes ou tuberculeux.

Druses.

En général on donne le nom de druse à une sorte d'incrustation formée à la surface d'un minéral par de petits cristaux d'une
autre substance minérale, qui semblent y être implantés, en
même temps qu'ils paraissent serrés fortement les uns contre
les autres.

Beaucoup de minéraux sont ainsi tapissés extérieurement de
druses quarzeuses, calcaires, gypseuses, etc.

STRUCTURE RÉGULIÈRE.

Dans tout ce qui précède, il s'est agi de la structure régulière des minéraux. Or, cette structure comprend la structure régulière *simple* et la structure régulière *composée*.

Structure régulière simple.

La structure régulière simple résulte d'une continuité parfaite dans la formation des minéraux, qu'il y ait groupement ou non des cristaux élémentaires.

Nous avons déjà donné tous les détails nécessaires pour comprendre ce genre de structure régulière; nous n'y reviendrons pas.

Structure régulière composée.

La structure régulière composée est celle des cristaux dont la formation, après avoir eu lieu d'une manière continue pendant un certain temps, a été interrompue pour reprendre ensuite et agir de même; en sorte que la période d'accroissement a été marquée par une série d'interruptions et de reprises. Le cristal présente alors dans sa cassure une succession de couches d'accroissement planes et superposées, ou polyédriques et enveloppantes, que l'on distingue souvent les unes des autres soit par des fissures, soit seulement par des nuances particulières.

Les cristaux de quarz hyalin, de tourmaline, de barytine, etc. nous donnent de nombreux exemples de structure régulière composée.

STRUCTURE IRRÉGULIÈRE.

On peut regarder tout minéral comme étant un agrégat régulier ou irrégulier de particules plus ou moins cristallines, mais souvent trop petites pour devenir directement perceptibles à nos sens.

Nous avons précédemment parlé de la structure régulière ; il nous reste maintenant à dire quelques mots sur la structure irrégulière.

Dans la structure irrégulière les joints naturels sont ordinairement très-limités, et ils tombent les uns sur les autres avec des incidences si nombreuses, si peu nettes qu'ils deviennent souvent indéterminables. Les diverses variétés de structure irrégulière sont dues tantôt aux circonstances accidentelles dans lesquelles s'est trouvée la substance minérale au moment de son agrégation, tantôt à des causes postérieures à cette agrégation.

La structure irrégulière peut être divisée en structure irrégulière *simple* et en structure irrégulière *composée*.

Structure irrégulière simple.

La structure irrégulière simple est celle qui résulte d'un groupement confus de particules plus ou moins homogènes et plus ou moins cristallines, si petites et tellement serrées qu'elles n'offrent aucun indice de tissu. Les masses minérales qui sont ainsi constituées ont ordinairement un aspect compact et uniforme, car l'œil n'y discerne aucune partie composante, ni aucune surface de séparation.

La structure irrégulière simple se nomme aussi structure *massive* ou *compacte*.

Structure irrégulière composée.

La structure irrégulière composée est celle qui résulte de l'agrégation en une seule masse d'un grand nombre de parties qui, prises chacune à part, ont une structure simple plus ou moins cristalline. Les minéraux qui la présentent possèdent donc une double structure : la structure des parties et la structure de l'ensemble. Au reste, la plupart des minéraux qui ne manifestent de prime abord qu'une structure irrégulière simple, montrent une structure irrégulière composée lorsqu'on les examine à la loupe ou au microscope.

Parmi les structures irrégulières composées on distingue généralement les suivantes :

Structure lamellaire. — En parlant de la structure cristalline ou régulière, nous avons vu que la structure *laminaire* était caractérisée par des joints réguliers, continus et à incidences déterminables ; tandis que la structure *lamellaire* provient de l'agrégation de petites lames ou de pareelles sensiblement cristallines, qui sont disposées les unes sur les autres sous toutes sortes d'angles ainsi que dans tous les sens, et qui se dévoilent par le miroitement particulier que produit chacune d'elles en réfléchissant régulièrement la lumière.

On subdivise la structure lamellaire en *sublamellaire*, *écailleuse*, *niviforme*, etc., suivant les variétés qu'elle offre (calcaire, oligiste, chlorite, etc.).

Structure fibreuse. — Provenant de cristaux allongés et réunis entre eux, sans que l'adhérence soit complète, tantôt dans le sens de leur longueur, tantôt en rayons divergents, en aiguilles entrelacées, en fibres réticulées ou feutrées, en masses soyeuses ou cotonneuses.

On subdivise la structure fibreuse en *bacillaire*, *capillaire*, *aciculaire*, *radiée*, *croisée*, etc., suivant les variétés qu'elle offre (aragonite, tourmaline, actinote, pyrite, stibine, gypse, malachite, amiante, mésotype, etc.) (1).

Structure fissile. — A joints parallèles dans un seul sens et provenant tantôt d'un retrait régulier que la masse minérale a éprouvé, tantôt de l'accumulation de petits cristaux plats, capillaires ou paillettés et disposés les uns sur les autres suivant leur plus grande dimension.

On subdivise la structure fissile en *schisteuse*, *feuilletée*, *stra-*

____

(1) Voyez la figure 23 du tableau XVIII, la figure 8 du tableau XXII, et la figure 11 du tableau XVI de l'Atlas.

liforme, *tabulaire*, etc., selon les particularités qu'elle présente (ardoise, talc, calcaire, albâtre, phonolite, etc.).

Structure fragmentaire. — Présentée par une masse minérale à texture compacte et divisée ou tendant à se diviser, dans différentes directions, en fragments anguleux à angles et arêtes indéterminables (quarz, calcaire, argile, porphyre, amphibolite, etc.).

Structure cellulaire. — Produite généralement par le passage de substances gazeuses, à travers des matières fondues ou pâteuses, qui déterminent alors la formation de cellules tantôt arrondies, tantôt déchiquetées et crevées les unes dans les autres.

Souvent les cellules s'allongent suivant le sens du mouvement de la masse fluide, et il en résulte une sorte de structure fibreuse.

CONFIGURATIONS IRRÉGULIÈRES.

Les configurations irrégulières ou indirectement géométriques se produisent dans une foule de circonstances où le jeu des attractions mutuelles se trouve plus ou moins troublé, et même quelquefois entièrement interrompu par des causes accidentelles, ou bien lorsque après l'agrégation des parties l'ensemble est plus ou moins déformé par des actions extérieures. Ces configurations sont celles sous lesquelles les minéraux se montrent le plus ordinairement dans la nature, les masses nettement cristallisées et les configurations régulières étant comparativement des raretés.

Les principales configurations irrégulières sont les suivantes : *pseudocristalloïdes*, *pseudomorphoses*, *concrétions*, *rognons*, *nodules*, *géodes*, *bombes*, *cailloux roulés*, etc.

PSEUDOCRISTALLOÏDES.

On trouve des formes d'apparence cristalline qui doivent leur configuration trompeuse à diverses actions physiques ou mécaniques. Parmi ces configurations nous mentionnerons : des formes *capillaires* ou *filamenteuses*, des formes *pseudo-édriques*, des formes *prismatoïdes* ou *pyramidoïdes*.

Certaines formes capillaires ou filamenteuses sont produites tantôt par voie ignée, comme lorsque des laves fondues de consistance visqueuse sont tirées en fils à la manière du verre fondu, ou bien lorsque des filaments sortent, en se contournant, des pores d'une scorie métallique en partie refroidie, ou d'un minerai en partie fondu ; tantôt par voie humide et en vertu de la capillarité à la surface de vases poreux contenant des dissolutions salines.

Les formes pseudo-édriques sont produites par la compression mutuelle de globules mous, comme le montre ordinairement la miémite.

Les formes prismatoïdes ou pyramidoïdes sont produites par le retrait sensiblement régulier qui a lieu dans les laves, quand elles sont homogènes et se refroidissent brusquement, ou bien dans les argiles, les marnes et autres substances terreuses, quand elles se dessèchent rapidement. Ces matières, par le refroidissement ou par la dessiccation, se fendillent en divers sens et se partagent en fragments polyédriques, qui présentent quelquefois une régularité apparente. C'est ainsi que les basaltes sont divisés tantôt en pyramides, tantôt en colonnes à 3, 4, 5 ou 6 pans (fig. 380 et 381), et que le porphyre, le granite, la célestine, etc. se

(Fig. 380.)

(Fig. 381.)

divisent fréquemment en polyèdres prismatoïdes. De même les schistes, la houille, etc. montrent souvent des divisions prismatiques ou rhomboïdales (fig. 382 et 383). On trouve également

(Fig. 382.)

(Fig. 383.)

des marnes divisées, çà et là, autour d'un point central en six pyramides quadrangulaires, dont les sommets se rejoignent au centre, comme celles qu'on obtiendrait par des plans menés des arêtes au milieu d'un cube, et dont l'ensemble figure un cube disloqué (fig. 384). Les masses de gypse nous offrent quel-

(Fig. 384.)

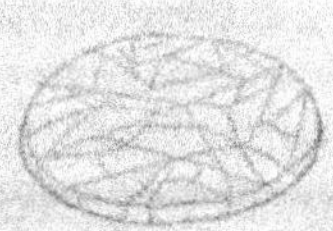

(Fig. 385.)

quefois des faits analogues. Enfin beaucoup d'argiles, de calcaires, etc., desséchés montrent aussi des fissures plus ou moins irrégulières; et lorsque ces fissures ont été remplies postérieurement par une infiltration de matière, incolore ou diversement colorée, il en résulte, sur la coupe de la roche, des espèces de mosaïques que l'on a désignées sous le nom de *ludus* (fig. 385).

Si la substance primitive disparaît à la surface, il ne reste plus alors que la substance adventive, qui offre un assemblage de polyèdres creux ou de cloisons comparable à un gâteau d'abeille. La variété de quarz nommée quarz haché nous donne un exemple de cette configuration particulière.

La chaleur, sans fondre entièrement les matières minérales, peut dans quelques circonstances les déterminer à prendre un retrait prismatique : aussi voit-on des grès, de la houille frittée, de a marne, etc. qui sont devenus prismatoïdes, dans le voisinage de certaines roches d'origine ignée.

Enfin, sous l'influence de la chaleur, des affinités moléculaires ou du retrait, différentes substances minérales présentent souvent des configurations tabulaires, bacillaires, schisteuses, concentriques, etc. Nous citerons les phonolites tabulaires; l'oligiste bacillaire; les ardoises fendillées; le basalte, le diorite, et le granite en boules concentriques. Des solides curvilignes très-variés peuvent résulter de ces diverses actions et donner lieu à des conoïdes emboîtés, quelquefois même à des figures en spirales.

PSEUDOMORPHOSES.

Des minéraux se présentent souvent sous des formes qui leur sont tout à fait étrangères, et qu'ils ont empruntées à d'autres corps préexistants, soit organiques, soit inorganiques. Ces formes ont été nommées *pseudomorphoses*; elles peuvent être produites par *agglutination*, par *incrustation*, par *moulage* ou bien par *épigénie*.

Pseudomorphoses par agglutination.

Quand un liquide chargé d'une substance minérale en solution passe ou séjourne dans des matières meubles, il en consolide souvent une partie plus ou moins grande sous formes de concrétions, de nodules et même de cristaux se rapportant à la substance qu'il renferme.

Par exemple, des eaux chargées de carbonate de chaux, en s'infiltrant dans des sables, agglutinent fréquemment ceux-ci, et quelquefois sous la forme de rhomboèdres aigus, qui se présentent soit isolés, soit groupés les uns sur les autres. Des argiles ferrugineuses, des matières chloriteuses, etc., ont de même été souvent entraînées par la cristallisation de diverses substances qui se sont formées au milieu d'elles.

La partie qui domine dans la composition de ces différentes pseudomorphoses est tantôt la substance cristalline, tantôt la matière meuble.

Pseudomorphoses par incrustation.

Les eaux chargées de matières en solution déposent souvent à la surface des corps qu'elles rencontrent une couche solide, plus ou moins épaisse, qui en conserve grossièrement la forme extérieure. Ce phénomène est produit principalement par les eaux qui sont chargées de carbonate de chaux. Ordinairement il a lieu assez rapidement et sans apparence cristalline ; mais quelquefois il s'opère assez lentement et produit des tapis cristallins. Cette propriété incrustante de certaines eaux tient généralement à la présence et au dégagement à l'air libre d'un gaz, tel que l'acide carbonique, qui, se trouvant en excès dans ces eaux, y favorise la dissolution de la matière incrustante.

Des *incrustations* se forment naturellement dans un grand nombre de localités où il existe des sources acidules et calcaires ; mais on peut les produire artificiellement et régler leur formation. C'est ainsi que l'on parvient à recouvrir de couches calcaires des minéraux, des végétaux, des animaux, des fruits, des nids d'oiseaux, etc., avec certaines précautions et dans un temps plus ou moins long, suivant le volume des objets que l'on place sous l'action des eaux incrustantes. Lorsque la matière calcaire tenue en solution est suffisamment pure, on met quelquefois à profit cette propriété incrustante des eaux pour obtenir la reproduction, d'abord en creux, puis en bosse, de médailles, de bas-reliefs, etc.

On trouve également des incrustations entièrement cristallines ; elles sont formées de petits cristaux symétriquement arrangés à la surface d'autres corps. Mais souvent ces derniers, après avoir servi de support, ont été détruits ; et il ne reste plus alors que des carcasses creuses, formées par la matière incrustante.

Généralement les incrustations ont été produites par le dépôt de matières en solution dans un liquide, qui est presque toujours l'eau; mais il y en a d'autres qui doivent leur formation à des substances transportées par des vapeurs ou des gaz : les enduits et les tapis qui revêtent certains minéraux de filons nous en offrent des exemples.

Pseudomorphoses par moulage.

Dans beaucoup de cas les formes que présentent les minéraux sont le résultat d'un dépôt purement mécanique de matières pâteuses, qui se moulent dans les cavités de différents corps, ou qui se modèlent autour de ces corps de manière à en prendre une empreinte. Ici, ce sont des cavités produites par la destruction de certains cristaux et remplies après par des substances étrangères, qui affectent alors la configuration régulière d'autres minéraux; là, ce sont des cellules arrondies, remplies ensuite par des matières, qui présentent encore les configurations noduleuses, amygdaloïdes, etc.; ailleurs, ce sont les reproductions en relief des cavités de corps organisés enfouis dans le sein de la terre, tels que des coquilles, des échinides, etc.; d'autres fois, enfin, ce sont des matières qui viennent se modeler autour de l'un de ces corps de manière à en prendre l'empreinte.

Par des combinaisons de moulages et de contre-moulages, on peut ainsi obtenir d'un corps creux jusqu'à six représentations différentes, telles que *moules* et *modèles* de l'intérieur seulement, ou bien de l'extérieur, ou enfin du corps lui-même tout entier.

Pseudomorphoses par épigénie.

Généralement on nomme *épigénie* une sorte de pseudomorphose qui consiste en ce qu'une substance minérale s'est substituée lentement et graduellement à une autre avec conservation de la forme de celle-ci. Cette substitution a lieu par l'action de la chaleur, par l'action des courants électriques, ou par l'action chimique qui se passe entre le corps préexistant et le milieu ambiant. Le changement commence à la surface et marche ensuite progressivement vers le centre; mais s'il a été interrompu avant d'avoir atteint son terme, il reste à l'intérieur un noyau encore intact de la substance primitive. D'autres fois le changement se produit de l'intérieur à la surface, et alors il peut rester à l'extérieur une partie intacte. Cette substitution graduelle d'une matière à une autre se fait pour ainsi dire de molécule à molécule, de telle sorte que les nouvelles tendent à occuper la place des anciennes; quelquefois, en effet, le minéral épigène conserve les traces de la structure que possédait le corps préexistant.

On distingue les épigénies en deux sortes : les *épigénies minérales* et les *épigénies organiques*. La première catégorie comprend les épigénies qui se rapportent à la modification des minéraux; la deuxième catégorie comprend les épigénies qui se rapportent à la modification des corps organiques.

Épigénies minérales. — On connaît un grand nombre de minéraux qui ont été remplacés en tout ou en partie par d'autres, et qui ont donné leurs formes respectives à ceux-ci; mais les minéraux remplaçants sont beaucoup moins nombreux que les minéraux remplacés, la même substance minérale pouvant se montrer successivement sous des formes propres à plusieurs autres. Il existe, en effet, des substances qui paraissent être comme le terme commun vers lequel tendent un grand nombre de minéraux, rapprochés par leurs compositions chimiques, lorsqu'ils donnent prise aux agents de décomposition. Parmi les minéraux pierreux, diverses variétés de quarz et la stéatite ont été trouvées en remplacement d'au moins vingt substances minérales différentes; la chlorite, d'une dizaine; le talc, le kaolin, l'argile lithomarge et la terre verte, de cinq. Parmi les minéraux métalliques la pyrite, l'aimant, la limonite, etc. sont ceux que l'on rencontre le plus souvent à l'état pseudomorphique.

On peut distinguer 3 groupes différents d'épigénies minérales, d'après le mode ou le degré de changement subi par le minéral préexistant.

1° Épigénies sans déperdition ni addition de principes constituants. Exemples : aragonite (carbonate de chaux prismatique) changée en calcaire spathique (carbonate de chaux rhomboédrique); soufre prismatique oblique, changé en soufre octoédrique droit à base rhomboïdale; etc.

2° Épigénies par déperdition de principes constituants. Exemples : zigueline (cuivre oxydulé) changée en cuivre natif; argyrithrose (argent sulfuré antimonié) changée en argyrose (argent sulfuré); gaylussite (carbonate de chaux et de soude) changée en calcaire (carbonate de chaux); andalousite changée en disthène; orthose, en kaolin; etc.

3° Épigénies par addition de principes constituants. Exemples : karsténite (sulfate de chaux) changée en gypse (sulfate de chaux hydraté); zigueline (cuivre oxydulé) changée en malachite (carbonate de cuivre hydraté); galène (plomb sulfuré) changée en anglésite (sulfate de plomb), en céruse et en pyromorphite; aimant et oligiste, en limonite; aimant, en oligiste; blende, en calamine; etc.

4° Épigénies par échange partiel de principes constituants. Exemples : withérite (carbonate de baryte) changée en barytine (sulfate de baryte); gypse (sulfate de chaux) changé en calcaire (carbonate de chaux), et réciproquement; chalkopyrite en zigueline; argent sulfuré en argent chloruré, bromuré ou ioduré; stibine en exitèle; pyrite et sidérose en limonite; pyroxène en amphibole; acerdèse en pyrolusite; etc.

5° Épigénies par remplacement total des principes constituants. Exemples : gypse changé en quarz; barytine, en quarz ou en calcaire; fluorine, en quarz; calcaire, en quarz; orthose, en stéatite ou en cassitérite; calcaire, en oligiste; etc.

Il résulte donc des indications précédentes qu'un certain nombre de substances minérales se présentent souvent sous des formes qui ne leur appartiennent pas et qu'elles ont empruntées à d'autres substances.

Épigénies organiques. — Les épigénies organiques sont les pseudomorphoses que nous offrent les végétaux et les animaux qui ont été enfouis dans le sein de la terre.

Ces épigénies sont généralement siliceuses, charbonneuses ou ferrugineuses. La matière minérale présente alors non-seulement la forme du corps organique, mais souvent aussi tout son tissu intérieur, jusque dans ses parties les plus délicates.

Parmi les épigénies les plus remarquables nous citerons les bois fossiles ou pétrifiés que l'on trouve ordinairement convertis en silex, en jaspe ou en opale, c'est-à-dire remplacés par des molécules siliceuses. Le corps organique a été détruit par une action lente et progressive, couche par couche, même molécule par molécule, et à mesure que chacune de ces molécules disparaissait, une molécule siliceuse en prenait exactement la place. Aussi l'épigénie qui résulte de cette action chimique reproduit-elle non-seulement la forme exacte du végétal, mais encore les moindres détails de son organisation.

Certaines dendrites présentées par des agates arborisées ou herborisées ne sont autre chose que des épigénies organiques, c'est-à-dire des végétaux qui ont été remplacés par des substances minérales.

A l'égard des animaux, ce sont généralement leurs parties solides, telles que les os des reptiles, le test des coquilles et la charpente des madrépores, qui après avoir été enfouies, peuvent conserver leurs formes assez longtemps pour que la matière pétrifiante les enveloppe et les pénètre lentement; néanmoins les parties molles sont souvent aussi pétrifiées, et beaucoup d'animaux mous ont subi la même transformation minérale.

Les végétaux sont ordinairement convertis en matières siliceuses ou charbonneuses; les animaux le sont principalement en silex, en barytine, en pyrite, en oligiste, en limonite, en matières bitumineuses et même en soufre. Les coquilles et les madrépores qui sont de nature calcaire, ainsi que les parties molles des animaux, ont été souvent changés en matière siliceuse, ferrugineuse ou barytique; et quelquefois, dans les coquilles, les parties molles sont converties en matières siliceuses, tandis que les tests n'ont éprouvé aucun changement de nature, ou bien ils sont devenus ferrugineux, barytiques, etc. Il y aurait eu une affinité entre la silice et les parties molles des animaux ou des végétaux, en sorte que ces parties auraient attiré de préférence la silice.

CONCRÉTIONS.

On comprend sous la dénomination de *concrétions* généralement des configurations à surfaces courbes, qui résultent de dépôts par couches successives de particules minérales soit autour d'un centre ou d'un axe, soit sur un corps solide qui a servi de support ou de noyau. Ces configurations peuvent exister avec des traces visibles ou sans aucun indice sensible de cristallisation à l'intérieur. Lorsqu'elles offrent une texture cristalline, celle-ci affecte souvent la disposition radiée ou concentrique.

Les concrétions sont formées sous l'influence de l'eau, avec ou sans concours de l'action thermo-minérale et des affinités électriques.

Les concrétions peuvent être divisées en *coralloïdes, stalactiques, mamelonnées, sphéroïdales*, etc.

Concrétions coralloïdes.

Les concrétions coralloïdes sont produites par la réunion de petits cristaux capillaires qui se groupent plus ou moins obliquement autour de lignes leur servant d'axes, de manière à former des rameaux arrondis, courbes, anastomosés et entrelacés comme ceux du corail. La figure 386 donne un exemple de ces sortes de concrétions.

Lorsque les éléments cristallins ne sont pas trop ténus ni trop serrés, on les voit, au moyen de la cassure, diverger et se terminer à la surface du rameau en pointes cristallines très-aiguës. Dans le cas contraire la texture intérieure est mate et à peine fibreuse.

Les concrétions coralloïdes appartiennent surtout à l'aragonite, et se trouvent ordinairement sur les parois latérales ou inférieures de cavités souterraines.

(Fig. 386.)

Concrétions stalactiques.

Les concrétions stalactiques sont des masses plus ou moins allongées et coniques, tantôt pleines, tantôt creuses à l'intérieur, et dont la surface est lisse, ondulée ou tuberculeuse.

Elles se forment, de haut en bas, aux parois de cavités souterraines, par le suintement des eaux chargées de matières en dissolution. Les premières gouttes qui arrivent à la voûte de la cavité laissent, en s'évaporant, un petit anneau de matière solide, qui s'accroît par les gouttes successives et produit bientôt un tube mince. L'intérieur de ce tube, dont l'espace est limité, se remplit promptement ou s'obstrue, tandis que l'extérieur continue à s'accroître : mais comme les dépôts sont plus abondants à la base que vers l'extrémité, il en résulte, après un certain temps, que la masse prend la forme d'une sorte de cône qui s'allonge ou s'étale successivement par l'extérieur.

Les gouttes qui tombent de l'extrémité inférieure de la masse attachée à la voûte n'étant pas entièrement privées de particules matérielles, forment verticalement sur le sol un autre dépôt plus ou moins conique.

La partie supérieure ou attachée à la voûte se nomme *stalactite*, et la partie inférieure ou reposant sur le sol s'appelle *stalagmite*.

Lorsque les dépôts se continuent suffisamment, la stalactite et la stalagmite finissent par se joindre et par former une espèce de colonne.

Les suintements sur les parois latérales de la cavité donnent lieu à des dépôts saillants, en forme de draperies ondulées, festonnées, plissées de toutes les manières, qu'on a désignées sous le nom de concrétions *panniformes*.

La figure 387 donne idée de ces diverses sortes de concrétions.

(Fig. 387.)

Les concrétions stalactiques affectent, outre les formes principales que nous venons d'indiquer, une foule de configurations plus ou moins irrégulières, parmi lesquelles nous citerons les concrétions *tuberculeuses*, qui ont été comparées à des choux-fleurs.

Le calcaire est le seul minéral qui se présente en concrétions stalactiques sur une grande échelle; néanmoins d'autres minéraux, notamment le gypse, la barytine, le soufre, le quarz, la limonite, la pyrite, la malachite, la pyrolusite, la braunite, etc. affectent aussi ces configurations (1).

Concrétions mamelonnées.

Les concrétions mamelonnées ressemblent aux stalagmites peu développées surtout dans le sens de la hauteur. Leur origine peut souvent être attribuée à une cause analogue à celle des concrétions stalactiques.

La configuration mamelonnée appartient principalement à la limonite hématite, à la malachite, à la pyrolusite, au soufre et à la calcédoine (2); ce dernier minéral se présente quelquefois en mamelons isolés et déprimés qui rappellent la forme d'une goutte de suif.

---

(1) Voyez la figure 10, tableau XVI, et la fig. 1, tableau XIX de l'Atlas.

(2) Voyez la fig. 4, tableau IV, la fig. 12, tableau XVI, la fig. 23, tableau XVIII, et la fig. 18, tableau XIX de l'Atlas.

Concrétions sphéroïdales.

Les concrétions sphéroïdales comprennent principalement les *pisolites* et les *oolites*.

Les pisolites sont des globules formés de couches concentriques, dont la grosseur varie depuis celle d'un grain de millet jusqu'à celle d'une noisette, et dont le centre est occupé soit par un grain de sable, soit par une parcelle de la matière même qui les constitue. Ces globules sont produits par des eaux chargées de matières en dissolution, et douées d'un mouvement capable de soulever continuellement les grains de sable déposés sur leur passage. Alors chaque grain se recouvre de pellicules successives de la matière dissoute (figure 388), et s'accroît, en

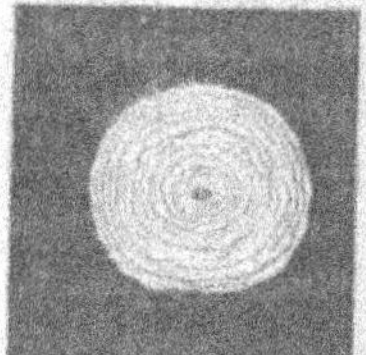

prenant la forme sphéroïdale, jusqu'à ce que, devenu trop lourd, il tombe au fond du liquide, où plus tard l'ensemble des pisolites se trouve plus ou moins agglutiné.

On donne aux globules pisolitiques les noms de pisolites, d'*amandes*, de *dragées*, etc., selon que ces globules sont comparables par leur volume et leur forme à des pois, à des amandes,

(Fig. 388.)

à des dragées, etc.

On nomme oolites des globules de la grosseur des œufs de poisson, qui sont souvent compactes ou terreux à l'intérieur et dont le mode de formation est encore inconnu (fig. 389). On en a

attribué l'origine tantôt à des œufs de poisson, de mollusque ou d'insecte, tantôt à des causes analogues à celles qui ont produit les pisolites ou à celles qui ont formé les trémies, tantôt enfin à l'action des courants ou des vagues sur la surface d'un sédiment consolidé ou non.

Les pisolites et les oolites sont généralement calcaires ou ferrugineuses; mais les oolites

(Fig. 389.)

constituent des masses et des couches extrêmement étendues, surtout lorsqu'elles sont calcaires.

ROGNONS ET NODULES.

Les configurations réniformes, connues sous les noms de *rognons* et de *nodules*, sont souvent sphéroïdales ou ovoïdes; d'autres fois elles affectent la forme d'un cylindre arrondi à ses deux extrémités, ou bien elles présentent des aplatissements et des étranglements; on en trouve aussi qui se ramifient, qui sont superposées et qui même se pénètrent comme si les unes, encore molles, avaient cédé à la pression des autres.

Les nodules ou rognons sont tantôt pleins, tantôt creux.

On a attribué la formation des nodules à diverses causes. Il y en a qui sont presque contemporains de la roche enveloppante, et qui ont été formés au milieu d'elle avant qu'elle ait eu le temps de se consolider entièrement; tandis que d'autres sont d'une formation postérieure à la consolidation de la roche qui les renferme.

La première catégorie comprend, par exemple : les amas globulaires ou botryoïdes de grès qu'on trouve dans des sables, où ils ont été produits par l'agglutination de grains sableux à l'aide d'un ciment calcaire ou ferrugineux, que des eaux d'infiltration ont apporté; les nodules de silex pyromaque qu'on voit distribuées avec une certaine régularité au milieu de la craie blanche, où ils résultent d'une élection de parties qui s'est effectuée dans la roche encore molle, et où la silice qui les compose, étant d'abord uniformément répandue à l'état gélatineux, s'est séparée pour aller se concentrer par places autour de centres déterminés souvent par la présence de corps organiques, dont on retrouve quelquefois les traces au milieu des rognons; les nodules d'argile ocreuse ou de fer hydraté argileux, qu'on rencontre disséminés dans des sables et des marnes; les nodules de célestine, de phosphorite, de sidérose, de résinite, de ménilite, du diorite orbiculaire, de la pyroméride, etc.

La deuxième catégorie comprend, par exemple : les nodules d'agate que l'on trouve disséminés dans des roches d'origine ignée, qui renferment souvent des cavités au milieu desquelles la silice, amenée par des infiltrations venues du dehors, ou provenant d'une espèce d'exsudation de la roche elle-même, s'est déposée par couches successives à partir de la surface; en sorte que dans ce cas l'accroissement du nodule a marché de l'extérieur vers l'intérieur à l'aide d'une gouttière.

Les couches concentriques qui composent le nodule d'agate sont visibles sur les surfaces de section par des zones de couleurs diverses, ou tout au moins de nuances différentes. Quelquefois aussi on aperçoit sur la coupe la trace du canal par lequel la matière du nodule s'est introduite, et l'on voit les zones de couleurs différentes se resserrer en s'amincissant à mesure qu'elles se rapprochent de ce canal, vers lequel elles convergent et où elles s'engagent en se dirigeant parallèlement à ses parois.

Géodes.

Les nodules ou rognons creux à l'intérieur sont nommés *géodes* (fig. 390 et 391).

(Fig. 390.)   (Fig. 391.)

La cavité est assez souvent tapissée soit de cristaux, soit de stalactites ; ou bien elle est remplie de matière pulvérulente, terreuse ou compacte, qui en se desséchant éprouve ordinairement un retrait, se sépare des parois de la cavité et se trouve alors mobile dans l'intérieur. Certains nodules de minerais de fer présentent des exemples de géodes de ce dernier genre, et ont reçu, à cause de cette particularité, les noms d'*aétite* et de *pierre d'aigle*.

On trouve des géodes de calcaire, d'agate, de limonite, etc.

Souvent les parois des géodes sont tapissées d'une multitude de cristaux brillants de quarz hyalin ou améthyste, de calcaire, etc., qui se trouvent implantés par l'une de leurs extrémités dans la substance compacte de la géode, en même temps qu'ils tournent l'autre extrémité vers le centre. Quelquefois des cristaux de calcaire ou de divers silicates reposent sur les cristaux de quarz ; mais la croûte extérieure des géodes a généralement un aspect terne. Les zones de diverses nuances qu'elles présentent sont fréquemment très-nombreuses et très-minces, car on peut en compter jusqu'à plus de cent.

Lorsqu'on taille les agates zonaires de manière que chaque fragment offre une série de bandes à peu près droites et parallèles, à bords nettement tranchés, on obtient des *agates rubanées*; quand les bandes sont curvilignes et concentriques, on a des *agates onyx*. Mais les zones intérieures, qui présentent ordinairement entre elles un parallélisme si parfait, ne sont pas toujours concordantes avec les parois de la cavité et se montrent quelquefois à contour polygonal, d'où résultent des *agates à fortifications*.

BOMBES VOLCANIQUES.

La résistance des milieux dans lesquels les matières fondues se consolident produit aussi des formes arrondies, noueuses, tuberculeuses, etc.

Ainsi les matières volcaniques, en coulant sur la pente des montagnes, y produisent des espèces de stalactites et des scories torses; les portions fondues qui sont lancées dans les airs y prennent des formes arrondies, qu'on a nommées *bombes volcaniques*; et quelquefois, lorsqu'elles sont à l'état de fusion complète, elles se divisent en une multitude de filaments capillaires.

CAILLOUX ROULÉS.

Les *cailloux roulés* sont des minéraux ou des roches qui, roulés par les torrents, charriés par les rivières ou balancés par les flots de la mer, ont été usés et plus ou moins arrondis par leur frottement mutuel et contre les rochers qu'ils rencontrent.

Ils prennent les dénominations de *galets*, de *gravier* et de *sable* selon leurs volumes.

Lorsque ces galets, ces graviers et ces grains de sable, mélangés ou non, sont réunis entre eux en une masse solide au moyen d'un ciment, la roche qui résulte de cette consolidation s'appelle *poudingue* ou *grès* suivant la grosseur des matériaux composants.

CARACTÈRES PHYSIQUES.

Les caractères physiques des minéraux résultent d'une action
qui se manifeste sans altérer la composition chimique de ces
corps, et exigent pour être constatés l'aide d'une expérience,
souvent même d'un instrument.

Les caractères physiques sont sous la dépendance immédiate
de la constitution la plus intime; il existe donc une relation
entre les propriétés physiques des minéraux et leur structure ou
leur arrangement moléculaire.

On distingue les caractères physiques des minéraux d'après le
genre des agents. Ainsi nous les diviserons en : 1° caractères dépendants de l'action de la pesanteur ou des forces moléculaires ;
2° caractères dépendants de l'action de la chaleur ; 3° caractères
dépendants de l'action de la lumière ; 4° caractères dépendants
de l'action de l'électricité.

CARACTÈRES DÉPENDANTS DE L'ACTION DE LA PESANTEUR OU DES FORCES MOLÉCULAIRES.

Les principaux caractères physiques qui dépendent de la pesanteur ou des forces moléculaires sont la densité et l'élasticité.

DENSITÉ.

Sous le même volume réel la même substance minérale possède sensiblement le même poids, et sous le même volume réel
les substances minérales différentes ont des poids plus ou moins
différents.

Or, le *poids spécifique* d'un minéral est le rapport du poids de
ce minéral au poids d'un autre corps pris sous le même volume
réel et pour terme de comparaison. Quoique la *densité* d'un corps
soit le rapport de la masse de ce corps à son volume apparent,
ou le rapport de son poids à son volume, on emploie généralement le mot densité comme synonyme de celui de poids spécifique

ou de *pesanteur spécifique* ; mais alors il reste sous-entendu que l'on compare le corps dont il s'agit à un autre corps pris sous le même volume réel et pour unité de comparaison.

La densité d'un minéral varie avec les diverses structures et textures sous lesquelles il se présente, parce que ces structures et textures déterminent des vides accidentels plus ou moins nombreux. Les petits cristaux donnent généralement les plus fortes densités ; mais les différences sont très-faibles lorsque le minéral est pur et cristallisé ou simplement cristallin. Pour obtenir des densités sensiblement identiques, quelles que soient les variétés de structure et de texture du minéral, le meilleur moyen est de réduire ce minéral en poudre grossière, puis d'imbiber celle-ci d'eau chaude pour faire dégager les bulles d'air qui pourraient y adhérer.

Dès lors, la même substance minérale ayant sensiblement la même densité et les substances minérales différentes ayant des densités plus ou moins différentes, il importe de connaître les densités respectives des minéraux, car la densité est un des caractères les plus importants, à cause de sa constance.

Pour déterminer les densités respectives des minéraux, il faut prendre un corps pour terme de comparaison. L'eau distillée et ramenée à la température de 15 à 18 degrés centigrades a été adoptée par diverses raisons, notamment parce qu'elle permet de se servir, pour la détermination des densités, du principe d'Archimède qui consiste en ce qu'un corps plongé dans un liquide y perd une partie de son poids égale au poids du volume de liquide déplacé (1).

Ainsi, pour déterminer la densité d'un minéral, on le pèse d'abord dans l'air pour avoir son poids, puis on le pèse dans l'eau pour connaître la perte qu'il y a faite, ce qui donne le poids d'un volume d'eau égal au sien, et l'on prend le rapport des deux nombres qui est l'expression de la densité cherchée. Soit, par exemple, p le poids d'un minéral dans l'air et p' son poids dans l'eau ; $p—p'$ sera le poids de l'eau déplacée qui a même volume que ce minéral ; divisant p par $p—p'$, on a $\dfrac{p}{p—p'}$ pour densité du minéral.

Dans la pratique on peut se servir de divers appareils, dont les

(1) Voyez les traités de physique.

principaux sont la balance hydrostatique, l'aréomètre de Nicholson et le flacon de Klaproth (1). Ces appareils et les procédés employés étant décrits dans les traités de physique, nous nous bornerons à indiquer la manière de prendre les densités avec l'appareil de Klaproth, qui est le plus généralement adopté.

L'appareil à volume constant de Klaproth consiste en un petit flacon F (fig. 392), dont le bouchon $a\,b\,c\,d$ est usé à l'émeri.

Ce bouchon, qui suivant son axe est traversé par une ouverture de forme capillaire $a\,b$, s'enfonce exactement jusqu'au niveau $c\,d$; de sorte que si l'on remplit d'eau le flacon et si l'on enfonce le bouchon jusqu'à la ligne $c\,d$, l'eau en excès sortira par l'issue capillaire, et le volume d'eau compris dans le flacon sera constant.

(Fig. 392.)

Pour obtenir la densité d'un minéral, on pèse dans une balance suffisamment sensible d'abord le minéral, puis le flacon plein d'eau et convenablement bouché; ensuite on introduit le minéral dans le flacon, et l'on remet le bouchon de manière que le flacon soit complétement plein; on essuie bien le tout; on replace le flacon sur le plateau de la balance, et l'on pèse de nouveau; enfin on divise le poids du minéral pesé dans l'air par la différence des sommes des poids du minéral et du flacon, pesés avant et après l'introduction du minéral dans le flacon.

Exemple : Supposons que le poids de fragments de calcaire cristallisé soit de 3^{gr},45, et que celui du flacon plein d'eau soit de 13^{gr},12; la somme des deux poids sera de 16^{gr},57. Ensuite supposons que le poids du flacon contenant de l'eau et les fragments de calcaire soit de 15^{gr},262; la perte représentant le poids du volume de l'eau déplacée sera de 16^{gr},57 — 15^{gr},262 = 1^{gr},308. On aura donc $\dfrac{3^{gr},45}{1^{gr},308}$ = 2,713 pour densité du calcaire, c'est-à-dire que ce minéral pèse, à égalité de volume, 2 fois 713 millièmes de fois autant que l'eau prise dans les conditions voulues.

La seule précaution à prendre dans cette opération est d'empêcher qu'il ne s'attache des bulles d'air à la surface du corps plongé dans l'eau. Pour y parvenir, on chauffe légèrement le flacon, puis on laisse l'eau reprendre la température convenue.

Si le minéral pouvait être dissous ou attaqué chimiquement

____

(1) Nous devons aussi mentionner la balance de Brard pour déterminer les densités des pierres gemmes.

par l'eau, il faudrait substituer à l'eau un autre liquide qui fût sans action sur le minéral et dont on connût la densité relativement à l'eau ; ensuite on convertirait, au moyen de cette dernière densité, celle qui aurait été trouvée avec le liquide pris pour intermédiaire.

Lorsqu'il s'agit de déterminer la densité d'un minéral liquide, il suffit de diviser le poids du flacon rempli du minéral, poids diminué de celui du flacon vide, par le poids du flacon rempli d'eau, poids diminué aussi de celui du flacon vide.

Les densités des minéraux solides sont comprises entre 0 et 24. Généralement, les minéraux métalliques ont des densités supérieures à 5; tandis que les minéraux pierreux ont généralement aussi des densités inférieures à 5.

ÉLASTICITÉ.

Dans les minéraux l'*élasticité* se trouve liée à la structure cristalline. Ainsi, dans les minéraux cristallisés, l'élasticité n'est pas la même suivant toutes les directions; de sorte qu'il y a des lignes de *minimum* et de *maximum* d'élasticité, qu'on nomme *axes d'élasticité*. Au contraire, dans les minéraux non cristallisés, l'élasticité est la même suivant toutes les directions.

On étudie l'élasticité des minéraux par les phénomènes qui résultent des vibrations que produisent leurs plaques taillées dans certaines conditions.

En fixant une plaque homogène par son centre ou par un autre de ses points, avec les doigts ou une pince (fig. 393), et en la

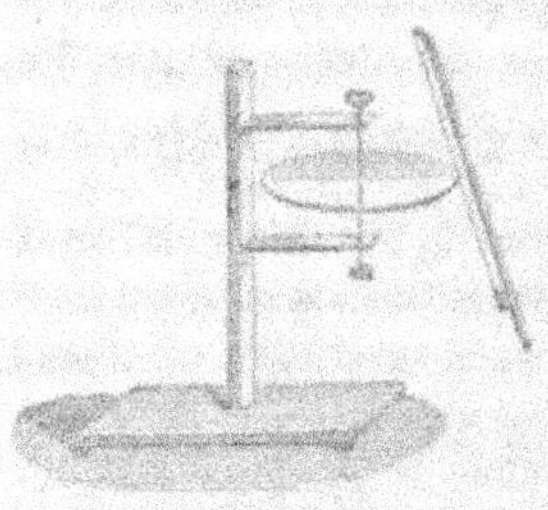

frottant sur les bords au moyen d'un archet, Chladni a reconnu qu'on peut faire vibrer cette plaque, qu'on en tire des sons purs, et que pour chacun des sons la plaque se partage en parties vibrantes et en lignes de repos, nommées *lignes nodales*. Ces lignes nodales sont rendues manifestes si l'on saupoudre la plaque d'une légère couche de sable coloré, avant de la faire

(Fig. 393.)

vibrer; car aussitôt qu'elle entre en vibration, le sable est repoussé par les parties vibrantes et va s'accumuler sur les lignes en repos relatif, ou lignes nodales, dont il dessine la forme. On a donc simultanément deux caractères distincts et déterminables : un son et une figure.

La même plaque peut donner des sons différents et des figures différentes suivant le choix du point frotté et surtout du point pincé, par lequel, du reste, passera nécessairement l'une des lignes nodales.

Les sons et les figures dépendent non-seulement de la structure et de l'état élastique de la plaque, mais encore de la forme de celle-ci. Dès lors, pour pouvoir comparer facilement les observations, il faut ramener les plaques essayées à une même forme, et l'on a choisi de préférence la forme d'un disque circulaire.

L'ensemble des figures possibles avec une plaque circulaire peuvent être réduites à 3 types : 1° un système de lignes droites diamétrales, 2° un système de lignes circulaires concentriques, 3° un système de lignes hyperboliques. En pinçant le centre du disque, on obtient le premier système ; tandis qu'en pinçant ailleurs le disque, on obtient l'un des deux autres systèmes.

Savart, en opérant sur des disques circulaires, a trouvé le moyen de reconnaître si la substance examinée provient d'un corps cristallisé à élasticité variable, ou bien d'un corps amorphe à élasticité constante. Il n'y a aucun minéral cristallisé dont une plaque soit susceptible de produire une même figure nodale qui puisse se placer successivement dans toutes les directions ; c'est le contraire pour les minéraux homogènes et non cristallisés.

Si le disque circulaire provient d'un cristal, on obtient, suivant le sens dans lequel on a pris la plaque : tantôt un système de lignes hyperboliques et un système de lignes diamétrales, qui se confondent avec les axes de l'hyperbole ; tantôt deux systèmes de lignes hyperboliques, correspondant à des sons différents, et ayant des positions invariables ; tantôt enfin, mais plus rarement, deux systèmes de lignes diamétrales, sans lignes hyperboliques.

Les recherches de Savart ont porté principalement sur le quartz hyalin et le calcaire spathique, qui tous deux cristallisent dans le système rhomboédrique. Parmi les résultats qu'il a obtenus, voici les plus importants pour la minéralogie :

Un disque taillé perpendiculairement à l'axe principal du rhomboèdre donne deux systèmes de lignes nodales, qui sont composés chacun de deux lignes droites rectangulaires (fig. 394), et qui produisent sensiblement le même son.

(Fig. 394.)

Un disque taillé parallèlement aux faces du rhomboèdre donne deux systèmes de lignes nodales, dont l'un est rectangulaire et l'autre hyperbolique (fig. 395) ; en outre, le système rectangulaire produit un son plus grave que le système hyperbolique.

Un disque taillé sur l'un des angles solides latéraux du rhomboèdre direct, et parallèlement aux faces d'un rhomboèdre inverse du précédent, donne aussi deux systèmes de lignes nodales, dont l'un est rectangulaire et l'autre hyperbolique (fig. 396) ; mais dans ce cas les sommets des branches de l'hyperbole sont plus écartés que dans le cas précédent, et le système rectangulaire produit un son plus aigu que le système hyperbolique.

(Fig. 395.)

Un disque taillé sur l'un des angles solides latéraux, et parallèlement à l'axe du rhomboèdre, donne encore deux systèmes de lignes nodales, dont l'un est rectangulaire et l'autre hyperbolique, le premier produisant un son plus aigu.

(Fig. 396.)

Un disque taillé sur les arêtes latérales, et parallèlement à l'axe du rhomboèdre, donne deux systèmes de lignes nodales qui sont hyperboliques, et qui produisent des sons différents (fig. 397).

Les axes des hyperboles (fig. 397) se croisent au centre sous un angle variable suivant la substance minérale.

Lorsqu'un minéral appartenant au système rhomboédrique n'est pas clivable, il devient impossible de distinguer soit les deux rhomboèdres inverses, soit les deux prismes hexagonaux dont il est susceptible. Or, il sera facile de reconnaître ces solides en taillant des plaques parallèlement à leurs faces et en les faisant vibrer : car, pour le rhomboèdre direct le système nodal rectangulaire donne le son le plus grave, tandis que pour le rhomboèdre inverse il donne le son le plus aigu ; de même, pour l'un des prismes hexagonaux on a un système nodal rectangulaire et un système nodal hyperbolique, tandis que pour l'autre prisme hexagonal on a deux systèmes nodaux hyperboliques.

(Fig. 397.)

La symétrie de la cristallisation se reproduit dans la symétrie des lignes nodales et dans les sons.

Enfin, on pourrait en enlevant dans une masse cristalline des plaques sous des angles connus déterminer le système cristallin auquel appartient ce minéral.

CARACTÈRES DÉPENDANT DE L'ACTION DE LA CHALEUR.

Les principaux caractères physiques qui dépendent de l'action de la chaleur se rapportent à la dilatabilité, à la conductibilité, à la diathermanéité, à la caloricité spécifique et à la fusibilité.

DILATABILITÉ.

La chaleur fait éprouver à tous les minéraux un mouvement moléculaire, par suite duquel ils augmentent de volume apparent ou se dilatent lorsqu'on les chauffe, et se contractent au contraire quand leur température diminue. Pour les minéraux homogènes et non cristallisés, le mouvement moléculaire est uniforme dans tous les sens ; tandis que pour les minéraux cristallisés il peut changer sensiblement leur forme, en altérant le rapport des axes.

Il résulte des expériences de M. Mitscherlich, que la *dilatabilité* des cristaux peut subir de légères variations en rapport avec les axes cristallographiques. Ce savant a reconnu que si l'on chauffe les cristaux, ils se dilatent toujours également dans les directions des axes qui sont cristallographiquement identiques, et en général inégalement dans les directions des axes de valeurs différentes.

Dès lors, les cristaux qui appartiennent au système cubique et dont les axes principaux ont la même valeur se dilatent uniformément et par conséquent augmentent seulement de volume apparent sous l'action de la chaleur, sans changer de forme, puisque les longueurs relatives des axes principaux restent les mêmes. Il n'en est pas ainsi pour les cristaux qui se rapportent aux autres systèmes cristallins, et dans lesquels il y a des axes de valeurs différentes. On observe, en effet, à leur égard des directions suivant lesquelles la dilatation linéaire est inégale, c'est-à-dire des directions de plus grande et de plus petite dilatation. Il existe donc pour les cristaux une relation entre la dilatation et la forme cristalline.

CONDUCTIBILITÉ.

Les divers minéraux présentent de grandes différences sous le rapport de la *conductibilité* de la chaleur ; car tandis que les uns, comme l'or, l'argent, le cuivre, etc., possèdent la faculté conductrice au plus haut degré, d'autres, comme le charbon, le soufre, le calcaire, etc., sont très-mauvais conducteurs. En outre, l'état cristallin influe sur la conductibilité, et M. de Sénarmont a démontré que dans tous les cristaux la conductibilité n'est pas égale suivant tous les sens, mais qu'elle est en rapport avec les axes de symétrie cristalline. Voici le mode d'expérimentation qu'il a suivi pour le prouver :

Après avoir taillé des plaques en différents sens dans le cristal, et les avoir percées perpendiculairement au milieu, on enduit ces plaques d'une couche de cire vierge ; ensuite on les enfile à l'extrémité d'un fil légèrement conique, courbé à angle droit et dont on chauffe la partie horizontale à la flamme d'une bougie. On voit la cire se fondre autour du fil, puis s'en écarter successivement en formant soit un cercle, si la conductibilité est égale suivant tous les sens, soit une ellipse dans le cas contraire.

Les expériences de M. de Sénarmont conduisent aux résultats suivants :

1° Dans les cristaux du système cubique, la conductibilité est égale en tous sens ; toutes les courbes isothermes sont des circonférences de cercles, et la surface isotherme est celle d'une sphère concentrique à la source de chaleur.

2° Dans les cristaux du système prismatique droit à base carrée et du système rhomboédrique, qui ont un axe principal, la conductibilité a une valeur *maxima* ou *minima* parallèlement à l'axe de la figure ; elle est égale suivant toutes les directions normales à cet axe, et la surface isotherme est celle d'un ellipsoïde de révolution autour du même axe.

3° Dans les cristaux du système prismatique droit à base rectangulaire, la conductibilité prend trois valeurs principales suivant les directions des axes, et la surface isotherme est celle d'un ellipsoïde à trois axes inégaux, qui coïncident avec les axes du cristal.

4° Dans les cristaux du système prismatique oblique à base rhomboïdale, la conductibilité prend aussi trois valeurs principales, et la surface isotherme est celle d'un ellipsoïde à trois axes inégaux, dont un seul a une position déterminée par la forme cristalline.

5° Dans les cristaux du système prismatique oblique à base de parallélogramme obliquangle, la surface isotherme est encore celle d'un ellipsoïde à axes inégaux ; mais la position de ces axes n'est nullement indiquée par la forme cristalline.

6° Pour chaque minéral, l'ellipsoïde tracé par les lignes isothermes a toujours le même rayon vecteur.

On voit donc qu'on pourrait reconnaître le système cristallin des minéraux par la conductibilité de la chaleur.

DIATHERMANÉITÉ.

La chaleur rayonnante se compose de plusieurs espèces de rayons jouissant de propriétés différentes, et subit, dans son passage à travers les corps, des modifications comme la lumière.

La *diathermanéité* est la propriété que possèdent certains corps de livrer passage aux rayons calorifiques, ou d'en transmettre au moins une partie au travers de leur masse ; c'est donc une sorte de transparence des corps pour la chaleur.

On nomme *diathermanes* les corps qui jouissent de cette propriété, et *athermanes* ceux qui ne laissent passer aucun rayon calorifique.

La transparence pour la chaleur paraît être sans relation avec la transparence pour la lumière. Ainsi, l'alun le plus limpide est très-peu diathermane ; tandis que le quartz très-enfumé et presque opaque est diathermane à un degré assez marqué.

D'après les recherches de Melloni le sel gemme serait le seul minéral complétement diathermane ; par conséquent il laisserait passer avec la même facilité les rayons calorifiques de toutes espèces. Les autres minéraux absorbent en proportions très-inégales les rayons calorifiques de différentes natures. Le quartz enfumé, le mica noir opaque, la céruse, le calcaire spathique et le gypse sont diathermanes ; au contraire, le cyanose peut être regardé comme athermane.

CALORICITÉ SPÉCIFIQUE.

Tous les corps n'ont pas la même capacité pour la chaleur, c'est-à-dire qu'ils exigent des quantités de chaleur différentes pour éprouver à poids égal un même accroissement de température. La *caloricité spécifique* d'un minéral est la quantité de chaleur que doit absorber l'unité de poids de ce corps pour s'élever d'un degré en température. Dans l'évaluation des chaleurs spécifiques, on prend comme unité de mesure la chaleur nécessaire pour élever de 1° la température d'un kilogramme d'eau.

Dulong et Petit ont démontré que les caloricités spécifiques des minéraux simples sont en raison inverse des poids atomiques de ces corps. Suivant MM. Neumann, Regnault, etc., les caloricités spécifiques des minéraux composés, de même formule atomique et de constitution chimique semblable, comme les corps isomorphes, sont entre elles, à très-peu près, en raison inverse des nombres qui représentent les poids atomiques de ces composés. Mais ce caractère change, pour la même substance chimique, avec la constitution physique du corps. Ainsi, la coloricité spécifique du diamant est seulement de 0,1469, tandis que celle du graphite pur est de 0,219.

FUSIBILITÉ ET ACTION DES DISSOLVANTS.

Les différents minéraux ne sont pas fusibles au même degré ; il y en a même qui résistent aux plus hautes températures que nous puissions produire.

L'action soit mécanique, soit physique de la chaleur, des dissolvants et des corrosifs sur les surfaces des cristaux n'est pas la même en tous les points, et les variations qu'elle éprouve s'accordent avec l'influence des modifications de la structure sur les propriétés physiques. Cette influence paraît s'étendre jusqu'aux actions chimiques, surtout lorsque ces actions s'exercent lentement et avec une faible intensité.

La *fusibilité* par la flamme du chalumeau éprouve des variations sensibles pour quelques minéraux cristallisés, suivant que la flamme est dirigée parallèlement ou normalement à certaines faces.

La *dissolubilité* par l'action lente de l'eau, des acides ou des alcalis étendus est dans le même cas : certains cristaux opposent une résistance très-inégale à la force dissolvante de ces liquides dans leurs parties qui sont géométriquement et physiquement différentes.

CARACTÈRES DÉPENDANT DE L'ACTION DE LA LUMIÈRE.

Les principaux caractères physiques qui dépendent de l'action de la lumière se rapportent à la réfraction, à la polarisation, au polychroïsme, à l'astérisme, à la réflexion, etc. Quelques-uns paraissent être inhérents à la nature des minéraux; mais le plus grand nombre tiennent à l'arrangement des particules de ces corps.

RÉFRACTION.

Lorsqu'un rayon lumineux passe d'un milieu dans un autre, par exemple de l'air dans l'eau, suivant une direction normale à la surface de séparation des deux milieux, il continue sa marche en ligne droite; mais lorsque sa direction est oblique à la surface de séparation des deux milieux, il semble se briser à la jonction des deux milieux et se dévie plus ou moins de sa direction. Dans ce dernier cas on dit que le rayon est *réfracté*, et le phénomène lumineux a reçu le nom de *réfraction*.

C'est à cette propriété qu'il faut attribuer la brisure apparente d'un bâton que l'on plonge obliquement dans l'eau.

Ainsi, quand un rayon de lumière tombe perpendiculairement sur un minéral diaphane il continue sa marche en ligne droite, le traverse et sort du côté opposé sans avoir éprouvé de déviation sensible. Mais si le rayon lumineux tombe obliquement sur le minéral, il se brise en pénétrant dans la masse, se dévie et se trouve réfracté.

On nomme rayon lumineux *naturel* celui qui est reçu directement des nuées ou du soleil sans avoir été réfracté; dès le moment où ce rayon a été réfracté il n'est plus naturel.

En menant au point A (fig. 308) la droite ED perpendiculaire à

(Fig. 398.)   (Fig. 399.)

la surface SS, l'angle CAE est l'angle d'incidence et l'angle BAD est l'angle de réfraction.

Un rayon incident CA peut donner lieu à un seul rayon réfracté AB, comme le montre la fig. 398, ou bien se diviser en deux rayons réfractés AB et AF, comme le montre la figure 399. Donc la réfraction peut être *simple* ou *double*.

Réfraction simple.

La réfraction simple est celle qui se produit lorsque le rayon lumineux reste simple dans les deux milieux en contact.

Tous les minéraux amorphes, ou non cristallisés, et ceux dont les cristaux appartiennent au système cubique sont généralement doués de la réfraction simple. Ces minéraux sont dits *uniréfringents*.

Chaque corps diaphane possède une puissance réfringente particulière, c'est-à-dire que le rayon lumineux en le traversant s'infléchit plus ou moins. La déviation du rayon est en rapport avec la densité des milieux qu'il traverse. Quand il passe de l'air dans les minéraux il se rapproche de la perpendiculaire au point d'immersion, comme s'il subissait une attraction de la part de ces minéraux. Le phénomène a lieu en sens inverse lorsque le rayon lumineux passe des minéraux dans l'air.

L'expérience a prouvé que : 1° le rayon incident et le rayon réfracté sont dans un même plan perpendiculaire à la surface qui sépare les deux milieux ; 2° pour la même substance, il existe un rapport sensiblement constant entre le sinus de l'angle d'incidence et le sinus de l'angle de réfraction (1), quelle que soit l'obliquité du rayon incident.

Ce rapport constant, trouvé par Descartes, est nommé *indice* de réfraction.

(1) Le sinus d'un angle ACB ou d'un arc AB (fig. 400) est la perpendiculaire BD,

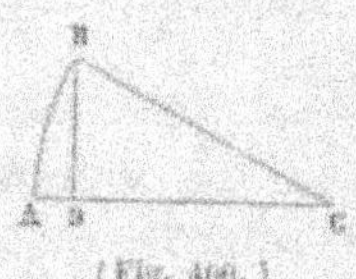

(Fig. 400.)

abaissée d'une extrémité B de l'arc sur le diamètre qui passe par l'autre extrémité A de cet arc.

L'indice de réfraction est plus ou moins différent pour les substances minérales différentes ; de sorte qu'il pourrait servir à distinguer les minéraux s'il était rigoureusement constant, facile à apprécier, et si sa détermination n'exigeait pas des conditions de pureté, de diaphanéité, d'état cristallin, etc., que présentent trop rarement les minéraux.

Les couleurs dont les substances minérales peuvent être accidentellement pourvues apportent toujours quelque différence dans l'indice de réfraction et l'élèvent généralement. Par exemple, le corindon blanc a pour indice 1,768, le corindon rouge 1,779, et le corindon bleu 1,794. En outre, l'indice de réfraction n'est pas le même pour la même substance minérale qui cristallise dans deux systèmes différents. Ainsi, le calcaire ou le carbonate de chaux cristallisé dans le système rhomboédrique a pour indices de réfraction 1,654 et 1,483 ; tandis que l'aragonite ou le carbonate de chaux cristallisé dans le système prismatique a pour indices 1,693 et 1,535. On voit donc que la réfraction dépend non-seulement de la nature de la substance, mais encore de l'arrangement moléculaire de celle-ci.

On a déterminé les indices de réfraction d'un certain nombre de minéraux. Les valeurs des indices connus sont toutes comprises entre 1 et 3. La crocoïse, le diamant et le soufre natif présentent les indices les plus élevés ; au contraire le borax, l'alun et la fluorine ont les indices les moins élevés.

Pour déterminer l'indice de réfraction d'un minéral, le procédé le plus simple consiste à tailler ce minéral sous la forme d'un prisme, ou à prendre un cristal transparent et à faces lisses, à mesurer l'incidence de deux faces adjacentes et à chercher ce qu'on nomme la déviation *minima* du rayon qui traverse le minéral, c'est-à-dire l'angle *minimum* que l'image réfractée peut faire avec l'image directe ; au moyen de ces données on obtient le rapport cherché (1).

Réfraction double.

La double réfraction est celle qui a lieu lorsque le rayon

______

(1) Pour les instruments et les détails relatifs à cette détermination, voyez les ouvrages de physique et de cristallographie.

lumineux incident se divise en deux rayons réfractés distincts, c'est-à-dire lorsqu'un objet vu dans des directions convenables, à travers les corps qui sont doués de la double réfraction, paraît généralement double.

On peut observer très-facilement le fait en plaçant sur un point noir, sur une ligne noire, sur les caractères d'un livre, etc., par l'une de ses faces, un rhomboèdre de calcaire limpide; on voit alors deux images de ce point, de cette ligne, de ces caractères, etc., si on les regarde par la face opposée.

La double réfraction n'appartient pas à tous les minéraux. Ceux qui possèdent cette propriété et que l'on nomme *biréfringents* sont cristallisés, et se rapportent généralement à des systèmes cristallins autres que le système cubique.

Il en résulte que l'on peut au moyen de la double réfraction distinguer beaucoup de minéraux, lorsqu'ils sont en cristaux naturels ou taillés, en lamelles et même en fragments irréguliers. Par exemple, on ne confondra jamais le quartz et le verre, le corindon et le spinelle, le zircon et le grenat : car le verre, le spinelle ainsi que le grenat sont uniréfringents; tandis que le quartz, le corindon et le zircon sont biréfringents. Mais M. Brewster a reconnu des anomalies qui démontrent que des minéraux manifestent tantôt la réfraction simple, tantôt la réfraction double, et qui par suite ne permettent plus de regarder comme absolu ce moyen de distinction. En effet, le diamant, l'alun, la fluorine, la boracite, l'analcime, la blende, le sel gemme, etc., qui se rapportent au système cubique et qui par conséquent ne devraient posséder que la réfraction simple, jouissent assez souvent de la double réfraction ; et cette anomalie a lieu non-seulement pour des cristaux différents, mais encore dans diverses parties d'un même cristal. Il est vrai que, d'après Biot, il faudrait attribuer ces anomalies à une constitution intérieure hétérogène ou à l'influence de systèmes lamellaires, contenus dans la masse cristalline, et qui agiraient sur la lumière indépendamment des phénomènes dus à l'état moléculaire normal et simultanément avec eux.

Des deux rayons réfractés, auxquels donne lieu le rayon lumineux incident en pénétrant un minéral transparent et doué de la double réfraction, l'un est dit *rayon ordinaire* et l'autre *rayon extraordinaire.*

Le rayon ordinaire est celui qui suit, comme l'a démontré

Huyghens, les lois de réfraction simple, savoir : 1° le rayon incident et le rayon réfracté sont dans un même plan normal à la surface du minéral ; 2° il existe un rapport sensiblement constant entre le sinus de l'angle d'incidence et le sinus de l'angle de réfraction (1).

Le rayon extraordinaire est celui qui obéit à des lois différentes, savoir : 1° ordinairement le rayon incident et le rayon réfracté ne sont pas dans un même plan normal à la surface du minéral ; 2° généralement il n'existe pas de rapport constant entre le sinus de l'angle d'incidence et le sinus de l'angle de réfraction.

Le phénomène de la double réfraction ne se manifeste pas indifféremment dans tous les sens suivant lesquels le minéral peut être traversé par le rayon lumineux. Si l'on opère sur des cristaux convenablement choisis ou sur des minéraux convenablement taillés, on reconnaît que pour les uns il y a une direction suivant laquelle on ne voit qu'une seule image, et que pour d'autres il y a deux directions suivant lesquelles on n'aperçoit qu'une seule image.

Par exemple, dans le calcaire spathique le phénomène de double réfraction disparaît suivant la direction de l'axe principal du cristal ; c'est ainsi qu'en faisant tailler sur les sommets d'un romboèdre des faces *m* et *m'* perpendiculairement à l'axe AA' (fig. 401), on voit seulement les images simples des objets qu'on regarde à travers ces faces. De même, la topaze présente des images simples si l'on regarde à travers les facettes *n n'* (fig. 402),

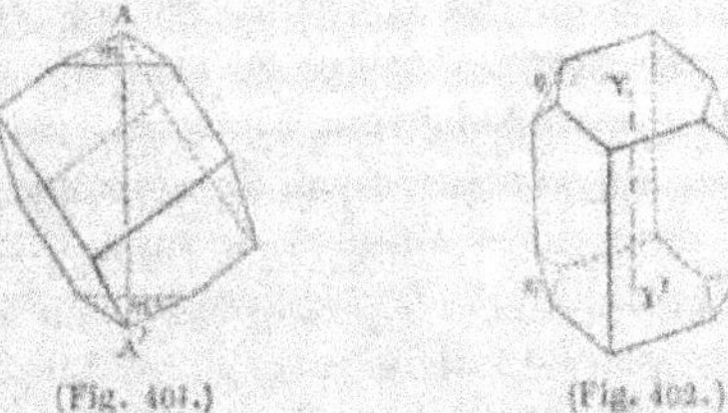

(Fig. 401.)   (Fig. 402.)

suivant une direction inclinée à droite de l'axe YY', et à travers les facettes *o o'*, suivant une direction inclinée à gauche de cet axe.

Les directions suivant lesquelles la double réfraction cesse

(1) Voyez la page 282.

d'avoir lieu, ont été nommées *lignes neutres*, *axes de double ré-fraction* ou *axes optiques*.

Il y a donc des minéraux qui ne possèdent qu'un seul axe op-tique et d'autres qui en possèdent deux.

Lorsqu'il n'y a qu'un seul axe optique, il se confond toujours avec l'axe cristallin principal.

Lorsqu'il y a deux axes optiques la position de ceux-ci ne peut plus être déterminée aussi rigoureusement par les axes cristallins, bien qu'il y ait généralement une relation entre les deux espèces d'axes, car la ligne moyenne entre les deux axes optiques correspond souvent à l'un des axes cris-tallins.

Dans les minéraux qui possèdent deux axes optiques, les deux rayons réfractés sont extraordinaires; de sorte que ni l'un ni l'autre n'obéissent à la loi du rapport constant des sinus.

Les deux axes optiques font entre eux un angle qui varie d'une substance à une autre, mais qui pour la même substance n'éprouve pas de changement, pourvu que les cristaux soient pris dans les mêmes conditions de température, de pureté et de composition chimique.

On nomme *ligne moyenne* la ligne qui divise en deux parties égales le plus petit des angles formés par les deux axes, et *ligne supplémentaire* la ligne qui partage de la même ma-nière le plus grand angle, supplément du premier. Ces deux lignes sont comprises dans un seul et même plan avec les axes optiques.

Tous les minéraux qui n'ont qu'un seul axe optique appar-tiennent au système rhomboédrique ou au système prismatique droit à base carrée, c'est-à-dire aux systèmes cristallins dont les formes possèdent un axe principal de symétrie. Tous les mi-néraux qui ont deux axes optiques se rapportent à l'un des autres systèmes cristallins, à l'exception du système cubique. Il en résulte qu'au moyen de cette observation des phénomènes op-tiques on pourrait distinguer beaucoup de minéraux, par exem-ple le quartz hyalin de la topaze, le calcaire spathique du gypse, etc.

Il y a des cristaux à un axe optique dans lesquels l'indice de réfraction ordinaire est plus grand que l'indice de réfraction ex-traordinaire, tandis que dans d'autres cristaux le contraire a lieu; c'est-à-dire que dans les uns le rayon ordinaire s'éloigne davantage de l'axe, comme s'il était repoussé, et que dans les autres il s'en approche davantage, comme s'il était attiré. Les premiers sont nommés cristaux *répulsifs* ou *négatifs*; les seconds, cristaux *attractifs* ou *positifs*. Parmi les minéraux négatifs nous citerons le calcaire spathique, la tourmaline, l'émeraude, l'anatase, etc.; parmi les minéraux positifs, le quartz hyalin, le zircon, le rutile, l'apophyllite, etc.

Polarisation ordinaire.

La *polarisation*, découverte par Malus, consiste en une modification que la lumière éprouve lorsqu'elle se réfléchit sous un certain angle à la surface d'un corps poli ou lorsqu'elle traverse un corps biréfringent.

Ainsi, quand on reçoit sous un angle de 35° 25' un rayon de lumière sur une lame de verre ordinaire, ou mieux de verre noirci du côté inférieur, ce rayon s'y réfléchit, mais il se trouve modifié ou, comme on dit, *polarisé*, de telle manière qu'il refuse de se réfléchir de nouveau sur une seconde glace inclinée comme la première si le plan dans lequel devrait se faire cette seconde réflexion est perpendiculaire au plan qui renferme le rayon incident et le premier rayon réfléchi. Dans toute autre position la seconde réflexion a lieu; seulement elle est d'autant plus faible que le plan qui la contient s'approche davantage de la position précédemment indiquée.

L'angle sous lequel un rayon peut être complétement polarisé est constant pour un même minéral; mais il est différent pour les minéraux différents. On a donc ainsi un moyen de distinguer divers minéraux, quoique les angles de polarisation soient parfois très-rapprochés (1).

M. Brewster a démontré que la tangente de l'angle de polarisation est égale à l'indice de réfraction, en sorte qu'on peut connaître l'un par l'autre.

On parvient aussi à polariser la lumière en la faisant traverser un minéral doué de la double réfraction, et même par ce moyen les deux rayons réfractés se trouvent généralement polarisés si-

---

(1) Voyez les ouvrages de physique et de cristallographie pour obtenir les mesures des angles de polarisation.

multanément et en sens inverse, de manière que l'un refuse de pénétrer dans un minéral biréfringent par le côté où l'autre y entre facilement, et *vice versa*.

C'est sur ce dernier mode de polarisation et sur une autre propriété spéciale de la tourmaline que repose principalement la reconnaissance de divers caractères optiques des minéraux.

La lumière polarisée ne donne qu'une seule image en passant à travers un prisme biréfringent, quand la section principale de ce prisme est parallèle ou perpendiculaire au plan de réflexion; tandis qu'elle donne deux images plus ou moins intenses dans toutes les autres positions.

Il existe dans le spath d'Islande deux plans de polarisation perpendiculaires l'un sur l'autre et qui correspondent aux plans diagonaux du rhomboèdre. La même chose a lieu dans tous les cristaux à un axe.

Une plaque de tourmaline dont les cristaux se rapportent au système rhomboédrique et qui possède la double réfraction jouit de la propriété, quand elle a été taillée parallèlement à l'axe cristallin, d'éteindre l'un des rayons réfractés et de laisser passer l'autre, qui se trouve alors polarisé dans un certain sens, conforme à la position de la plaque. Or, si l'on applique en position parallèle l'une sur l'autre deux plaques AA et BB (fig. 403) de tourmaline taillées parallèlement à l'axe, le rayon polarisé traversera encore les deux plaques superposées; mais si l'on tourne l'une des plaques, BB par exemple, l'espace compris entre les deux plaques s'éteindra successivement à mesure que l'on tournera de plus en plus la plaque BB, et lorsque les deux plaques seront superposées à angle droit (fig. 404), l'espace C sera en-

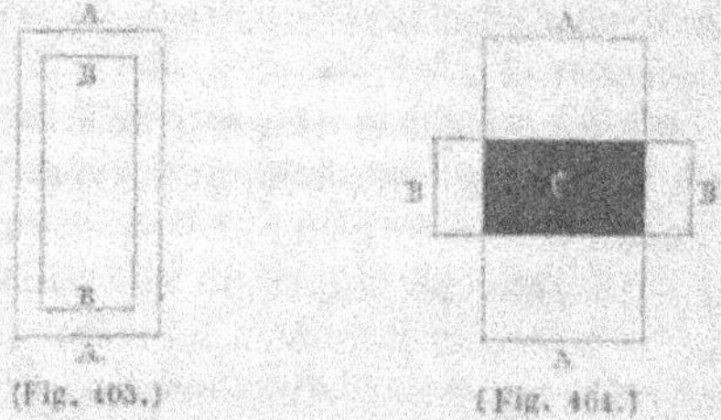

(Fig. 403.)   (Fig. 404.)

tièrement obscur, quand toutefois les plaques polarisent complètement.

Cette action de la tourmaline sur la lumière polarisée, plus marquée chez ce minéral que chez les autres, est celle dont les physiciens se servent ordinairement pour reconnaître si une substance jouit de la double réfraction, si elle a un ou deux axes optiques, etc. A cet effet, on emploie habituellement un petit appareil nommé pince à tourmaline.

La pince à tourmaline (fig. 403) est formée d'un gros fil d'argent ou de cuivre, bouclé au milieu de sa longueur, et croisé de manière que ses deux extrémités s'appliquent naturellement l'une sur l'autre en exerçant une pression mutuelle. Ces extrémités sont disposées en cercles, dont chacun embrasse un anneau, qui encadre une rondelle de liége portant, vers sa partie centrale, l'une des plaques de tourmaline. Les anneaux peuvent tourner librement dans les cercles qui les embrassent; de sorte qu'il est facile d'amener les deux (Fig. 403) plaques de tourmaline dans toutes les positions parallèles aux plans des cercles. La figure 403 représente les rondelles écartées par une pression exercée sur la partie inférieure, prêtes à recevoir entre elles le minéral que l'on veut examiner, et montrant les deux plaques de tourmaline, qui sont l'une horizontale, l'autre verticale.

On place le minéral que l'on veut essayer entre les deux rondelles, où il est maintenu par la seule force du ressort de la pince.

Pour reconnaître si un minéral possède ou ne possède pas la double réfraction, il faut le placer entre les deux rondelles de la pince à tourmaline et regarder à travers les plaques. Lorsque le minéral possède seulement la réfraction simple, ou qu'il est uniréfringent, comme il n'a pas d'action bien sensible sur la lumière polarisée, l'endroit du croisement des deux lames de tourmaline, qui est obscur, ne laissera encore passer aucune lumière après l'interposition; mais lorsque le minéral possède la double réfraction, ou qu'il est biréfringent, celui-ci forcera généralement le rayon polarisé par la première tourmaline à se diviser en deux nouveaux rayons, dont l'un polarisé en sens inverse de l'autre pourra traverser la seconde tourmaline, et l'endroit du croisement deviendra plus ou moins clair.

On peut soumettre les minéraux à cette épreuve sans rien changer à leur forme naturelle, pourvu qu'ils soient d'un petit volume et qu'ils n'aient pas une grande épaisseur ; néanmoins, il est préférable de les avoir en plaques minces et même en lames de clivage.

De ce qu'un minéral laisse passer la lumière entre les lames de tourmaline croisées, il ne faudrait pas toujours en conclure qu'il est régulièrement cristallisé et qu'il ne se rapporte pas au système cubique : car, d'une part, certains minéraux qui appartiennent au système cubique, tels que divers diamants, laissent passer la lumière ; d'autre part, le verre trempé produit le même résultat, tandis que le verre non trempé ne laisse pas passer la lumière.

Pour reconnaître si un minéral possède un seul ou deux axes optiques, on interpose dans la pince à tourmaline une plaque de ce minéral taillée perpendiculairement à l'axe cristallin, ou à l'un des axes cristallins, ou enfin à la ligne moyenne.

Lorsque le minéral ne possède qu'un seul axe optique, on aperçoit une série d'anneaux colorés, circulaires et concentriques, qui est traversée, sauf quelques exceptions, par une croix noire, plus ou moins apparente et dont les bras s'épanouissent à leurs extrémités sous la forme d'un plumet (Pl. I, fig. 1).

Lorsque le minéral possède deux axes optiques, on voit deux séries d'anneaux colorés et généralement elliptiques, qui sont traversées chacune par une bande noire (fig. 2 ou 3). L'écartement des deux groupes d'anneaux est plus ou moins grand, suivant la nature du minéral, et indique ainsi l'angle des deux axes, c'est-à-dire que les axes de double réfraction font entre eux un angle plus ou moins ouvert.

Certains minéraux à un axe optique, tels que l'émeraude, la tourmaline, l'anatase, l'idocrase, le zircon, etc., présentent parfois des phénomènes qui les rapprochent des minéraux à deux axes optiques. Quand ils sont taillés en plaques perpendiculaires à l'axe principal et placés entre les lames de tourmaline croisées, on reconnaît dans certaines positions la croix noire qui doit les caractériser ; mais en les faisant tourner sur leur plan, on voit bientôt les branches de cette croix se tordre et donner lieu à des groupes d'anneaux séparés. Il arrive aussi que cet effet se produit dans des points d'une même plaque, tandis qu'il n'a pas lieu dans d'autres.

Pour reconnaître si un minéral à un axe optique est positif ou négatif, il suffit, après en avoir disposé dans l'appareil une plaque taillée perpendiculairement à l'axe, de lui superposer une plaque semblable d'un autre minéral, dont le mode d'action soit connu (de spath d'Islande, par exemple, qui est négatif), et de remarquer si les anneaux s'élargissent ou se rétrécissent. Quand ils s'élargissent, les deux minéraux sont d'actions contraires, car les choses se passent comme si l'on diminuait l'épaisseur de la plaque soumise à l'essai; donc la substance est attractive. Quand ils se rétrécissent, les actions sont de même espèce, puisque les choses se passent comme si l'on augmentait l'épaisseur de la plaque; donc la substance est répulsive.

Généralement les substances cristallines ont besoin d'être taillées en plaques plus ou moins minces suivant leur nature, pour présenter les phénomènes que nous avons indiqués; mais certains minéraux, comme la topaze, le mica, le talc, etc., qui ont des clivages perpendiculaires à l'axe ou à la ligne moyenne des axes, n'exigent pas cette opération préalable, car il suffit d'en détacher une lame et de la placer entre les plaques de tourmaline croisées pour apercevoir leurs propriétés, soit immédiatement, soit en inclinant l'appareil d'un côté ou de l'autre devant l'œil.

Lorsque le clivage n'est pas perpendiculaire à l'axe ou à la ligne moyenne, pour pouvoir observer les phénomènes, on peut quelquefois incliner plus ou moins la lame entre les plaques de tourmaline.

On peut quelquefois aussi se servir d'un fragment irrégulier, en y accolant des prismes; mais ce procédé est rarement certain.

La pince à tourmaline offre souvent des difficultés pour l'observation des phénomènes, à cause de la coloration des plaques qui la composent et du petit volume des fragments qu'on peut avoir à essayer. Amici a imaginé un polariscope qui donne beaucoup plus de lumière et qui permet d'opérer sur de très-petites lames transparentes. Le jeu des lentilles est d'ailleurs tel qu'on peut apercevoir à la fois, sans être obligé de pencher le cristal à droite ou à gauche, tous les phénomènes qui sont dus à l'inclinaison des rayons polarisés dans leur passage à travers le minéral (1).

Relativement aux angles des axes, nous avons dit que les deux

____

(1) Voyez les ouvrages de physique pour la description et l'emploi du polariscope d'Amici.

systèmes d'anneaux elliptiques sont plus ou moins écartés l'un de l'autre suivant la nature des minéraux, c'est-à-dire que les axes optiques font entre eux des angles plus ou moins ouverts. Cette circonstance permet encore de distinguer un certain nombre de minéraux les uns des autres ; mais on conçoit que l'observation de l'écartement ne peut faire reconnaître que les extrêmes, et que dès lors il faut souvent évaluer les angles en degrés. On doit donc remplacer la pince à tourmaline et même le polariscope d'Amici par l'appareil de M. Soleil, qui est susceptible de donner des mesures sinon rigoureuses, du moins comparables entre elles (1).

Non-seulement on trouve des angles différents pour les minéraux différents, mais encore on reconnaît que les diverses variétés d'un même minéral présentent quelquefois des valeurs très-éloignées les unes des autres. Par exemple : la topaze donne des angles compris entre 45° et 65°, suivant ses variétés ; les micas offrent une vingtaine d'angles depuis 6° jusqu'à 76° ; etc. En sorte que, d'après la distinction fournie par le caractère optique précédent, on pourrait faire dans une même substance minérale autant d'espèces différentes que l'on observe d'angles essentiellement différents, ce qui ne saurait être admis sous le point de vue de la minéralogie naturelle. On voit donc qu'il ne faut en réalité attribuer aux propriétés optiques des minéraux qu'une importance spéciale, principalement sous le rapport de l'arrangement moléculaire de ceux-ci.

Pour quelques minéraux dont les axes sont très-rapprochés, tels que le nitre et la céruse, on peut voir à la fois les deux systèmes d'anneaux ; alors les anneaux elliptiques sont réunis par des courbes sinueuses et colorées, qu'on nomme *lemniscates*, et chaque bande noire est rejetée vers l'extérieur, en affectant la forme de deux branches opposées d'une hyperbole (fig. 4).

Les anneaux colorés deviennent visibles aussi lorsque les deux plaques de tourmaline sont parallèles entre elles, au lieu d'être perpendiculaires ; dans ce cas encore on distingue les cristaux à un axe des cristaux à deux axes par la croix et la barre, mais les anneaux sont complémentaires de ceux qu'on obtient au moyen des plaques perpendiculaires, et la croix ainsi

(1) Voyez aussi les ouvrages de physique pour la description et l'emploi de l'appareil de M. Soleil.

que la barre se dessinent en blanc (fig. 5). Dans le mouvement de la direction perpendiculaire à la direction parallèle, les plaques de tourmaline deviennent obliques ; on voit alors la croix noire s'altérer successivement, les anneaux se déplacent, et il s'opère peu à peu un renversement dans tout le système (fig. 6), pour passer de la figure 7 à la figure 1.

Quand on fait tourner une lame de nitre entre les tourmalines, celles-ci restant immobiles, on voit les courbes obscures changer de place par rapport aux anneaux, et offrir dans leurs positions, comme dans leurs courbures, des variations périodiques qui se reproduisent à chaque quart de révolution.

Ainsi, la figure 8 représente le phénomène au moment où la rotation va commencer. A cet instant, la section principale de la plaque coïncide avec le plan de polarisation du faisceau incident ; alors la bande obscure de chaque système prend la direction de ce plan, et se prolonge de manière à rejoindre celle de l'autre système ; de plus, elle est coupée au milieu perpendiculairement par un autre bande obscure, en sorte qu'on voit dans ce cas une croix noire, mais dont une seule branche passe par les centres. Cette circonstance, jointe à la forme des anneaux, empêchera toujours de confondre une pareille croix noire avec celle que donnent les cristaux à un axe.

Maintenant, si l'on commence à faire tourner la plaque dans son plan, d'abord d'une quantité très-petite, chaque bande centrale se déforme et se courbe légèrement, comme le montre la fig. 9. Lorsque la rotation a atteint 22° 1/2, on a l'apparence donnée par la figure 3, et pour 45° celle qui est représentée par la figure 2. Au delà, les mêmes dispositions se reproduisent en sens contraires, et ainsi de suite pour chaque quart de révolution.

Les diamètres des anneaux colorés soit circulaires, soit elliptiques, varient d'une substance minérale à une autre, lorsque les plaques qui les produisent sont de la même épaisseur; par conséquent, si l'on faisait tailler les minéraux en plaques de même épaisseur, on pourrait les distinguer par les diamètres de leurs anneaux respectifs.

L'étude des diamètres des anneaux colorés est d'un usage commode pour reconnaître les hémitropies et les pénétrations des cristaux qu'aucunes stries ne dévoilent. Il suffit de placer la plaque dans la pince à tourmaline successivement sur une face et sur l'autre. S'il n'existe pas d'hémitropie, le changement de position n'en opère aucun dans le diamètre des anneaux. S'il existe une hémitropie, celle-ci divisant pour ainsi dire la plaque en deux plaques accolées d'épaisseurs diverses, on aperçoit, par l'interversion, des anneaux de dimensions différentes ; résultat qui tient à ce que l'on voit dans un cas les anneaux donnés par la plaque supérieure et dans l'autre les anneaux de la plaque inférieure.

Les plaques qui renferment des hémitropies ou des pénétrations de cristaux montrent des couleurs variées, dont les contours indiquent la limite des cristaux groupés (fig. 10, Pl. I).

Si l'hémitropie se trouve dans le sens de la longueur de la plaque, la coloration différente des deux parties de la plaque, sous le polariscope ou avec l'appareil de Noremberg (1), l'indique immédiatement. La plaque paraît alors séparée en deux segments par une ligne qui la traverse dans toute sa longueur ; un des segments affecte une certaine couleur, tandis que l'autre en offre une différente.

L'hémitropie du gypse de la variété en fer de lance est très-remarquable par ses belles teintes et par leurs positions relatives dans les deux cristaux qui forment le groupement.

Les propriétés optiques d'un minéral cristallisé peuvent éprouver des modifications par une différence de structure, par l'influence de molécules isomorphes, par l'action de la chaleur, par la compression, etc. Ces causes sont même capables de changer momentanément les cristaux à 2 axes en cristaux à 1 axe, et réciproquement.

Ainsi, le quartz dans ses parties incolores (quartz hyalin) présente la polarisation à un axe, tandis que dans ses parties violettes (quartz améthyste) il jouit de la polarisation à deux axes. Le sel devient biréfringent par la trempe ou par un refroidissement brusque, et les dessins changent avec la forme extérieure, comme si l'arrangement moléculaire interne était le résultat de l'ébranlement produit par la trempe. Le quartz, le calcaire, etc., qui sont à un axe, deviennent à deux axes par la compression. Il y a des micas à un axe et des micas à deux axes ; bien plus, on trouve dans le même échantillon, des lamelles qui présentent les phénomènes optiques des cristaux à un axe et d'autres qui manifestent ceux des cristaux à deux axes. Nous pourrions citer

(1) Voyez les traités de physique pour la description de l'appareil de Noremberg.

encore d'autres faits analogues, démontrant ainsi que ce qui se rattache aux systèmes cristallins est moins fixe qu'on ne le pense, et qu'une différence dans le nombre des axes optiques n'est pas un motif suffisant pour admettre des espèces minérales différentes. La nature, par des variations de pression, de chaleur, etc., a pu produire tantôt une sorte de micas, tantôt une autre sorte ; là du calcaire, ici de l'aragonite, etc. Ces différences peuvent donc résulter d'un changement dans l'arrangement moléculaire sous l'influence de substances étrangères, de variations des conditions physiques ou des milieux dans lesquels se sont formés les minéraux.

Polarisation circulaire.

Découverte par Arago, la *polarisation circulaire* ou *rotatoire* appartient principalement à des variétés cristallisées de quartz et de cinabre. Elle dépend d'une action polorisante que les cristaux exercent suivant la direction de leur axe respectif, et consiste en ce que la couleur située au centre des anneaux colorés, et donnée par une plaque taillée perpendiculairement à l'axe, que l'on soumet à l'action de la tourmaline, change de teinte lorsqu'on imprime un mouvement de rotation à l'analyseur. Le changement de teinte est graduel et soumis à des lois.

Ainsi, quand la lumière polarisée passe à travers une plaque de quartz, par exemple, et un prisme biréfringent, les deux images que l'on obtient présentent des couleurs complémentaires l'une de l'autre ; car en faisant superposer l'une sur l'autre les deux images la partie commune devient blanche (1).

Lorsqu'on fait tourner le prisme biréfringent, les couleurs des images changent en marchant vers l'une ou l'autre extrémité du spectre, sans cesser d'être complémentaires. Par exemple, si l'image ordinaire donne le vert, quand la section principale du prisme est dans le plan primitif de la polarisation, elle passera du vert au bleu, à l'indigo, etc. En tournant le prisme vers la droite, les mêmes couleurs reparaissent à l'extrémité de chaque diamètre ; elles sont aussi les mêmes aux extrémités

____

(1) Voyez les traités de physique pour la description de l'appareil d'Arago, qui a été complété par M. Soleil.

des deux diamètres perpendiculaires entre eux ; mais alors les teintes se trouvent inversées, l'inversion étant une conséquence de ce que les couleurs sont complémentaires. La figure 11, Pl. I, représente cette disposition : on y voit 4 fois le retour des mêmes images, dont deux en sens inverse.

Certaines plaques de quartz font tourner le plan de polarisation de droite à gauche, tandis que d'autres le font tourner de gauche à droite ; les premières sont dites *levogyres*, et les secondes *dextrogyres*.

La polarisation circulaire paraît avoir pour cause un arrangement corpusculaire particulier, d'après lequel il y aurait autour de l'axe une différence physique entre le sens de droite à gauche et celui de gauche à droite. On reconnaît un accord constant entre le sens de la polarisation circulaire, ou du mouvement des plans de polarisation, et celui dans lequel s'inclinent les facettes de la variété plagièdre. Pour le quartz il y a donc une relation entre la polarisation circulaire et sa dissymétrie de cristallisation, c'est-à-dire avec la variété plagièdre ; de plus, les deux plagièdres de droite et de gauche sont complémentaires l'un de l'autre.

D'après tous les faits connus, les cristaux hémièdres de droite devient à droite, tandis que les cristaux hémièdres de gauche devient à gauche ; dès lors la relation entre l'hémiédrie et la polarisation rotatoire paraît constante.

Le quartz doit être taillé en plaques extrêmement minces, pour laisser apercevoir une ombre bleuâtre de la croix produite par les traces des plans de polarisation. Quand la plaque a une certaine épaisseur, la croix disparaît, et la surface de l'anneau intérieur présente une teinte en rapport avec l'épaisseur de la plaque. Si l'on augmente cette épaisseur, les anneaux disparaissent complétement, et la plaque n'offre qu'une seule teinte sur toute sa surface. Or, la teinte résultant de l'épaisseur de la plaque, on peut tailler des plaques de quartz donnant, sous le polariscope, le rouge, le jaune orangé, etc. Donc, lorsqu'on taille une plaque parallèlement à l'axe et de manière qu'elle présente en creux une calotte sphérique, elle produit sous l'appareil des cercles différemment colorés, chaque cercle correspondant à une épaisseur particulière de la plaque.

Non-seulement il y a des cristaux de quartz qui, taillés perpendiculairement à l'axe, donnent des plaques dont les unes sont à rotation vers la droite et les autres à rotation vers la gauche ; mais encore il existe des plaques qui n'offrent qu'un pouvoir rotatoire absolument nul, et qu'on peut regarder comme résultant de la superposition de couches très-minces alternativement dextrogyres et lévogyres. Dans les améthystes on voit ces deux sortes de quartz cristallisées ensemble par couches alternatives, qui forment une succession d'enveloppes parallèles entre elles et disposées autour d'un même axe.

Polarisation lamellaire.

Un certain nombre de minéraux cristallisés, et appartenant au système cubique, ont la propriété de dépolariser les rayons lumineux qui les traversent, en produisant des phénomènes particuliers de polarisation chromatique ; tels sont l'analcime, la boracite, l'amphigène, le diamant, la fluorine, la blende, le sel gemme, l'alun ammoniacal, etc.

Cette particularité pourrait occasionner des méprises ; car on a cru pendant quelque temps à des effets de double réfraction dans ces minéraux uniréfringents, et par suite à des anomalies aux lois de la relation qui existe entre la double réfraction et les systèmes cristallins.

Or, la *polarisation lamellaire*, découverte par Biot, est due à ce que les corps cristallisés, indépendamment du pouvoir polarisant ordinaire, et provenant de la structure simple qu'ils prennent toujours quand leur formation a été continue, sont capables d'exercer un autre genre d'action polarisante lorsque leur accroissement ayant eu lieu par intermittences, ils présentent la structure composée.

En disposant, dans son appareil de polarisation, un cristal d'alun ammoniacal de manière que l'un des axes de l'octaèdre coïncidât avec l'axe de l'appareil, Biot a reconnu que les rayons polarisés qui le traversent sont modifiés, si ce n'est lorsque leur plan de polarisation se trouve parallèle ou perpendiculaire aux plans menés par l'axe de l'octaèdre normalement à ses faces.

Ainsi, quand on place le cristal d'alun de manière que le plan de la polarisation primitive soit à 45° des sections principales de ce cristal, les 4 triangles qui forment la projection des faces de l'octaèdre deviennent visibles. Mais pour obtenir un phénomène sensible de coloration il faut ordinairement interposer entre le cristal et le prisme de Nicol, servant d'analyseur, une lame très-mince de gypse, qui seule produirait déjà une couleur uniforme. Par l'action combinée du cristal d'alun et de la lame de gypse des changements ont lieu dans la teinte propre de cette lame, et la teinte résultante indique le sens et la nature de l'action additionnelle. En opérant de la sorte on voit les 4 triangles se colorer vivement de teintes contraires ; par exemple, 2 triangles opposés sont verts et les 2 autres sont rouges (Pl. I, fig. 12 et 13).

Les phénomènes de polarisation lamellaire peuvent se produire dans des minéraux qui appartiennent à d'autres systèmes que le système cubique ; tels sont ceux offerts par l'apophyllite de Feroé, la topaze du Brésil, etc.

Par exemple, l'apophyllite de Feroé cristallise en prismes droits à base carrée et terminés par des pyramides régulières à 4 faces; de plus, ces cristaux possèdent un clivage très-facile parallèlement à la base et un tissu lamellaire parallèlement aux faces obliques, d'où résulte le phénomène chromatique. Si, comme dans l'expérience de l'alun ammoniacal, un rayon polarisé est transmis dans la direction de l'axe, les systèmes lamellaires obliques agissent sur ce rayon et les 4 faces des sommets se colorent en teintes opposées, généralement rouges et vertes (fig. 14). Quand on couche ces cristaux sur une face du prisme pour les observer transversalement, on aperçoit un dessin régulier et coloré, ou une sorte de mosaïque formée de divers compartiments, dont chacun polarise une teinte particulière (fig. 15 et 16).

Franges parallèles.

Lorsqu'on présente à un rayon polarisé une lame de quartz limpide, taillée de manière que l'une de ses faces soit parallèle à l'axe et l'autre un peu inclinée, le prisme très-allongé qu'elle forme produit, même à l'œil nu, des *franges parallèles* rouges et vertes, pourvu que l'on regarde d'une certaine distance et que l'épaisseur du prisme près de son sommet ne dépasse pas un tiers ou la moitié d'un millimètre. Ces bandes parallèles sont plus vives si on les regarde avec la tourmaline, et elles atteignent leur *maximum* d'éclat quand la section principale du prisme fait avec le plan de polarisation un angle voisin de 45°.

Des lames obliques à l'axe présentent, par leur accroissement, des bandes analogues.

D'après cette propriété, lorsqu'on a taillé une lame de cristal de roche de manière que ses faces soient parallèles entre elles ainsi qu'à l'une des faces de la pyramide qui termine ordinairement les cristaux naturels, et lorsque ensuite on coupe cette lame pour en superposer les deux moitiés, en croisant la ligne de section, le système résultant donne dans la pince à tourmaline des bandes parallèles très-vives. Si ces bandes sont dans le plan de polarisation de la lumière qui a traversé la première tourmaline, elles présentent au milieu une bande noire entre deux bandes blanches, et se colorent ensuite de chaque côté (fig. 17, Pl. 1). Le contraire a lieu quand elles sont perpendiculaires au plan primitif de polarisation : on observe alors une bande blanche entre deux bandes noires, et toutes les couleurs précédentes se trouvent inversées (fig. 18).

Enfin, lorsqu'une plaque d'améthyste taillée perpendiculairement à l'axe est éclairée par la lumière polarisée, elle présente une apparence de raies ou de franges diversement nuancées suivant le plan de polarisation des rayons qui émergent de chaque point. Les couches successives offrent un contraste des plus frappants par les bandes de couleurs vives qui alternent avec des bandes obscures.

Franges hyperboliques.

M. Delezenne a constaté que tous les cristaux à un axe qui sont taillés en lames à faces parallèles à l'axe et d'une épaisseur convenable donnent non plus des bandes parallèles, comme le quartz, mais quatre systèmes de *franges hyperboliques*.

Le phénomène est bien caractérisé si au lieu d'une seule lame on en prend deux, épaisses de 7 à 8 millimètres, légèrement prismatiques, parallèles à l'axe et posées l'une sur l'autre de manière que les axes soient croisés (fig. 19, Pl. 1). Pour apercevoir distinctement les hyperboles il faut, après avoir mis les deux lames dans la pince à tourmaline, approcher l'œil très-près, car aussitôt que l'on regarde à une distance un peu grande les hyperboles dégénèrent en bandes parallèles.

Polychroïsme.

La tourmaline exerce une absorption très-inégale sur les deux rayons polarisés en sens contraires qui la traversent dans toutes les directions perpendiculaires à l'axe, et éteint beaucoup plus vite le rayon ordinaire : aussi polarise-t-elle complétement toute la lumière émergente dans le plan normal à son axe quand son épaisseur dépasse une certaine limite. Ce fait peut s'étendre à tous les minéraux biréfringents à un axe optique. Dans ces substances, comme dans la tourmaline, l'absorption du rayon ordinaire est égale pour toutes les directions; mais celle du rayon extraordinaire varie progressivement avec l'inclinaison du rayon sur l'axe, et elle est à son degré le plus faible dans la direction perpendiculaire. Suivant M. Babinet, dans les cristaux uni-axes positifs le rayon extraordinaire se trouve généralement le plus absorbé, tandis que dans les cristaux uni-axes négatifs le contraire a lieu.

Le phénomène de la différence d'absorption est surtout rendu très-évident avec un gros cristal de quartz enfumé, que l'on taille, sous des épaisseurs égales perpendiculairement et parallèlement à l'axe. La différence de lumière que ce cristal laisse alors passer dans les deux sens contraires devient bien sensible (1).

Indépendamment de la propriété qu'ils ont de polariser la lumière, comme le fait la tourmaline, perpendiculairement à leur axe, les cristaux biréfringents qui sont transparents et colorés présentent un autre phénomène, qu'on a nommé *polychroïsme*.

Il consiste en une diversité de couleurs que manifestent certains cristaux quand on les regarde à l'œil nu par transparence dans des sens différents. Cette propriété a été remarquée d'abord dans les minéraux de cordiérite, qui se montrent d'un beau bleu suivant un sens et de couleur grise suivant un autre sens, perpendiculaire au premier.

Comme le polychroïsme consiste en une diversité de couleurs que produit la lumière transmise à travers des cristaux biréfringents et divisée par cette transmission en deux rayons polarisés, sur lesquels s'exercent des absorptions inégales, il

____

(1) Le Muséum d'histoire naturelle de Paris possède un magnifique échantillon de quartz enfumé, que nous avons fait ainsi tailler par M. Soleil, pour montrer le phénomène dans les leçons de minéralogie.

ne faudrait pas confondre ce phénomène de couleurs multiples avec celui de double couleur que présentent des minéraux à réfraction simple. Par exemple, certains cristaux cubiques de fluorine sont d'un beau vert quand on les voit par réflexion, et d'un bleu intense quand on les voit par transparence. Néanmoins, cette fluorine bicolore n'est pas une substance dichroïte, car l'une des couleurs appartient à la masse, et l'autre à la surface.

Si l'on suppose une substance biréfringente à un axe optique taillée perpendiculairement à l'axe cristallin, et si l'on regarde la base suivant une direction normale, on ne recevra dans l'œil que de la lumière naturelle et l'on apercevra une certaine teinte qu'on peut appeler la couleur de la base. Mais lorsque la substance est taillée parallèlement à l'axe cristallin, la couleur transmise se composant du rayon ordinaire et du rayon extraordinaire pourra présenter une teinte très-différente de la première ; car le rayon ordinaire seul reproduirait la couleur de la base, tandis que le rayon extraordinaire seul donnerait une autre couleur, qu'on peut appeler la couleur de l'axe.

Lorsqu'on regarde le cristal dans une direction intermédiaire entre les deux directions extrêmes que nous venons d'indiquer, on a une couleur composée, passant par des nuances infinies de celle qu'on voit dans le sens parallèle à l'axe à celle qu'on voit dans le sens perpendiculaire à cet axe. Mais on se borne ordinairement à indiquer les deux couleurs que l'on voit dans les directions parallèle et perpendiculaire à l'axe, et quand ces deux couleurs sont bien tranchées on dit que la substance possède le *dichroïsme*. Tels sont la tourmaline, la pennine, la chlorite de Zillerthal, le mica du Vésuve, le corindon saphir, le zircon, l'idocrase, l'apophyllite de Poonah, etc.

Le dichroïsme se rapporte aux cristaux biréfringents à un axe optique, tandis que les cristaux biréfringents à deux axes offrent souvent le *trichroïsme*. Plusieurs, en effet, montrent des couleurs différentes quand on les regarde successivement suivant trois directions perpendiculaires entre elles. La cordiérite présente dans une direction un beau bleu, dans une seconde un gris bleuâtre, et dans une troisième un gris tirant sur le jaune. Nous citerons aussi l'andalousite verte du Brésil, le diaspore de Schemnitz, le pyroxène diopside, l'euclase, l'axinite, etc. Les couleurs transmises par les cristaux biréfringents et que l'on perçoit à l'œil nu sont en général des couleurs composées, qui résultent du mélange de deux couleurs, apportées l'une par les rayons ordinaires, l'autre par les rayons extraordinaires.

Le polychroïsme est manifeste surtout dans les cristaux qui présentent une coloration accidentelle, due au mélange de molécules d'une substance avec celles d'une autre substance isomorphe, ou bien avec des molécules hétéromorphes qui se trouvent interposées entre les molécules essentielles et mêlées avec elles d'une manière intime, comme dans le quartz jaune et dans le quartz améthyste. Au surplus, M. de Sénarmont a démontré que la cause qui produit une extinction inégale de la lumière polarisée dans les substances biréfringentes pouvait être reportée, du moins en partie, aux matières dont les cristaux sont souvent imprégnés et qu'ils ont empruntées aux eaux mères impures dans lesquelles ils ont été formés.

Les minéraux uniréfringents ou qui cristallisent dans le système cubique sont *monochroïtes*, quel que soit le sens suivant lequel les rayons lumineux les traversent; les minéraux biréfringents à un axe optique sont *dichroïtes*; enfin les minéraux biréfringents à deux axes optiques présentent des couleurs qui varient suivant l'angle sous lequel on les regarde, et sont par conséquent *polychroïtes*.

Astérisme.

L'*astérisme* consiste dans des lignes brillantes, qui, par leur répétition en divers sens, forment ordinairement des croix lumineuses ou des étoiles, qu'on aperçoit quand on regarde dans certains minéraux une vive lumière, soit par réflexion, soit par réfraction.

Ce phénomène se montre de la manière la plus simple dans des minéraux qui sont composés de fibres ou de lames étroites et parallèles, comme certaines plaques de gypse. En les plaçant entre l'œil et la lumière on aperçoit une ligne lumineuse, qu'on peut appeler ligne astérique et dont la direction est transversale par rapport aux fibres ou aux lames. Le quartz asbestifère ou œil de chat, le calcaire fibreux, etc. présentent un phénomène analogue.

Un prisme de barytine offre deux systèmes de lignes qui se croisent obliquement, et produit une *astérie* à 4 branches se croisant aussi obliquement. Un prisme d'idocrase montre sur ses bases des lignes rectangulaires, et donne des étoiles à 4 rayons rectangulaires. Une plaque d'un prisme hexagonal de saphir coupée perpendiculairement à l'axe présente des stries, qui forment entre elles des triangles équilatéraux et qui produisent des étoiles à 6 rayons.

Mais souvent le phénomène d'astérisme a lieu dans des substances qui n'offrent aucune apparence de fibres, et se répète en plusieurs sens à la fois. Dans ce cas il résulte d'une structure cristalline d'agrégation, ayant pour éléments de petits cristaux, qui, apposés parallèlement les uns aux autres, composent un cristal ordinairement d'une autre forme et à surface profondément striée ou cannelée. Ces petits cristaux, disposés par files rectilignes, produisent des stries ou arêtes cunéiformes, qui sont réfléchissantes comme les fibres. Chaque système de fibres ou de stries parallèles donne naissance à une bande lumineuse, qui se montre toujours en travers de leur direction et que forme la lumière émanée du point rayonnant, en se reflétant sur ces éléments linéaires de structure, soit au dedans du cristal, lorsqu'on vise dans sa masse, soit seulement à sa surface, quand la lumière ne pénètre pas dans l'intérieur.

L'astérisme est donc en rapport évident avec la disposition des fibres, des stries ou des files de particules dans les cristaux, et par conséquent avec les conditions particulières de la structure de ceux-ci.

Un système unique de stries produit une seule bande lumineuse, que l'on voit très-nettement quand on regarde à travers une plaque taillée parallèlement à la direction des stries. Si le cristal offre dans son intérieur deux séries différentes de files de particules se croisant à angle droit, et si on le taille en lame parallèle aux deux directions à la fois, on aperçoit une croix lumineuse rectangulaire. Lorsqu'il existe trois séries dont les directions, parallèles à un même plan, se coupent sous des angles de 60°, on voit une étoile régulière à six branches si l'on regarde une lame taillée parallèlement à ce plan.

M. Babinet a rattaché les phénomènes astériques à ceux des réseaux de la manière suivante.

Lorsqu'on regarde la lumière d'une bougie à travers une lame de verre sur laquelle on a tracé des stries parallèles (fig. 406), on voit des deux côtés de la flamme une bande lumineuse qui est perpendiculaire à leur direction. Quand les stries sont croisées à angle droit (fig. 407), on aperçoit deux bandes lumineuses croisées

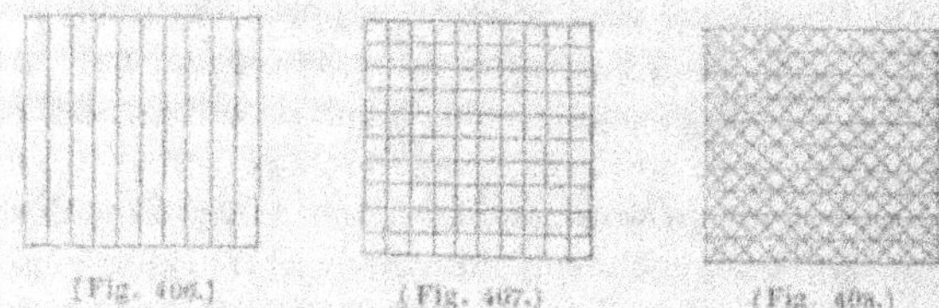

(Fig. 406.)   (Fig. 407.)   (Fig. 408.)

de même, et par conséquent une étoile à 4 rayons rectangulaires. Avec trois séries de stries (fig. 408) on a 3 bandes et par
suite une étoile à 6 rayons. Enfin, il y a généralement autant de
bandes lumineuses que de directions de stries, et les angles des
bandes entre elles sont précisément ceux que présentent les stries
elles-mêmes.

De semblables structures dans les minéraux produisent les
mêmes effets.

Quand on observe des minéraux susceptibles de chatoiement par
réflexion, on reconnaît qu'ils sont formés de fibres plus ou moins
fines, et que c'est perpendiculairement à ces fibres que se
montre la ligne de reflet lumineux qu'ils manifestent.

Le genre d'astérisme que présente un minéral peut donc nous
dévoiler sa structure intérieure.

Mais certains minéraux, malgré leur analogie avec d'autres, ne
produisent pas d'astérisme. En outre, il y a des minéraux, comme
le grenat trapézoèdre, qui peuvent produire des étoiles à 6 rayons
inclinés de 60°, lorsqu'on les taille sur certains angles, et des
étoiles à 4 rayons inclinés de 60° et 120°, quand on les taille sur
des angles différents ; tandis qu'il n'en est pas ainsi pour d'autres
minéraux appartenant également au système cubique. Enfin, les
différentes formes d'une même substance minérale offrent à cet
égard des dipositions diverses.

Parhélies. — Les substances astériques produisent un autre
phénomène, qui tient également aux systèmes de fibres ou de
stries. Ce phénomène, nommé *parhélie*, consiste en un cercle
lumineux, passant par la flamme qui sert de point de mire, et
dont le plan est normal à la direction des éléments linéaires de
la structure. Non-seulement il a lieu dans les substances cristallisées, mais encore on le remarque dans les matières irrégulièrement fibreuses, qui sont taillées perpendiculairement à la
direction des fibres ou des stries.

Ainsi, certains grenats rouges, surtout ceux qui sont de forme trapézoïdale et qui sont couverts de stries parallèles aux arêtes du rhombododécaèdre, lorsqu'on les taille en plaques perpendiculaires à l'axe qui passe par deux angles trièdres opposés du même dodécaèdre, et qu'ensuite on regarde un point lumineux à travers ces plaques, montrent une étoile à six branches d'une teinte très-vive et une courbe lumineuse qui passe par le point de croisement des branches de l'astérie, c'est-à-dire par le point lumineux.

Suivant M. Delafosse, ce phénomène doit être attribué à quatre systèmes de stries ou de solutions de continuité parallèles et miroitantes, qui existent à l'intérieur du minéral, par suite de son accroissement intermittent. Ces lignes intérieures correspondraient, d'après le même savant, aux stries superficielles des faces, c'est-à-dire aux arêtes du dodécaèdre, et non aux grandes diagonales des rhombes, comme on l'avait supposé.

En effet, lorsqu'on regarde un grenat dodécaèdre dans la direction d'un de ses axes rhomboédriques, un des quatre systèmes d'arêtes, et par conséquent de stries réfléchissantes intérieures, se trouve dirigé parallèlement à l'axe. Or, c'est ce système qui donne le cercle parhélique; tandis que les trois autres systèmes, étant sensiblement parallèles au plan perpendiculaire et également inclinés entre eux, produisent les lignes astériques.

De même, lorsqu'on taille certains grenats perpendiculairement à l'un des axes qui passent par deux angles tétraèdres opposés, on aperçoit quelquefois une étoile à quatre branches, dont l'explication peut être ramenée aux accidents de structure intérieure que nous venons d'indiquer.

Couronnes. — Il existe un jeu de lumière qui se rattache à la structure granulaire ou fibro-granulaire de certains minéraux. Si le minéral est taillé en plaque mince, et si on le place entre l'œil et la lumière, on aperçoit un phénomène de *couronne* lumineuse, pareil à celui que l'on voit quelquefois autour du soleil ou de la lune. Ce cercle coloré entoure le point pris pour mire, au lieu de passer par ce point comme ferait un cercle parhélique. Mais pour que le phénomène se manifeste il faut que les grains du minéral soient partout d'une épaisseur sensiblement égale.

RÉFLEXION.

Les rayons lumineux qui tombent sur un minéral à surface polie, et qui ne le traversent pas ou qui ne sont pas absorbés par lui, subissent deux espèces de *réflexions* : l'une irrégulière et qui se fait dans toutes les directions, l'autre régulière et qui n'a lieu que dans une seule direction, déterminée par celle de la lumière incidente. On distingue généralement, dans l'impression que font sur l'organe de la vue les rayons ainsi réfléchis, deux effets différents et susceptibles chacun de nombreuses modifications. Ces effets sont ce qu'on nomme l'*éclat* et la *couleur*.

Nous avons parlé, aux caractères immédiats (1), de la transparence, de l'opacité, des couleurs, de l'éclat, de l'irisation, du chatoiement, du scintillement aventuriné, et de la décomposition de la lumière découverte par Newton, auquel l'optique doit tant de travaux importants. Nous nous bornerons aux considérations qui ont déjà été présentées à ce sujet.

Lorsqu'un faisceau de lumière naturelle tombe sur un minéral uniréfringent et à surface plus ou moins polie, la portion de ce faisceau qui se réfléchit, comme celle qui se réfracte, est toujours plus ou moins polarisée, suivant la grandeur de l'angle d'incidence. L'angle particulier sous lequel les diverses surfaces réfléchissantes polarisent la lumière en plus grande proportion s'appelle angle principal d'incidence ou angle de la polarisation *maxima*. On peut le déterminer avec un goniomètre à réflexion et une plaque de tourmaline, dont l'axe se trouve perpendiculaire au plan de réflexion. L'angle d'incidence pour lequel le rayon réfléchi s'éteint complétement quand on l'observe à travers la tourmaline est l'angle cherché; tandis que l'angle de polarisation est celui pour lequel le rayon réfléchi se trouve perpendiculaire au rayon réfracté correspondant, c'est-à-dire que la tangente de cet angle égale l'indice de réfraction du minéral.

La détermination de l'angle de polarisation peut, comme celle de l'indice de réfraction, servir de caractère pour la distinction de certains minéraux. Cependant M. Brewster a reconnu que l'angle de polarisation à la surface des cristaux biréfringents n'est pas rigoureusement le même dans tous les plans d'incidence.

____

(1) Pages 50, 51, 52, 53, 54, 55, 56, 57 et 58.

Remarque.

Malgré tout l'intérêt que présentent les propriétés optiques des minéraux, nous devons nous borner aux considérations qui précèdent. En effet, si l'on pouvait étudier les propriétés optiques sur toutes les substances minérales différentes et sur toutes leurs variétés, on rencontrerait certainement des anomalies extrêmement nombreuses. De sorte qu'outre la difficulté et quelquefois l'impossibilité d'appliquer les propriétés optiques, les nombreuses anomalies qu'elles présentent dans les minéraux ne permettent pas de regarder ces propriétés comme des caractères assez constants ni assez pratiques ; dépendant principalement des conditions physiques, loin d'être des caractères essentiels, elles n'ont pas pour l'histoire naturelle toute l'importance qu'on leur suppose généralement. Néanmoins, si l'on parvenait dans la suite à appliquer facilement le moyen analytique découvert par MM. Bunsen et Kirchhoff, à la faveur des raies obscures ou brillantes et colorées que présentent les flammes au milieu desquelles sont placés les corps, on pourrait trouver par là une méthode précieuse pour la reconnaissance des différents minéraux.

Les principaux caractères physiques qui dépendent de l'action de l'électricité se rapportent à l'électricité ordinaire, à la phosphorescence et au magnétisme.

ÉLECTRICITÉ ORDINAIRE.

Les minéraux sont susceptibles de s'électriser ; mais ils diffèrent généralement les uns des autres par la manière dont ils peuvent être électrisés, par la facilité avec laquelle ils acquièrent l'*électricité* ou la transmettent, par la nature de l'électricité qui se développe en eux , ainsi que par la durée, le genre et l'intensité des phénomènes.

La plupart des minéraux s'électrisent quand on les frotte avec un autre corps ; quelques-uns , comme le spath d'Islande et la topaze, deviennent électriques lorsqu'on les touche ou qu'on les presse entre deux doigts ; d'autres, comme la tourmaline et le quartz , acquièrent l'électricité par la chaleur ; enfin, il y en a qui ne s'électrisent qu'avec la plus grande difficulté.

Malgré le peu d'importance pour la minéralogie de la plupart des phénomènes électriques, nous signalerons les principaux.

Électricité normale.

Par le frottement les variétés cristallisées et les variétés non cristallisées ne prennent pas toujours une électricité semblable. Il arrive aussi que deux cristaux de la même substance acquièrent des électricités différentes, et qu'un même cristal prenne par le frottement de l'une de ses faces une espèce d'électricité, tandis que par le frottement d'une autre face il affecte l'électricité contraire.

Certains minéraux, tels que le calcaire spathique et la topaze, conservent la vertu électrique pendant plusieurs jours ; d'autres, tels que le quartz et le diamant, la perdent presque immédiatement.

On ignore les causes de toutes ces différences ; seulement on admet qu'elles résultent de l'état des surfaces et en général de l'état moléculaire des minéraux.

On distingue les minéraux électriques en deux classes : 1° les minéraux *isolants*, 2° les minéraux *conducteurs*. Les minéraux isolants sont ceux qui retiennent plus ou moins l'électricité et qu'on peut électriser en les tenant entre les doigts. Les minéraux conducteurs sont ceux qui transmettent plus ou moins facilement l'électricité aux corps en contact avec eux, et qu'on ne peut électriser qu'après les avoir isolés, c'est-à-dire qu'après les avoir fixés sur un support fait d'une matière isolante.

La première classe comprend les minéraux généralement transparents, incolores, ou doués d'une couleur propre et d'apparence vitreuse ou résineuse, comme le calcaire spathique, la topaze, le succin, le soufre, etc. La seconde classe comprend les minéraux généralement opaques et doués de l'éclat métallique, comme le graphite, la pyrite, la galène, etc.

On distingue aussi les minéraux d'après la nature de l'électricité qu'ils prennent habituellement. Les uns, tels que le diamant, le calcaire spathique, etc., acquièrent toujours l'*électricité vitrée* ou *positive*; d'autres, tels que le succin, le soufre, etc., acquièrent toujours l'*électricité résineuse* ou *négative*; il en est aussi qui suivant les circonstances et l'état de leurs faces, polies et brillantes, ou ternes et rugueuses, prennent tantôt l'électricité positive, tantôt l'électricité négative; il y a même un minéral, le disthène, dont deux faces opposées s'électrisent ordinairement en sens inverse, c'est-à-dire l'une positivement et l'autre négativement.

Le moyen qu'on emploie ordinairement pour électriser les minéraux est le frottement à l'aide d'une étoffe de laine.

Pour reconnaître si un minéral est électrisé, il suffit de le présenter à un électroscope ou simplement à un corps très-petit et très-léger, qui est alors attiré, dans le cas où le minéral se trouve électrisé.

L'électroscope dont on se sert habituellement est un appareil 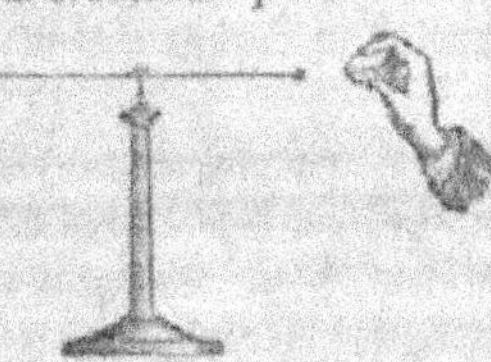 (fig. 409) qui se compose essentiellement d'une aiguille métallique, très-mince, horizontale, terminée par deux petites sphères creuses, et mobile, au moyen d'une chappe en agathe ou en acier, sur une tige, en verre ou en gomme laque, terminée en pointe.

Fig. 409.

Pour reconnaître l'espèce d'électricité on donne (au moyen d'un bâton de cire ou d'un tube de verre préalablement frotté et isolé) à l'aiguille de l'électroscope l'une des deux électricités positive ou négative ; puis, lorsqu'on présente à l'aiguille le minéral électrisé, s'il y a répulsion entre l'aiguille et le minéral, on en conclut que le minéral possède la même espèce d'électricité ; si au contraire il y a attraction, le minéral possède une électricité d'espèce différente.

Pyro-électricité.

Les minéraux qui peuvent s'électriser par la chaleur sont nommés *pyro-électriques*. On distingue deux sortes de pyro-électricité : 1° la *pyro-électricité simple*, 2° la *pyro-électricité polaire*.

Pyro-électricité simple. — La pyro-électricité simple consiste dans le développement d'une seule espèce d'électricité, positive ou négative, sur toute la surface du minéral, comme cela aurait lieu par le frottement ou bien par la pression ; elle n'est donc qu'un phénomène ordinaire de tension électrique, qui a pour cause la chaleur.

Cette sorte de pyro-électricité peut se rapporter à beaucoup de minéraux cristallisés ou non.

Pyro-électricité polaire. — La pyro-électricité polaire consiste en ce que certains minéraux, qui sont chauffés ou refroidis uniformément manifestent, tant que leur température est uniformément croissante ou décroissante, les deux espèces d'électricité à la fois, mais seulement dans des points séparés et situés ordinairement aux extrémités d'un même axe, auxquels on a donné le nom *de pôles électriques*.

Cette sorte de pyro-électricité est beaucoup plus rare que la précédente. Les minéraux isolants, cristallisés et présentant une dissymétrie paraissent être les seuls qui puissent offrir la pyro-électricité polaire ; en sorte qu'il existe une relation entre ce phénomène et les conditions cristallographiques des minéraux.

Suivant M. Becquerel, les minéraux ne peuvent acquérir l'électricité polaire qu'à une certaine température, à peu près constante pour chacun d'eux, mais différente pour les minéraux différents. A partir de cette limite, l'intensité électrique se développe à chaque pôle avec l'élévation ou l'abaissement de la température. Toute trace d'électricité disparaît si la température reste stationnaire. Une température uniformément croissante et une température uniformément décroissante déterminent les mêmes phénomènes; seulement les pôles sont inversés pour un cas par rapport à l'autre.

Les minéraux qui présentent les exemples les plus remarquables de pyro-électricité polaire sont : la tourmaline, la calamine, la scolézite, la boracite, l'axinite, la prehnite, la topaze, l'émeraude, la barytine, le quartz et le rutile.

MM. G. Rose et Riess ont cherché à déterminer : 1° la position des axes et des pôles pyro-électriques, 2° la nature de l'électricité développée à ces pôles.

Ils ont divisé les cristaux pyro-électriques polaires en trois catégories : 1° cristaux à *pôles terminaux ;* 2° cristaux à *plusieurs axes d'électricité ;* 3° cristaux à *pôles centraux.*

Dans la première catégorie sont comprises la tourmaline, la scolézite, la calamine, etc. Les cristaux à pôles terminaux se présentent sous forme soit de prismes, soit de baguettes isolées ou agrégées, aux extrémités desquels se trouvent les pôles électriques. Ces cristaux n'ont qu'un seul axe électrique, qui se confond avec l'axe cristallin principal.

Dans la seconde catégorie sont comprises l'axinite, la boracite, etc. L'axinite a deux axes électriques, qui sont distincts des axes cristallins. Le premier part de l'angle solide latéral de droite du parallélipipède aigu, qui représente la forme primitive de ce minéral, pour aboutir à gauche dans le voisinage de l'angle solide culminant. Le second occupe une position semblable dans le sens opposé. Ces axes ne se croisent pas au centre du cristal comme les axes cristallins. La boracite a sept axes électriques, qui se confondent avec les axes cristallins, savoir : trois qui joignent les milieux des faces opposées du cube, et quatre qui joignent les angles solides opposés de ce cube. Elle offre donc quatorze pôles électriques, dont huit aux angles solides et six au milieu des faces.

Dans la troisième catégorie sont comprises la prehnite, la topaze, etc. La prehnite, dont la forme primitive est un prisme droit à base rhomboïdale, a deux axes électriques, qui sont placés bout à bout suivant la petite diagonale de la base ; par conséquent il existe au centre de cette base un pôle commun d'un certain ordre, et à chaque extrémité de la diagonale un pôle d'un ordre opposé à celui du centre. Il y a donc à chaque base de la prehnite trois pôles, dont un est central. L'observation précédente s'applique aussi à toute section faite entre les deux bases ; en sorte que ce ne sont plus des pôles isolés, mais des séries linéaires des pôles, qui résultent de l'action de la chaleur. La topaze offre des phénomènes semblables.

D'après les faits qui précédent, on peut distinguer deux cas de pyro-électricité polaire : 1° celui des cristaux *extéro-polaires*, ou à pôles tous extérieurs; 2° celui des cristaux *centro-polaires*, ou à pôles en partie extérieurs et en partie centraux.

Relativement à la nature de l'électricité développée aux pôles, lorsqu'un pôle prend une sorte d'électricité pendant l'échauffement, il passera nécessairement à l'état d'électricité contraire pendant le refroidissement, et réciproquement. On nomme pôle *analogue* celui qui accuse de l'électricité positive pendant la période ascendante de température, et de l'électricité négative pendant la période descendante ; tandis qu'on appelle pôle *antilogue* celui qui accuse de l'électricité négative pendant la période ascendante de température, et de l'électricité positive pendant la période descendante.

Or, dans la tourmaline, un des sommets porte particulièrement les faces de la pyramide fondamentale posées sur trois faces du prisme. Ce sommet est constamment analogue; au contraire, le sommet opposé est antilogue. La scolézite se présente en faisceaux radiés et composés de prismes ou d'aiguilles, dans lesquels le pôle antilogue se trouve toujours à l'extrémité libre ou divergente des rayons. Dans les faisceaux de la calamine, le contraire à lieu, c'est-à-dire que le pôle antilogue se présente du côté vers lequel les prismes ou aiguilles convergent. Dans la prehnite et la topaze le pôle central est analogue, et les pôles situés sur les arêtes obtuses, passant par les extrémités de la petite diagonale, sont tous antilogues. L'axinite et la boracite ont aussi des pôles d'une espèce fixe et déterminée.

Il y a donc une corrélation entre la différence de nature des pôles électriques et la différence de forme des parties où ils résident.

M. Delafosse admet que la pyro-électricité polaire est due à une différence de constitution intérieure des parties qui la présentent. Il est vrai qu'ordinairement on remarque une relation entre la pyro-électricité polaire et la dissymétrie apparente des extrémités où résident les pôles de natures différentes; mais il y a des minéraux pyro-électriques polaires qui paraissent être en cristaux complétement symétriques.

Conductibilité.

La *conductibilité électrique* est le pouvoir que possèdent les surfaces des minéraux cristallisés de propager l'électricité avec plus ou moins de facilité dans certains sens, suivant la forme cristalline.

Il résulte des recherches de MM. Wiedemann et de Sénarmont que la conductibilité électrique est analogue à la conductibilité de la chaleur ainsi qu'à la propagation de la lumière, et qu'elle se trouve d'accord avec la symétrie cristallographique.

Sur des cristaux appartenant au système cubique l'électricité s'épanouit circulairement autour de la pointe qui amène l'électricité, et couvre d'une lueur uniforme la surface du cercle. La même chose paraît avoir lieu pour les cristaux se rapportant au système prismatique droit à base carrée et au système rhomboédrique, mais seulement quand la face en expérimentation est normale à l'axe de symétrie. Dans tous les autres cas, on voit un flux rapide d'électricité s'échapper linéairement du centre en sens contraires, et tracer ainsi un diamètre lumineux d'une orientation déterminée, qui indique la direction de la conductibilité *maxima.*

Ainsi, pour les cristaux se rapportant au système cubique, la conductibilité superficielle est égale en tous sens et sur toutes les faces.

Pour les cristaux se rapportant au système prismatique droit à base carrée ou au système rhomboédrique, la conductibilité est égale en tous sens sur les faces normales à l'axe de symétrie cristallographique ; sur les faces parallèles à cet axe il existe une direction de conductibilité *maxima,* qui lui est parallèle ou perpendiculaire ; sur les faces inclinées à cet axe il y a une direction de conductibilité *maxima,* qui est parallèle ou perpendiculaire à la projection de l'axe de symétrie, ou, en d'autres termes, à la trace de la section principale sur la face que l'on considère.

Pour les cristaux se rapportant aux autres systèmes, il existe sur une face quelconque une direction fixe de conductibilité *maxima ;* quand la face contient dans son plan un ou deux axes de symétrie cristallographique, cette direction est parallèle ou perpendiculaire à ces axes; quand la face ne contient pas d'axe de symétrie dans son plan, la direction de conductibilité *maxima* ne peut être prévue *a priori*, et doit être déterminée par l'expérience.

PHOSPHORESCENCE.

La *phosphorescence* consiste en lueurs plus ou moins vives et diversement colorées que produisent un certain nombre de minéraux dans l'obscurité, soit par eux-mêmes, soit par le frottement, la percussion, la compression, l'action de la chaleur, etc.

La facilité avec laquelle les minéraux deviennent phosphorescents par l'un ou par l'autre de ces moyens varie beaucoup. Il y a des minéraux sur lesquels le plus léger frottement suffit pour produire une traînée lumineuse dans l'obscurité; telles sont certaines variétés de blende. D'autres exigent un frottement plus fort et comme une percussion; par exemple, en frappant l'un contre l'autre deux morceaux de silex, on produit au point de contact une lumière plus ou moins vive. On rend encore phosphorescents certains minéraux en les chauffant; la phosphorite terreuse donne une belle lueur jaune, lorsqu'on projette sa poussière sur une pelle chaude dans l'obscurité; des variétés de fluorine produisent de même une couleur verte, et par suite ont reçu le nom de *chlorophanes*.

La *fluorescence* est une phosphorescence qui ne dure qu'un instant inappréciable.

Les physiciens admettent que la lumière phosphorique est identique avec la lumière électrique, et qu'un dégagement d'électricité accompagne toujours l'émission de la phorescence.

Selon Dessaignes, la phosphorescence serait en rapport avec la structure cristalline et avec les directions des clivages les plus faciles.

L'état des surfaces a une grande influence sur la phosphorescence opérée par friction. En général, elle ne se manifeste pas sur les cristaux dont les faces sont naturellement polies et brillantes; au contraire, il suffit souvent de dépolir les surfaces ou de réduire le cristal en fragments pour le rendre apte à la phosphorescence. Néanmoins le diamant donne des lueurs lorsqu'il est taillé et poli, et n'en produit aucune lorsqu'il se trouve en cristaux naturels.

La phosphorescence est surtout sensible dans les substances minérales qui sont composées de fluorures ou de sulfures métalliques.

Certains sels qui ne sont pas phosphorescents le deviennent lorsqu'ils ont été fortement calcinés au contact du charbon : c'est ainsi que l'on formait autrefois le phosphore artificiel, dit phosphore de Bologne.

MAGNÉTISME.

Le *magnétisme* des minéraux est la faculté qu'ils possèdent, dans des circonstances convenables, d'agir sur un aimant ou d'être affectés par lui. Cette propriété paraît résulter particulièrement de la présence de quelques métaux et spécialement du fer dans les minéraux.

Les métaux qui ont été reconnus magnétiques sont le fer, le nickel, le cobalt, le chrome et le manganèse ; mais il n'y a que le fer qui se rencontre dans la nature à l'état convenable pour agir d'une manière sensible sur l'aiguille aimantée : les autres métaux ne possèdent la propriété magnétique qu'à un degré beaucoup plus faible, et ne la manifestent qu'après avoir été amenés par des préparations à un état de grande pureté.

Suivant M. Delesse, les minéraux et les roches qui manifestent naturellement et assez sensiblement la propriété magnétique sont : le fer natif des aérolites, l'aimant, la nigrine, la leberkise, certaines pyrites, des oligistes, l'aluminosilicate de fer, les minerais de platine, la pyrorthite, l'augite, la hornblende, l'hypersthène, des grenats, des micas, le basalte, la dolérite, des trachytes, des serpentines, le mélaphyre et l'hypérite. Le fer oxydulé ou aimant est l'aimant naturel le plus énergique.

Beaucoup d'autres minéraux et peut-être tous sont magnétiques par eux-mêmes, ou par certaines substances magnétiques qu'ils peuvent contenir ; mais ils le sont trop faiblement pour que leur pouvoir magnétique puisse se manifester dans les conditions ordinaires.

Il paraîtrait que les aimants naturels sont redevables de leurs propriétés magnétiques à l'action du globe terrestre, qui agit lui-même à la façon des aimants, et que dans leurs gisements respectifs la ligne des pôles magnétiques devait correspondre au méridien magnétique du lieu. Au reste, c'est ce que l'on a constaté pour des roches de certaines montagnes, dont la masse entière paraît douée de magnétisme.

On distingue en deux sortes l'action que les minéraux peuvent exercer sur l'aiguille aimantée : 1° le *magnétisme simple*, 2° le *magnétisme polaire*.

Le magnétisme simple est celui des minéraux qui agissent par attraction sur les deux pôles de l'aiguille, et qui prennent passagèrement, sous l'influence de l'aiguille, des pôles qu'ils ne conservent pas quand on les soustrait à cette influence.

Le magnétisme polaire est celui des minéraux qui possèdent par eux-mêmes des pôles, dont l'un agit constamment par attraction et l'autre par répulsion sur la même extrémité de l'aiguille, et qui tous deux attirent et retiennent la limaille de fer dans laquelle on plonge le minéral.

Pour reconnaître si un minéral jouit du magnétisme simple, il suffit de l'approcher d'une aiguille aimantée, qui repose sur un pivot placé à l'extrémité d'une tige (fig. 410), et de voir si l'aiguille est dérangée par attraction de sa position d'équilibre.

[Fig. 410.]

Pour reconnaître si un minéral possède le magnétisme polaire, il faut présenter successivement au même pôle de l'aiguille les diverses parties du minéral, afin de trouver un point où il y ait répulsion ; lorsqu'on tombe tout d'abord sur une partie qui attire ce pôle, on présentera le minéral par le point diamétralement opposé, et l'on observera une répulsion du même pôle, dans le cas de magnétisme polaire.

Quand le minéral est réduit en poussière, on promène sur cette poussière un barreau aimanté, et on la voit s'attacher aux deux extrémités du barreau (fig. 411).

(Fig. 411.)

Tout minéral placé entre les pôles d'un électro-aimant très-puissant est sensible à l'action magnétique, et cette action s'exerce tantôt comme force attractive, tantôt comme force répulsive. Ainsi, de petits tubes en verre remplis de la poussière du minéral, et suspendus librement par leur milieu, ou sont attirés par les pôles de l'aimant et tendent à se diriger parallèlement à l'axe magnétique, ou ils sont repoussés par les pôles de l'aimant et tendent à se diriger perpendiculairement à l'axe magnétique.

On peut donc encore diviser les minéraux magnétiques en deux classes : 1° les minéraux *paramagnétiques*, ou ceux qui sont attirables à l'aimant et dont la poussière prend une direction parallèle à l'axe magnétique ; 2° les minéraux *diamagnétiques*, ou ceux qui sont repoussés par l'aimant et dont la poussière prend une direction perpendiculaire à l'axe magnétique.

Parmi les minéraux paramagnétiques nous citerons le fer, le nickel, le cobalt, le manganèse, le platine, la cassitérite, l'idocrase, la tourmaline, le pyroxène, etc. ; parmi les minéraux diamagnétiques, le soufre, l'arsenic, le bismuth, l'antimoine, le zinc, le plomb, l'or, le quartz, le calcaire, le gypse, le zircon, la topaze, etc.

En outre, il y a des minéraux qui, suivant leurs variétés ou selon certaines circonstances de température, de milieu ambiant, etc., seraient tantôt paramagnétiques, tantôt diamagnétiques. Le disthène est dans ce cas.

D'après M. Ed. Becquerel, l'aimant n'exercerait qu'une seule sorte d'action sur tous les corps soumis à son influence, et la répulsion proviendrait de ce que les corps seraient alors plongés dans un milieu plus magnétique qu'eux ; tandis que d'autres physiciens, notamment M. Faraday, admettent l'existence de corps de deux natures différentes de magnétisme.

Enfin les expériences de M. Delesse conduiraient aux résultats suivants :

1° Tout minéral magnétique peut devenir magnétipolaire ; il conserve généralement les pôles qui lui ont été donnés par l'aimantation, et quand on le brise, il se comporte comme un aimant, dont il possède toutes les propriétés.

2° Lorsqu'un minéral peut devenir magnétipolaire, qu'il soit agrégé ou désagrégé, le mélange d'une substance diamagnétique n'empêche pas cette propriété de se développer.

3° Un minéral magnétique, homogène ou hétérogène, agrégé ou désagrégé, cristallisé ou non cristallisé, est susceptible de prendre dans toutes ses parties autant de paires de pôles que l'on veut, et ces pôles peuvent être inversés un nombre infini de fois.

4° La distribution des pôles magnétiques dans un cristal n'est pas en relation avec les axes cristallins.

Néanmoins, il paraît résulter des expériences d'autres savants que dans les minéraux cristallisés qui ne se rapportent pas au système cubique les axes cristallographiques exercent une certaine influence sur le développement de la polarité magnétique.

L'action sensible sur l'aiguille aimantée est un caractère assez restreint; cependant elle peut servir pour reconnaître certains minéraux, notamment le fer natif des aérolites, l'aimant, la nigrine, la leberkise, etc.

CARACTÈRES CHIMIQUES.

Les caractères chimiques des minéraux sont ceux qui indiquent leur composition substantielle respective.

Ces caractères exigent pour être dévoilés que l'on analyse une partie du minéral, ou que l'on altère sensiblement sa matière à l'aide du feu, de l'électricité ou des réactifs ordinaires de la chimie.

La composition chimique des minéraux peut être considérée sous trois rapports ; 1° sous le rapport de la composition qualitative, c'est-à-dire de la nature ou qualité particulière de chacun des éléments composants ; 2° sous le rapport de la composition quantitative, c'est-à-dire des quantités relatives de ces éléments ; 3° sous le rapport de la composition corpusculaire, c'est-à-dire du type spécial de la combinaison, résultant du nombre réel et de la position respective de chaque sorte de molécules et même d'atomes.

COMPOSITION QUALITATIVE.

Nous avons vu ce que l'on devait entendre par corps simple ou substance élémentaire, et par corps composé ou substance complexe (1).

Les soixante et quelques corps admis comme substances élémentaires sont divisés en : 1° corps simples *métalloïdes*, ou *gazolites* ; 2° corps simples *métalliques*, ou *métaux*.

On les distingue aussi en corps *électro-positifs* et en corps *électro-négatifs*.

Voici sur quelle considération repose cette dernière distinction :

Lorsque par l'action de la pile voltaïque on détruit une combinaison, on observe toujours que l'un des corps composants soit simple, soit même formé de plusieurs éléments, se porte au pôle positif, et que l'autre au contraire se porte au pôle négatif ;

(1) Pages 7, 8, 9, 25, 26, 27, 28 et 29.

d'où l'on conclut que le premier possède l'électricité négative, en vertu de la quelle il se trouve attiré et fixé au pôle positif, tandis que le second possède l'électricité positive. D'après cela, on a nommé l'un de ces corps électro-négatif et l'autre électro-positif. La combinaison a été regardée comme le résultat de cette opposition, et l'on a conçu qu'il y avait combinaison entre deux corps toutes les fois que l'un pouvait être électro-négatif par rapport à l'autre, qui dès lors est électro-positif par rapport au premier.

On distingue donc toujours deux sortes de corps dans une combinaison, quelque compliquée qu'elle soit : les corps électro-négatifs et les corps électro-positifs.

Les corps électro-négatifs sont aussi nommés éléments *minéralisateurs*, et les corps électro-positifs éléments *minéralisables*.

Mais toutes ces distinctions entre les corps ne sont que relatives, et non absolues.

On divise les minéraux en minéraux *simples* et en minéraux *composés* (1).

Les minéraux simples sont les substances élémentaires que l'on trouve à l'état libre dans la nature; tandis que les minéraux composés sont ceux qui résultent de combinaisons naturelles entre les corps simples.

Pour les minéraux simples, les caractères chimiques se bornent à la nature de la substance.

Tous les corps simples ne se combinent pas entre eux, et il n'y a qu'un certain nombre de ces corps qui forment des éléments essentiels des combinaisons naturelles.

Pour les minéraux composés, les caractères chimiques relatifs à la composition qualitative consistent dans la détermination de tous les éléments essentiels qui entrent dans la composition de ces minéraux.

Les minéraux composés peuvent être formés par la combinaison de deux, trois, quatre et jusqu'à une dizaine de substances élémentaires; mais ces corps simples peuvent s'y trouver associés à divers degrés de combinaison, par exemple aux états d'éléments, d'oxydes, d'acides, de sulfures, de chlorures, de sels, etc., plus ou moins complexes.

(1) Pages 14, 15 et 16.

COMPOSITION QUANTITATIVE.

La composition quantitative s'applique seulement aux minéraux composés.

Les combinaisons naturelles entre les corps simples, pour former les minéraux composés, ont lieu suivant des lois simples.

Ainsi, pour la constitution de l'ensemble des minéraux composés, il y a tout au plus 45 substances élémentaires qui soient essentielles, et ces substances s'y trouvent associées chimiquement tout au plus jusqu'au nombre de 10. En outre, les corps simples ou composés se combinent entre eux dans un certain nombre de proportions nettement déterminées, qui n'admettent pas d'intermédiaire et qui ont entre elles des rapports simples.

Les principales lois sont au nombre de 4, savoir : 1° loi des proportions définies ; 2° loi des proportions multiples ; 3° loi des quantités de l'élément électro-négatif dans les parties du composé ; 4° loi des équivalents, ou des proportions, normales.

Loi des proportions définies. — Pour chaque espèce de corps composé les proportions relatives des éléments constituants sont déterminées et constantes ; en sorte que les proportions qu'on a reconnues dans une variété de minéral se trouvent dans toutes les autres variétés, pourvu qu'elles soient également pures.

Pour un même minéral considéré à l'état de pureté absolue, ces proportions doivent donc être regardées comme invariables.

Par exemple : dans la galène, ou sulfure de plomb, il y a constamment, en poids, pour 100 de minéral 13,5 de soufre et 86,5 de plomb ; dans le calcaire ou carbonate de chaux il y a toujours pour 100 de minéral 43,5 d'acide carbonique et 56,5 de chaux ; il en est de même pour les autres minéraux, quelle que soit la complication de leurs compositions respectives.

Nous montrerons plus tard qu'on retrouve encore la constance des proportions définies lorsque les minéraux sont impurs, si l'on élimine les parties étrangères à la composition normale.

Loi des proportions multiples. — Nous venons de voir que des corps, par exemple le soufre et le plomb, l'acide carbonique et la chaux, etc., ne se combinent entre eux qu'une fois et que dans un nombre fixe de proportions. Mais souvent un corps se combine, dans des circonstances différentes, avec un autre corps, en deux, en trois ou en un plus grand nombre de proportions. Dès lors, si l'on prend l'un de ces deux corps toujours en même quantité, évaluée en poids, et si l'on compare entre elles les proportions de l'autre corps, aussi évaluées en poids, on trouve que ces dernières sont des multiples ou des sous-multiples les unes des autres ; en sorte qu'il suffit d'en connaître une seule, pour pouvoir en déduire toutes les autres.

Par exemple, le soufre en se combinant avec le cuivre donne lieu à deux sulfures de cuivre.

$$\text{L'un est composé de } \begin{cases} 100 \text{ de soufre,} \\ 393{,}39 \text{ de cuivre ;} \end{cases}$$

$$\text{L'autre } \quad - \quad \text{ de } \begin{cases} 200 \text{ de soufre,} \\ 393{,}38 \text{ de cuivre.} \end{cases}$$

D'où l'on voit que pour la même quantité de cuivre il y a deux fois autant de soufre dans le dernier sulfure que dans le premier, c'est-à-dire que dans ces deux sulfures de cuivre les quantités de soufre sont entre elles comme 1 : 2.

Le cuivre et l'oxygène se combinent dans deux proportions pour constituer deux oxydes de cuivre, la zigueline et la mélaconise.

$$\text{La zigueline est composée de } \begin{cases} 11{,}22 \text{ d'oxygène,} \\ 88{,}78 \text{ de cuivre ;} \end{cases}$$

$$\text{La mélaconise, } \quad - \quad \text{ de } \begin{cases} 20{,}17 \text{ d'oxygène,} \\ 79{,}83 \text{ de cuivre.} \end{cases}$$

La comparaison de ces deux compositions ne dévoile pas au premier aspect un rapport simple ; mais si l'on cherche par la règle des proportions le poids de la quantité d'oxygène qui dans la mélaconise correspond à 88,78, poids de la quantité de cuivre renfermée dans la zigueline, on a :

$$79{,}83 : 20{,}17 :: 88{,}78 : x,$$

ce qui donne pour le poids de la quantité d'oxygène contenue dans la mélaconise $x = 22{,}43$, c'est-à-dire le double de 11,22 ou du poids de la quantité d'oxygène contenue dans la zigueline. Donc pour la même quantité de cuivre il y a réellement deux fois autant d'oxygène dans la mélaconise que dans la zigueline ; en d'autres termes, la proportion de ces quantités d'oxygène est 1 : 2.

L'oxygène et le soufre se combinent en trois proportions, pour former l'acide hyposulfureux, l'acide sulfureux et l'acide sulfurique.

L'acide hyposulfureux est composé de { 100 d'oxygène, 201,20 de soufre ;

L'acide sulfureux — de { 200 d'oxygène, 201,12 de soufre ;

L'acide sulfurique — de { 300 d'oxygène, 201,18 de soufre.

Il résulte de la comparaison des trois compositions précédentes que pour la même quantité de soufre les quantités d'oxygène sont entre elles comme 1 : 2 : 3.

Pour d'autres corps les proportions sont quelquefois 1 : 3 ; 1 : 4 ; ou 2 : 3, et même 4 : 5. On les trouve rarement plus compliquées.

Les règles précédentes s'appliquent aussi aux combinaisons dont les corps constituants sont eux-mêmes déjà composés.

Néanmoins, les analyses de certains composés ternaires ou plus complexes semblent souvent indiquer des rapports qui ne peuvent être ramenés aux précédents que par des soustractions ou des additions de matières, ou bien que par d'autres hypothèses.

Loi des quantités de l'élément électro-négatif dans les parties d'un composé. — Cette loi régit les combinaisons dont les parties constituantes, elles-mêmes composées, ont un principe minéralisateur commun. Elle consiste en ce que les quantités du principe commun dans les parties du composé sont entre elles dans un rapport simple, qui ordinairement est encore celui de 1 à 1, à 2, à 3, ou à 4.

Ainsi, par exemple, la barytine ou sulfate de baryte

renferme { 34,37 d'acide sulfurique, contenant 20,57 d'oxygène, 65,63 de baryte, contenant 6,85 id.

Or, 20,57 renfermant 3 fois 6,85, ces nombres sont entre eux comme 1 : 3.

On voit donc que la quantité d'oxygène contenue dans l'acide sulfurique d'un poids quelconque de barytine est triple de celle que renferme la baryte.

Dans le bournonite, les 3 sulfures de plomb, de cuivre et d'antimoine qui constituent ce minéral présentent exactement la même quantité de soufre, c'est-à-dire que les quantités de soufre renfermées dans les 3 sulfures de la bournonite sont entre elles comme 1 : 1 : 1.

Pour certains silicates on trouve les quantités et les rapports suivants :

	Oxygène.	Rapport.			Oxygène.	Rapport.
Silice.	0,403	0,209	2	Silice.	0,424	0,220	3
Alumine.	0,225	0,105	1	Alumine	0,311	0,146	2
Chaux.	0,372	0,104	1	Chaux.	0,362	0,073	1

Les nombres 2, 1 et 1, ou bien 3, 2 et 1 sont des poids relatifs d'oxygène qui caractérisent ces deux silicates.

On voit donc, par les exemples précédents, que les quantités de l'élément électro-négatif dans les composants sont généralement des multiples ou des sous-multiples de la quantité du même élément dans l'un des composants ; d'où il résulte des rapports qui offrent une expression très-nette de la composition des minéraux composés.

Loi des équivalents ou des proportions normales. — Quand on connaît les quantités en poids des différents corps qui peuvent se combiner à un seul et même poids d'un autre corps, par exemple avec 100 parties d'oxygène, on connaît alors les proportions en poids dans lesquelles les premiers corps se combineraient entre eux. Ces quantités de poids relatives et déterminées, suivant lesquelles ont lieu les combinaisons, sont nommées *équivalents*.

Si l'on prend pour unité le poids de l'un quelconque des corps simples, et si l'on cherche les poids correspondants des autres corps simples qui se combinent avec cette unité pour former les composés binaires, on obtient une série de nombres proportionnels à l'unité et représentant les équivalents.

Ce travail a été fait en prenant le poids de l'oxygène pour unité (1) ; seulement on a représenté le poids de l'oxygène par 100, afin d'éviter trop de fractions, et l'on a eu pour équivalents des nombres proportionnels à 100 d'oxygène.

____

(1) Certains chimistes ont pris le poids de l'hydrogène, parce que l'hydrogène est le corps simple le plus léger connu ; mais l'oxygène est celui qui entre le plus généralement dans les corps composés naturels.

Par exemple :

100 d'oxygène se combine à 200   de soufre,
100   id.   à 395,6 de cuivre,
100   id.   à 937,5 d'arsenic.

Dès lors 200 est l'équivalent ou le nombre proportionnel du soufre, 395,6 celui du cuivre, et 937,5 celui de l'arsenic. Non-seulement ces quantités en poids équivalent à 100 d'oxygène, mais encore elles sont équivalentes entre elles. Ainsi, c'est 200 de soufre qui se combinerait avec 395,6 de cuivre ou avec 937,5 d'arsenic, et c'est 937,5 d'arsenic qui se combinerait avec 395,6 de cuivre ; d'où l'on voit que les quantités des corps élémentaires qui se combinent avec 100 d'oxygène représentent en même temps les poids de ces corps qui s'uniraient entre eux pour former les composés les plus simples.

Connaissant les équivalents des corps élémentaires, il est facile de trouver ceux des composés binaires, pourvu que l'on connaisse les quantités relatives des composants. Il suffit dans ce cas d'ajouter les nombres proportionnels de ces derniers, soit simples, soit multipliés par un nombre que l'analyse aura fourni.

Par exemple : le quartz étant composé de 52,94 d'oxygène et de 47,06 de silicium, si l'on divise le premier de ces nombres par 100, équivalent de l'oxygène, et le second par 266,7, équivalent du silicium, on trouve pour quotients 0,5294 et 0,176, dont l'un est triple de l'autre ; d'où il résulte qu'il y a dans le quartz 3 équivalents d'oxygène contre 1 équivalent de silicium, et qu'il faut pour obtenir l'équivalent du quartz ou de la silice ajouter à 266,7 3 fois l'équivalent de l'oxygène, c'est-à-dire 300, ce qui donne 566,7.

Pour les composés ternaires on procède de la même manière. Ainsi, pour le calcaire on obtiendrait 631 en cherchant séparément les équivalents de la chaux et de l'acide carbonique, puis en ajoutant le premier au second.

Au lieu de considérer dans une combinaison le nombre 100 comme représentant le poids d'une certaine quantité d'oxygène, on a imaginé de le considérer comme représentant le poids d'un atome d'oxygène, en prenant de même le nombre correspondant pour le poids d'un atome de l'autre élément. Dès lors on a admis, par exemple, que dans les composés de l'oxygène et du soufre, 1 atome de soufre, pesant 201,46, est combiné à 1, à 2, à 3 atomes d'oxygène, pesant chacun 100; que dans les oxydes de cuivre 1 atome de cuivre, pesant 395,69, se trouve réuni à 1, à 2 atomes d'oxygène; etc.

C'est au moyen de semblables considérations et du calcul que l'on a dressé le tableau des *poids atomiques* des corps, qui est en même temps celui des équivalents; mais les nombres qu'il renferme n'ont rien d'absolu et n'expriment que des poids relatifs. Voici le tableau qui représente les poids atomiques ou les équivalents des principaux corps simples.

Oxygène.	100	Strontium.	547,29
Hydrogène.	12,50	Cerium.	575
Glucium.	58,037	Molybdène.	575,83
Carbone.	75,41	Rhodium.	651,40
Lithium.	82,03	Palladium.	665,84
Bore.	136,20	Cadmium.	696,76
Magnésium.	150	Étain.	735,29
Aluminium.	171,16	Thorium.	745,90
Azote.	175,06	Uranium	750
Soufre.	200	Tellure.	802,12
Fluor.	233,80	Zirconium.	840,40
Calcium.	251,50	Vanadium.	856
Silicium.	277,31	Baryum.	856,88
Sodium.	390,90	Tantale.	860
Titane.	314 ?	Arsenic.	940,08
Chrome.	328,59	Brome.	999,62
Manganèse.	345,89	Tungstène.	1150
Fer.	350,11	Iridium.	1233,26
Cobalt.	369	Platine.	1233,26
Nickel.	369,67	Osmium.	1244,21
Phosphore.	392,28	Mercure.	1250
Cuivre.	395,69	Plomb.	1294,50
Yttrium.	402,50	Bismuth.	1330,38
Zinc.	408,59	Argent.	1349,66
Chlore.	443,28	Iode.	1588
Potassium.	488,85	Antimoine.	1612,90
Sélénium.	494,58	Or.	2458,34

Autrefois, pour faire connaître la composition d'un minéral, on se bornait à indiquer par des nombres les poids des quantités respectives des éléments contenus dans 100 grammes ou 100 parties quelconques du minéral et tels que les donnait l'analyse. Mais il devenait souvent difficile de saisir les rapports entre ces nombres, à cause de la complication de ceux-ci. Aujourd'hui, on exprime plus simplement la composition et les rapports au moyen de la théorie atomique ou des équivalents, c'est-à-dire en indiquant les nombres relatifs des atômes des corps composants qui entrent dans une molécule du minéral.

DÉTERMINATION CHIMIQUE DES MINÉRAUX.

Il y a trois parties essentielles dans les recherches chimiques qui sont nécessaires pour arriver à la distinction des minéraux :

1° *L'essai*, qui conduit à connaître la nature et le nombre des corps qui constituent un minéral ;

2° *L'analyse*, qui a pour objet de déterminer en poids les quantités relatives de chacun des corps constituants ;

3° *L'interprétation de l'analyse*, qui, en partant des lois générales reconnues dans les combinaisons, a pour but d'éliminer ce qu'il peut y avoir d'accidentel dans la composition donnée par l'analyse.

ESSAI.

Par l'essai, qui doit avoir lieu sur des parcelles détachées du minéral, on cherche seulement à savoir de quels principes celui-ci est composé, sans avoir égard à leurs proportions et par conséquent sans faire aucune pesée.

Pour y parvenir on tâche de détruire la combinaison et d'isoler les éléments, afin de reconnaître successivement leurs caractères respectifs. Or, comme il faut, pour faciliter l'action chimique des corps les uns sur les autres, multiplier les points de contact, les essais exigent une opération préparatoire, qui consiste à vaincre la cohésion des particules du minéral, ce qu'on peut effectuer de deux manières, ou en fondant le minéral par l'action du feu, ou en le dissolvant dans un liquide.

On distingue donc deux sortes d'essais chimiques : 1° Les *essais pyrognostiques*, ou *par la voie sèche;* 2° les *essais hydrognostiques*, ou *par la voie humide*. Les premiers ont lieu à l'aide du feu, avec ou sans le secours de réactifs solides ; les derniers à l'aide de réactifs liquides, avec ou sans le secours de la chaleur.

Essais par la voie sèche.

Dans les essais par la voie sèche on se propose de constater les changements qu'une température plus ou moins élevée fait éprouver aux minéraux. Or, les caractères qui se manifestent par l'action de la chaleur sont : la fusibilité ou l'infusibilité, la volatilité complète ou partielle, la décomposition ou la fixité du minéral, etc.

Certains minéraux, tels que le bismuth natif, l'argent sulfuré, la cryolithe, etc., sont fusibles à la simple flamme d'une bougie ; mais la plupart des minéraux n'éprouvent aucune altération à cette température, et alors il devient nécessaire de l'élever ou de la modifier pour obtenir des réactions qui puissent indiquer la nature de ces minéraux.

Pour soumettre un minéral à l'action du feu on se sert ordinairement du chalumeau. Cet instrument se compose essentiellement d'un tube droit ou recourbé, mais toujours effilé à l'une de ses extrémités. On souffle dans ce tube par l'autre extrémité, et le courant d'air qui en sort est dirigé sur la flamme d'une chandelle, d'une bougie, d'une lampe à alcool, ou d'une lampe à huile et à mèche plate ; cette flamme s'allonge horizontalement en forme de dard, dont la pointe possède une chaleur très-intense.

Le petit fragment que l'on veut exposer à l'action de la flamme du chalumeau est placé sur un support, qui consiste soit en un morceau de charbon de bois ou en une petite capsule de terre à porcelaine, soit en une cuiller ou en une feuille de platine, soit en une pince ou en un fil du même métal.

A l'aide du chalumeau, on reconnaît d'abord si un minéral est fusible ou infusible ; puis on apprécie approximativement son degré de fusibilité par le temps qu'il met à se fondre, par la grosseur des fragments qu'on peut employer, et par la température que l'on produit. Mais ce qu'il importe surtout d'étudier, ce sont les circonstances qui accompagnent la fusibilité.

Certains minéraux, comme les arséniures, éprouvent avant de se fondre une espèce de grillage, et donnent des fumées ainsi qu'une odeur qui décèlent leur nature. D'autres, comme la plupart des hydrates et quelques-uns de ceux qui renferment de l'acide borique, se boursouflent au feu.

Outre les faits qui précèdent la fusion, il faut encore observer le genre du produit. Ainsi, on obtient ou un verre transparent, ou un émail, ou enfin une scorie, tantôt incolores, tantôt colorés.

On facilite souvent la fusion en ajoutant certains fondants, et l'on obtient ainsi des émaux ou des verres dont la couleur dévoile la nature de la substance. En outre, on se sert de quelques réactifs pour désoxyder les minéraux métalliques, ou pour les suroxyder. Cette dernière opération est très-utile quand les différents oxydes d'un même métal ont des couleurs variées qui peuvent les faire distinguer.

Comme les essais au chalumeau ont de l'importance, nous allons entrer dans quelques détails sur les instruments et les réactifs employés, ainsi que sur la conduite de ces épreuves.

Chalumeau. — Le chalumeau dont les bijoutiers se servent pour souder est un simple tube métallique, effilé à l'une de ses extrémités. Celui du minéralogiste, quoique basé entièrement sur le même principe, présente deux modifications : la première est un réservoir *a* (fig. 412), destiné à condenser l'humidité de l'haleine ; la seconde est un ajutage *bc*, ou une espèce de tuyère, qu'on adapte à l'extrémité du tube. En modifiant l'ajutage, on fait varier la température ; plus le dard est fin, plus la température est élevée. Cette tuyère mobile doit être en platine, afin qu'elle ne puisse ni s'oxyder ni se fondre.

Pour rendre le chalumeau plus portatif, on le dispose de manière que le tube *t*, par lequel on souffle, que la chambre *a* et l'ajutage *bc*, qui est introduit dans la flamme, puissent se démonter. Cette disposition permet, en outre, de nettoyer le chalumeau plus facilement, et de faire sortir l'humidité qui s'est rassemblée dans la chambre de condensation.

Supports. — Quand on veut obtenir un bouton métallique, par exemple d'argent ou de cuivre, on se sert d'un morceau de charbon de bois, dans lequel on pratique avec la pointe d'un couteau une espèce de petit creuset, où l'on place le fragment à essayer. Il ne faut pas que le tissu du charbon soit trop lâche, car alors la substance fondue pénétrerait dans les pores, et l'essai serait manqué.

(Fig. 412.)

Les capsules en terre à porcelaine, auxquelles on donne une cuisson moindre que celle de la porcelaine, mais suffisante pour résister à l'action des acides, ont l'avantage d'étendre pour ainsi dire le bain de borax qui sert à l'essai et de rendre plus vives les teintes des différents oxydes métalliques.

La pince en platine (fig. 413) présente une mâchoire à chacune de ses extrémités : l'une d'elles *a* ne saisit les objets que lorsqu'on la presse avec les doigts; l'autre *c* à ressort est naturellement fermée, et il faut pour l'ouvrir appuyer sur les boutons *d*. Cette dernière mâchoire est formée de deux petites lames en platine *bc* effilées à leur extrémité, afin de soutirer le moins possible de chaleur quand on l'expose à la flamme du chalumeau. La pince exige que les fragments à essayer aient une certaine grosseur.

Dans certains cas on substitue à la pince une petite cuiller en platine ou une lame extrêmement mince du même métal, dans laquelle on enveloppe les fragments de la substance à essayer.

(Fig. 413.)

Le fil de platine remplit presque toutes les conditions. On prend un fil de platine, que l'on recourbe par un bout en forme de crochet (fig. 414.), et c'est ce crochet qui devient le support.

Pour s'en servir on l'humecte avec de l'eau, et on l'enfonce dans le flux, qui s'y attache; après quoi on fond celui-ci à la lampe, de manière à le convertir en une goutte qui se fige dans la courbure; on humecte

(Fig. 414.)

ensuite les fragments à essayer, pour les faire adhérer au fondant, préalablement solidifié, et l'on chauffe le tout ensemble. On obtient ainsi une masse isolée, que l'on peut examiner commodément, sans avoir à redouter les illusions qui naissent quelquefois du jeu des couleurs sur le charbon. Si l'on ne voulait pas employer de flux, on réduirait en poudre la substance à essayer, et on la fixerait au fil par le même moyen.

Dans la plupart des cas le fil de platine doit être préféré au charbon de bois, notamment lorsqu'on veut produire la réduction d'un oxyde métallique. Quant aux oxydations, elles doivent toutes être faites sur le fil de platine. Enfin, le platine n'étant nullement attaqué par le sel de phosphore, on peut également se servir de ce fil lorsque l'essai exige l'emploi du sel de phosphore.

Conduite de l'essai. — Quand on souffle au chalumeau, les organes de la respiration n'agissent pas seuls, car ils ne pourraient soutenir un travail aussi continu. La bouche doit se remplir d'air, et par la contraction des muscles cet air doit passer dans le chalumeau, les joues faisant ainsi l'office d'un soufflet. Il faut donc s'attacher à tenir la bouche pleine d'air, durant une assez longue alternative d'aspiration et d'expiration; puis, lorsqu'on sait entretenir le courant d'air d'une manière continue, il importe de produire un bon feu en soufflant sur la flamme de la lampe ou de la bougie.

La flamme ne borne pas son action à fondre le minéral; dans beaucoup de cas elle agit encore chimiquement sur lui, tantôt en l'oxydant s'il est combustible, tantôt en le désoxydant s'il est oxygéné. Pour comprendre comment on peut avec une même flamme produire des effets si divers, il faut se rendre compte de la nature et de la constitution de la flamme.

On reconnaît que la flamme se compose principalement de 3 parties distinctes, savoir : 1° un cône intérieur obscur *ab* (fig. 415),

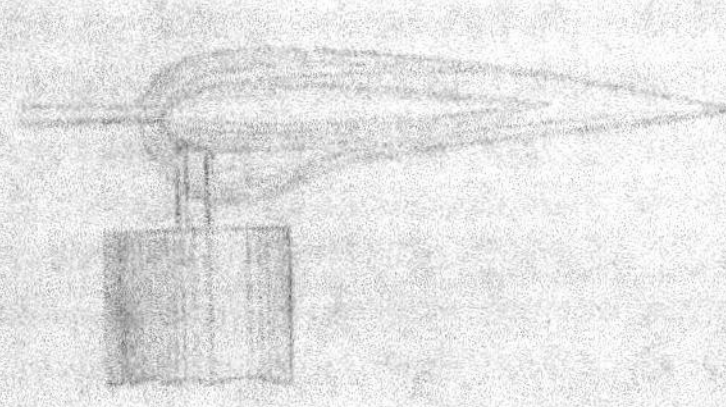

formé de gaz combustible; 2° une enveloppe lumineuse très-brillante *cd*, dans laquelle le gaz éprouve une combustion incomplète, parce que l'oxygène ne s'y trouve pas en quantité suffisante et que le charbon s'y rencontre à l'état de parcelles incandescentes; 3° une partie extérieure *m n o* d'un éclat beaucoup moindre, surtout vers la base *m*, et dans laquelle la combustion est complète.

Dans la région intérieure et brillante de la flamme le gaz est réduisant, puisque les parties combustibles ne sont pas entièrement brûlées; l'enveloppe extérieure de la flamme est au contraire oxydante, puisqu'elle se trouve en contact avec l'air atmosphérique.

On se sert du chalumeau pour porter au milieu du cône obscur intérieur un courant d'air fourni par le souffle et activer la combustion. La flamme se trouve alors projetée horizontalement (fig. 416); la partie oxydante est à la pointe, et la partie désoxydante au milieu. Ainsi, il se projette devant l'ouverture du bec une flamme bleue, longue et étroite, et vers l'extrémité antérieure de

(Fig. 415.)

(Fig. 416.)

cette flamme se trouve le lieu de la température la plus élevée, capable de fondre ou de volatiliser des substances sur lesquelles la flamme, livrée à elle-même, n'a qu'une action insensible. Cet énorme accroissement de température tient à ce que le chalumeau verse sur un petit espace, situé au milieu de la flamme, une masse condensée du même air qui auparavant ne touchait que la surface et s'étendait librement sur tous les points. Pour atteindre le maximum de température, il faut souffler modérément : avec un souffle trop fort, la chaleur est enlevée aussitôt qu'elle est produite, par l'impétuosité du courant d'air ; avec un souffle trop faible, il n'arrive pas assez d'air dans un temps donné.

Il y a donc deux manières de procéder avec le chalumeau : ou bien on chauffe le minéral d'essai au contact de l'air, en le plaçant à la pointe de la flamme ; ou bien on le chauffe sans le contact de l'air, en le plongeant tout entier dans la partie la plus brillante de la flamme. Dans le premier cas le minéral s'oxyde, s'il est combustible, et l'on opère au *feu d'oxydation* ; dans le second cas il se désoxyde, s'il est oxygéné, et l'on opère au *feu de réduction*. Plus on écarte la flamme, mieux l'oxydation s'opère ; une chaleur trop forte produit souvent le phénomène inverse, surtout lorsque le support est du charbon. L'oxydation devient le plus active possible au rouge naissant, et il faut pour ce genre d'essai que le bec du chalumeau ait une large ouverture ; tandis que pour opérer la réduction on se sert d'un bec fin, qui ne doit pas être engagé trop avant dans la flamme.

En variant de différentes manières le mode de procéder avec le chalumeau, on obtient souvent des caractères pyrognostiques très-précieux pour la distinction des minéraux. A cet effet, on traite le minéral tantôt sans addition, tantôt avec addition de flux ou de réactifs. Nous allons entrer dans quelques détails pour ces deux cas.

1° Lorsqu'on opère sans addition de flux ou de réactifs, on observe d'abord si le minéral est fusible ou infusible, et si la chaleur en dégage un principe volatil qui s'y trouvait tout formé, ou qui se produit pendant le grillage.

Dans le cas de fusibilité, on examine si le fragment d'essai se fond en un globule ; s'il s'arrondit sur les bords, ou se recouvre d'un simple enduit vitreux ; si le résultat de la fusion est une scorie, une fritte, un émail ou un verre ; si le globule est sphéroïdal ou polyédrique; si sa surface est lisse ou couverte d'aspérités; etc.

Dans le cas d'infusibilité on observe si le fragment d'essai éprouve quelque changement d'aspect; s'il durcit ou devient plus tendre; s'il décrépite, s'exfolie ou se boursoufle; s'il laisse dégager quelque gaz ou vapeur; s'il acquiert des propriétés alcalines; s'il prend de la saveur; etc.

Dans le cas de volatilisation, on examine si elle est partielle ou complète.

Pour sublimer les substances qui se trouvent toutes formées dans le minéral, on pulvérise celui-ci et on le met dans un petit matras en verre à long col (fig. 417), ou simplement dans un tube en verre fermé par un bout (fig. 418); puis par l'action du feu

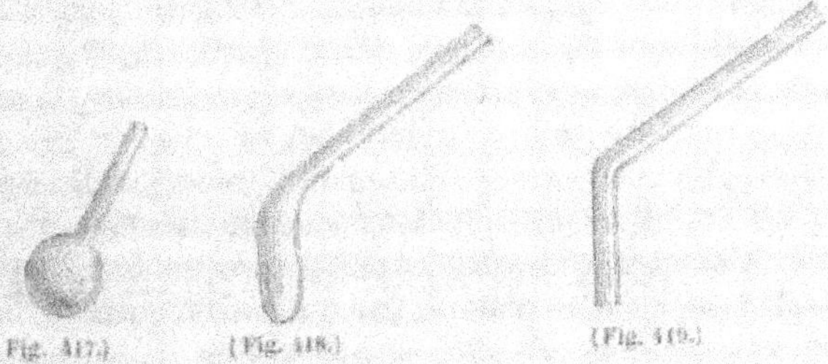

(Fig. 417.) (Fig. 418.) (Fig. 419.)

(d'une lampe à alcool ou à huile, d'un petit fourneau, etc.) les matières volatiles se dégagent et vont se déposer ordinairement dans le col du matras, ou dans la partie supérieure du tube, qui est froide. Ainsi, lorsque le minéral renferme de l'eau, elle se vaporise et se condense en gouttelettes visibles dans le col du matras ou dans la partie supérieure du tube. La présence du fluor se manifeste par la formation d'un anneau blanc et terne; celle de l'arsenic par un sublimé cristallin et métalloïde; celle du sélénium par un sublimé rouge; celle du tellure par un sublimé gris; celle du mercure par un sublimé gris métallique, qui se dépose sous forme de gouttelettes en agitant le tube ou le matras.

Pour reconnaître les substances volatiles qui se forment pendant le grillage, on met le minéral dans un tube en verre ouvert par les deux bouts et un peu recourbé vers sa partie moyenne (fig. 419), puis on le chauffe au travers du tube; ou bien on l'essaye après l'avoir mis dans une petite cavité, creusée à l'extrémité d'un charbon. Si l'on se sert d'un tube, on recueille

ordinairement le sublimé dans le haut de ce tube. Par exemple,
le tellure et les tellurures donnent un sublimé blanc d'oxyde de
tellure, qu'on peut fondre en gouttelettes limpides; l'arsenic et les arseniures forment un dépôt blanc d'acide arsenieux,
cristallin, infusible et volatil; l'antimoine et les antimoniures
produisent des vapeurs blanches d'oxyde antimonique, qui se
condensent et donnent lieu à un dépôt blanc, qu'on peut chasser
d'une partie du tube à une autre partie voisine avec le dard du chalumeau. Lorsqu'on se sert du charbon, le sublimé se répand
dans l'atmosphère, et on ne peut le reconnaître qu'à son odeur,
à sa couleur ou à la teinte particulière qu'il communique à la
flamme du chalumeau. Ainsi, une odeur d'acide sulfureux annonce la présence du soufre, une odeur d'ail celle de l'arsenic,
une odeur de rave celle du sélénium, etc.; d'autre part, il arrive
souvent que le sublimé se dépose sur le charbon tout autour de
la cavité, et y forme des auréoles colorées, qui dévoilent la nature
des oxydes produits par le grillage.

2° Lorsqu'on opère avec addition de fondants ou de réactifs
pour aider la fusion des minéraux ou leur décomposition, on
reconnaît généralement les oxydes métalliques qu'ils renferment,
sans avoir besoin de les réduire, par les couleurs qu'ils communiquent aux matières vitreuses dans lesquelles ils se dissolvent.
Les principaux réactifs solides sont : le borate de soude, le carbonate de soude, et le phosphate double de soude et d'ammoniaque.

Le borate de soude, ou borax, est un des fondants le plus ordinairement employés. On s'en sert pour opérer la fusion et la
dissolution à chaud d'un grand nombre de substances minérales.
On obtient alors un verre, qui est presque toujours transparent après le refroidissement, et qui reçoit du corps dissous
des couleurs propres à ce dernier. Ainsi, les différents oxydes
métalliques se distinguent entre eux par les teintes différentes
que prend le verre de borax au feu de réduction et au feu d'oxydation, avant et après le refroidissement. En outre, quelques-uns
donnent des verres qui deviennent opaques lorsqu'on les chauffe
légèrement à la flamme extérieure d'une lampe.

Les essais par le borax se font ordinairement sur la feuille
ou le fil de platine; mais on les fait aussi sur de petites coupelles
blanches, très-minces, et de 10 millimètres au plus de diamètre, qui sont composées en égale proportion de terre à porcelaine

et de terre de pipe. Après avoir mis le fragment d'essai mêlé au fondant sur la coupelle, on place celle-ci sur un charbon ou entre les branches de la pince en platine; au premier coup de feu la matière commence à se fondre et adhère à la coupelle; puis le verre qui se forme s'étend bientôt sur un fond blanc, ce qui rend sa couleur plus distincte.

L'oxyde de cobalt et les divers minéraux cobaltiques colorent en bleu le verre de borax, soit au feu d'oxydation, soit au feu de réduction. Les oxydes de manganèse donnent au feu d'oxydation une couleur d'un rouge violet; tandis qu'au feu de réduction ils produisent un verre incolore, s'il est promptement refroidi. Les minéraux de chrome forment au feu d'oxydation un verre vert d'émeraude, surtout après le refroidissement, et au feu de réduction ils donnent un verre jaune-brun, qui devient incolore après le refroidissement. Les oxydes de fer produisent au feu d'oxydation un verre rouge sombre à chaud, jaunâtre ou incolore à froid, et ils colorent en vert de bouteille ou en vert bleuâtre au feu de réduction. Les oxydes de cuivre donnent au feu d'oxydation un verre vert; tandis qu'au feu de réduction le verre est incolore à chaud et rouge de brique à froid.

On se sert du carbonate de soude, nommé soude par abréviation, soit comme fondant et dissolvant à chaud, soit comme réactif pour décomposer des sels insolubles et déplacer leurs bases, soit aussi pour aider à la réduction de certains oxydes métalliques.

On déplace les bases alcalino-terreuses au moyen de la soude, qui s'empare du principe acide. On reconnaît ainsi : la silice dans un silicate qui est infusible par lui-même, l'acide titanique dans les titanates, etc. Les silicates infusibles, traités par la soude, fondent avec effervescence, en produisant un verre transparent, qui dissout les bases auxquelles la soude a enlevé la silice pour former un sel soluble. La matière qui résulte du traitement par la soude est attaquable par l'acide chlorhydrique ou par l'acide azotique, et la solution étant évaporée, on en sépare aisément la silice, si l'on verse de l'eau sur le résidu et si l'on filtre ensuite.

Dans certains cas on fond à l'aide de la soude, comme on le ferait à l'aide du borax, un minéral qui contient un oxyde colorant. On obtient ainsi avec les oxydes de chrome le vert d'émeraude au feu de réduction, et la couleur jaune au feu d'oxydation; etc. Mais le principal usage du carbonate de soude est de servir, concurremment avec le charbon, à réduire les oxydes métalliques et à en constater des quantités qui échapperaient souvent aux analyses faites par la voie humide. On pulvérise la matière d'essai, on la pétrit dans le creux de la main avec de la soude humectée, à laquelle on peut ajouter de la poussière de charbon, et on chauffe le tout sur un charbon solide. Si l'oxyde est en assez grande proportion dans le minéral, il se réduit en petits globules métalliques. Mais si l'oxyde se trouve disséminé dans le minéral en très-petite quantité, le métal est absorbé avec la soude par le charbon. Alors on enlève avec un couteau la pellicule de charbon que le mélange a pénétrée; on la broie sous l'eau; puis on lave la poudre, en décantant successivement jusqu'à ce que tout le charbon soit parti, et le métal se présente sous la forme de petites paillettes brillantes, s'il est fusible et malléable, ou bien sous la forme de poudre, s'il est cassant ou n'a pas été fondu.

Le phosphate de soude et d'ammoniaque, ou sel de phosphore, agit comme fondant et comme réactif. Par l'action de la chaleur il se transforme en un phosphate de soude monobasique, qui est très-fusible : aussi l'emploie-t-on comme le borax pour dissoudre à chaud les oxydes métalliques. Souvent il fait ressortir, mieux que le borax, les teintes caractéristiques des divers oxydes, et ces teintes ne sont pas toujours les mêmes que celles obtenues avec ce dernier fondant. Il sert également à déplacer les acides, comme la soude sert à déplacer les bases. Les acides qui sont volatils se subliment, tandis que ceux qui sont fixes restent en suspension dans le verre sans s'y dissoudre; c'est ainsi que la silice des silicates est mise en liberté, et qu'elle se montre dans le verre sous la forme pulvérente ou d'une sorte de squelette solide. Le sel de phosphore sert encore à reconnaître la présence du chlore dans un minéral. On mêle ce réactif avec de l'oxyde de cuivre, on ajoute la matière d'essai et l'on chauffe. Si elle renferme du chlore, le globule vitreux colore la flamme du chalumeau en bleu tirant sur le pourpre.

Enfin, on emploie encore dans les essais pyrognostiques d'autres réactifs, pour découvrir la présence de certains principes, ou pour obtenir certaines modifications. On se sert du nitre ou du chlorate de potasse pour suroxyder quelques métaux, le manganèse par exemple. On rend ainsi sensibles des quantités de métal qui ne coloreraient pas le verre sans le secours de ces réactifs. Pour désoxyder, au contraire, on emploie la poudre de charbon ou l'étain à l'état métallique. On se sert de l'acide borique vitrifié pour déplacer un autre acide moins fixe que lui, ou comme dissolvant dans certains cas. C'est aussi avec son secours que l'on peut constater la présence de l'acide phosphorique dans un minéral. Pour y parvenir on dissout à chaud le minéral dans l'acide borique, puis on plonge un fil de fer dans la masse fondue ; le fer s'oxyde aux dépens de l'acide phosphorique, et il se produit du phosphate de fer ainsi que du borate de fer. Le fil de fer est également employé tantôt pour précipiter différents métaux, tantôt pour les séparer du soufre ou des acides fixes avec lesquels ils peuvent être combinés. On humecte quelquefois les matières d'essai avec de l'azotate de cobalt, pour y découvrir la présence de l'alumine ou de la magnésie. Après une forte ignition, ces deux oxydes terreux donnent, avec l'oxyde de cobalt, le premier un beau bleu d'azur, le second une couleur rose pâle. Nous ajouterons enfin que l'on doit se servir comme fondant, au lieu de carbonate de soude, du carbonate ou de l'azotate de baryte, quand on soupçonne la présence d'alcalis fixes dans la substance à essayer.

Essais par la voie humide.

La plupart des minéraux résultent de la combinaison immédiate de principes électro-négatifs ou acides et de principes électro-positifs ou bases. Or, la recherche des principes électro-négatifs se faisant ordinairement par la voie sèche, la voie humide est presque exclusivement réservée à la recherche des bases.

Un certain nombre de caractères peuvent être constatés par des épreuves promptes et faciles. Tels sont ceux de la *solubilité* ou de l'*insolubilité*, qui se manifestent par la simple action de l'eau, de l'alcool et des liqueurs acides ou alcalines.

La solubilité dans l'eau appartient à plusieurs minéraux, comme, par exemple : le sel gemme, le sel ammoniac, les sulfates de fer, de cuivre, de magnésie, etc. Mais l'eau qui à la température ordinaire ou à l'état de pureté est incapable de dissoudre certains minéraux, les dissout quelquefois à la faveur d'une température élevée et surtout d'un acide, d'un alcali ou d'un sel qu'elle tient déjà en dissolution.

On se sert aussi de l'alcool comme dissolvant ; mais on l'emploie principalement pour reconnaître certains corps par la teinte qu'ils communiquent à la flamme de ce liquide.

Un grand nombre de minéraux insolubles dans l'eau peuvent être dissous immédiatement par les liqueurs acides ou alcalines; et presque tous ceux qui résistent d'abord à l'action de ces dissolvants deviennent attaquables quand on les traite préalablement par la soude.

La dissolution par les acides peut avoir lieu avec *effervescence*, c'est-à-dire avec dégagement plus ou moins rapide d'un gaz qui se trouve tout formé dans le minéral, comme l'acide carbonique des carbonates, ou bien qui se produit aux dépens du dissolvant lui-même, comme le bioxyde d'azote que l'on dégage d'une dissolution par l'acide azotique, en y projetant de la limaille de cuivre. L'effervescence est quelquefois très-lente; mais on la rend plus vive en chauffant la dissolution.

On nomme *déliquescents* les sels qui étant solubles et exposés à l'air humide, attirent l'humidité atmosphérique en si grande abondance que l'eau qu'ils absorbent suffit pour les dissoudre. Tels sont le sel marin et le carbonate de potasse.

On nomme *efflorescents* les sels qui étant exposés à l'air tombent en poussière. Les minéraux doués de cette propriété sont ordinairement des sels hydratés, qui cèdent à l'air tout ou partie de leur eau de cristallisation et qui jouent ainsi un rôle opposé à celui des sels déliquescents. Tels sont le natron et la glaubérite. Cependant une déperdition d'eau n'est pas la seule cause qui puisse déterminer l'efflorescence; car l'efflorescence a lieu quelquefois par la cause contraire, c'est-à-dire par celle même qui produit la déliquescence. En effet, certains sels entièrement privés d'eau, comme le sulfate de soude anhydre et la glaubérite, tombent en poussière à l'air, parce qu'ils s'hydratent et que leur désagrégation en est la conséquence.

Les essais par la voie humide proprement dite consistent à mettre le minéral que l'on veut examiner en solution dans un liquide, et à faire réagir sur lui différents réactifs aussi en solution, de telle manière qu'on puisse isoler par des précipitations successives les substances qui le composent, et les reconnaître aisément par la couleur ou la nature des précipités obtenus.

Comme on a pour but, dans les essais, de distinguer la nature des composants et non d'apprécier leurs quantités relatives, on opère sur une simple parcelle du minéral et sur quelques gouttes de solution, sans faire aucune pesée. Généralement on se contente de placer une goutte de la solution au fond d'un verre de montre ou sur un carreau de vitre, on l'étend de deux ou trois gouttes d'eau et l'on fait tomber dessus une goutte du réactif, qu'on a enlevée du flacon à l'aide d'une petite baguette en verre. On doit toujours employer de l'eau distillée et des réactifs bien purs. Enfin, on se sert d'instruments de très-petite dimension pour faire les solutions, les filtrer et les évaporer.

Pour filtrer on fait usage d'un petit entonnoir en verre soufflé, dans lequel on place un cornet de papier joseph. Cet entonnoir *a* (fig. 420) est soutenu par un fil de fer *b*, coudé et terminé en anneau, qu'on fixe dans une plaque de liège *c*, qui sert de support à la capsule *d*, où l'on reçoit le liquide clarifié. Mais on évite presque toujours la filtration en tirant le liquide au clair. A cet effet, on met dans la capsule *d* (fig. 421), qui le

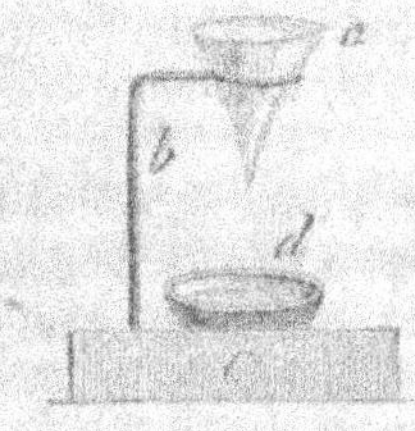

Fig. 420.   Fig. 421.

contient, et sur le bord intérieur de la capsule *e*, qui doit le recevoir, une petite bande de papier joseph *ab* pour remplir l'office d'un siphon.

Quand il s'agit de laver un précipité, on place au-dessus de la capsule supérieure une troisième capsule remplie d'eau distillée, et l'on établit l'écoulement entre ces deux capsules par un autre siphon en papier.

Pour pulvériser les minéraux durs on emploie un petit mortier en agate et un pilon de même matière.

Nous avons vu que la majeure partie des minéraux sont solubles, à chaud ou à froid, dans l'eau ou bien dans les acides, et que ceux qui ne le sont pas le deviennent lorsqu'on les fond préalablement avec de la soude ou de la potasse. Cette fusion et la réaction dont elle est accompagnée amènent la destruction de la combinaison ou du minéral qui était auparavant insoluble, et rendent ainsi à ses principes constituants la propriété de se dissoudre dans l'eau ou dans les acides. Ordinairement on se sert, pour dissolvants, de l'acide chlorhydrique ou bien de l'acide azotique et quelquefois d'un mélange des deux, qui est nommé eau régale. Il faut observer si le minéral se dissout avec effervescence, en dégageant un gaz incolore ou coloré; s'il se dissout lentement et sans effervescence, mais en formant une sorte de gelée; enfin, s'il se dissout sans effervescence ni production de gelée. Cette matière gélatineuse est due à la silice qui commence à se précipiter, et que l'on isole facilement en évaporant à siccité la solution, en jetant de l'eau sur le résidu et en filtrant; la matière blanche qui reste sur le filtre est de la silice pure.

Les principaux réactifs que l'on emploie pour l'examen des solutions sont, outre les acides déjà cités, l'acide sulfurique, l'ammoniaque, la potasse caustique, le carbonate d'ammoniaque, l'oxalate d'ammoniaque, l'oxalate de potasse, le sulfhydrate d'ammoniaque, le sulfate de soude, le chlorure de platine, le cyanoferrure de potassium, l'azotate de baryte, l'azotate d'argent, des lames de cuivre, de fer et de zinc.

Pour donner une idée de la manière dont se conduisent les essais par la voie humide, supposons qu'il s'agisse de déterminer la composition qualitative d'un silicate, c'est-à-dire d'un minéral formé par la combinaison de l'acide silicique avec un nombre quelconque de bases.

Les silicates étant généralement insolubles, il faudra le plus souvent commencer par calciner le minéral donné avec de la soude. Ensuite, on dissoudra complétement le tout dans l'acide chlorhydrique ou l'acide azotique. Pour isoler la silice on évaporera la solution à siccité; puis, on traitera le résidu par l'eau, qui dissoudra toutes les bases, celles-ci se trouvant alors à l'état de chlorures ou d'azotates, selon que l'on aura employé, comme dissolvant, l'acide chlorhydrique ou l'acide azotique; enfin, on filtrera la dissolution, et ce qui restera sur le filtre sera la silice.

Pour rechercher les bases dans la liqueur filtrée, on traitera la dissolution par l'ammoniaque caustique jusqu'à ce qu'elle ait une légère odeur ammoniacale; alors l'ammoniaque précipitera toutes les bases moins puissantes qu'elle, comme l'alumine, la glucyne et le peroxyde de fer, et ne laissera dans la liqueur que les alcalis fixes, comme la baryte, la strontiane, la chaux et la magnésie. Puis on séparera de la dissolution la baryte et la strontiane, si elles s'y trouvent, en les précipitant par l'addition de quelques gouttes d'un sulfate. On précipitera de même la chaux par l'oxalate d'ammoniaque, et la magnésie par le phosphate de soude. Mais pour opérer ces précipitations successives, on devra partager la liqueur en autant de portions que l'on voudra tenter d'essais.

Revenant à l'examen du précipité ammoniacal, on le traitera par la potasse caustique, qui dissoudra l'alumine et la glucyne, que l'on séparera l'une de l'autre par le carbonate d'ammoniaque ; ensuite reprenant le résidu du traitement avec la potasse, on l'attaquera : 1° par le carbonate d'ammoniaque, qui dissoudra l'yttria, la zircone, l'urane et le cérium ; 2° par l'acide chlorhydrique, qui enlèvera les autres bases, comme les oxydes de fer et de manganèse, que l'on reconnaîtra au moyen du cyano-ferrure de potassium.

Pour la recherche des alcalis proprement dits, dans les silicates, on ne peut pas employer ces alcalis comme réactifs pendant les opérations. Il faut donc éviter de fondre avec les carbonates de soude et de potasse ; par conséquent on doit, au début, traiter la matière d'essai par le carbonate ou l'azotate de baryte. Puis on ajoute du carbonate d'ammoniaque, qui précipite tout, à l'exception des alcalis, dont les carbonates sont seuls solubles. Enfin on filtre, on évapore à siccité, et l'on chauffe à la chaleur rouge le résidu, après l'avoir mêlé à de la poudre de charbon. S'il y a un résidu dans la capsule, c'est un alcali que l'on dissoudra dans l'eau et que l'on déterminera au moyen de réactifs convenables, la potasse donnant un précipité jaune par le chlorure de platine, la lithine précipitant en blanc par le carbonate d'ammoniaque, et la soude ne produisant aucun de ces résultats.

Si, au lieu d'un silicate, il s'agissait de déterminer un minéral métallique, dont les principes constituants aient besoin de s'oxyder ou de se chlorurer préalablement pour pouvoir se dissoudre, il faudrait employer comme dissolvant non l'acide chlorhydrique, mais l'acide azotique ou l'eau régale. Certaines substances en se dissolvant donnent lieu à un précipité immédiat, qui annonce la présence de l'antimoine, de l'étain ou du molybdène. D'un autre côté, on reconnaît l'existence du bismuth par l'eau ; celle de l'argent et du mercure en plongeant dans la dissolution une lame de cuivre bien décapée, sur laquelle se précipite l'argent ou le mercure ; celle du cuivre au moyen d'une lame de fer, à laquelle vient s'attacher le cuivre ; celle du nickel par la coloration en bleu de la liqueur avec l'addition d'une lame de fer et de l'ammoniaque. Enfin, on cherche à précipiter successivement par un sulfate, par l'ammoniaque et par le cyano-ferrure de potassium.

Les détails qui précèdent suffisent pour donner une idée des essais auxquels le minéralogiste peut avoir recours, lorsqu'il veut reconnaître un corps dont il soupçonne la nature. Reste à faire l'analyse pour arriver à la détermination complète d'un minéral composé.

ANALYSE.

L'essai chimique suffit pour reconnaître les minéraux simples; mais il ne suffit pas pour la distinction des minéraux composés; car, outre la connaissance du nombre et de la nature des substances constituantes, il faut en déterminer les quantités relatives, ce qui s'effectue par l'analyse chimique.

Procédé analytique.

L'analyse se fait à peu près comme les essais; seulement on y apporte des précautions qu'on néglige dans les essais.

Ainsi, il faut peser exactement une certaine quantité du minéral réduit en poudre, et avoir soin de n'en rien perdre pendant le cours des opérations. On calcine cette poudre, et l'on pèse de nouveau pour constater la perte, qui donne le poids de l'eau contenue; puis, on attaque le résidu par l'acide chlorhydrique, par l'acide azotique ou par l'eau régale, directement ou bien après fusion avec la soude, la potasse, etc.; on recueille successivement, au moyen de la filtration, les précipités qu'on peut former dans la solution, et on les lave soigneusement, en faisant passer de l'eau distillée sur les filtres; ensuite, on dessèche ces filtres, on les pèse exactement avec la matière qu'ils supportent, et l'on défalque le poids du papier, qu'on a dû peser auparavant; enfin, on recueille la liqueur filtrée et toutes les eaux de lavage, et l'on fait évaporer convenablement, pour provoquer après d'autres précipités, sur chacun desquels on opère de même.

Le point essentiel est de bien conduire les opérations successives, et d'employer des réactifs qui séparant en totalité une substance déterminée n'entraînent aucune partie des autres. Comme dans les essais on a seulement pour but de découvrir la présence d'un corps, il importe peu que le précipité en entraîne d'autres, pourvu que ceux-ci soient masqués et que celui qu'on cherche se manifeste clairement. Mais dans les analyses il en est tout autrement, et l'on rencontre des cas qui exigent beaucoup d'habileté pour parvenir à une séparation exacte des éléments. Néanmoins l'analyse des pierres et des minerais ordinaires, des sels employés dans les arts, des alliages les plus utiles, des scories des usines, etc., peut se faire toujours avec facilité, ces corps ne renfermant habituellement que des matières bien connues et dont la séparation s'opère assez nettement.

Nous donnerons quelques exemples pour faire comprendre la marche des analyses.

1er *exemple* : analyse d'une marne.

5 grammes de marne ayant été desséchés à $100°$ ont perdu 345 milligrammes d'eau.

5 autres grammes traités par l'acide azotique étendu ont fait effervescence pendant quelque temps et ont laissé un résidu argileux, qui lavé, puis desséché, également à la température de $100°$, pesait $3^g,879$.

Ces opérations suffisent pour conclure que le carbonate de chaux enlevé par l'acide était de $0^g,776$, c'est-à-dire 5^g — $(3,879+0,345)$; de sorte que la marne analysée se compose de :

Carbonate de chaux. . . .	0,776	ou pour 1. . . 0,1552
Argile et eau.	4,224	 0,8448
	5,000	1,0000

2e *exemple* : analyse d'un calcaire.

5 grammes de pierre calcaire ont été attaqués avec effervescence par l'acide azotique, et ont laissé un résidu insoluble de 15 centigrammes.

La solution traitée par l'ammoniaque a donné 204 milligrammes de peroxyde de fer.

La liqueur, réunie aux eaux de lavage et suffisamment évaporée, a été traitée à chaud par le sous-carbonate d'ammoniaque et filtrée immédiatement ; elle a donné un précipité de carbonate de chaux pesant $4^g,098$ et représentant $2^g,307$ de chaux.

Enfin, après l'évaporation des eaux et la calcination au rouge, il est resté 217 milligrammes de magnésie.

Ainsi, le calcaire analysé se compose de :

Matière insoluble.	0,150	ou pour 1	0,0300
Peroxyde de fer.	0,204		0,0408
Chaux.	2,307		0,4614
Magnésie.	0,217		0,0434
Acide carbonique conclu par différence.	2,122		0,4244
	5,000		1,0000

3ᵉ *exemple* : analyse d'une céruse.

La céruse, ou blanc de plomb, dont on se sert dans la peinture en bâtiment, est un carbonate de plomb; mais on falsifie souvent cette substance en y mélangeant de la craie ou blanc de Bougival, qui en diminue beaucoup la valeur et nuit à la solidité de la peinture. Il est donc utile de connaître la nature de la matière qu'on emploie :

5 grammes de matière attaqués par l'acide azotique étendu ont laissé 10 centigrammes de résidu.

La solution traitée par le sulfate de soude a donné un précipité de sulfate de plomb pesant $4^g,539$; d'où l'on conclut $3^g,338$ d'oxyde de plomb.

Le liquide filtré, réuni aux eaux de lavage et évaporé, ayant été traité par le sous-carbonate d'ammoniaque, a donné un autre précipité de carbonate de chaux pesant $0^g,902$, d'où l'on conclut $0^g,507$ de chaux. La céruse analysée renferme donc :

Matière insoluble.	0,100	ou pour 1	0,0200
Oxyde de plomb.	3,338		0,6676
Chaux.	0,507		0,1014
Acide carbonique par différence.	1,055		0,2110
	5,000		1,0000

Ainsi, il y a dans cette céruse mélange de 1/4 de craie; mais la chose devient encore plus claire si l'on partage l'acide entre les deux bases, suivant la composition de leurs carbonates. On trouve alors :

Céruse pure.		4	ou pour 1	0,80
Craie {	Carbonate de chaux. . 0,90	1		0,20
	Matière insoluble. . . 0,10			
		5		1,00

D'où l'on voit que la céruse est mélangée du quart de son poids de craie.

Si la céruse était délayée à l'huile, il faudrait la calciner pour brûler l'huile, et opérer sur le résidu ; les quantités d'oxydes de plomb et de chaux donneraient les quantités relatives de céruse et de craie.

Quand la fraude se fait par un mélange de sulfate de baryte, celui-ci reste insoluble.

4° *exemple* : analyse d'une scorie de haut fourneau.

La matière n'étant pas attaquable directement par l'acide azotique, 5 grammes pulvérisés en ont été fondus avec de la potasse, puis traités par l'acide azotique. Après l'ébullition, les 5 grammes ont donné 1^g, 27 de silice.

L'ammoniaque a fait un précipité de peroxyde de fer, qui, après avoir été lavé et traité par la soude, puis lavé de nouveau et séché, pesait 2^g, 737.

La liqueur ammoniacale réunie à ses eaux de lavage a donné par le carbonate d'ammoniaque un précipité de carbonate de chaux pesant 1 4^g, 805, ou 1^g, 016 de chaux.

Les eaux sodiques évaporées, puis saturées d'acide et traitées par le sous-carbonate d'ammoniaque, ont produit un précipité d'alumine pesant 203 milligrammes.

En sorte que le résultat de l'analyse est :

Silice.	1,270
Peroxyde de fer.	2,737
Alumine.	0,203
Chaux.	1,016
	5,226

Le poids de 5^g, qui se trouve augmenté de 0^g, 226, fait voir que le fer était à l'état de protoxyde, dont il faut alors réduire la quantité à 2,511.

En outre, ce résultat montre que dans l'opération métallurgique il faut ajouter au minerai du fondant (calcaire), qu'on nomme castine, pour saturer la silice et éviter la perte en fer.

Les exemples qui précèdent suffisent pour faire comprendre la marche qu'on doit suivre dans les analyses ordinaires.

Conversion des résultats analytiques en rapports atomiques.

Pour convertir en rapports atomiques les résultats immédiats de l'analyse qui sont exprimés en poids, il faut diviser le poids de chacun des corps composants par le poids atomique respectif de ces corps (1), et réduire ensuite les rapports à leur plus simple expression en négligeant les fractions.

Exemples :

	Résultats analytiques.	Poids atomiques.	Quotiens.	Rapports atomiques.
Galène.... { Plomb............	86,55	1294,498	0,066	1 atome.
Soufre...........	13,45	201,165	0,066	1 atome.
Cassitérite, { Étain............	78,67	735,291	0,1069	1 atome.
Oxygène..........	21,33	100, »	0,2133	2 atomes.
Gypse.... { Acide sulfurique.	46	501,165	0,091	1 atome.
Chaux...........	33	356,019	0,091	1 atome.
Eau.............	21	112,479	0,186	2 atomes.

Mais pour les combinaisons oxygénées on peut se servir d'une méthode plus abrégée que la précédente. Elle consiste à chercher la quantité d'oxygène renfermée dans chaque résultat obtenu par l'analyse (2).

Exemples :

	Résultats analytiques.	Quantités d'oxygène.	Rapports.
Dolomie. { Acide carbonique....	46,60	33,72	4
Chaux..............	30,00	8,51	1
Magnésie...........	22,19	8,14	1
Alun... { Acide sulfurique...	33,76	20,209	12
Alumine............	10,82	5,033	3
Potasse............	9,95	1,686	1
Eau...............	45,47	40,717	24

INTERPRÉTATION DES RÉSULTATS ANALYTIQUES.

Lorsque les minéraux sont purs, la comparaison et l'interprétation des résultats analytiques ne présentent ordinairement aucune difficulté. Mais il y a des cas où les résultats des analyses ne montrent que des rapports qui de prime abord paraissent plus ou moins compliqués. Ces différences proviennent en général ou de mélanges de substances isomorphes, ou de mélanges de substances étrangères aux matières dont le minéral est essentiellement composé, substances étrangères qui se trouvaient dans le milieu où le minéral s'est produit et qui ont été entraînées, pendant sa formation, avec ses parties constituantes essentielles.

(1) Voyez le tableau des poids atomiques, page 326.

(2) M. H. Rose a calculé des tables qui donnent immédiatement ces quantités d'oxygène.

Mélanges de substances étrangères.

Exemples :

D'une part, le calcaire spathique est composé de :

Acide carbonique . . .	43,71	contenant	31,62 d'oxygène	rapports	2
Chaux.	56,29	id.	15,81 id.		1

D'autre part, le calcaire de Souillac est composé de :

Acide carbonique. . .	35,41	contenant	25,58 d'oxygène	rapports	2
Chaux.	45,59	id.	12,80 id.		1
Argile.	15,40				
Oxyde de fer.	3,60				

Si dans le calcaire de Souillac l'argile et l'oxyde de fer sont regardés comme des matières étrangères à la composition essentielle du calcaire pur, et si l'on fait en conséquence abstraction de l'argile et de l'oxyde de fer, alors le calcaire de Souillac présente la même relation atomique que le calcaire spathique, c'est-à-dire 1 atome de chaux pour 2 atomes d'acide carbonique. D'après cette considération, la pierre de Souillac serait donc un calcaire mélangé d'argile et d'oxyde de fer.

L'exemple précédent montre un cas très-simple de l'interprétation des analyses, pour reconnaître les substances qui composent essentiellement un minéral ; mais on rencontre souvent des cas assez compliqués, quelquefois même on en trouve qu'il devient impossible de formuler rigoureusement.

Mélanges de substances isomorphes.

Exemples :

D'une part, le pyroxène augite ordinaire est composé de :

		Oxygène.	Rapports.
Silice.	49,01	25,46	2
Chaux.	22,45	6,30	ou 12,40 1
Protoxyde de fer.	26,80	6,10	

D'autre part, le pyroxène diopside de Tamara est composé de :

		Oxygène.	Rapports.
Silice.	54,83	28,48	2
Chaux.	24,26	6,94	
Protoxyde de fer.	6,99	6,22	ou 13,34 1
Magnésie. . . .	13,35	7,18	

348   PROPRIÉTÉS DES MINÉRAUX.

Si l'on envisage les résultats analytiques des deux pyroxènes, en comparant séparément la quantité d'oxygène de chaque base à celle qui est contenue dans la silice, on ne voit pas de rapport simple; mais en réunissant les quantités d'oxygène de la chaux, de la magnésie et du protoxyde de fer, bases qui sont isomorphes, on trouve les mêmes rapports simples dans l'augite et le diopside.

Le grenat grossulaire est composé de :

		Oxygène.	Rapports.
Silice.	40,31	21,01	2
Alumine.	22,41	10,56	1
Chaux.	37,28	10,47	1

Certains grenats colorés sont composés de :

		Oxygène.	Rapports.
Silice.	38,67	20,08	2
Alumine.	16,65	7,27	ou 10,02 1
Peroxyde de fer.	7,33	2,25	
Chaux.	28,89	8,11	
Protoxyde de fer. . . .	6,35	1,44	ou 10,04 1
Protoxyde de manganèse.	2,17	0,49	

Or, si l'on considère les derniers résultats analytiques et si l'on compare séparément la quantité d'oxygène de chaque base à celle qui est renfermée dans la silice, on ne voit aucun rapport simple; mais en réunissant les quantités d'oxygène contenues dans les bases isomorphes, on trouve les mêmes rapports simples que dans le grenat grossulaire.

Observation.

Tous les cas de l'interprétation des analyses ne sont pas aussi simples que les précédents et sont loin de satisfaire toujours la philosophie de la science; nous verrons plus tard que ces interprétations sont sujettes à de graves objections, surtout sous le point de vue du naturaliste.

NOTATIONS.

Berzelius a eu l'idée de représenter, au moyen de notations conventionnelles, les compositions des minéraux et les rapports simples qui existent entre les quantités pondérables des éléments. Ces notations, nommées *signes*, *symboles* ou *formules*, sont de deux sortes, les *formules chimiques* et les *formules minéralogiques*.

Formules chimiques.

On représente les différents corps simples par les lettres initiales de leurs noms, comme nous l'avons indiqué à la page 8.

Pour représenter un corps composé, on écrit à la suite les uns des autres les signes des corps composants, et l'on indique leurs nombres atomiques par des chiffres placés comme des exposants, en sous-entendant l'exposant lorsqu'il est 1. Par exemple : Fe Su représente un corps composé de 1 atome de fer et de 1 atome de soufre ; Si O^3 représente un corps composé de 1 atome de silicium et de 3 atomes d'oxygène, Fe Cu Su^2 représente un corps composé de 1 atome de fer, de 1 atome de cuivre et de 2 atomes de soufre ; $Fe^3 Cu^2 Su^5$ représente un corps composé de 3 atomes de fer, de 2 atomes de cuivre et de 5 atomes de soufre ; et ainsi de suite.

Pour un corps composé de 3 ou d'un plus grand nombre d'éléments on peut écrire la formule de différentes manières. Ainsi, au lieu d'écrire Fe Cu Su^2, on peut partager l'élément électro-négatif Su^2 entre les deux éléments électro-positifs Fe et Cu, que l'on sépare par le signe $+$, et écrire Fe Su $+$ Cu Su, en mettant toujours l'élément électro-négatif à la suite de l'élément électro-positif ; de même, on peut remplacer la formule $Fe^3 Cu^2 Su^5$ par la formule $Fe^3 Su^3 + Cu^2 Su^2$. En outre, on peut, pour plus de simplicité, transformer les exposants qui sont égaux dans un même membre du symbole en un coefficient unique, pour le membre auquel il correspond ; de sorte que la formule $Fe^3 Su^3 + Cu^2 Su^2$ peut être remplacée par la formule 3 Fe Su $+$ 2 Cu Su.

Comme l'oxygène est de tous les éléments celui qui se trouve le plus fréquemment dans les combinaisons, on abrège encore les symboles en supprimant le signe de l'oxygène, et en exprimant le nombre de ses atomes par des points placés au-dessus du signe de l'élément électro-positif. Ainsi, au lieu de CaO, SO^2, et SO^3, on écrit Ċa, S̈ et S̈.

Les sulfures étant aussi très-abondants et souvent très-compliqués, on a imaginé de représenter les atomes du soufre par des virgules placées au-dessus de l'élément électro-positif. Dès lors, au lieu de Pb Su, Fe Su^2 et $Sb^2 Su^3$, on écrit Pb, Fe et Sb^2.

Lorsque la base entre pour 2 atomes dans l'oxyde, généralement on coupe la lettre majuscule par un trait horizontal en noir ou en blanc, ou bien on met une barre au-dessous, ou enfin on ajoute un peu au-dessous et à droite soit des chiffres en indices, soit des primes. Ainsi, au lieu de $Fe^2 O^3$ et de $Cu^2 O$, on écrit $\ddot{F}e$ et $\ddot{C}u$, ou $\ddot{F}e$ et $\ddot{C}u$, ou $\underline{Fe}$ et $\underline{Cu}$, ou $Fe_{,}$ et $Cu_{,,}$ ou enfin $Fe_{,}$ et $Cu_{,}$.

Les formules chimiques expriment la relation atomique entre les éléments de l'analyse, et font en outre ressortir les relations qui existent entre l'oxygène des différents composants.

Formules minéralogiques.

Les formules chimiques présentent plusieurs inconvénients, notamment : il est difficile de les énoncer lorsque les bases existent à des degrés d'oxydation différents ; le calcul pour comparer à l'instant l'oxygène de l'acide à l'oxygène de la base exige une certaine habitude ; dans quelques cas on n'est pas assez sûr du degré d'oxydation pour l'indiquer par le nombre de points voulu. Ces inconvénients ont conduit Berzélius à substituer, pour la plupart des minéraux, des formules minéralogiques aux formules chimiques, en procédant de la manière suivante.

On supprime les signes d'oxydation, et l'on emploie des lettres italiques pour indiquer que les éléments sont oxygénés.

Ainsi, au lieu de Ca, Si, etc., on écrit Ca, Si, etc.

Quand il y a plusieurs oxydes d'un même corps, on emploie l'italique courante pour l'oxyde le moins élevé, et l'italique capitale, soit simple, soit avec un signe additionnel, pour les oxydes plus élevés.

Ainsi, au lieu de $\dot{F}e$, $\ddot{F}e$, $\dot{M}n$, $\ddot{M}n$, etc., on écrit *fe*, *Fe*, *mn*, *Mn*, etc.

Ordinairement on indique l'eau par le signe *Aq*, qui équivaut à $Hy^2 O$ ou à $\ddot{H}y$.

Dès lors l'analyse

Silice 0,424					
Alumine . . 0,311	contenant oxygène	0,220	soit en rapports	3
Chaux . . . 0,364		0,146		2
		0,073		1

devra s'écrire $Ca\ Al^3\ Si^3$, ou bien, en partageant l'acide et en séparant par les bases, $Ca\ Si + 2\ Al\ Si$.

La formule minéralogique est l'expression du fait présenté

par l'analyse; mais, quoiqu'elle ne soit qu'une modification de la formule chimique, elle est indépendante de tous les changements qui pourraient arriver à celle-ci par suite de modifications dans les nombres atomiques d'oxygène des corps oxygénés.

Les formules minéralogiques expriment donc seulement la relation atomique entre les éléments de l'analyse.

Conversion des formules.

Conversion de la formule chimique en formule minéralogique. — Il faut : 1° compter les points qui indiquent l'oxygène; 2° multiplier ceux-ci par les exposants et les coefficients; 3° simplifier ensuite les rapports, si cela est possible.

Soit, par exemple, la formule chimique $Ca^2\,\ddot{S}i + 3\,\ddot{A}l\,\ddot{S}i$.

Le premier terme équivaut en symbole minéralogique à $Ca^3\,\dot{S}i^3$, ou à $3\,Ca\,\dot{S}i$; de même le second équivaut à $Al^3\,\dot{S}i^9$, ou à $9\,Al\,\dot{S}i$. Donc l'ensemble est alors $3\,Ca\,\dot{S}i + 9\,Al\,\dot{S}i$, ou en réduisant $Ca\,\dot{S}i + 3\,Al\,\dot{S}i$.

Conversion de la formule minéralogique en formule chimique. — Il faut : 1° multiplier les exposants par les coefficients; 2° rétablir les points à chaque oxyde, et les exposants qui doivent les multiplier pour avoir les mêmes rapports; 3° repasser aux coefficients; 4° simplifier les rapports, si cela est possible.

Soit, par exemple, la formule minéralogique $2\,Ca\,\dot{S}i^3 + 3\,Al\,\dot{S}i^3$.

Le premier terme équivaut en symbole chimique à $Ca^6\,\dot{S}i^6$, ou à $\ddot{C}a^2\,\ddot{S}i^2$, ou bien à $2\,\ddot{C}a\,\ddot{S}i$; de même le second équivaut à $Al^3\,\dot{S}i^9$, ou à $\ddot{A}l\,\ddot{S}i^3$. Donc l'ensemble est alors $2\,\ddot{C}a\,\ddot{S}i + \ddot{A}l\,\ddot{S}i^3$.

Conversion des formules en expressions analytiques. — Pour revenir des formules aux analyses, il faut suivre une marche inverse de celle qui a été suivie pour construire les formules.

Ainsi, lorsqu'on a une formule minéralogique on la convertit d'abord en formule chimique, qui seule peut être directement convertie sous forme d'expression analytique.

Soit, par exemple, la formule minéralogique $Ca\,\dot{C} + Mg\,\dot{C}$ de la dolomie.

Or, cette formule convertie en formule chimique est $\ddot{C}a\,\ddot{C} + Mg\,\ddot{C}$.

Donc la dolomie renferme 2 atomes d'acide carbonique, 1 atome de chaux et 1 atome de magnésie.

Le poids de 2 atomes d'acide carbonique est 276,435 × 2 ou 552, 87
Celui de 1 atome de chaux est. 356, 02
Celui de 1 atome de magnésie est. 258, 35

Poids de 1 atome de dolomie 1167, 24

Ayant ces nombres et admettant que le nombre 1167, 24 représente 100, il ne reste plus qu'à chercher les nombres correspondants évalués en centièmes, ce qu'on trouvera par les proportions suivantes :

1167,24 : 552,87 :: 100 : x = 47,364 d'acide carbonique.
1167,24 : 356,02 :: 100 : x = 30,502 de chaux.
1167,24 : 358,35 :: 100 : x = 22,134 de magnésie.

100,000

COMPOSITION CORPUSCULAIRE.

L'analyse chimique fait connaître la composition qualitative et quantitative des minéraux; mais elle ne dévoile leur composition corpusculaire que d'une manière relative. Ainsi, par exemple, la formule Fe S², qui représente la composition de la pyrite, ne signifie pas que dans la particule de la pyrite il n'y ait qu'un seul atome ou qu'une seule molécule de fer et que deux atomes ou que deux molécules de soufre; par la formule Fe S² on exprime simplement que, pour chaque corpuscule de fer, il y a deux corpuscules de soufre. Nous ignorons entièrement les nombres absolus soit des atomes, soit des molécules de fer et de soufre, qui entrent dans une particule de pyrite; et lors même que ces nombres réels seraient précisément ceux indiqués par la formule, la connaissance de la composition corpusculaire ne serait pas encore complète : car, pour qu'elle le fût, il faudrait savoir aussi l'ordre d'arrangement des atomes entre eux et des molécules entre elles.

Donc, pour connaître la composition complète d'un minéral il faut, outre la connaissance de la nature et des proportions relatives de ses éléments, tenir compte du nombre réel des atomes et des molécules, ainsi que de la manière dont ces corpuscules se trouvent groupés entre eux.

On a fait diverses hypothèses à cet égard, en se fondant sur différentes théories, notamment sur l'isomorphie, l'isomérie, la polymorphie, etc.; mais rien de positif n'a été établi.

On admet généralement que toute molécule chimique est une combinaison définie d'atomes, dans laquelle chaque sorte d'atomes entre pour un nombre fixe. De plus, les atomes composants étant toujours arrangés entre eux dans le même ordre, cette molécule a nécessairement une forme, une structure et un type de composition déterminés. D'après cette manière de voir les molécules chimiques des divers minéraux, considérées quant à leur composition atomique, peuvent donc se ressembler ou différer entre elles sous trois rapports : 1° par la nature particulière des atomes qui les composent, 2° par le nombre respectif des atomes de chaque sorte, 3° par la disposition relative des atomes autour du centre de gravité de la molécule. Si les molécules chimiques de deux minéraux s'accordent sous les trois rapports, elles ont une même composition et une même nature chimique. Si les molécules chimiques diffèrent entre elles, comme la différence peut avoir lieu sous les trois rapports à la fois ou seulement sous une partie, il existe différents degrés d'analogie ou de dissemblance entre les substances minérales, eu égard à leur composition chimique.

Quand on compare deux minéraux, ils peuvent donc ou s'accorder, ou différer entre eux, à la fois sous les trois rapports précédemment énoncés. Dans le premier cas, leur composition chimique est réellement la même ; dans le second cas, les deux minéraux offrent la plus grande somme possible de dissemblance. Entre ces deux cas extrêmes sont compris plusieurs degrés intermédiaires, dans les trois caractères fondamentaux de la composition moléculaire.

Il peut arriver que les molécules des deux minéraux soient composées des mêmes atomes, unis en mêmes nombres absolus, mais différemment disposés; ou bien il peut se faire que ces molécules soient composées des mêmes atomes, unis seulement en mêmes nombres relatifs et proportionnels. Dans l'un et l'autre cas, les deux minéraux donneront le même résultat à l'analyse; seulement ils n'auront qu'en apparence la même composition chimique.

Il peut arriver que les molécules des deux minéraux soient composées des mêmes atomes, groupés entre eux en nombres différents; ou bien que les molécules diffèrent par la nature de leurs éléments, mais qu'elles paraissent être composées de mêmes nombres d'atomes groupés de la même manière. Dans ces deux cas la composition chimique des minéraux est évidemment différente ; néanmoins, dans le second cas le type de la composition corpusculaire se trouve le même pour les deux minéraux.

Enfin, il se présente des cas où la composition chimique, qualitative et quantitative, que donne l'analyse est la même, et cependant les minéraux ayant des formes cristallines incompatibles, leurs corpuscules paraissent être groupés différemment.

INDICATION DES PRINCIPALES RÉACTIONS CHIMIQUES.

Nous terminerons l'exposé des caractères chimiques en indiquant sommairement les moyens qu'on peut employer dans les essais, pour reconnaître la présence des parties les plus essentielles qui constituent un minéral donné.

La détermination complète, qualitative, et quantitative, des parties composantes d'un minéral s'effectue par l'analyse, qui appartient spécialement au domaine de la chimie.

ACIDE BORIQUE. — L'acide borique de la sassoline, du borax, de la boracite et des borosilicates donne immédiatement à l'alcool la propriété de brûler avec une flamme verte.

ACIDE SILICIQUE. — Voyez SILICE.

ALUMINE. — Soluble dans la potasse caustique et précipite de ses dissolutions par l'ammoniaque. A l'état libre, et même dans plusieurs de ses combinaisons, elle prend une belle couleur bleue lorsqu'on la calcine après l'avoir humectée d'azotate de cobalt.

AMMONIAQUE. — Se trouve uniquement dans des sels solubles. Si l'on traite ces sels par un peu de soude ou de potasse caustique, la présence de l'ammoniaque se décèle par l'odeur piquante qui accompagne son dégagement à l'état de gaz.

ANTIMOINE, ANTIMOINE OXYDÉ ET ANTIMONIURES. — Dans le tube ouvert, l'antimoine et les antimoniures donnent des fumées blanches, épaisses et sans odeur d'ail, qui se condensent promptement sur le tube sous forme de poudre blanche, et qu'on peut chasser d'un point du tube à un autre, en chauffant de nouveau. Les oxydes d'antimoine traités avec du charbon présentent les mêmes caractères.

ARGENT, ARGENT SULFURÉ, ARGENT ROUGE, etc. — L'argent est attaquable par l'acide azotique. La solution forme par l'acide chlorhydrique un précipité blanc caillebotté, qui noircit à la lumière solaire et se dissout dans l'ammoniaque. L'argent sulfuré, l'argent rouge, l'argent antimonial, ainsi que la plupart des autres combinaisons d'argent donnent au chalumeau, après grillage convenable, seuls ou avec addition de soude, un bouton d'argent. Dans l'acide chlorhydrique ils produisent, comme l'argent, un précipité très-caractéristique. Un autre essai consiste à plonger une lame de cuivre dans une dissolution d'argent ; cette lame se recouvre immédiatement d'une petite couche d'argent.

ARSENIC, ARSÉNIURES, ARSÉNIATES, etc. — Sur le charbon ou dans le tube ouvert, l'arsenic natif, l'acide arsénieux, les arséniures, les arséniates et les arsénites développent des vapeurs arsénicales qui ont une forte odeur d'ail. Chauffés dans le tube ouvert, l'arsenic et les arséniures produisent un sublimé de petits cristaux métalliques, tandis que l'acide arsénieux et les arsénites donnent de petits cristaux blancs.

AZOTATES. — Les azotates sont solubles dans l'eau ; projetés sur des charbons incandescents, ils fusent ou s'étalent en activant la combustion ; mêlés à de la limaille de cuivre et traités par l'acide sulfurique, ils dégagent avec effervescence un gaz qu'on reconnaît aux vapeurs rutilantes qu'il produit à l'air.

BARYTE. — A l'état de sel soluble, elle précipite par l'acide sulfurique et les sulfates ; le précipité se forme toujours, lors même que l'on étend la dissolution de beaucoup d'eau.

BISMUTH. — Fond très-aisément sur le charbon, en le couvrant d'une auréole d'oxyde jaune ; attaquable par l'acide azotique, et précipite en blanc de sa solution par une simple addition d'eau.

BORATES. — Les borates sont décomposés par l'acide azotique ; l'acide borique mis en liberté peut se dissoudre dans l'alcool et lui communiquer la propriété de brûler avec une flamme verte.

BRÔMURES. — Les brômures fondus avec du sel de phosphore cuprique colorent la flamme du chalumeau en bleu verdâtre ; traités par un mélange d'acide sulfurique et d'oxyde de manganèse, ils dégagent des vapeurs de brôme, qui sont reconnaissables à leur couleur brune et à leur odeur particulière.

CADMIUM. — Chauffé sur le charbon au feu de réduction, il produit une auréole orangée qui se manifeste dès le premier coup de feu.

CARBONATES. — Les carbonates se dissolvent dans l'acide sulfurique ou dans l'acide azotique, soit à froid, soit à chaud, avec une effervescence plus ou moins vive, produite par le dégagement de l'acide carbonique, qui est incolore et inodore.

CÉRIUM OXYDÉ. — Donne avec le borax et le sel de phosphore, au feu d'oxydation, un verre rouge ou orangé très-foncé à chaud, dont la couleur devient claire par le refroidissement et disparaît complétement au feu de réduction.

CHAUX. — Elle précipite de ses dissolutions par l'oxalate d'ammoniaque. Le précipité exerce une réaction alcaline, après avoir été calciné.

CHLORURES. — Les chlorures produisent du chlore, qu'on reconnaît à son odeur et à sa couleur, lorsqu'après les avoir mélangés avec le bioxyde de manganèse, on les traite par l'acide sulfurique concentré. Ils colorent en bleu pourpre la flamme du chalumeau quand on les fond avec du sel de phosphore mêlé d'oxyde de cuivre.

CHROME OXYDÉ ET CHROMATES. — Les minéraux chromifères donnent avec le borax une perle de belle couleur verte, tant au feu d'oxydation qu'au feu de réduction.

COBALT SULFURÉ, COBALT ARSÉNIATÉ, etc. — Fondus avec le borax, après avoir été préalablement grillés au feu d'oxydation, ils forment une perle de couleur bleue.

CUIVRE, CUIVRE OXYDULÉ, etc. — Les oxydes de cuivre colorent les verres de borax et de sel de phosphore en vert au feu d'oxydation, et en rouge cinabre au feu de réduction. Les solutions des sels de cuivre sont bleues ou vertes. L'addition de l'ammoniaque donne lieu à un précipité bleuâtre, qui se redissout dans un excès d'alcali, en faisant passer la liqueur au bleu céleste.

EAU ET HYDRATES. — Chauffés dans le tube fermé, tous les hydrates et tous les sels avec eau de cristallisation donnent de l'eau, qui se condense en gouttelettes dans la partie supérieure du tube.

ÉTAIN OXYDÉ ET ÉTAIN SULFURÉ. — On reconnaît l'étain oxydé et l'étain sulfuré à l'auréole qui se forme autour de la matière d'essai, lorsqu'on les chauffe sur le charbon; cette auréole, qui est de couleur jaune à chaud, devient blanche par le refroidissement. L'oxyde d'étain est attaquable par l'acide chlorhydrique, et précipité de sa dissolution en pourpre par le chlorure d'or.

FER OXYDÉ. — Les oxydes de fer donnent avec le borax, au feu d'oxydation, un verre rouge sombre à chaud, jaune clair ou incolore à froid; au feu de réduction, une perle d'un vert foncé. Ils précipitent de leurs dissolutions par le cyanoferrure jaune de potassium, le protoxyde en blanc, et le peroxyde en beau bleu.

FLUORURES. — Les fluorures traités par l'acide sulfurique concentré dégagent des vapeurs d'acide fluorhydrique, reconnaissable à sa propriété d'attaquer le verre. On peut aussi les traiter par le sel de phosphore dans le tube ouvert, avec la précaution de diriger la flamme du chalumeau vers l'une des extrémités du tube, et de manière que les vapeurs qu'elle contient puissent arriver sur la matière d'essai.

GLUCINE. — Précipitée de ses dissolutions par l'ammoniaque, et reprise par le carbonate d'ammoniaque; soluble dans la potasse caustique.

HYDRATES — *Voyez* EAU.

IODE ET IODURES. — Les iodures traités avec le sel de phosphore cuprique colorent la flamme du chalumeau en un beau vert; par l'action de l'acide sulfurique concentré et de la chaleur, ils donnent des vapeurs violettes très-intenses. Les iodures en dissolution se manifestent par la couleur d'un bleu intense que l'iode communique à l'amidon. On mélange la dissolution avec de l'amidon dissous dans l'eau bouillante, puis on ajoute quelques gouttes de chlore pour décomposer l'iodure et mettre l'iode en liberté.

LITHINE. — Une solution concentrée de lithine précipite par le carbonate de soude ; le précipité tache en jaune brun la feuille de platine, et colore en un beau rouge de carmin la flamme du chalumeau.

MAGNÉSIE. — La magnésie à l'état soit d'hydrate, soit de carbonate, ou lorsqu'elle a été précipitée de ses dissolutions, se dévoile à la propriété dont elle jouit de se colorer en rose quand on la traite au chalumeau, après l'avoir humectée avec une solution d'azotate de cobalt.

MANGANÈSE OXYDÉ. — Avec le borax, au feu d'oxydation, les oxydes de manganèse donnent un verre d'une belle couleur violette ou améthyste, qui devient incolore au feu de réduction. Avec la soude, au feu d'oxydation, ils produisent une fritte de couleur verte.

MERCURE SULFURÉ, MERCURE CHLORURÉ, etc. — Le mercure est un des métaux dont on constate le plus facilement l'existence. Une lame de cuivre plongée dans une dissolution de mercure se recouvre d'une couche de ce métal. Le cinabre ou mercure sulfuré donne par le grillage, dans le tube ouvert, du mercure à l'état métallique et un sublimé de soufre. Le chlorure de mercure, qui se volatilise entièrement sur le charbon, produit également dans le matras, lorsqu'on y mélange de la soude, des globules de mercure.

MOLYBDATES. — Les molybdates donnent par la fusion avec la soude un sel soluble, dont la solution précipite par l'acide azotique une poudre blanche, qui devient bleue lorsqu'on la dépose sur un barreau de zinc.

OR. — Attaquable seulement par l'eau régale. Solution donnant un précipité pourpre par le protochlorure d'étain.

NICKEL SULFURÉ, NICKEL ARSÉNIÉ, etc. — Les dissolutions des minéraux nickélifères par l'acide azotique se colorent soit directement, soit avec le sous-carbonate de soude, après avoir séjourné sur une lame de fer, en bleu par l'addition de l'ammoniaque.

PHOSPHATES. — Les phosphates produisent par le feu avec l'acide borique un globule vitreux qui, chauffé de nouveau, attaque un fil de fer plongé dans la masse fondue.

PLATINE. — Attaquable seulement par l'eau régale. Solution précipitant en jaune par le chlorure de potassium ou le chlorure d'ammoniaque.

PLOMB OXYDÉ, PLOMB SULFURÉ, PLOMB CARBONATÉ, etc. — A l'état de sulfure ou de carbonate, le plomb se reconnaît à l'auréole jaune d'oxyde de plomb qui se forme autour de la matière d'essai, quand on le chauffe sur le charbon. Les oxydes, comme le sulfure et le carbonate, donnent presque immédiatement des grenailles de plomb, lorsqu'on les fond au chalumeau sur un charbon. En solution ces composés de plomb précipitent en blanc par l'acide sulfurique, et le précipité noircit au contact de l'hydrogène sulfuré; les solutions précipitent sous la forme de lamelles métalliques, quand on plonge dans la liqueur un barreau de zinc.

POTASSE. — Lorsqu'elle est en dissolution, elle précipite en jaune par le chlorure de platine. Ajoutée au borax, préalablement fondu avec de l'oxyde de nickel, elle fait passer la perle vitreuse de la teinte brune à la couleur bleue. Si elle n'est pas mêlée de soude ni de lithine, elle colore en violet la flamme extérieure du chalumeau.

SÉLÉNIUM ET SÉLÉNIURES. — Dans le tube fermé la chaleur dégage le sélénium des séléniures, qui va se condenser dans la partie froide du tube sous la forme de poudre rouge. Sur le charbon ou dans le tube ouvert, le sélénium est transformé par le grillage en un oxyde volatil d'une forte odeur de choux ou de raifort pourri.

SILICE ET SILICATES. — Les minéraux siliceux fondus avec le sel de phosphore abandonnent leur silice, qui forme une sorte de squelette ou un nuage pulvérulent au milieu de la perle vitreuse. Fondus avec la soude, ils donnent lieu à une matière soluble, dont la dissolution dans l'acide chlorhydrique ou azotique précipite la silice par l'évaporation.

SOUDE. — Lorsqu'elle est en dissolution, elle ne forme pas de précipité par le chlorure de platine. On reconnaît sa présence dans la liqueur, après l'avoir transformée en sulfate; on fait ensuite évaporer et cristalliser la dissolution, et l'on obtient des cristaux efflorescents de sulfate de soude. A l'état d'hydrate et chauffée fortement au chalumeau, elle colore en jaune rougeâtre la flamme extérieure.

SULFURES ET SULFATES. — Les sulfures chauffés sur le charbon donnent de l'acide sulfureux, reconnaissable à son odeur; quelques-uns cependant, comme les sulfures rouges de mercure et d'arsenic, sont complétement volatils dans le tube fermé. D'autres se décomposent difficilement par la chaleur seule, mais tous donnent l'odeur sulfureuse, si l'on a soin de les mêler d'abord avec de la limaille de fer. Par la fusion avec la soude ils forment une matière qui projetée dans de l'eau acidulée dégage de l'hydrogène sulfuré, que trahit son odeur fétide. Les sulfates chauffés avec un mélange de soude et de charbon dégagent de même l'odeur d'hydrogène sulfuré, quand on verse quelques gouttes d'eau acidulée sur la masse fondue.

STRONTIANE. — A l'état soluble elle précipite par l'acide sulfurique et par les sulfates; mais le précipité cesse de se former lorsque la solution est très-étendue. Ce précipité chauffé avec de la poussière de charbon, au feu de réduction, produit une certaine quantité de sulfure de strontium, qui se dissout dans l'acide chlorhydrique; la dissolution mêlée à l'alcool donne à la flamme de ce liquide une belle couleur d'un rouge purpurin.

TANTALATES. — Les tantalates produisent par la fusion avec la soude un sel soluble dans l'eau, dont la solution précipite par l'acide azotique une poudre blanche, qui ne colore pas les verres formés par les flux ordinaires.

TELLURE ET TELLURURES. — Le tellure et les tellurures donnent par le grillage dans le tube ouvert une fumée blanche, qui se dépose sous forme de poudre blanche, et celle-ci se fond en gouttelettes limpides, lorsqu'on dirige dessus la flamme du chalumeau.

TITANE OXYDÉ ET TITANATES. — Les oxydes de titane et les titanates donnent, lorsqu'on les traite au feu de réduction par le sel de phosphore, un verre de couleur pourpre ou bleu violâtre ; il est bon d'ajouter un peu d'étain à la matière d'essai. Par la fusion avec la soude, ils forment un sel soluble dans l'acide chlorhydrique, et dont la solution étendue d'eau devient violâtre par l'action d'un barreau de zinc.

TUNGSTATES. — Les tungstates produisent par la fusion avec la soude un sel soluble, dont la solution précipite par l'acide azotique une poudre qui devient jaune par l'ébullition de la liqueur, bleuit au contact du zinc, et donne au feu de réduction un verre bleu avec le sel de phosphore.

URANE OXYDÉ. — L'urane oxydé forme avec le sel de phosphore au feu d'oxydation un verre jaune, et au feu de réduction une perle verte.

VANADIATES. — Les minéraux qui renferment de l'acide vanadique se comportent au chalumeau comme les chromates, mais à la flamme de réduction seulement, la couleur verte se changeant en jaune dans la flamme oxydante.

YTTRIA. — Insoluble dans les alcalis caustiques, et repris par le carbonate d'ammoniaque lorsqu'il est précipité de ses dissolutions.

ZINC OXYDÉ, BLENDE, CALAMINE, etc. — Les minéraux de zinc traités sur le charbon avec la soude donnent du zinc métallique et une auréole de fleurs de zinc, qui est blanche après le refroidissement, et devient d'un beau vert quand on la chauffe de nouveau, après l'avoir humectée d'azotate de cobalt. L'oxyde de zinc à l'état de sel soluble est précipité de ses solutions par la potasse, sous la forme d'une masse blanche gélatineuse, qui se redissout par un excès du précipitant.

ZIRCONE. — Insoluble dans la potasse, et reprise par le carbonate d'ammoniaque lorsqu'elle est précipitée de ses dissolutions.

RELATIONS

Généralement les minéraux d'une composition chimique déterminée qui sont susceptibles de cristalliser ont une forme primitive aussi déterminée et particulière. En sorte que l'identité ou la différence de composition chimique entraîne l'identité ou la différence de forme primitive. Cependant il y a des exceptions assez nombreuses, qui ne permettent pas de regarder comme absolue cette loi de la relation entre la composition et la forme. Ces exceptions comprennent les cas qui constituent l'isomorphie, l'isomérie, la polymorphie, etc.

ISOMORPHIE.

L'*isomorphie*, ou l'*isomorphisme*, consiste en ce que des corps de natures différentes peuvent affecter les mêmes formes cristallines ou bien des formes cristallines analogues, qui diffèrent seulement par les dimensions relatives de leurs diverses parties. Les corps qui jouissent de cette propriété sont nommés *isomorphes*.

On distingue deux sortes d'isomorphies : 1° l'isomorphie *simple* ou *géométrique*, 2° l'isomorphie *complexe* ou *géométrique et chimique*.

Isomorphie simple. — Les minéraux dont les cristaux se rapportent au système cubique sont souvent isomorphes géométriquement, c'est-à-dire qu'ils ont souvent la même forme primitive, quoiqu'ils soient de natures différentes. Par exemple, la galène et le sel marin ont chacun le cube pour forme primitive; de même le diamant, la fluorine et l'aimant ont chacun l'octaèdre régulier pour forme primitive. Néanmoins, il s'agirait de savoir si le cube de la galène est réellement identique à celui du sel marin; si les octaèdres du diamant, de la fluorine et de l'aimant sont également identiques; si l'on ne pourrait pas regarder ces solides comme

des limites vers lesquelles viendraient converger des formes différentes. En effet, le cube peut-être regardé comme la limite
d'un prisme droit à base carrée ou rectangulaire, et même d'un
rhomboèdre ; l'octaèdre régulier comme la limite des octaèdres
à base carrée, rectangulaire ou rhomboïdale. De sorte que les
formes des minéraux pris pour exemples pourraient bien se
trouver vers les limites de systèmes cristallins différents.

Isomorphie complexe. — Il y a des corps de natures différentes
d'après le résultat analytique, mais paraissant être de même constitution atomique, qui ont des formes primitives semblables, ou
dont les angles diffèrent peu entre eux, et qui jouissent de la
propriété de pouvoir se substituer les uns aux autres dans les
combinaisons, sans altérer la constitution des formules atomiques et sans produire sur la forme d'autre modification qu'une
légère variation dans ses angles. Or, ce sont ces derniers corps
qui ont été particulièrement nommés isomorphes et dont l'ensemble constitue l'isomorphie proprement dite.

Par exemple, le calcaire est souvent mélangé d'une manière
intime de giobertite, de sidérose, de diallogite ; le sidérose renferme fréquemment du calcaire ; etc. Ces substitutions ont lieu
généralement en proportions indéfinies et quelquefois en proportions définies, comme il arrive dans la dolomie, qui contient
exactement une molécule de calcaire et un molécule de giobertite.
Dans tous les cas leur influence se fait sentir sur l'angle de la forme
primitive, dont les variations peuvent même indiquer jusqu'à un
certain point la quantité des corps isomorphes mélangés (1).

Non-seulement les corps de ce genre ont la propriété de
cristalliser à très-peu près de la même manière quand ils sont
isolés ; mais encore ils peuvent, lorsque leurs molécules existent
pêle mêle dans le même dissolvant, se réunir et se mélanger en
toutes sortes de proportions dans un cristal unique, dont ils fournissent les matériaux en commun. Or, un mélange de ce genre
ne peut se faire indifféremment entre des molécules de nature
quelconque, car l'observation démontre qu'il n'a lieu généralement qu'entre des molécules qui ont une certaine analogie.

Ainsi, supposant un système corpusculaire déterminé sous le
rapport du nombre et de l'arrangement de ses éléments constituants, on concevra la possibilité d'en remplacer une partie ou

(1) Voyez la page 95.

la totalité par des éléments d'une autre nature, sans que ce système cesse d'appartenir au même type. On comprendra donc que le nombre et l'arrangement des éléments d'un système corpusculaire peuvent être indépendants de la nature de ces éléments; que les cristaux formés par la réunion de molécules ainsi constituées pourront appartenir tous au même système, et que par conséquent la forme affectée par les corps cristallisés dépend plutôt du nombre et de la disposition relative des parties qui les constituent que de la nature de ces mêmes parties.

Si des substances peuvent se mélanger en diverses proportions lorsqu'elles cristallisent dans le même système, une substance appartenant à un système déterminé force, dans certaines circonstances, une autre substance, appartenant à un système différent, à cristalliser comme elle.

Mais l'identité de constitution étant nécessaire pour qu'il y ait isomorphisme proprement dit, il est évident que des corps différents peuvent affecter la même forme sans être véritablement isomorphes. D'un autre côté, il y a des substances de même formule atomique et auxquelles rien n'empêche de supposer une forme analogue, qui néanmoins ne se remplacent pas dans les combinaisons. Enfin, il existe des corps de formes différentes qui se substituent souvent les uns aux autres, comme par exemple le soufre et l'arsenic.

Parmi les minéraux composés qui sont isomorphes, nous citerons les carbonates suivants : le calcaire, la giobertite, le sidérose, la diallogite et la smithsonite, qui ont tous une semblable formule de composition et pour formes primitives des rhomboèdres, dont les deux plus éloignés diffèrent seulement de 2° 35'.

On admet encore que les bases de ces carbonates, la chaux, la magnésie, ainsi que les protoxydes de fer, de manganèse et de zinc, sont elles-mêmes isomorphes, à l'exemple du peroxyde de fer et de l'alumine, qui, offrant tous deux la même formule atomique, ont pour forme primitive : le peroxyde de fer, ou l'oligiste, un rhomboèdre de 86° 10', et l'alumine, ou le corindon, un rhomboèdre de 86° 4'.

Il y a aussi des acides qui sont isomorphes les uns des autres, comme l'acide arsénique et l'acide phosphorique; l'acide sulfurique, l'acide sélénique et l'acide chromique ; etc.

On compte également des sulfures, par exemple le sulfure de cuivre et le sulfure d'argent.

Nous ajouterons, enfin, des cas d'isomorphisme parmi les corps simples : tels sont l'oxygène et le fluor ; le soufre et le sélénium ; le chlore, le brôme et l'iode ; le fer, le manganèse, le chrôme, le cobalt et le nickel ; etc.

Deux corps proprement dits isomorphes sont donc des corps qui offrent à la fois une double ressemblance de composition atomique et de forme cristalline. Si les deux corps cristallisent dans le système cubique, l'identité de forme extérieure paraît rigoureuse ; mais si leurs formes se rapportent à l'un des cinq autres systèmes cristallins, l'isomorphisme n'est qu'approché, et les angles correspondants des mêmes formes peuvent présenter des différences qui s'élèvent depuis une très-faible fraction de degré jusqu'à 5 degrés.

Bien plus, l'isomorphisme pourrait franchir les limites ordinaires des systèmes cristallins et exister entre des formes de genres différents, mais placées sur la limite de deux systèmes voisins.

Non-seulement les éléments isomorphes ont la propriété de se substituer les uns aux autres dans un même type corpusculaire, parce qu'ils y jouent sensiblement les mêmes rôles, tant chimiques que statiques ; mais encore les molécules des composés isomorphes peuvent se remplacer les unes les autres, parce que, sans être rigoureusement identiques, elles sont sensiblement équivalentes au point de vue physique et sous le rapport de la cristallisation, qui les emploie presque indifféremment les unes pour les autres.

Des réactions mutuelles ont toujours lieu dans les cas d'isomorphisme ordinaire où l'égalité des formes n'est qu'approchée : il arrive en effet que les molécules de nature différente et de type à peu près semblable, lorsqu'elles viennent à se mélanger et à cristalliser ensemble, réagissent les unes sur les autres, et que par leur mutuelle influence elles se modifient de manière à prendre une forme commune, moyenne entre toutes les formes particulières des composants.

Il y a des groupes de corps qui présentent un isomorphisme partiel, c'est-à-dire qui se montrent, par exemple, parfaitement isomorphes dans la zone du prisme fondamental, tandis que leurs cristaux diffèrent un peu par leurs sommets, étant terminés tantôt par une base droite, tantôt par une base légèrement oblique dans un sens ou dans un autre. En outre, ces corps ont des compositions très-rapprochées. C'est donc un *hémiisomorphisme* tout à la fois chimique et géométrique, provenant sans doute de ce que les molécules sont semblables en partie par leur composition et par leur structure ; de sorte qu'elles engendrent des formes cristallines qui, sensiblement les mêmes dans deux de leurs dimensions, ne diffèrent que par la troisième.

Nous avons dit qu'il existe aussi des cas où des corps peuvent être isomorphes géométriquement sans l'être chimiquement ni même physiquement, c'est-à-dire sans offrir à l'intérieur ni ressemblance de composition chimique, ni analogie de structure réticulaire. Ce genre d'isomorphisme, nommé *plésiomorphisme*, est en quelque sorte purement extérieur, et consiste seulement en ce que les séries cristallines des corps plésiomorphes présentent un même ensemble de faces et d'arêtes, dont les directions se correspondent exactement dans le système cubique, et à peu près dans les autres systèmes. Ainsi le plésiomorphisme ne suppose pas, comme l'isomorphisme ordinaire, de *relation intime* entre les molécules qui composent les corps dont il s'agit, ni de similitude parfaite dans les modes d'assemblage de molécules. Au reste ce cas d'isomorphisme peut rentrer dans l'isomorphie simple.

Comme exemples de plésiomorphisme, nous citerons, d'après M. Delafosse, le soufre, le bisulfate de potasse et la scorodite ; le calcaire spathique, le nitrate de soude et l'argent rouge ; l'arragonite, le salpêtre et la bournonite ; le quarz et la chabasie ; le titane anatase et l'idocrase ; le pyroxène augite et le borax ; la prehnite et la manganite ; le péridot et la cymophane ; les amphiboles et les pyroxènes ; les felspaths ; etc.

Nous avons vu que l'isomorphisme ordinaire n'a pas lieu seulement entre les minéraux d'un même système cristallin, mais qu'il peut, en franchissant les limites de ce système, s'étendre aux systèmes voisins, et parcourir ainsi tous les degrés de l'échelle cristallographique ; de même le plésiomorphisme établit, pour les minéraux qui ont des types différents de composition atomique, un rapprochement semblable entre les minéraux qui appartiennent aux derniers systèmes cristallins et ceux qui se rapportent aux premiers systèmes. Ce rapprochement est encore dû à certaines formes limites ou de transition, qui sont telles qu'en modifiant très-légèrement un ou deux de leurs angles elles passent aux formes des systèmes voisins.

Par exemple, sur environ 140 espèces minérales qui cristallisent en prismes droits à bases rhomboïdales, on en compte plus de 50 qui offrent des prismes hexagonaux dont les angles diffèrent peu de 120°; elles sont donc non-seulement plésiomorphes entre elles, mais encore avec celles du système rhomboédrique, et présentent des formes hexagonales qui auraient été altérées par des causes perturbatrices. En outre, on connaît plus de trente autres espèces qui cristallisant en prismes droits à bases rhomboïdales, dont les angles diffèrent peu de 90°, sont plésiomorphes non-seulement entre elles, mais encore avec les espèces qui cristallisent en prismes droits à bases carrées.

La même chose a lieu pour des espèces du cinquième système relativement à celles du quatrième système, ainsi que pour des espèces du troisième système et du deuxième système à l'égard de celles du premier système. Par exemple, un grand nombre d'espèces rhomboédriques offrent, parmi leurs formes, une variété de rhomboèdre qu'on appelle cuboïde, parce qu'elle diffère très-peu du cube par ses angles; de sorte que ces espèces s'assimilent non-seulement entre elles, mais encore avec les espèces cubiques proprement dites.

On comprendra facilement les passages dont il s'agit si l'on se représente les différents types moléculaires qui sont propres au système cubique, comme des types primitifs ou générateurs d'où les types moléculaires des autres systèmes dériveraient par des substitutions de corpuscules de genres différents à des corpuscules de mêmes genres, ce mode de remplacement n'ayant d'autre effet que d'altérer légèrement le type primitif dans ses dimensions fondamentales, ce qui suffit néanmoins pour le faire passer dans un autre système.

L'isomorphisme tient à ce que certains corps simples, avec des caractères particuliers qui les distinguent, ont aussi des propriétés communes qui les rapprochent; par exemple, celle de donner la même forme aux composés d'un même ordre qu'ils peuvent former avec des corps déterminés. C'est ainsi que le soufre et le sélénium produisent des corps identiques par la forme, en se combinant avec le plomb, l'argent, le zinc, etc.; que les oxydes de fer, de manganèse, de chrôme, d'aluminium, etc., présentent une série de corps identiques à tel degré d'oxydation, une autre série à un degré différent, et qu'en se combinant avec un acide ils constituent aussi des sels qui se ressemblent complétement sous ce rapport. D'autre part, l'isomorphisme dépend souvent des circonstances extérieures ou accidentelles au milieu desquelles les minéraux se forment (1).

L'isomorphisme a donné le moyen de représenter par des formules générales certains minéraux qui, sans le secours de cette considération, auraient pu être regardés comme très-différents sous le rapport chimique ; tandis que toutes les autres propriétés tendaient à les réunir. Tels sont les grenats, les amphiboles, les pyroxènes, etc.

Ainsi, les analyses du grenat rouge ou almandin conduisent à la formule minéralogique. . . . . $Al\ Si + fe\ Si$; celle du grenat vert ou grossulaire à . . . . . $Al\ Si + Ca\ Si$; celle du grenat brun ou spessartine à. . . . . $Al\ Si + mn\ Si$; celle du grenat noir ou mélanite à. . . . . . $Fe\ Si + Ca\ Si$.

On voit que dans ces formules il y a, avec l'acide (la silice), deux sortes de bases : 1° l'alumine et le peroxyde de fer, qui sont isomorphes; 2° le protoxyde de fer, la chaux et le protoxyde de manganèse, qui sont aussi isomorphes. Donc, en représentant par R les premières bases isomorphes et pas r les secondes bases isomorphes, on peut exprimer tous les grenats par la formule générale

$$R\ Si + r\ Si.$$

Il en serait de même pour les amphiboles, les pyroxènes, etc.

ISOMÉRIE.

Il y a des corps qui présentant, d'après l'analyse, une composition chimique identique, c'est-à-dire qui étant composés des mêmes substances et dans les mêmes proportions relatives, jouissent néanmoins de propriétés soit physiques, soit chimiques, soit à la fois physiques et chimiques, différentes. Ces corps ont été appelés *isomères* ou *isomériques* par Berzelius , qui a compris sous le nom d'*isomérie* les particularités diverses qu'ils offrent ainsi.

Parmi les corps isomères de divers genres nous citerons le soufre, le carbone, le mercure, le sulfure de fer, le carbure d'hydrogène (2), l'oxyde d'étain, l'acide titanique , le carbonate de chaux, le carbonate de fer, etc.

(1) Voyez les pages 151 et 152.
(2) Dès 1825 M. Faraday avait découvert plusieurs carbures d'hydrogène, dont

Les chimistes divisent les corps isomères en deux ordres : le premier comprend les corps isomères qui ont le même poids moléculaire, c'est-à-dire dont les molécules ont des poids atomiques égaux et sont constituées par un même nombre d'atomes, arrangés différemment entre eux ; le second comprend les corps isomères qui ont des poids moléculaires différents, mais ordinairement multiples ou sous-multiples les uns des autres, c'est-à-dire dont les molécules ont des poids atomiques différents, et renferment par conséquent des nombres d'atomes différents.

Ils entendent donc par différence isomérique toute modification qui a lieu dans l'intérieur des molécules, et qui a pour effet de changer leurs réactions, en laissant subsister la nature et les rapports des éléments dont elles sont formées ; en sorte que le résultat final de l'analyse reste le même.

Mais dans les particules que les molécules constituent par leur arrangement, il est possible qu'il se produise d'autres modifications, capables d'entraîner des changements notables dans les propriétés physiques, par exemple dans la forme cristalline, la densité, la dureté, la couleur, etc., sans en produire de sensibles dans les propriétés chimiques et sans influer aucunement sur le résultat de l'analyse.

Dès lors, si sans altérer les molécules d'un corps on modifiait de diverses manières leur arrangement, il résulterait de chaque groupement différent des particules qui constitueraient autant d'éléments différents de corps polymorphes. Au contraire, si l'on agissait directement sur les atomes, en les groupant différemment, de manière à former des corps dans chacun desquels les molécules seraient le résultat d'un arrangement différent de ces atomes, on aurait des corps isomères.

On a donc généralement consacré le nom de polymorphie aux corps qui conservent leurs types moléculaires et dont les propriétés physiques seulement sont modifiées ; tandis qu'on a consacré le nom d'isomérie aux corps qui changent de types moléculaires et qui jouissent de propriétés chimiques différentes.

D'après cette distinction, qui du reste n'est pas rigoureuse,

les éléments étaient réunis dans le même rapport, mais dont la condensation était très-différente. En 1838 nous avons observé le même phénomène, dans l'usine d'essai que nous avions établie pour la distillation des schistes carbonifères du terrain houiller : généralement une grande partie du carbure gazeux ne pouvait être condensée en carbure liquide par les moyens ordinaires.

l'isomérie proprement dite comprend l'isomérie *simple* et l'isomérie *multiple*.

Les corps qui présentent l'isomérie simple ne sont pas sans analogie avec les corps polymorphes. Comme eux, en effet, ils ont un même poids moléculaire et une même composition chimique ; comme eux aussi, ils peuvent offrir des différences dans leurs propriétés physiques. Mais ils en diffèrent par la manière dont leurs molécules se divisent sous l'influence des agents chimiques.

Les corps qui présentent l'isomérie multiple ont également la même composition chimique, mais leurs poids moléculaires sont différents et ont été trouvés jusqu'à présent dans des rapports assez simples. Parmi les corps appartenant à ce genre d'isomérie, il y en a qui se transforment quelquefois si facilement les uns dans les autres qu'ils paraissent être une même substance simplement modifiée ; tandis qu'il y en a d'autres qui semblent être des substances réellement différentes.

L'isomérie d'un corps à des états différents est remarquable en ce qu'elle présente une substance qui se combine avec elle-même. Au reste, on conçoit facilement que lors du passage d'un corps, par exemple, de l'état gazeux à l'état liquide ou solide, le rapprochement des molécules doit permettre à ces molécules de réagir les unes sur les autres, et de déterminer ainsi de nouvelles conditions d'équilibre par le partage ou la réunion des molécules.

Il sera facile aussi de comprendre comment dans les réactions chimiques les corps peuvent donner lieu à des composés identiques, quoiqu'ils soient pris dans des états différents, parce que la présence d'un agent chimique fait naître une nouvelle circonstance qui amène un partage déterminé.

Peut-être tous les corps admis comme simples présentent-ils entre eux une sorte d'isomérie ; d'où il résulterait que la différence de leurs propriétés et de leurs poids moléculaires serait due à des modes particuliers d'arrangement et de condensation.

Il serait possible que les modifications qui produisent l'isomérie fussent de véritables actions chimiques, quoiqu'il n'y ait dans le cas de l'isomérie des corps admis comme simples qu'un seul élément chimique qui réagisse sur lui-même. Pour les corps composés le fait ne paraît pas douteux, car les molécules de ces corps subissant une modification, il est évident qu'il s'opère

entre les éléments des systèmes moléculaires, une réaction qui
les combine dans un autre ordre ou qui change leurs distances.

POLYMORPHIE.

Quelquefois une même substance minérale affecte des formes
cristallines qui dérivent de formes primitives différentes, ou, en
d'autres termes, qui appartiennent à des systèmes différents,
quoique la composition soit toujours chimiquement identique.
Tels sont, par exemple, le soufre dont les cristaux se rapportent,
les uns au système prismatique rhomboïdal droit, les autres au
système prismatique rhomboïdal oblique; le carbonate de chaux,
dont les cristaux se rapportent tantôt au système rhomboédrique,
tantôt au système prismatique rhomboïdal droit; l'acide titanique, dont les cristaux peuvent se rapporter à trois formes primitives différentes; etc.

Lorsque l'isomérie est ainsi considérée spécialement sous le
rapport de la forme cristalline, on lui donne le nom particulier de
polymorphie ou de *polymorphisme*, et les corps qui jouissent de
la faculté de cristalliser dans plusieurs systèmes sont nommés *polymorphes*.

Si le polymorphisme se rapporte à deux systèmes cristallins,
on le nomme *dimorphisme*, s'il se rapporte à trois systèmes, on le
nomme *trimorphisme*, et ainsi de suite; par conséquent les corps
polymorphes sont alors appelés *dimorphes*, *trimorphes*, etc.

Les individus qui se rapportent à un corps polymorphe ne sont
pas seulement dissemblables par leurs systèmes cristallins; ils
diffèrent ordinairement aussi par d'autres caractères, tels que la
cassure, la structure, la couleur, la densité, la dureté, la chaleur spécifique, les propriétés optiques, etc. Par exemple : le calcaire est moins dense et moins dur que l'aragonite; le calcaire
jouit simplement de la double réfraction à un axe, tandis que l'a-
ragonite possède la double réfraction à deux axes; le graphite
est toujours noir, au lieu que le diamant est incolore ou diversement coloré; 0,1469 représente la chaleur spécifique du diamant, et 0,219 celle du graphite. Les corps polymorphes peuvent encore offrir des différences dans la manière dont ils se
comportent sous l'action de la chaleur, de la lumière et des
agents chimiques; mais en général ces différences sont relatives plutôt à l'intensité de l'action qu'à sa nature. Ainsi, lorsque

les corps ne cristallisent pas, il peut y avoir d'autres caractères que la forme susceptibles de dévoiler le polymorphisme.

Le polymorphisme affecte aussi bien les minéraux simples que les minéraux composés.

Jusqu'à présent on n'a trouvé dans la nature qu'un petit nombre de minéraux qui soient polymorphes.

Parmi les cas de polymorphisme nous citerons les suivants :

Le carbone à l'état de diamant cristallise en octaèdre régulier, ou sous des formes dérivant de ce solide; tandis que le graphite se présente en tables hexagonales régulières, et par conséquent ses formes cristallines se rapportent au prisme hexagonal régulier.

Le soufre naturel cristallise dans le système prismatique droit à base rhomboïdale, et se montre généralement en octaèdres droits à base rhomboïdale plus ou moins modifiés ; au lieu que les cristaux de soufre obtenus artificiellement se rapportent tantôt au système prismatique droit à base rhomboïdale, tantôt au système prismatique oblique à base rhomboïdale, et même les formes appartenant à ces deux systèmes différents sont quelquefois associés. Les cristaux que l'on obtient par voie de fusion du soufre vers 110° et la décantation, sont ordinairement en prismes allongés obliques à base rhomboïdale ; tandis que les cristaux que l'on obtient par voie de dissolution du soufre à 15° dans le carbure ou le phosphure de soufre et l'évaporation, affectent ordinairement la forme d'octaèdres droits à base rhomboïdale plus ou moins modifiés ; mais par les deux procédés on peut obtenir aussi des cristaux se rapportant aux deux systèmes différents, et quelquefois ces cristaux de deux genres sont associés dans le même groupe. Indépendamment de ces formes incompatibles que le soufre peut affecter, il se présente encore à l'état mou et jouissant de propriétés particulières.

Le cuivre qui se précipite d'une dissolution saline sur une lame de fer cristallise dans le système cubique, au lieu que le cuivre obtenu par la fusion cristallise dans le système prismatique droit à base rectangulaire.

Le sel commun dissous par l'eau cristallise dans le système cubique ; mais par la fusion il paraît cristalliser dans le système prismatique droit à base rhomboïdale.

Le bisulfure de fer cristallise dans deux systèmes différents : le sulfure jaune ou la pyrite appartient au système cubique, et le sulfure blanc ou la sperkise appartient au système prismatique droit à base rhomboïdale.

Le peroxyde de fer sous le nom d'oligiste a pour forme primitive un rhomboèdre, et sous le nom de martite il a pour forme primitive un octaèdre régulier.

L'oxyde d'antimoine se distingue : en exitèle, dont la forme primitive est un prisme droit à base rhomboïdale, et en sénarmonite, dont la forme primitive est un octaèdre régulier.

L'oxyde d'étain en cristaux naturels a un prisme droit à base carrée pour forme primitive, et en cristaux artificiels il a un prisme droit à base rhomboïdale pour forme primitive.

L'acide titanique comprend le rutile, l'anatase et la brookite, minéraux qui ont pour forme primitive : le premier un prisme droit à base carrée, le second un octaèdre aigu à base carrée, et le troisième un prisme droit à base rhomboïdale.

Le carbonate de chaux sous le nom de calcaire cristallise dans le système rhomboédrique, et sous le nom d'aragonite il cristallise dans le système prismatique rhomboïdal droit.

Le carbonate de fer nommé sidérose cristallise dans le système rhomboédrique, et le carbonate de fer nommé junkérite cristallise dans le système prismatique droit à base rhomboïdale ou rectangulaire.

Les silicates d'alumine qui ont même composition chimique, et qui sont connus sous les noms de disthène et d'andalousite, appartiennent : le premier au système prismatique oblique non symétrique, et le second au système prismatique rhomboïdal droit.

Enfin, à l'énumération des corps polymorphes qui précède nous pourrions ajouter d'autres substances minérales, telles que l'argent ioduré, l'acide arsénieux, le carbonate de plomb, les sulfates de magnésie, de zinc et de nickel, les séléniates de zinc et de nickel, etc.

Des différences plus ou moins grandes de température et un refroidissement plus ou moins subit suffisent souvent pour modifier les propriétés des corps, et sont deux des principales causes du polymorphisme.

Ainsi, le soufre que l'on fait cristalliser à la température ordinaire et celui que l'on fait cristalliser à une haute température, affectent généralement des formes incompatibles. Quand on chauffe graduellement le soufre jusqu'au-dessous de 114°, il reste jaune et devient très-fluide ; si on le chauffe davantage, il prend une couleur brune et perd peu à peu sa fluidité, de manière qu'il ne coule plus qu'avec difficulté vers la température de 200° à

260°; si l'on continue à le chauffer, il reste brun, perd de sa viscosité, et à 400° il finit par entrer en ébullition et par se distiller. Lorsqu'au moment où le soufre est devenu visqueux on le verse dans l'eau, il y conserve sa couleur brune ainsi qu'une consistance molle, et possède une élasticité assez grande pendant quelque temps; mais il revient peu à peu à l'état de soufre dur. Enfin, quand on chauffe lentement le soufre mou, il devient subitement solide à la température de 100°.

L'acide arsénieux, le bichlorure et le biiodure de mercure se présentent aussi sous des formes incompatibles, lorsqu'on les fait cristalliser à des températures différentes.

Le soufre cristallisé par voie de fusion, l'acide arsénieux et le bichlorure de mercure, cristallisés par voie de sublimation, ainsi que le phosphore récemment fondu sont d'abord transparents; mais ils deviennent peu à peu opaques et reprennent la structure qu'ils affectent à la température ordinaire.

Le calcaire paraît pouvoir se former à des températures très-distantes et entre lesquelles se trouve renfermée la production de l'aragonite. D'un côté, quand des cristaux de carbonate de chaux prennent naissance à la température ordinaire, comme cela arrive dans la formation des stalactites par la décomposition spontanée du bicarbonate de chaux, ou en faisant réagir lentement la vapeur du sesquicarbonate d'ammoniaque sur le chlorure de calcium en dissolution, ils présentent la structure rhomboédrique du calcaire; d'un autre côté, quand on fond le carbonate de chaux au moyen de la chaleur et sous une pression suffisante pour qu'il ne se décompose pas, il offre encore la même structure rhomboédrique. Mais, si le carbonate de chaux cristallise dans l'eau bouillante, les cristaux qui se produisent affectent la structure et la forme prismatique de l'aragonite; ou bien si l'on chauffe de l'aragonite à une température voisine du rouge, elle se détruit subitement, et l'on reconnaît que les fragments qui résultent de sa destruction ont acquis la forme rhomboédrique du calcaire. Entre ces termes extrêmes, lorsque dans la nature les eaux acidules qui contiennent du carbonate de chaux en dissolution sont maintenues sous le sol à une température assez élevée, le dépôt qu'elles produisent est à l'état d'aragonite; au contraire ces mêmes eaux donnent lieu à du calcaire, lorsqu'en arrivant à la surface du sol elles perdent leur chaleur. L'aragonite ne peut donc se former

qu'entre certaines limites de température, et par suite pourrait,
où elle se trouve, nous permettre d'apprécier la température
du milieu dans lequel elle a été produite, les autres circonstances étant égales.

Le biiodure de mercure préparé à la température ordinaire
est rouge; tandis qu'il est jaune quand on l'obtient par la sublimation, et les cristaux jaunes qui sont abandonnés à eux-
mêmes deviennent rouges. D'autre part, le bisulfure de mercure
préparé par la trituration du soufre avec le mercure est noir,
au lieu qu'il est rouge lorsqu'on l'obtient par sublimation.

Si l'on chauffe la zircone, le sesquioxyde de fer, l'oxyde de
chrome, etc., ces corps paraissent tout à coup embrasés lorsqu'ils
ont atteint une certaine température, et deviennent généralement moins attaquables par les acides.

Les observations qui précèdent démontrent le rôle important
que joue la chaleur dans la constitution corpusculaire des corps.
Elles conduisent à admettre qu'un système corpusculaire déterminé ne peut exister qu'entre certaines limites; qu'en dehors de
ces limites les éléments qui le composent réagissent les uns sur
les autres et prennent de nouveaux arrangements pour arriver à
de nouvelles positions d'équilibre.

Lorsqu'on expose, pendant un certain temps à l'action de la
lumière solaire et dans un vase fermé, des cristaux de sulfate de
nickel en prismes rhomboïdaux droits, les corpuscules changent
de positions relatives dans ces cristaux, sans que l'état fluide ait
lieu; car, si l'on brise les cristaux, dont la forme extérieure
n'est au reste pas changée, on les trouve composés d'octaèdres
à base carrée. Nous pourrions ajouter d'autres faits qui démon-
treraient l'influence de la lumière sur la statique corpusculaire
des corps.

Il est probable que des différences de pression et de capillarité sont aussi capables de produire des modifications poly-
morphiques ou isomériques. L'aragonite qui se forme dans les
chaudières et d'autres parties des machines à vapeur, semble
confirmer cette supposition relativement à l'influence de la
pression.

Enfin, la présence d'une substance étrangère ou auxiliaire
suffit quelquefois pour changer la constitution des corps. Par
exemple : le nitre, dont la forme primitive est un prisme droit à
base rhomboïdale, peut être obtenu en rhomboèdres, si on le fait

cristalliser au milieu d'une dissolution de nitrate de soude; la couperose, dont la forme primitive est un prisme oblique à base rhomboïdale, peut être obtenue en octaèdres réguliers, si on la fait cristalliser dans une solution qui renferme beaucoup d'alun et de sulfate de magnésie. Donc des solutions saturées de certains sels peu cristallisables, et dans lesquelles on en a fait dissoudre un autre qui cristallise promptement, forcent ce dernier à prendre les formes qui leur sont propres.

Les détails dans lesquels nous sommes entrés sur le polymorphisme conduisent aux conclusions suivantes.

Une même substance minérale ne cristallise dans des systèmes différents que lorsque la cristallisation a lieu sous des conditions différentes; par exemple, soit à des températures éloignées, soit dans des milieux ou des temps différents. Généralement l'un de ces systèmes est le système normal de la substance minérale, celui qu'elle adopte de préférence, qui lui est habituellement propre, qui est le plus stable, et auquel elle tend à revenir quand elle reprend son état de liberté. Sous les formes anormales qu'une substance minérale est susceptible d'affecter, l'arrangement corpusculaire ne se trouve donc pas à un état d'équilibre stable. Les corps qu'on a forcés de cristalliser sous une forme qu'ils ne prennent pas ordinairement, deviennent souvent opaques et pulvérulents, ou résistent moins à la chaleur et à d'autres agents; les matières qui n'ont pas une très-grande cohésion et qui sont fondues ou dissoutes se remplissent de fissures bientôt après leur solidification, ce qui indique un changement de cristallisation à l'intérieur; souvent même, on peut reconnaître que la masse, tout en conservant sa forme extérieure, est composée de petits cristaux rudimentaires ayant la forme que la substance affecte quand elle cristallise dans les conditions ordinaires; il suffit fréquemment d'une élévation de température pour changer toute la structure intérieure d'un corps, sans même qu'aucune modification se manifeste à l'extérieur; on ne s'en aperçoit alors que par des fissures intérieures et régulièrement disposées ou que par le changement de propriétés optiques. Dans tous les cas, les cristaux artificiels sont moins stables que les cristaux naturels et se comportent différemment; il paraît que dans leur formation ils n'emploient pas le temps nécessaire pour permettre à leurs corpuscules de se grouper d'une manière réellement stable.

Les forces qui déterminent les corpuscules à se grouper en cristaux varient dans leur nature et dans leurs intensités suivant les circonstances; de sorte que les corpuscules qui se sont groupés dans certaines conditions peuvent se trouver, lorsque le corps est revenu aux conditions ordinaires, sous l'influence de forces très-différentes de celles qui ont présidé à leur cristallisation, et par suite ils doivent tendre à s'arranger autrement pour obéir aux forces qui les sollicitent dans les nouvelles conditions.

On conçoit donc, qu'une même substance minérale, placée dans des conditions diverses, puisse prendre plusieurs formes regardées comme incompatibles les unes des autres, et par conséquent se rapporter à plusieurs systèmes cristallins différents.

Divers faits semblent établir une relation entre les formes d'une même substance minérale qui sont regardées comme incompatibles; d'ailleurs l'incompatibilité de ces formes et par conséquent des systèmes cristallins n'est pas aussi tranchée qu'on le suppose : car on peut imaginer des passages au moyen de la théorie des formes limites, et en admettant que les conditions au milieu desquelles les cristaux se produisent puissent varier convenablement.

MODES DE FORMATION DES MINÉRAUX.

On ne connaît ni le temps, ni probablement tous les moyens que la nature a employés pour former les différents minéraux. Néanmoins, sans toucher aux questions d'origine des matières premières, des atmosphères, des masses liquides ou incandescentes aux diverses époques géologiques, et de la première croûte du globe, nous indiquerons les principaux modes de formation que l'ensemble des observations a dévoilés.

Ces modes de formation sont : la *voie ignée*, la *voie aqueuse*, la *voie thermo-minérale*, la *voie électro-chimique* et la *voie métamorphique*.

Certains minéraux paraissent n'avoir été produits que par un seul mode de formation, tandis que d'autres l'ont été, dans des circonstances diverses, par des voies différentes.

Voie ignée.

Beaucoup de minéraux d'origine ignée ont été formés au moyen du départ des matières ou de certaines parties de ces matières au sein d'une masse fondue, qui marchait vers l'état solide par une perte de chaleur et un refroidissement plus ou moins lent.

Quelquefois ont pu être opérés : la fusion à l'aide de fondants, le départ au moyen de l'introduction d'une nouvelle substance servant de réactif, et la solidification par une différence de température ou par la volatilisation du fondant.

Dans d'autres cas la formation des minéraux, notamment de ceux qui constituent certains filons et amas, a eu lieu par la sublimation et la condensation de tout ou partie de la matière fondue.

Voie aqueuse.

La formation par voie aqueuse proprement dite peut seulement convenir pour les substances solubles dans l'eau ; car, si la voie aqueuse a produit quelquefois des minéraux insolubles, cette formation n'a dû avoir lieu que par l'intermédiaire d'un corps étranger dissous ou que par double décomposition. Néanmoins différentes substances qui semblent être insolubles dans l'eau, deviennent réellement solubles par une action lente et prolongée. D'autre part, certains minéraux homogènes, mais qui ne montrent pas de structure cristalline distincte, paraissent avoir été formés dans l'eau par dépôt principalement mécanique.

Voie thermo-minérale.

Les eaux thermo-minérales paraissent avoir joué un rôle important dans la formation des minéraux, surtout aux anciennes époques géologiques, lorsque le refroidissement du globe terrestre était moins avancé qu'aujourd'hui. Ces eaux à l'aide d'une chaleur plus ou moins intense et d'une pression plus ou moins considérable, qui leur permettaient de tenir en dissolution une grande quantité d'acide carbonique, de gaz sulfureux, etc., étaient alors capables de dissoudre beaucoup de substances minérales qui ne sont pas sensiblement attaquables par l'eau ordinaire et qui, après avoir été dissoutes, se déposaient dans des circonstances favorables sous des formes et des volumes divers. Les eaux thermo-minérales circulant dans les fentes ou autres cavités de l'écorce du globe, ont ainsi produit soit dans l'intérieur de cette écorce, soit à sa surface, des minéraux en quantité plus ou moins considérable.

Quelquefois le jeu des eaux thermo-minérales a aidé la sublimation de certaines substances, ou les a déterminées à se porter corpusculairement par effluves sur des surfaces contre lesquelles elles se refroidissaient et se déposaient petit à petit, pour produire des tapis cristallins, des druses, etc.

Par ce moyen on peut expliquer beaucoup de faits dont il serait difficile de se rendre compte autrement, comme par exemple, celui de l'existence de revêtements cristallins d'un côté seulement et presque toujours du côté inférieur de certains groupes de cristaux.

Évidemment la nature a par la voie thermo-minérale mis souvent en présence, dans l'écorce terrestre, des substances susceptibles de réagir les unes sur les autres, soit à l'état liquide, soit à l'état gazeux, soit même à l'état solide; les phénomènes chimiques qui se sont opérés ainsi ont dû être assez variés, et quelquefois tels que nous ne pourrions en avoir une idée exacte.

Voie électro-chimique.

La nature a souvent employé les actions électro-chimiques pour produire des minéraux par double décomposition et transport. Ces actions sont très-faibles et ne donnent de résultat appréciable qu'après un laps de temps plus ou moins grand ; mais à la longue elles peuvent produire des effets considérables.

Des phénomènes de galvanoplastie naturelle qui appartiennent à ce genre de formation, ont évidemment joué un certain rôle dans la production de quelques métaux natifs (1).

Voie métamorphique.

Le métamorphisme consiste dans des modifications de substances et de textures, dans des décompositions, des recompositions, des additions ou des soustractions de matières, etc. Ces divers phénomènes ont été vaguement étudiés dans la nature et trop souvent exagérés, par conséquent les véritables causes en

---

(1) Le cuivre et l'argent natif des gîtes du lac Supérieur, le cuivre natif des Alpes italiennes, etc. proviennent de ce mode de formation par la décomposition de sulfures originaires.

ont été mal reconnues. Mais d'une manière générale on peut admettre, pour les expliquer, le jeu des affinités corpusculaires et des forces électro-chimiques, la cémentation, la chaleur, l'action thermo-minérale, et surtout la durée des causes plutôt que leur intensité. Quoi qu'il en soit, ces moyens de produire des minéraux sont ceux que l'on peut le moins étudier par l'expérience, parce qu'ils sortent des limites entre lesquelles l'investigation humaine est renfermée. Nous devons donc nous borner ici à rappeler l'existence des phénomènes qui sont attribués au métamorphisme.

MODES DE CRISTALLISATION.

La cristallisation est due à une action réciproque des corpuscules entre eux, qui l'emporte sur toute autre action et qui détermine leur réunion sous forme de cristaux.

Les minéraux cristallisent pendant ou après la formation de leurs corpuscules.

Comme dans la formation des minéraux, la nature a employé différents modes pour rendre libres et mobiles les particules des corps, et pour les placer dans des conditions indispensables à la cristallisation (1).

Parmi les principaux modes que la nature paraît avoir employés, nous indiquerons les suivants :

1° Volatilisation et refroidissement ;

2° Fusion et refroidissement ;

3° Dissolution et évaporation ;

4° Dissolution et séparation par refroidissement ou par affinité chimique ;

5° Actions électro-chimiques ;

6° Cémentation ;

7° Mouvements vibratoires ;

8° Métamorphisme.

Lorsqu'il ne s'agit que de faire cristalliser un corps qui est déjà tout formé, il faut seulement changer son état physique dans certaines conditions. Par exemple, on le fait passer lentement de l'état liquide ou gazeux à l'état solide, après l'avoir mis dans l'un des deux premiers états à l'aide de la chaleur ou par l'intermédiaire d'un dissolvant.

(1) Voyez page 83.

Mais les corps pour cristalliser n'ont pas toujours besoin d'être fondus, dissous ou volatilisés ; car on voit quelquefois des corps solides qui, subissant des modifications lentes dans leur structure intérieure, finissent par acquérir une texture cristalline. C'est ainsi que des mouvements vibratoires, des percussions ou des frottements souvent répétés, des flux continuels de chaleur, etc., peuvent amener des changements dans la disposition des corpuscules au sein de la masse, et produire à la longue une texture cristalline sans changer la forme extérieure du corps.

Quand on s'est servi de la chaleur pour produire la volatilisation, la fusion, ou la dissolution d'un corps dans un fondant, on dit que la cristallisation a eu lieu par la voie sèche ; au contraire, on dit qu'elle a eu lieu par la voie humide, lorsqu'on a employé la simple action d'un dissolvant liquide en opérant à une température peu élevée.

CAUSES DES CONFIGURATIONS DIFFÉRENTES DES MINÉRAUX.

Les minéraux sont les uns cristallisés et les autres ne le sont pas, ou n'ont simplement qu'une texture plus ou moins cristalline.

Nous avons vu (1) ces distinctions, et nous avons indiqué les principales causes des différentes structures, textures et configurations. Mais d'après ce qui précède, nous pouvons mieux comprendre maintenant les diverses causes isolées ou combinées qui ont modifié les formes cristallines et les configurations non cristallines.

Causes des variations des formes cristallines.

Nous avons énuméré les principales causes des variations de la forme primitive (2) ; il nous reste donc à indiquer celles des variations des formes secondaires.

Dans les conditions normales l'existence, pour une même substance minérale, de formes cristallines autres que la forme fondamentale et souvent la multiplicité de ces formes secon-

(1) Pages 48, 77, 252 et 256.
(2) Voyez pages 374 et 375.

daires semblent de prime abord détruire l'unité résultant de la composition chimique. Mais on voit bientôt les rapports géométriques qui lient toutes ces formes, et l'on reconnaît que les variétés proviennent simplement de la différence des milieux et des circonstances dans lesquels la cristallisation s'est opérée.

Parmi les principales causes auxquelles sont dues les variétés des formes cristallines, nous indiquerons les différences dans :

1° La température ;

2° La pression ;

3° L'état électrique ;

4° La concentration ;

5° La nature du milieu, du dissolvant, des mélanges chimiques, des mélanges mécaniques, etc.

On a reconnu par des expériences de laboratoire, dues surtout à Leblanc, Gay-Lussac et Beudant, que lorsque la cristallisation d'une substance minérale a lieu dans des circonstances identiques, les formes de tous les cristaux obtenus sont parfaitement semblables entre-elles. Mais il n'en est plus ainsi, quand il y a un changement notable dans la nature du milieu où la cristallisation s'opère et dans les conditions physiques qui président à l'accomplissement du phénomène ; on obtient alors des formes secondaires différentes, chacune de ces formes correspondant à un état particulier du milieu et des conditions physiques. On a donc pu apprécier certaines circonstances qui influent sur la forme des cristaux, et par là on a été conduit à se faire une idée des causes qui, dans la nature, produisent les variations de forme que l'on observe parmi les cristaux d'une même substance minérale.

La nature du dissolvant et celle des matières étrangères contenues dans ce dissolvant, dont les unes ont pu être entraînées et retenues dans le cristal, et dont les autres n'ont agi que par leur présence et sont restés en dehors du cristal pendant sa formation, exercent surtout une grande influence sur la forme des cristaux. Parmi les matières étrangères qui peuvent s'incorporer au cristal, celles en mélanges mécaniques se trouvent dans le cristal en parties plus ou moins grossières et simplement interposées par couches entre les tranches du réseau cristallin, ou bien retenues par une sorte d'attraction capillaire dans les interstices des particules ; tandis que celles en mélanges chi-

miques sont des substances isomorphes, ou tout au moins plésiomorphes avec la matière cristallisante, qui entrent à l'état moléculaire dans la composition du cristal pour former une cristallisation mixte.

L'influence des mélanges mécaniques consiste à diminuer la
transparence du cristal, à lui donner une couleur accidentelle
et à rendre généralement la forme plus simple, quelquefois
même plus nette et plus régulière qu'elle ne le serait si le cristal
était pur.

En général, les mélanges chimiques troublent moins la transparence du cristal que les mélanges mécaniques ; mais ils modifient la valeur des angles ; en outre, la nature et la proportion
des substances mélangées déterminent ordinairement des changements dans la configuration du cristal, de sorte que les
mêmes formes correspondent souvent à des conditions de mélanges tout à fait semblables.

Dans la nature, un même minéral offre généralement les
mêmes formes partout où il se trouve associé aux mêmes
substances. Dès lors la forme secondaire, sous laquelle se présente un minéral, suffit fréquemment pour en faire connaître
le gisement ; car, en général tous les cristaux d'un même minéral qui proviennent d'un gisement déterminé ont la même
forme, et ceux qui proviennent de gisements différents ont des
formes différentes. En d'autres termes, si les conditions géologiques sont semblables, le même minéral se retrouve avec des
formes semblables ; tandis que si les gangues et les autres circonstances géologiques sont notablement différentes, le même
minéral se présente sous des formes différentes.

On a reconnu que la nature des parois des vases qui contiennent des dissolutions salines a une influence sur le phénomène
de la cristallisation. Par exemple, une solution cristallise plus
promptement dans un vase en terre poreuse que dans un vase
en verre. Aussi remarque-t-on que les cristaux des filons ne sont
pas ordinairement attachés aux parties lisses des épontes, et que
lorsque les filons traversent des couches de composition différente, souvent les substances qui constituent les diverses parties
de ces filons varient suivant la nature des couches auxquelles
elles correspondent.

La position particulière des cristaux que l'on introduit dans
une dissolution saline pour les grossir influe sur le plus ou moins

d'extension relative ou de développement de leurs faces. Aussi les cristaux naturels qui n'ont pu être retournés pendant la durée de leur accroissement présentent-ils souvent, dans certaines de leurs parties, des extensions démesurées qui les déforment et leur donnent une apparence d'irrégularité ou de dissymétrie.

Une même solution tend toujours à donner une même forme au sel qui cristallise. Cette tendance est tellement prononcée que si on enlève un fragment du cristal en voie de formation, la partie enlevée se reproduit facilement, et bientôt le cristal est redevenu complet. Mais si d'une dissolution qui a donné des cristaux d'une forme, on retire un de ces cristaux pour le mettre dans une autre dissolution capable de produire des cristaux d'une autre forme, le cristal se modifiera progressivement par des décroissements et parviendra, après avoir passé par une forme intermédiaire, à sa forme première complète.

Pour obtenir des cristaux réguliers d'un sel en dissolution il faut que la solution soit dans un état convenable de concentration. Si elle n'est pas assez concentrée, les arêtes et les faces des cristaux s'arrondissent; les cristaux qui ont été régulièrement formés dans la solution, lorsqu'elle était à un degré suffisant de concentration, sont attaqués par le liquide qui subit lui-même des changements. Si la dissolution est trop concentrée, les cristaux se multiplient et se groupent avec irrégularité.

Lorsque la solution est très-concentrée et qu'en même temps les cristaux se forment au milieu de matières pulvérulentes, ces cristaux présentent ordinairement des faces creuses. Quand les cristaux se forment aux milieu d'un dépôt pâteux ou gélatineux, ces cristaux sont isolés ou groupés en boules distinctes.

Nous avons vu précédemment (1) que des différences suffisantes de température, ou de pression, peuvent et ont dû exercer une influence plus ou moins grande sur la production des cristaux et sur la variation des formes.

L'état électrique de la solution paraît avoir aussi une action sur la forme des cristaux. Avec des tensions électriques variées de la solution on a obtenu non-seulement des différences dans

____

(1) Notamment page 153.

la grosseur et la netteté des cristaux, mais encore des formes variées.

Il résulte de tout ce qui précède : 1° que dans les conditions normales les minéraux ont des formes fondamentales déterminées et en rapport avec leur composition, c'est à-dire que la composition chimique a imposé aux minéraux le système cristallin qui leur est propre avec les angles qui leur appartiennent ; 2° que l'action de la composition chimique s'est renfermée dans cette limite ; 3° que la nature, en variant suffisamment les conditions des milieux et les circonstances physiques, a pu faire varier dans des limites plus ou moins reculées les formes fondamentales des minéraux ; 4° que les différentes formes secondaires d'un même minéral proviennent des conditions différentes au milieu desquelles la cristallisation s'est opérée.

ALTÉRATIONS DES MINÉRAUX.

Les altérations que les minéraux peuvent avoir éprouvées depuis leur formation comprennent : l'*altération physique*, l'*altération mécanique* et l'*altération chimique*.

L'altération physique est due à deux causes principales : la corrosion par des gaz, par des vapeurs ou par l'eau ; la fusion incomplète par la chaleur.

L'altération mécanique consiste dans la désagrégation ou la séparation des parties et leur réduction en fragments, grains, poussière, etc., principalement par l'eau et les autres agents extérieurs.

L'altération chimique a produit des changements plus ou moins grands dans la composition des minéraux qui l'ont subie ; elle comprend la perte de l'eau de cristallisation, la soustraction ou bien le changement d'un ou de plusieurs principes constituants, et l'addition d'un ou de plusieurs principes nouveaux.

ÉPOQUES DE FORMATION DES MINÉRAUX.

Tous les minéraux n'ont pas été formés en même temps ; il y en a qui n'ont été produits qu'à certaines époques de la formation de la croûte du globe, et d'autres qui semblent appartenir à toutes les époques, mais qui cependant y ont été formés en plus ou moins grande abondance, ou bien qui s'y sont présentés sous des variétés particulières dans chacune d'entre elles. Ainsi, l'étain oxydé ne se trouve en place originaire que dans les terrains les plus anciens; la mésotype n'a commencé à paraître qu'à l'époque des épanchements volcaniques; le calcaire est assez rare dans le terrain primitif, tandis qu'il constitue des dépôts considérables dans les terrains secondaires.

Si l'on considère seulement les minéraux qui composent essentiellement la croûte du globe, on remarque des séries différentes aux diverses périodes de sa formation. On peut donc reconnaître un ordre de succession dans la production des minéraux, et cet ordre découle principalement de la différence des phénomènes physiques et chimiques qui ont eu lieu aux diverses époques.

Nous reviendrons sur ces questions lorsque nous traiterons de l'âge relatif des minéraux et des roches; pour le moment il nous suffira d'ajouter quelques exemples aux précédents.

Nous citerons, parmi les minéraux qui se trouvent dans les terrains de toutes les époques : le quartz, le calcaire, l'amphibole, le manganèse et le fer à certains états de combinaison; parmi les minéraux qui ne se trouvent que dans les terrains anciens : la topaze, la cassitérite, le wolfran, etc.; parmi les minéraux qui se trouvent principalement dans les terrains moyens : le sel, la karsténite, la malachite, la calamine, etc.; enfin, parmi les minéraux qui se trouvent particulièrement dans les terrains supérieurs : la chryolite, le soufre, l'augite, la mésotype, la strontianite, la stilbite, l'amphigène, etc.

GISEMENTS DES MINÉRAUX.

PRINCIPAUX ÉLÉMENTS CONSTITUTIFS DE L'ÉCORCE DU GLOBE.

Pour se rendre compte des gisements des minéraux dans la nature, il est nécessaire de connaître quelques généralités sur la constitution de notre globe terrestre.

Au premier coup d'œil, l'ensemble de notre planète offre trois parties distinctes : l'atmosphère qui entoure la terre, la mer qui couvre les trois quarts de la surface de celle-ci, et un noyau solide, du moins à la superficie. Ce noyau se compose de trois parties principales : 1° d'une enveloppe solide ou écorce ; 2° d'une masse centrale, probablement encore fluide ; 3° d'une zone intermédiaire et comprise entre les deux parties précédentes.

L'écorce du globe n'est pas d'une seule pièce ; de plus, tous les compartiments qui la constituent ne sont pas composés des mêmes substances, et tous n'ont pas été formés en même temps, ni par le même mode.

En procédant du simple au composé, on reconnaît que les matériaux qui constituent cette écorce comprennent : des substances chimiquement élémentaires, des minéraux, des roches et des terrains. Les éléments seuls ou associés entre eux forment les minéraux ; ceux-ci tantôt seuls, tantôt associés entre eux, forment les roches ; et les roches associées entre elles constituent les terrains.

Il s'en faut de beaucoup que tous les corps réputés simples par les chimistes jouent un rôle aussi important les uns que les autres dans la composition de l'écorce du globe ; il en est de même des minéraux, des roches et des terrains. De sorte qu'il existe nécessairement des relations entre ces différents éléments constitutifs et les divers phénomènes qui composent l'histoire du globe.

Les différentes masses minérales qui constituent l'écorce de notre planète ne sont pas fortuitement mêlées ensemble ; leur arrangement dépend au contraire de règles bien établies. Au reste, on peut dire que les minéraux et les roches qui entrent dans la composition essentielle de cette écorce, sont les caractères dont s'est servi la nature pour écrire l'histoire du globe; que les dispositions des masses minérales et les reliefs du sol déterminent les chapitres de cette histoire; tandis que les terrains nous retracent, comme des monuments, les phases par lesquelles le globe est passé. Quant aux fossiles, ils font connaître la succession des anciennes populations et jettent de la lumière sur différentes questions de géogénie; mais ils ne doivent être regardés que comme des conséquences des diverses circonstances chimiques, physiques et dynamiques dans lesquelles la terre s'est successivement trouvée.

L'ensemble des roches considérées sur une grande échelle peut être divisé en roches *stratifiées* et en roches *non stratifiées*.

Mais il serait plus exact de distinguer les roches en : 1° *massives* ou non stratifiées; 2° *fissiles* ou pseudo-stratifiées; 3° *étagées* ou stratifiées.

La croûte du globe est essentiellement formée de la combinaison de ces trois catégories de roches, qui se présentent principalement en *typhons* et en *strates*, si l'on comprend par le mot générique de strate : les *couches*, les *bancs*, les *lits*, les *plaques* et les *feuillets*.

Les roches sont en *couches* lorsque leurs masses, assises les unes sur les autres, ou posées les unes à côté des autres, se trouvent divisées en parties beaucoup plus étendues dans le sens de leur longueur et de leur largeur que dans celui de leur épaisseur. Les deux surfaces principales d'une couche sont sensiblement parallèles, quelle que soit leur courbure générale.

Il y a des roches qui offrent une sorte de clivage en grand, c'est-à-dire qui paraissent disposées par lits minces, par feuillets ou par plaques, à la manière des roches en couches d'une certaine épaisseur, et d'une constance évidente, quant aux joints et au faciès. Mais il n'est nullement prouvé que les premières divisions soient véritablement des couches, c'est-à-dire qu'elles résultent de dépôts successifs; au contraire elles sont, pour la plupart, le résultat de la composition minérale de la roche, et dues à un effet du refroidissement ou du retrait. De sorte que pour ne pas préjuger la question de formation aqueuse, ignée, ou de toute autre nature, nous nommons *fissiles* les roches de cette catégorie.

On se sert du mot *stratification* pour exprimer que des masses minérales sont disposées par strates en général.

Les expressions de *banc* et de *lit* sont quelquefois regardées comme synonymes de celle de couches; mais on les applique plus spécialement aux couches d'une nature particulière, qui se trouvent intercalées dans un système de couches d'une autre espèce, avec cette distinction qu'on donne de préférence le nom de bancs à des couches cohérentes, tandis qu'on emploie plus ordinairement celui de lits pour désigner des couches meubles.

Les *typhons* sont de grandes masses minérales non stratifiées; mais il convient d'étendre la signification du mot typhon et de l'appliquer à la forme générale de toutes les masses minérales non stratifiées, quels que soient leur importance, leur volume. On les distingue en typhons à structure irrégulière et en typhons à structure pseudo-régulière.

On nomme *dykes* des espèces de murs qui s'élèvent au milieu de roches d'une nature différente et dont ils dépassent souvent le niveau extérieur. Ces dykes sont ordinairement composés d'une matière pierreuse uniforme; leur épaisseur paraît augmenter à mesure qu'ils s'enfoncent et l'on ne connaît pas de limite à leur profondeur.

Les *nappes* sont des masses minérales non stratifiées, ordinairement situées à la surface de la terre, ayant beaucoup plus d'étendue dans le sens de leur longueur et de leur largeur que dans celui de leur épaisseur, et provenant d'une matière fondue, qui est sortie des entrailles du globe et qui a coulé sur un fond sensiblement horizontal, où elle a pu s'arrêter et se refroidir.

On nomme *coulées* des dépôts superficiels de matières fondues, dont le caractère principal est de présenter la forme d'un torrent qui se serait subitement solidifié.

Les *amas* sont des masses minérales de forme irrégulière qui se trouvent dans des cavités de roches d'une nature différente. Quand ils s'étendent entre deux couches, on les dit amas *couchés*; tandis qu'on les nomme amas *transversaux*, lorsqu'ils coupent les couches encaissantes.

Les *filons* sont des masses minérales plus ou moins inclinées, très-aplaties, d'épaisseur irrégulière et augmentant ordinairement avec la profondeur, d'étendue indéterminée en direction et en profondeur, et dont la nature est différente de celle des roches qui les encaissent. On considère généralement les filons comme résultant du remplissage plus ou moins complet, de bas en haut,

de fentes qui ont été produites dans les terrains par des dislocations, dont la formation est liée d'après certaines lois aux grands
phénomènes physiques et dynamiques du globe.

Ordinairement les deux surfaces du filon ne sont pas parallèles
dans ses parties accessibles; car les filons y présentent en général
des amincissements et des renflements. Lorsque ces accidents sont
très-prononcés, les filons sont dits à *chapelets*. Les amincissements
et les renflements peuvent avoir lieu en direction ou en profondeur,
ou bien dans les deux sens à la fois; il y a même des amincissements
si prononcés que les filons présentent des solutions de continuité.

Dans une même localité il existe souvent plusieurs filons de
même nature et dont les directions sont sensiblement parallèles.
Il arrive aussi qu'on y trouve d'autres filons qui les coupent et
dont la nature est ordinairement différente. Les filons coupants
ou *croiseurs* sont de formation plus récente que les filons coupés
ou *croisés*.

Les filons qui présentent assez de ramifications pour former
avec leurs appendices des espèces de réseaux, prennent le nom
de *stockwerks*.

Les deux faces principales du filon se nomment *salbandes*, et
les parois de la fente sont appelées *épontes*. L'éponte inférieure
sur laquelle repose le filon en est le *mur*, et l'éponte supérieure
en est le *toit*. Enfin, la partie du filon qui se montre au jour
suivant sa direction se nomme *tête* ou *chapeau*.

La composition des filons est assez variée : il y a des filons
entièrement pierreux, et des filons pierreux et métallifères. Dans
les filons métallifères la partie pierreuse est nommée *gangue*, et
la partie métallifère se trouve disposée dans la gangue en zones,
en veines, en rognons, en grains, en cristaux plus ou moins irréguliers, etc.

Les filons sont rarement remplis en totalité; ils offrent dans
leur épaisseur des cavités, dont les parois se trouvent tapissées de
cristaux réunis en druses. Ces cavités portent le nom de *fours* à
cristaux.

Les *longerolles* sont de faux-filons résultant de fentes superficielles, qui ont été produites dans l'écorce du globe et qui ont
été plus ou moins remplies de haut en bas par des charriages,
ou de bas en haut par des dépôts de sources minérales. Ces longerolles sont généralement plus irrégulières que les filons et
toujours assez limitées.

Les *veines* et les *filets* sont des espèces de petits filons irréguliers et limités, ou des ramifications d'amas, de filons, de typhons, etc.

La matière de la veine et du filet peut être d'une nature différente de celle de la masse encaissante, ou bien être de la même nature et ne s'en distinguer que par la structure ou la couleur.

Un *terrain* comprend l'ensemble des matériaux formés, n'importe par quel mode, pendant une seule et même époque déterminée par deux révolutions successives, tant au-dessus qu'au-dessous d'un niveau imaginaire, que l'on fixe au milieu de l'épaisseur de la première pellicule du globule qui a été formée.

A l'égard d'un terrain, il y a donc à envisager les matériaux dont il est composé, le mode et l'époque de leur formation, les phénomènes dynamiques qui ont déterminé et parfois modifié l'allure générale du terrain, et les lignes de démarcation de celui-ci.

Il est évident que, dans les localités où se montrent les terrains les plus modernes, on ne doit pas trouver, ou du moins on ne doit trouver que très-rarement, au-dessous d'eux, toute la série des terrains; car il serait extraordinaire que certaines localités eussent participé à tous les phénomènes de la surface du globe. Au contraire, il y a un grand nombre de points où les terrains les plus anciens paraissent à découvert; cela provient de ce que de tels lieux n'ont pas été le théâtre d'autres formations, ou bien de ce que d'autres terrains qui y avaient existé ont été détruits, et, en un mot, de ce que le sol a éprouvé une dénudation.

On doit employer l'expression de *formation* pour indiquer qu'une masse minérale a été produite par tel ou tel mode. Une formation spécifie donc un genre d'opération. Dès lors, en prenant le phénomène ou la formation elle-même pour le produit, une formation est une fraction de la croûte du globe qui peut être composée de roches plus ou moins analogues ou différentes, mais qui ont été formées de la même manière, c'est-à-dire par une semblable opération; tandis qu'un terrain comprend toutes les roches qui ont été produites dans une période plus ou moins longue et dont les limites sont déterminées. Or, comme d'un côté, dans un même temps, des causes différentes agissent et produisent des effets plus ou moins différents, que d'un autre côté, les mêmes causes ont agi à des époques diverses, il en résulte qu'un terrain doit comprendre plusieurs sortes de formations, tandis que des formations semblables peuvent se rencontrer dans des terrains de divers âges.

Si l'on compare les roches aux produits actuels des eaux et des volcans, on reconnaît que la plupart résultent de phénomènes analogues; aussi les distingue-t-on en : 1° *roches de formation aqueuse;* 2° *roches de formation ignée;* 3° *roches de formation combinée,* aqueuse et ignée, ou réciproquement. Outre ces trois modes de formation, on doit encore tenir compte de divers autres, par exemple de celui par la voie électro-chimique, de celui qui provient des vents (1), etc. Au reste, les modes que nous venons d'indiquer peuvent se combiner, et par conséquent agir plusieurs ensemble.

La distinction en roches d'origine ignée, en roches d'origine aqueuse et en roches d'origine mixte, qui peut servir à envisager sous trois points de vue différents les associations des substances minérales, ne suffit pas toujours à la science : il y a une foule de circonstances secondaires qui ont présidé à la formation des minéraux et des roches, et qui ont produit des effets appréciables; il est donc nécessaire d'indiquer ces circonstances. Par exemple, les produits neptuniens doivent être distingués suivant qu'ils ont été formés dans la mer ou dans les eaux douces, sur les rivages ou dans les profondeurs, à l'embouchure ou sur le trajet des fleuves, dans les lacs ou les marécages, par des sources froides ou thermales, pures ou minérales, etc. D'un autre côté, les produits plutoniens, poussés dehors par une force interne ou par une pression de la croûte du globe, soit à l'état solide, soit à celui de masses pâteuses, ceux rejetés sous forme de coulée, de poussière ou de vapeur, les déjections des solfatares, des salses, des volcans, etc., ne peuvent être non plus confondus.

Quoi qu'il en soit, si l'on considère les roches qui se trouvent immédiatement à la superficie de la terre, sous le rapport de leurs modes de formation, on y distingue d'abord deux classes principales et bien tranchées : les unes consistent dans des productions ignées ; les autres dans des dépôts formés par les eaux.

Les premières sont des laves que l'on a vu sortir incandescentes des cratères des volcans. Ailleurs, on en aperçoit de pareilles,

---

(1) Les dunes, que parfois on regarde comme l'œuvre des eaux, ne sont point directement formées par celles-ci ; car les courants charrient le sable sur la plage, et lorsque les flots se sont retirés, les vents en dispersent les grains sur le sol, les amoncellent, en font des monticules plus ou moins élevés, qui, plus tard, sont quelquefois transportés ailleurs.

mais refroidies depuis une époque antérieure à toute tradition historique. Dans d'autres contrées, on trouve des masses en partie scorifiées, vitrifiées et portant avec elles des preuves irrécusables de l'état igné qui les a caractérisées jadis. Enfin, on remarque d'autres roches qui, par les formes arrondies de leur ensemble, par leur manière d'être en îlots, en cônes, en nappes, en filons, etc., par leur structure massive, leur texture cristalline, leur position à l'égard d'autres roches, dans lesquelles elles ont pénétré ou bien qu'elles ont recouvertes plus ou moins, résultent évidemment de phénomènes de nature ignée, quoiqu'elles paraissent s'éloigner davantage des produits volcaniques. Outre cela, elles renferment des minéraux semblables ou analogues à ceux que fournissent les volcans, et elles ont parfois modifié d'autres roches au contact, de manière à nécessiter l'idée d'une immense chaleur. En un mot, on voit, depuis la lave actuelle jusqu'aux granites, une série de passages minéralogiques, de relations de formes, de structure, de texture, etc., qui ne permettent pas de douter qu'une grande partie des substances constituant l'écorce du globe ne provienne de phénomènes analogues à ceux que nous présentent les volcans.

D'un autre côté, les premières couches calcaires que l'on observe étendues les unes sur les autres, renfermant une multitude de fossiles, alternant avec des argiles et des sables, plus ou moins agglutinés, contenant des cailloux roulés, des fragments et des blocs hétérogènes, annoncent évidemment une série de dépôts opérés dans le sein des mers, des lacs, des rivières ou sur leurs bords, ou bien charriés sur les terres par les eaux. Au-dessous de ces couches on en trouve de pareilles; seulement elles sont généralement plus inclinées, plus disloquées, et les fossiles qu'elles offrent s'éloignent davantage des êtres qui existent maintenant. Plus avant dans l'ordre des temps, les assises calcaires, argileuses, etc. perdent peu à peu leurs fossiles, elles s'entrelacent ou se mélangent avec des roches talqueuses, micacées, etc.; nous retraçant ainsi une action mécanique et des faits analogues à ceux qui se passent sous nos yeux. En outre, d'autres roches, semblables aux dépôts actuellement formés par les sources minérales et incrustantes, indiquent qu'elles furent déposées dans un liquide jouissant de la même propriété dissolvante.

Enfin, sans parler ici des formations par la voie électro-chimique, par un mouvement moléculaire très-lent, par les vents, etc., il importe de tenir compte de ces dépôts qui se sont opérés dans le sein des eaux par une action soit simplement mécanique, soit chimique, ou bien mécanique et chimique, et qui ensuite ont été modifiés par l'apparition de roches d'origine ignée : ce sont les formations neptuno-plutoniennes, par opposition aux formations pluto-neptuniennes.

Si l'on veut entrer dans des détails, les formations ignées peuvent être divisées en formations comprenant : les matières qui sont restées dans l'épaisseur de la croûte terrestre, *formations ignées d'intrusion*; celles qui, après avoir traversé cette écorce, se sont déversées à sa surface, *formations ignées d'épanchement*; celles qui ont été projetées, *formations ignées d'éruption*; enfin on pourra reconnaître des *formations ignées de sublimation*, de *cémentation*, etc.

De même on distinguera les *formations marines*, *lacustres* et *fluviatiles*. On peut encore indiquer les diverses sortes de formations qui se font dans un bassin déterminé, par suite de l'action simultanée de causes différentes. Ainsi, tandis que la mer nourrit une immense quantité d'animaux, comme les zoophytes, les mollusques testacés, etc., qui laissent après leur mort des dépouilles calcaires que les vagues saisissent pour les transporter, les rouler, les triturer et en composer d'immenses strates, dont l'origine, exclusivement marine et organique, est facile à reconnaître, des eaux fluviatiles apportent à la mer, avec des sédiments sableux, des restes de végétaux et d'animaux terrestres ou fluviatiles, dont la présence ne laisse aucun doute sur l'origine des dépôts qu'ils composent. On peut, de cette manière, ne pas confondre les formations fluvio-marines avec les formations exclusivement marines.

On voit, d'après ce qui précède, qu'on doit distinguer les roches principalement en :

1° *Roches de formation ignée;*

2° *Roches de formation aqueuse;*

3° *Roches de formation combinée* ou *mixte.*

La première catégorie comprend les matériaux qui résultent :

1° Du refroidissement de la première pellicule du globe ;

2° Des refroidissements normaux qui se sont effectués successivement au-dessous de cette première croûte, et des éruptions normales ;

3° Des éruptions successives, correspondantes et anormales.

La seconde catégorie comprend les matériaux qui résultent :

1° Des formations marines ;
2° Des formations lacustres ;
3° Des formations fluviatiles ;
4° Des formations de sources ;
5° Des formations fluvio-marines, fluvio-lacustres, etc.

La troisième catégorie comprend les matériaux qui résultent :

1° De la purification de l'atmosphère et de la réaction de la première pellicule incandescente, ou du moins douée d'une haute température ;
2° Des formations neptuno-plutoniennes ;
3° Des formations pluto-neptuniennes ;
4° Des formations par les sources et par l'action de la chaleur, etc.

L'existence et les rapports de ces roches de différentes origines ne permettent pas de douter qu'elles n'aient été formées par séries en même temps, à la même époque ; de sorte que les formations, sinon toutes, du moins une grande partie d'entre elles, sont nécessairement *synchroniques* les unes des autres ; tandis que les terrains sont absolument *successifs*. C'est en adoptant de tels principes que dans chaque grande division chronologique représentée par un terrain, on comprend parallèlement toutes les roches d'origine ignée et toutes les roches d'origine aqueuse ou autre, qui ont été formées pendant cette époque.

Si l'on soulève successivement les dépôts de plus en plus anciens qui composent le sol, on voit les caractères des formations aqueuses disparaître, et l'on arrive à un niveau où les formations ignées constituaient seules le sol, que son identité de composition sur les points les plus éloignés de la surface de la terre fait regarder comme le *sol primitif*. Or, tout ce qui se trouve au-dessus de ce sol supposé primitif est le *sol de remblai*, formé par l'accumulation des produits des deux grandes causes, ignée et aqueuse, qui n'ont cessé d'agir ensemble comme elles agissent encore maintenant. Mais originairement les matériaux de formation aqueuse sont provenus nécessairement de la démolition et des déblais des roches d'origine ignée.

Les strates offrent beaucoup de variations dans leurs positions ; ils paraissent tantôt à peu près horizontaux, tantôt plus ou moins inclinés, tantôt enfin brisés, arqués, contournés ou repliés en zigzag : de là viennent les expressions de *stratification horizontale*, *inclinée*, *verticale*, *brisée*, *arquée*, *contournée*, etc. Mais on distingue principalement deux sortes de stratifications : l'une horizontale, qui est la stratification naturelle, suivant laquelle toutes les matières se déposent ordinairement sous les eaux ; l'autre, plus ou moins inclinée et résultant généralement des dislocations qui ont eu lieu à diverses époques. Or, comme il est rare que les couches soient horizontales, on distingue dans leur position une direction et une inclinaison.

On nomme *direction* la ligne médiane qui représente l'intersection moyenne des couches, qu'on suppose prolongées inférieurement, avec la partie de la croûte sur laquelle elles reposent réellement. Plus élémentairement, la direction est la ligne droite horizontale, ou tangente, menée à la base des couches et au milieu de leur étendue, dans le sens de la rencontre, ou trace, de leur surface ramenée à un plan avec la partie de la calotte terrestre qui leur sert d'appui. On indique donc la direction, si l'on assigne les points de l'horizon vers lesquels cette ligne se dirige. On appelle *inclinaison*, l'angle que la surface des couches ramenée à un plan fait avec le plan tangent à l'intersection, c'est-à-dire avec l'horizon ; et l'on donne l'inclinaison quand, à la valeur de l'angle, on ajoute la désignation du point de l'horizon qui correspond au sommet de cet angle, c'est-à-dire le point moyen de l'horizon vers lequel les couches plongent. Les côtés de l'angle qui forme l'inclinaison sont perpendiculaires à la direction ; par conséquent, le sens de l'inclinaison étant connu, on a la direction.

Il n'y a peut-être pas de dépôts qui soient en strates exactement horizontaux ; au reste, les strates dits horizontaux ont aussi, dans la rigueur, une direction normale. La direction est, dans ce cas, le plus grand axe du dépôt déterminé au milieu de la surface inférieure, celle-ci étant ramenée à un plan tangent.

La stratification est *régulière*, lorsque toutes les couches égales ou inégales dans leurs dimensions, sont parallèles entre elles et à la position générale ; au lieu qu'elle est *irrégulière*, si toutes les couches ne remplissent pas ces conditions. Quand plusieurs systèmes de couches, posés les uns sur les autres ou à côté les uns des autres, sont parallèles entre eux, il y a, à leur égard, stratification *parallèle* ou *concordante*. Quand, au contraire, l'inclinaison des systèmes est différente, il y a stratification *discordante* ou *contrastante*.

On doit aussi distinguer un cas de discordance, où les couches peuvent être néanmoins parallèles : c'est ce qui a lieu lorsqu'un dépôt horizontal après avoir été sillonné de différentes manières par les eaux, se trouve recouvert par un dépôt du même genre qui remplit les bas-fonds.

Il importe surtout de ne pas confondre les discordances accidentelles avec les discordances générales ; car les premières peuvent être et sont presque constamment indépendantes des caractères spéciaux qui différencient les terrains ; tandis que les dernières sont des caractères inhérents à la distinction des terrains.

Nous avons vu que l'écorce du globe n'est pas formée d'une seule masse cohérente, mais bien de parties séparées par des joints. Or, ceux-ci sont distingués en *joints de structure, joints de stratification, joints de dislocation,* en *fendillements, fissures, retraits, failles,* etc.

Lorsqu'il s'agit d'établir les rapports de stratification entre deux dépôts, il est nécessaire d'apporter une grande attention à la structure des roches, qui peut, dans certains cas, induire facilement en erreur. Ainsi, des dépôts présentent quelquefois des divisions particulières, qui résultent entièrement de la structure que les roches doivent à leur formation rapide dans certaines circonstances, comme nous le dévoilent les attérissements qui ont lieu dans nos rivières. Les matières schisteuses surtout peuvent apporter beaucoup d'incertitude, parce qu'elles offrent des divisions dans différents sens, et que parfois la moins apparente est précisément celle de la stratification. D'un autre côté, les joints de dislocation sont des fentes unies, souvent légèrement ouvertes et qui se prolongent ordinairement dans plusieurs dépôts consécutifs ; tandis que les joints de stratification sont plus ondulés et offrent même plus d'adhérence. En outre, les ondulations les plus irrégulières des strates se trouvant fréquemment traversées par la structure schisteuse, qui n'en est nullement altérée, montrent que la structure dont il s'agit est un effet postérieur au contournement des couches.

On a vu que la croûte terrestre résulte de formations successives, et c'est une telle succession de dépôts qu'on nomme *superposition*. Alors les parties qui gisent sur d'autres, sont plus modernes que celles-ci ; néanmoins on conçoit que, dans certains cas, le contraire a lieu, les substances minérales ayant pu se solidifier de haut en bas, ou bien étant arrivées de bas en haut et ayant pu s'intercaler au-dessous ou au milieu de roches préexistantes.

Des couches sédimentaires apparaissent parfois avec des inclinaisons si fortes, dans un état tel de dislocation et à des hauteurs si grandes, qu'on ne peut admettre qu'elles aient été formées dans de pareilles positions; car le volume des eaux devrait être plus que doublé pour atteindre un semblable niveau, et il est démontré que ce niveau a subi seulement de légères variations. Il existe donc un autre ordre de faits qui a présidé aux modifications successive qu'a éprouvées la surface de la terre; cet ordre de faits qui ont modifié le relief et la structure de l'écorce du globe comprend les *soulèvements* et les *affaissements*, résultant des phénomènes physiques et dynamiques qui ont eu lieu par suite du refroidissement de notre planète (1).

Ainsi, lorsqu'on aperçoit des couches sédimentaires inclinées, on peut dire qu'elles ont été dérangées de leur position originaire. D'un autre côté, on déterminera l'époque de ce dérangement, si l'on trouve d'autres sédiments en couches horizontales et appuyées dessus ou contre les précédentes; car il devient évident que le soulèvement des premières a eu lieu avant la formation des secondes, qui sont encore dans la position où elles ont été produites sous les eaux; de plus, si l'on parvient à savoir l'âge relatif du dépôt horizontal, on aura par suite une époque relativement déterminée de la catastrophe qui a produit le redressement de l'autre.

Il peut arriver que les deux dépôts comparés soient relevés sous des inclinaisons égales ou inégales. Si l'inférieur est plus relevé que le supérieur, le premier avait déjà été soulevé avant la formation du dernier; mais s'ils sont relevés de la même quantité, ils peuvent l'avoir été tous deux à la même époque, comme ils peuvent offrir, plus rarement il est vrai, des positions différentes, par rapport à la direction, et par conséquent avoir été affectés d'une quantité inégale de mouvements à des époques différentes.

Ainsi, la comparaison des inclinaisons, offertes par les couches des dépôts stratifiés, peut souvent conduire à la détermination

---

(1) Voyez nos *Études géologiques et minéralogiques pour servir à la théorie de la classification rationnelle des terrains;* un vol. in-8°. Paris, 1847.

des époques relatives des soulèvements de ces dépôts, et par suite à celle de leur âge respectif. Mais à l'aide de ces seuls éléments, l'appréciation exacte de l'âge relatif des mouvements de la croûte du globe est très-difficile, et souvent impossible, d'autant plus qu'il a été constaté que des couches de sédiment peuvent se former avec une inclinaison assez considérable, analogue à celle qui provient de l'action des soulèvements.

A l'aide de la superposition et de la différence des inclinaisons, on détermine donc, sauf certains cas, les âges relatifs des dépôts et les époques relatives de leurs soulèvements ; par la nature, la composition et la manière d'être de ces dépôts, on connaît aussi leur mode de formation.

Les géologues nomment *allure* d'une masse minérale, l'ensemble des caractères relatifs à la position et à la puissance de cette masse minérale. Elle est régulière, lorsque ces caractères demeurent à peu près les mêmes sur une grande étendue ; au contraire, elle est irrégulière, lorsqu'elle éprouve des variations considérables. Mais nous préférons réserver le mot allure pour indiquer la disposition principale de la forme générale, ou de la figure, présentée par un dépôt considéré dans son ensemble ; les éléments de cette allure sont dès lors fournis par la puissance, la direction, l'inclinaison, la hauteur, le contour et les lignes principales inscrites dans la courbe qui exprime le contour.

Toutes les masses minérales quelconques, circonscrites par une figure fermée, peuvent être ramenées, en négligeant les petits accidents offerts par le contour, à une forme simple, dont l'allure peut être ordonnée par rapport à un axe principal. Cet axe est la *direction normale* de la masse minérale ou du dépôt.

La discordance d'allures est le caractère essentiel pour la détermination des terrains. Or, la discordance des directions normales, ou des axes principaux, des figures générales des dépôts représente la discordance d'allures.

Comme énoncé général, il y a donc discordance de stratification ou d'allure, lorsqu'il y a différence de direction ; réciproquement, il y a différence de direction, lorsqu'il y a discordance de stratification ou d'allure. D'après ces données, les faits qui dévoilent la discordance de stratification ou de direction sont les suivants.

1° Il y a discordance de stratification entre deux dépôts, lorsque leurs couches sont inclinées sous des angles différents, et lorsqu'elles le sont vers des points de l'horizon incompatibles entre eux, c'est-à-dire lorsqu'elles sont dirigées dans des sens différents.

2° Il y a discordance de stratification entre deux dépôts, lorsque le supérieur se trouve placé dans des cavités creusées à la surface de l'inférieur, que les joints des couches de ces deux dépôts soient au même niveau ou non, qu'il y ait ou qu'il n'y ait pas de fragments dans les anfractuosités, au contact des couches des deux dépôts.

Les mêmes moyens peuvent jusqu'à un certain point s'appliquer aux roches d'origine ignée.

3° Les cailloux roulés prouvant la postériorité des dépôts qui les renferment à ceux dont ils proviennent, fournissent ainsi un très-bon moyen de distinction. En outre, la position, par rapport à leur plus grand axe, des galets qui se trouvent dans les couches indiquant la direction et le sens de l'inclinaison des couches, dont la disposition est peu caractérisée, permet de reconnaître la discordance ou la concordance de stratification entre deux dépôts.

Enfin, on comprendra facilement, qu'au moyen de la position des axes principaux ou des allures générales des dépôts, il est possible de déterminer les discordances les plus compliquées, les redressements, les renversements, les affaissements, etc., les plus complexes ; car *les axes principaux*, ou *les directions normales*, quels que soient les inclinaisons et les autres caractères élémentaires, *se coupent toujours entre eux, lorsqu'ils dérivent de phénomènes qui ont eu lieu à des époques différentes.*

Les roches d'origine ignée sont beaucoup plus développées dans les terrains anciens, même en exceptant le premier terrain, qui est exclusivement formé de roches plutoniennes, que dans les terrains modernes. Le contraire a lieu, jusqu'à un certain point, pour les roches d'origine aqueuse ou sédimentaire. Mais, si l'on tient compte des calottes internes, les roches neptuniennes, qui, du reste, résultent, sinon en totalité, du moins en majeure partie, de la désagrégation des roches d'origine ignée, ne sont dans les divers terrains que des infiniment petits en comparaison des dimensions des substances plutoniques et de l'écorce du globe.

DIVISION DE L'ÉCORCE DU GLOBE EN TERRAINS.

La détermination des terrains est une question dont peu de géologues comprennent le vrai sens philosophique, et toute la difficulté.

Comme pour arriver à toute classification scientifique, la condition première est de choisir, afin de les opposer les uns aux autres, des caractères de même sorte et de même valeur, il faut, pour diviser l'écorce du globe en terrains, n'avoir recours successivement qu'à une seule et même grande conception. Sous ce rapport, le principe des révolutions du globe est le seul qui remplisse complétement toutes les conditions d'une méthode rationnelle. En effet, s'il n'y avait pas eu de révolutions, si l'on n'admettait pas des hiatus à de certaines époques de la vie du globe, il n'y aurait pas lieu de tracer des divisions rationnelles, encore moins de rechercher des divisions naturelles, dans l'écorce terrestre : car il est évident que, si la croûte du globe présentait une suite de dépôts non interrompus, depuis la partie inférieure jusqu'à la partie supérieure, on ne saurait où commencer et où s'arrêter pour y établir des divisions ; par conséquent, la division de l'écorce en terrains serait tout à fait arbitraire.

Les révolutions dont il s'agit, quoiqu'étant le résultat d'effets dynamiques qui s'exercent sur l'ensemble de la croûte du globe, n'ont probablement jamais arrêté complétement la formation des dépôts sur le sol : il y a eu, en certains lieux, pendant ces révolutions, continuation des phénomènes ordinaires, et les dépôts qui appartiennent, en quelque sorte, à deux époques, forment les passages naturels entre les terrains. Mais, ce qu'il y a de constant, c'est que ces révolutions, qui ont eu lieu suivant un certain nombre d'arcs de grands cercles, aboutissant à un même diamètre pour une même époque, ont affecté à chaque époque, sinon toute la surface du globe, du moins la majeure partie, par un changement de position des surfaces, relativement à la normale.

Le grand effet dynamique, le soulèvement brusque, termine l'époque et appartient à cette époque. Les matières vomies pendant la durée du soulèvement brusque, ou les éruptions normales, appartiennent à cette époque, et se continuent accidentellement par des éruptions anormales pendant l'époque suivante ; les matériaux arrachés, transportés, roulés, triturés, etc., appartiennent à cette dernière époque ; les soulèvements ou affaissements lents normaux, ayant eu lieu à l'époque précédente, sont la préparation du soulèvement ou de l'affaissement brusque final, lui sont, par conséquent, naturellement liés et appartiennent à la première époque. Enfin, les roches d'origine ignée forment principalement le passage qui existe entre les terrains des deux époques successives.

Tel est le principe fondamental, celui des révolutions, pour préciser des divisions aussi tranchées qu'il est donné à l'investigation de l'homme de le faire. Quant aux subdivisions, on ne saurait en trouver de constantes : ce sont des détails bons pour une localité restreinte, et encore ces subdivisions sont-elles presque toujours arbitraires. Il est donc un nombre déterminé de divisions ou de terrains qu'on ne peut ni augmenter, ni diminuer ; seulement il faut arriver à reconnaître exactement ce nombre.

Dans l'état actuel de nos connaissances, il est impossible de présenter le tableau exact et complet des terrains : il s'écoulera probablement encore bien des années avant que l'on puisse recueillir les éléments nécessaires, soit pour déterminer les allures respectives des terrains, soit pour préciser le nombre de ceux-ci. Le tableau des terrains qui va suivre ne se trouve donc ici que pour mémoire ; il n'est, du reste, qu'un simple résumé de nos connaissances sur les systèmes de dislocations, comparés aux systèmes des dépôts qui se sont formés, n'importe par quel mode, au-dessus du niveau imaginaire. Quant aux dénominations employées ci-après pour désigner les différents terrains, on ne saurait y attacher de l'importance.

Pour la classification des terrains, un grand nombre de géologues ont relégué à la fin de leur légende, dans une espèce d'appendice, les roches d'origine ignée. Mais il est indispensable de classer les roches d'origine ignée parallèlement avec les roches sédimentaires, auxquelles elles correspondent par contemporanéité de formation. Dans chaque grande division chronologique ou dans chaque terrain, en exceptant toutefois ceux qui sont entièrement d'origine ignée, on peut dès lors établir deux grandes subdivisions : l'une comprenant les roches stratifiées, et l'autre comprenant les roches non stratifiées ; de cette manière on a parallèlement la succession des roches d'origine aqueuse et celle des roches d'origine ignée, formées pendant une même grande époque géologique.

La série des terrains reconnus, dont se compose l'écorce du globe, est la suivante, en commençant par le plus moderne.

TERRAINS :

Historique ou moderne   *quaternaires*

?

Pliocénique ou tertiaire supérieur
Miocénique ou tertiaire moyen   *tertiaires*
Éocénique ou tertiaire inférieur

?

Crétacique ou de la craie blanche
Glauconique ou du grès vert
Oolitique ou jurassique
Triasique ou du trias   *secondaires*
Psammitique ou vosgien
Pénéique ou pénéen (permien)
Carbonique ou houiller
Anthracitique ou anthraxifère
Grauwacique ou dévonien   *intermédiaires*
Phylladique ou sylurien
Talcique ou cambrien

?

Gneissique ou primitif   *primaires*

Il existe probablement des lacunes dans ce tableau, surtout en ce qui touche la série des terrains anciens, les systèmes des premières dislocations ayant été peu prononcés eu égard aux autres, et leurs caractères ayant été plus ou moins compliqués et effacés par les suivants.

Comme il n'y a qu'une idée générale, celle de l'époque déterminée par deux révolutions successives, qui puisse servir de terme de comparaison à la série des dépôts formant l'écorce du globe, et comme les divers terrains n'ont pas de commun diviseur, on ne saurait établir dans les terrains des subdivisions comparables entre elles ; dès lors toute subdivision d'un terrain sera arbitraire ou locale.

Pour les détails relatifs à chaque terrain, nous devons renvoyer aux Traités de géologie.

Les principales roches qui composent les terrains sont les suivantes : granite, gneiss, micaschiste, protogine, talcschiste, quarz, pegmatite, hyalomicte, syénite, porphyre, grauwacke, phyllade, grès, psammite, calcaire, diorite, serpentine, euphotide, hypersténite, dolérite, trachyte, basalte, argile, marne, arkose, dolomie, gypse, sel gemme, anthracite, houille, lignite, etc.

Nous étudierons plus tard sous le rapport minéralogique les différentes roches qui forment l'écorce du globe.

MANIÈRE D'ÊTRE DES MINÉRAUX DANS LA NATURE.

Les minéraux se trouvent normalement ou accidentellement; il y en a même, comme le diamant, dont on ne connaît pas les gîtes originaires.

Certaines espèces se présentent toujours en parties isolées, dont le volume ne peut jamais être considéré comme masse importante. Ces espèces sont les plus nombreuses; nous citerons : le corindon, le béryl, le spinelle, l'axinite, le fer phosphaté, l'étain oxydé, le plomb carbonaté, l'argent, etc.

D'autres se présentent indistinctement en masses, ou en parties isolées. Telles sont : le quarz, l'orthose, l'amphibole, le calcaire, le gypse, etc.

D'autres ne se présentent jamais qu'en masses. C'est le cas le plus rare; la magnésite, la houille, etc. nous en offrent des exemples.

Sous le rapport de leur manière d'être, les minéraux qui se montrent en parties isolées se trouvent dans les principales circonstances suivantes.

Les minéraux *implantés* comprennent ceux qui sont posés sur les parois des diverses cavités qu'on rencontre dans les roches. Il y en a qu'on n'a jamais trouvés que de cette manière; tels sont la stilbite, l'axinite, la mésotype, l'analcime, la chabasie, l'harmotome, le cuivre arséniaté, le plomb phosphaté, le titane anatase, etc.

Les minéraux *disséminés* comprennent ceux qui sont répandus en cristaux, en grains ou en rognons dans des roches. Un grand nombre d'espèces se trouvent dans ce cas; celles qu'on n'a pas encore rencontrées autrement, sont le tellure natif, le zircon, le corindon télésie, le disthène, la pinite, la condrodite, l'amphigène, la mâcle, le platine natif, l'or natif, etc.

Les minéraux *engagés* comprennent ceux qui ne se présentent dans les roches que par veines, qu'en nodules ou en nids; tels sont le résinite opale, l'asbeste, la lazulite, le mercure sulfuré, le succin, etc.

Les minéraux *concrétionnés* comprennent ceux qui ont été formés par voie d'infiltration ou de dépôts successifs sur les parois des cavités qu'on observe dans les roches; cet état est même pour quelques-uns presque le seul sous lequel on les ait vus; nous citerons l'hyalite, l'agate, le fer hématite, le cuivre malachite, le plomb gomme, etc.

Enfin certains minéraux ne se présentent qu'en *enduits* ou en *efflorescence* sur des roches d'une nature souvent très-différente de celle du minéral qui les recouvre; tels sont le cobalt noir, le nitre, le plomb oxydé rouge, etc.

ASSOCIATIONS DES MINÉRAUX.

Dans la nature, lorsque des minéraux se trouvent associés, on reconnaît des préférences entre eux. Par exemple, on remarque particulièrement : le soufre avec le gypse; l'arsenic avec le cobalt; le tellure avec l'or; la topaze avec la phosphorite; le sel marin avec le gypse; la galène avec la blende; la cassitérite avec le wolfram; l'orthose avec le quarz; l'albite avec l'amphibole; la labradorite et le péridot avec le pyroxène, etc.

De même certains minéraux semblent affecter pour gisement certaines roches. Ainsi, l'acide chlorhydrique est presque toujours dans des trachytes; le soufre dans des marnes argileuses; la staurotide et la mâcle dans des phyllades, des talcschistes et des micaschistes; le rutile dans les granites et les gneiss; la mésotype et l'analcime dans des roches volcaniques; etc.

S'il y a sympathie ou attraction entre certains minéraux, on reconnaît également qu'il y a antipathie ou répulsion entre certains autres. De sorte qu'il existe réellement entre les minéraux des lois d'associations et d'exclusions. Nous reviendrons sur ces lois de relations des minéraux qui sont d'un grand intérêt pour les questions géologiques, et qui permettent dans certains cas de reconnaître de prime abord divers minéraux par la présence d'autres.

FIN.

TABLE DES MATIÈRES.